高等职业教育“互联网+”创新型系列教材

电子技术基础项目化教程

第2版

主　编　曹光跃

副主编　张仁霖

参　编　谢　义　胡津津

机械工业出版社

本书系统介绍了电子技术的基本概念、基本理论、基本分析方法和实际应用，内容简明，文字精练，重点突出，便于自学。

本书共8个项目，主要内容包括半导体器件的认识、常用测量仪器仪表的使用、直流稳压电源的设计、分立元器件放大电路的设计、集成运算放大电路的应用、逻辑代数与逻辑门电路、组合逻辑电路的设计和时序逻辑电路的设计等。每个项目含有项目分析、相关知识、项目实施、拓展知识、项目小结和习题与提高等内容。

书中以二维码形式插入数字资源，读者可扫码学习。

本书可作为高等职业院校、高等专科院校、成人高校、民办高校及本科院校举办的二级职业技术学院电子信息类专业、自动化类专业及相关专业的教学用书，也适用于五年制高职、中职相关专业，并可作为社会从业人员的业务参考书及培训用书。

为方便教学，本书配有电子课件、模拟试卷及习题解答等，凡选用本书作为授课教材的教师，均可登录机械工业出版社教育服务网（www.cmpedu.com）注册后下载。咨询电话：010-88379375。

图书在版编目（CIP）数据

电子技术基础项目化教程/曹光跃主编．—2版．—北京：机械工业出版社，2023.11（2025.1重印）
高等职业教育“互联网+”创新型系列教材
ISBN 978-7-111-74242-5

Ⅰ.①电…　Ⅱ.①曹…　Ⅲ.①电子技术-高等职业教育-教材
Ⅳ.①TN

中国国家版本馆CIP数据核字（2023）第217480号

机械工业出版社（北京市百万庄大街22号　邮政编码100037）
策划编辑：王宗锋　　责任编辑：王宗锋
责任校对：陈　越　　封面设计：马若濛
责任印制：单爱军
北京虎彩文化传播有限公司印刷
2025年1月第2版第2次印刷
184mm×260mm・16.25印张・396千字
标准书号：ISBN 978-7-111-74242-5
定价：49.80元

电话服务	网络服务
客服电话：010-88361066	机　工　官　网：www.cmpbook.com
010-88379833	机　工　官　博：weibo.com/cmp1952
010-68326294	金　书　网：www.golden-book.com
封底无防伪标均为盗版	机工教育服务网：www.cmpedu.com

前 言

“电子技术基础”是电子信息类和自动化类专业的重要技术基础课程，也是一门实践性很强的课程，通过本课程的学习使学生掌握电子技术方面的基本理论、基础知识和基本技能，培养学生分析问题和解决问题的能力，并为学习后续课程和今后在实际工作中应用电子技术打好基础。

为推动党的二十大精神进教材，本书编写以落实立德树人为根本任务，将工匠精神、团结协作等精神融入项目实施教学中。本书依据职业教育理论知识传授应遵循“实用为主，必需够用为度”的准则，在编写时尽量简化理论推导过程，增加了一些与生产实践相近的实例，力求通俗易懂。

本书采用项目导向，任务驱动的模式编写，围绕项目和任务将知识点渗透于教学中，增强课程内容与职业岗位能力要求的相关性。本书精心选择简单易懂的实例和项目以降低教学难度，将一些成熟的教学项目拓展到教学任务中，以突出教学的实用性和趣味性。

通过本课程的教学，学生应达到如下基本要求：

1. 熟悉常用电子元器件的特性和主要参数，具有识别和检测元器件的能力，具有会查阅元器件手册和正确选用元器件的能力。

2. 掌握常用基本单元电路和典型电路的结构、工作原理和功能，熟练掌握分析电子技术电路的基本方法，能对电子电路进行定性分析和工程估算，具有根据需要选择适用电路和使用集成电路的能力。

3. 具有识读整机电路图的能力。

4. 掌握电子技术的基本技能，具有实际操作的能力。

本书由曹光跃任主编，负责全书的统稿并编写了项目1和项目3；张仁霖任副主编，编写了项目7和项目8；谢义编写了项目2和项目6；胡津津编写了项目4和项目5。本书在编写过程中，得到了安徽电子信息职业技术学院的领导和老师们的大力支持，在此一并表示衷心的感谢。

由于编者水平有限，书中错误之处在所难免，恳请读者批评指正。

编 者

二维码索引

序号	名称	图形	页码	序号	名称	图形	页码
1	杂质半导体		2	5	负反馈放大电路的四种组合		106
2	PN 结及 PN 结的单向导电性		3	6	数制和码制		134
3	整流电路		43	7	三种基本的逻辑关系		139
4	反馈的概念和正负反馈的判断		102	8	逻辑代数的基本公式和定律		141

目 录

前言
二维码索引

项目1 半导体器件的认识 …… 1
1.1 项目分析 …… 1
1.2 相关知识 …… 1
1.2.1 半导体的基础知识 …… 1
1.2.2 二极管 …… 5
1.2.3 晶体管 …… 7
1.3 项目实施 …… 13
1.3.1 任务一 二极管伏安特性测试 …… 13
1.3.2 任务二 晶体管伏安特性测试 …… 15
1.4 拓展知识 …… 17
1.4.1 二极管的应用电路 …… 17
1.4.2 特殊二极管 …… 19
1.4.3 场效应晶体管 …… 23
项目小结 …… 29
习题与提高 …… 30

项目2 常用测量仪器仪表的使用 …… 33
2.1 项目分析 …… 33
2.2 相关知识 …… 33
2.2.1 信号发生器 …… 33
2.2.2 示波器 …… 33
2.2.3 毫伏表 …… 34
2.3 项目实施 …… 34
2.3.1 任务一 信号发生器的使用 …… 34
2.3.2 任务二 示波器的使用 …… 35
2.3.3 任务三 交流毫伏表的使用 …… 38
2.4 拓展知识 …… 39
2.4.1 示波器测量相位差的方法 …… 39
2.4.2 虚拟仪器技术 …… 40
项目小结 …… 41
习题与提高 …… 41

项目3 直流稳压电源的设计 …… 42
3.1 项目分析 …… 42
3.2 相关知识 …… 42
3.2.1 直流稳压电源的组成及各部分的作用 …… 42
3.2.2 整流电路 …… 43
3.2.3 滤波电路 …… 46
3.2.4 线性集成稳压器 …… 49
3.3 项目实施 …… 54
3.3.1 任务一 二极管整流、电容滤波电路的测试 …… 54
3.3.2 任务二 集成直流稳压电源的调整与测试 …… 58
3.4 拓展知识 …… 60
3.4.1 单向晶闸管可控整流电路 …… 60
3.4.2 复式滤波电路 …… 63
项目小结 …… 63
习题与提高 …… 64

项目 4 分立元器件放大电路的设计 …… 66

4.1 项目分析 …… 66
4.2 相关知识 …… 66
4.2.1 放大电路的基础知识 …… 66
4.2.2 晶体管电路的基本分析方法 …… 70
4.2.3 共发射极放大电路 …… 75
4.2.4 分压偏置电路的放大电路 …… 78
4.2.5 共集电极放大电路和共基极放大电路 …… 81
4.3 项目实施 …… 85
4.3.1 任务一 单管共发射极放大电路的测试（Ⅰ） …… 85
4.3.2 任务二 单管共发射极放大电路的测试（Ⅱ） …… 87
4.4 拓展知识 …… 88
4.4.1 场效应晶体管放大电路 …… 88
4.4.2 多级放大电路 …… 90
项目小结 …… 94
习题与提高 …… 94

项目 5 集成运算放大电路的应用 …… 98

5.1 项目分析 …… 98
5.2 相关知识 …… 98
5.2.1 集成运算放大器的认识 …… 98
5.2.2 反馈类型的判断方法 …… 102
5.2.3 集成运算放大器的线性应用 …… 108
5.2.4 负反馈对放大电路性能的影响 …… 114
5.3 项目实施 …… 118
5.3.1 任务一 比例运算放大电路的制作与测试 …… 118
5.3.2 任务二 加减法电路的制作与测试 …… 120
5.4 拓展知识 …… 122
5.4.1 集成运算放大器的非线性应用 …… 122
5.4.2 负反馈放大电路的应用 …… 125
5.4.3 功率放大电路 …… 127
项目小结 …… 130
习题与提高 …… 130

项目 6 逻辑代数与逻辑门电路 …… 134

6.1 项目分析 …… 134
6.2 相关知识 …… 134
6.2.1 数制和码制 …… 134
6.2.2 逻辑代数的基本概念、公式和定律 …… 139
6.2.3 逻辑函数表示方法及相互转换 …… 142
6.2.4 逻辑函数的化简 …… 144
6.2.5 TTL 集成门电路 …… 149
6.2.6 CMOS 集成门电路 …… 154
6.3 项目实施 …… 158
6.3.1 任务一 集成门电路逻辑功能测试 …… 158
6.3.2 任务二 常用门电路的应用 …… 160
6.4 拓展知识 …… 162
6.4.1 常用 CMOS 门电路简介 …… 162
6.4.2 集成逻辑电路的接口电路 …… 162
项目小结 …… 164
习题与提高 …… 165

项目 7 组合逻辑电路的设计 …… 168

7.1 项目分析 …… 168
7.2 相关知识 …… 168
7.2.1 组合逻辑电路概述 …… 168
7.2.2 组合逻辑电路的分析 …… 169
7.2.3 组合逻辑电路的设计 …… 170

7.2.4　组合逻辑电路中的竞争冒险 …… 174
7.2.5　常用组合逻辑电路 …… 176
7.3　项目实施 …… 191
7.3.1　任务一　组合逻辑电路功能分析 …… 191
7.3.2　任务二　组合逻辑电路设计 …… 193
7.4　拓展知识 …… 194
7.4.1　简易密码锁电路的设计 … 194
7.4.2　数字逻辑信号测试笔的设计 …… 194
项目小结 …… 195
习题与提高 …… 196

项目 8　时序逻辑电路的设计 …… 199

8.1　项目分析 …… 199
8.2　相关知识 …… 199
8.2.1　触发器 …… 199
8.2.2　计数器 …… 209
8.2.3　寄存器 …… 223
8.2.4　555 定时器 …… 227
8.3　项目实施 …… 230
8.3.1　任务一　触发器及其应用 …… 230
8.3.2　任务二　计数器及其应用 …… 233
8.3.3　任务三　计数器逻辑功能测试及应用 …… 234
8.4　拓展知识 …… 235
8.4.1　电子密码锁电路设计 …… 235
8.4.2　八路智力竞赛抢答器 …… 237
项目小结 …… 241
习题与提高 …… 242

附录　半导体器件型号命名方法 …… 245

参考文献 …… 249

项目1

半导体器件的认识

1.1 项目分析

用半导体制成的电子器件，统称为半导体器件。半导体器件具有耗电少、寿命长、重量轻、体积小、工作可靠及价格低廉等优点，因此在电子技术领域中得到了广泛应用。

1. 项目内容

本项目先讨论半导体的导电特性和 PN 结的基本原理，然后讨论二极管、晶体管、场效应晶体管和特殊用途的二极管等的结构、工作原理、特性曲线、主要参数及其应用等。

2. 知识点

半导体材料的导电特性和 PN 结的基本原理；二极管的结构、伏安特性、主要参数及相关应用；晶体管的结构、伏安特性、电流分配原理、工作状态和条件；特殊二极管的应用。

3. 能力要求

会识别二极管，能测绘其伏安特性；会识别晶体管，能分析其电流分配情况；能测绘晶体管的输入特性曲线、输出特性曲线；能熟练应用二极管、晶体管和场效应晶体管。

1.2 相关知识

1.2.1 半导体的基础知识

自然界中的固体材料根据导电能力分为导体、绝缘体和半导体。常用的导体有银、铜、铝等物体；绝缘体有橡胶、塑料、胶木等；导电能力介于导体和绝缘体之间的固体材料称为半导体。自然界中属于半导体的材料很多，用来制造半导体器件的材料主要是硅（Si）、锗（Ge）和砷化镓（GaAs）等，硅用得最广泛，其次是锗。

将上述的半导体材料进行特殊加工，使其性能可控，即可用来制造构成电子电路的基本元件——半导体器件。

1. 半导体的特性

半导体除了在导电能力方面不同于导体和绝缘体外，它还具有以下一些其他特点：光敏性，即当半导体受光照射或热刺激时，其导电能力将发生显著改变；掺杂性，即在纯净半导体中掺入微量杂质，其导电能力也会显著增加。

利用半导体的这些特性可制成二极管、晶体管、场效应晶体管；还可制成各种不同性能、不同用途的半导体器件，例如光电二极管、光电晶体管、光敏电阻和热敏电阻等。

2. 本征半导体和杂质半导体

（1）本征半导体　纯净的、结构完整的、具有晶体结构的半导体称为本征半导体。

1）本征半导体的原子结构和单晶体结构。常用的半导体材料硅和锗都是四价元素，其原子最外层轨道上有四个电子（称为**价电子**）。为便于讨论，采用图 1-1 所示的简化原子结构模型。在单晶体结构中，相邻两个原子的一对最外层电子成为共有电子，它们不仅受到自身原子核的作用，同时还受到相邻原子核的吸引。于是，两个相邻的原子共有一对价电子，组成**共价键结构**。故在晶体中，每个原子都和周围的 4 个原子用共价键的形式互相紧密地联系起来，如图 1-2 所示。

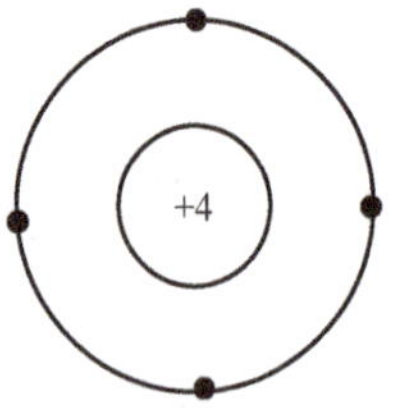

图 1-1 硅和锗简化原子模型

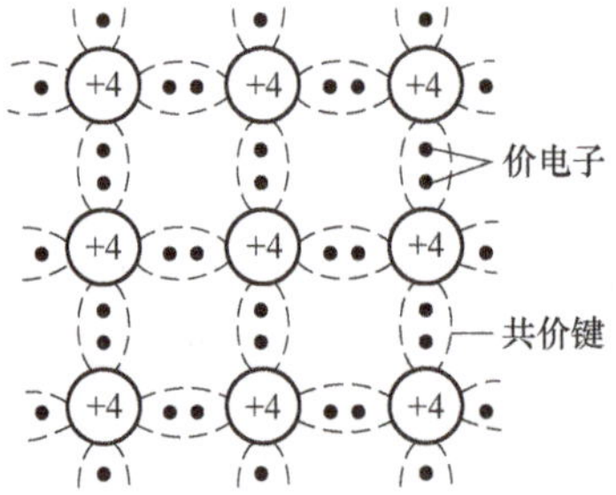

图 1-2 本征半导体共价键晶体结构示意图

2）本征激发和两种载流子（自由电子和空穴）。在绝对零度下，本征半导体中没有可以自由移动的电荷（载流子），因此不导电，但在一定的温度和光照下，少数价电子由于获得了足够的能量摆脱共价键的束缚而成为自由电子，这种现象叫**本征激发**。价电子摆脱共价键的束缚而成为自由电子后，在原来共价键中必然留有一个空位，称为**空穴**。原子失去价电子后带正电，可等效地看成是因为有了带正电的空穴。本征半导体中的自由电子和空穴总是成对出现，数目相同，如图 1-3 所示。

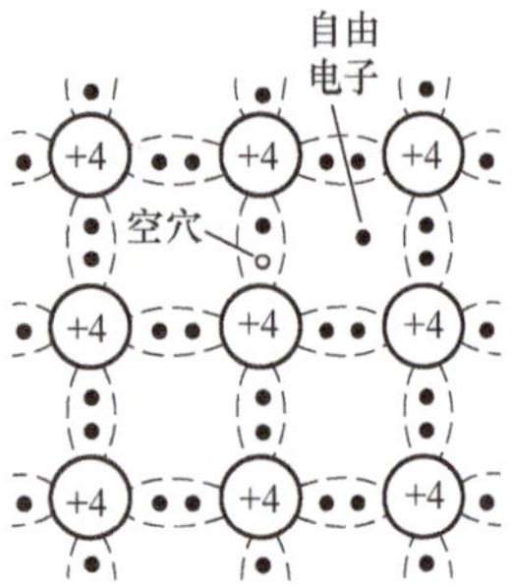

图 1-3 本征半导体中的自由电子和空穴

空穴很容易吸引邻近共价键中的价电子过去而被添补，从而使空位发生移动，这种价电子添补空位的运动可以看成是空穴在运动，称为**空穴运动**。其运动方向与电子的运动方向相反。自由电子和空穴在运动中相遇时会重新结合而成对消失，这种现象叫**复合**。温度一定时，自由电子和空穴的产生与复合达到动态平衡，自由电子和空穴的浓度一定。

本征半导体中的带负电的自由电子又叫**电子载流子**，带正电的空穴又叫**空穴载流子**，因此半导体中有自由电子和空穴两种载流子参与导电，分别形成**电子电流**和**空穴电流**，这一点与金属导体的导电机理不同。在常温下，本征半导体中的载流子浓度很低，随着温度的升高，载流子的浓度基本上按指数规律增加，因此，半导体中载流子的浓度对温度十分敏感。

（2）杂质半导体　在本征半导体中掺入微量杂质元素，可显著提高半导体的导电能力，掺杂后的半导体称为**杂质半导体**。根据掺入杂质的不同，可形成两种不同的杂质半导体，即 N 型半导体和 P 型半导体。

1）N 型半导体。在本征半导体中，掺入微量五价元素（如磷、锑、砷等）后，原来晶体中的某些硅（锗）原子就被杂质原子代替。由于杂质原子的最外层有五个价电子，因此它与周围四个硅（锗）原子组成共价键时，还多余一个价电子。这个多余的价电子受杂质原子束缚力较弱，很容易成为自由电子，并留下带正电的杂质离子，称为施主离子，半导体仍然是电中性，如图 1-4a 所示。掺入多少个杂质原子就能产生多少个自由电子，因此自由电子的浓度大大增加，这时由本征激发产生的空穴被复合的机会增多，使空穴的浓度相应减少，显然，这种杂质半导体中电子浓度远远大于空穴的浓度，主要靠电子导电，所以称为电子型半导体，又叫 N 型半导体。N 型半导体中，将自由电子称为多数载流子（简称多子）；将空穴称为少数载流子（简称少子）。

2）P 型半导体。在本征半导体中，掺入微量三价元素（如硼、镓、铟等）后，原来晶体中的某些硅（锗）原子就被杂质原子代替。由于杂质原子的最外层只有三个价电子，因此它与周围四个硅（锗）原子组成共价键时因缺少一个价电子而产生一个空位，室温下这个空位极容易被邻近共价键中的价电子所填补，使杂质原子变成负离子，称为受主离子，如图 1-4b 所示，这种掺杂使空穴的浓度大大增加，这就是以空穴导电为主的半导体，所以称为空穴型半导体，又叫 P 型半导体，其中空穴为多子，自由电子为少子。

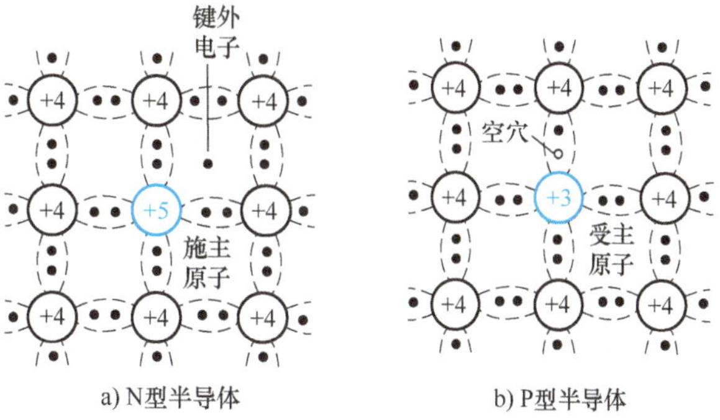

图 1-4 杂质半导体结构示意图

杂质半导体的导电性能主要取决于多子浓度，多子浓度主要取决于掺杂浓度，其值较大并且稳定，因此导电性能得到显著改善。少子浓度主要与本征激发有关，因此对温度敏感，其大小随温度的升高而增大。

3. PN 结

（1）PN 结的形成 在同一块半导体基片的两边分别做成 P 型半导体和 N 型半导体。由于 P 型半导体中空穴的浓度大、自由电子的浓度小，N 型半导体中自由电子的浓度大、空穴的浓度小，即在交界面两侧的两种载流子浓度有很大的差异，因此会产生载流子从高浓度区向低浓度区的运动，这种运动称为扩散，如图 1-5a 所示。P 区中的多子空穴扩散到 N 区，与 N 区中的自由电子复合而消失；N 区中的多子电子向 P 区扩散并与 P 区中的空穴复合而消失。结果使交界面附近载流子浓度骤减，形成了由不能移动的杂质离子构成的空间电荷区，同时建立了内建电场（简称内电场），内电场方向由 N 区指向 P 区，如图 1-5b 所示。

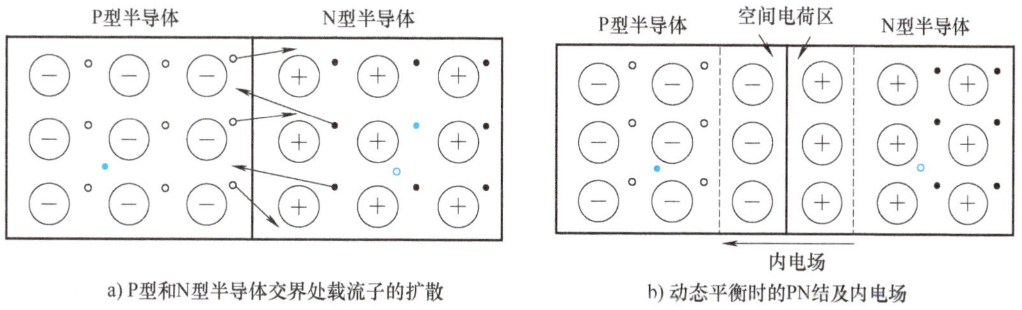

图 1-5 PN 结的形成

内电场将产生两个作用：一方面阻碍多子的扩散；另一方面促使两个区靠近交界面处的少子越过空间电荷区，进入对方。少子在内电场作用下有规则的运动称为漂移。开始时内电场较小，扩散运动较强，漂移运动较弱，随着扩散的进行，空间电荷区增宽，内电场增大，扩散运动逐渐困难，漂移运动逐渐加强。外部条件一定时，扩散运动和漂移运动最终达到动态平衡，即扩散过去多少载流子必然漂移过来同样多的同类载流子，因此扩散电流等于漂移电流，这时空间电荷区的宽度一定，内电场一定，形成了所谓的 **PN 结**。

由于空间电荷区中载流子极少，都被消耗殆尽，所以空间电荷区又称为耗尽区。另外，从 PN 结内电场阻止多子继续扩散这个角度来说，空间电荷区也可称为阻挡层或势垒区。

（2）PN 结的单向导电性　在 PN 结两端加上不同极性的电压时，PN 结会呈现出不同的导电性能。

1）PN 结外加正向电压。PN 结 P 区接高电位端、N 区接低电位端，称 PN 结**外接正向电压**或 PN 结正向偏置，简称正偏，如图 1-6a 所示。

PN 结正偏时，外电场使空间电荷区变窄，这时内电场减弱，扩散运动将大于漂移运动，从而形成较大的扩散电流，扩散电流通过回路形成正向电流。这时 PN 结所处的状态称为正向导通（简称导通）。PN 结正向导通时，通过 PN 结的电流（正向电流）大，而 PN 结呈现的电阻（正向电阻）小。为了限制正向电流值，通常在回路中串接限流电阻 R。

2）PN 结外加反向电压。PN 结 P 区接低电位端、N 区接高电位端，称 PN 结外接反向电压或 PN 结反向偏置，简称反偏，如图 1-6b 所示。

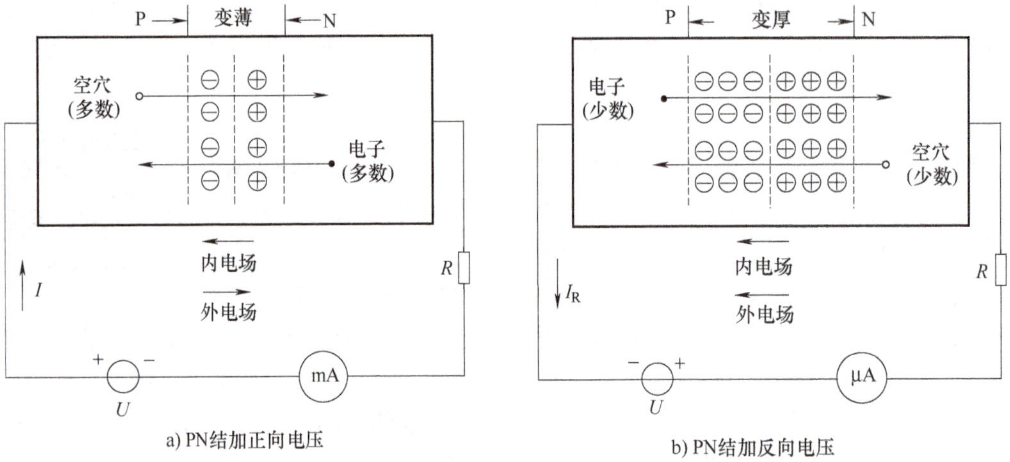

图 1-6　PN 结的单向导电性

PN 结反偏时，外电场使空间电荷区变宽，这时内电场增强，多子的扩散运动受阻，而少子的漂移运动加强，这时通过 PN 结的电流（称为反向电流）由少子的漂移电流决定。由于少子浓度很低，所以反向电流很小，一般为微安级，相对于正向电流可以忽略不计。这时 PN 结所处的状态称为反向截止（简称截止）。此时，PN 结呈现很大的电阻。反向电流几乎不随外加电压而变化，故又称为反向饱和电流。因为温度越高，少数载流子的数目越多，所以温度对反向电流的影响较大。

综上所述，PN 结正偏时导通，呈现很小的电阻，形成较大的正向电流；反偏时截止，呈现很大的电阻，反向电流近似为零。因此，**PN 结具有单向导电特性**。

1.2.2　二极管

1. 二极管的结构与符号

在 PN 结的两端各引出一根电极引线，然后用外壳封装起来就构成了二极管，由 P 区引出的电极称为正极（或阳极），由 N 区引出的电极称为负极（或阴极），其结构示意图如图 1-7a 所示，电路符号如图 1-7b 所示，电路符号中的箭头方向表示正向电流的方向。

按 PN 结面积的大小，二极管可分为点接触型和面接触型两大类。点接触型二极管的 PN 结面积很小，结电容小，不允许通过较大的电流，也不能承受较高的反向电压，但其高频性能好，适用于作高频检波、小功率电路和脉冲电路的开关元件等。例如 2AP1 是点接触型锗二极管，其最大整流电流为 16mA，最高工作频率为 150MHz，但最高反向工作电压只有 20V。

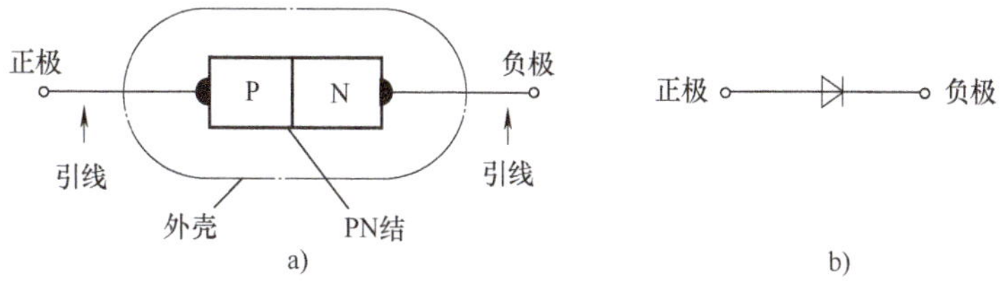

图 1-7　二极管的结构和符号

面接触型二极管的 PN 结面积大，结电容大，可以通过较大的电流，能承受较高的反向电压，适用于低频电路，主要用于整流电路。例如 2CZ53C 为面接触型硅二极管，其最大整流电流为 300mA，最大反向工作电压为 100V，而最高工作频率只有 3kHz。

按照用途不同，二极管分为整流二极管、检波二极管、开关二极管、稳压二极管、发光二极管、快恢复二极管和变容二极管等。常用的二极管有金属、塑料和玻璃三种封装形式，其外形各异，图 1-8 为常见的二极管外形。

有关二极管的器件型号命名的方法参见**附录 A**。

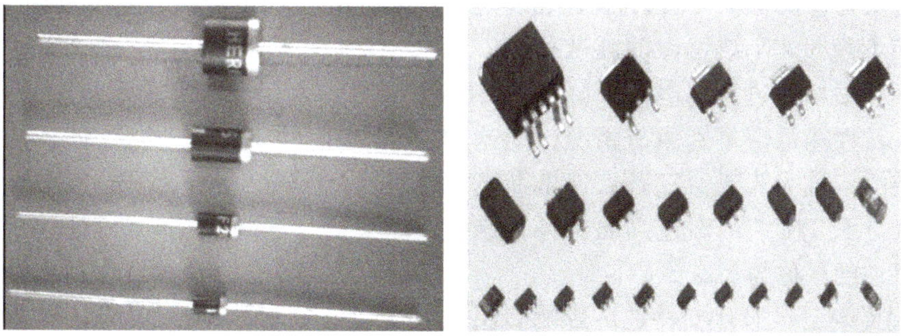

图 1-8　常见的二极管外形

2. 二极管的伏安特性

二极管由一个 PN 结构成，因此，它的特性就是 PN 结的单向导电性。常利用伏安特性曲线来形象地描述二极管的单向导电性。二极管的伏安特性，就是指二极管两端的电压 U_D

和流过二极管的电流 I_D 之间的关系。若以二极管两端的电压 U_D 为横坐标，流过二极管的电流 I_D 为纵坐标，用作图法把电压、电流的对应点用平滑曲线连接起来，就得到了二极管的伏安特性曲线，如图 1-9 所示（图中实线为硅二极管的伏安特性曲线，虚线为锗二极管的伏安特性曲线）。下面就二极管的伏安特性曲线进行说明。

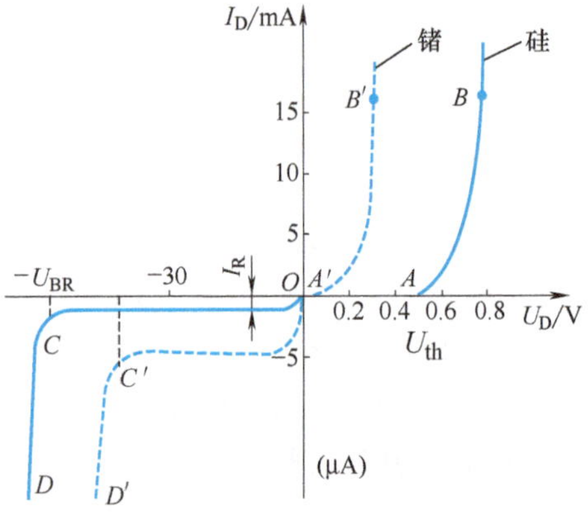

图 1-9 二极管的伏安特性曲线

（1）正向特性 二极管两端加正向电压时，电流和电压的关系称为**二极管的正向特性**，当正向电压比较小时（$0 < U < U_{th}$），外电场不足以克服 PN 结的内电场对多子扩散运动造成的阻力，正向电流极小（几乎为零），二极管呈现为一个大电阻，此区域称为**死区**，电压 U_{th} 称为**死区电压**（又称**门槛电压**）。在室温下硅管 $U_{th} \approx 0.5\text{V}$，锗管 $U_{th} \approx 0.1\text{V}$，如图 1-9 中 *OA*（或 *OA′*）段所示。

当外加正向电压大于 U_{th} 时，PN 结的内电场大为削弱，二极管正向电流随外加电压增加而显著增大，电流与外加电压呈指数关系，二极管呈现很小的电阻而处于导通状态，硅二极管的正向导通压降约为 0.7V，锗二极管的正向导通压降约为 0.3V，如图 1-9 中 *AB*（或 *A′B′*）段所示。

二极管正向导通时，要特别注意它的正向电流不能超过最大值，防止 PN 结被烧坏。

（2）反向特性 二极管两端加上反向电压时，电流和电压的关系称为**二极管的反向特性**，如图 1-9 中 *OC*（或 *OC′*）段所示，二极管的反向电流很小（约等于 I_R），且与反向电压无关，因此，称此电流值为**二极管的反向饱和电流**，这时二极管呈现很大的电阻而处于截止状态，一般硅二极管的反向饱和电流比锗二极管小很多，在室温下，小功率硅管的反向饱和电流小于 0.1μA，锗管为几十微安（μA）。

（3）反向击穿特性 当加在二极管两端的反向电压增大到 U_{BR} 时，二极管内 PN 结被击穿，二极管的反向电流将随反向电压的增加而急剧增大，如图 1-9 中 *CD*（或 *C′D′*）段所示，称此现象为**反向击穿**，U_{BR} 为**反向击穿电压**。二极管反向击穿后，只要反向电流和反向电压的乘积不超过 PN 结容许的耗散功率，二极管一般不会损坏。若反向电压下降到击穿电压以下后，其性能可恢复到原有情况，即这种击穿是可逆的，称为**电击穿**；若反向击穿电流过高，则会导致 PN 结结温过高而烧坏，这种击穿是不可逆的，称为**热击穿**。

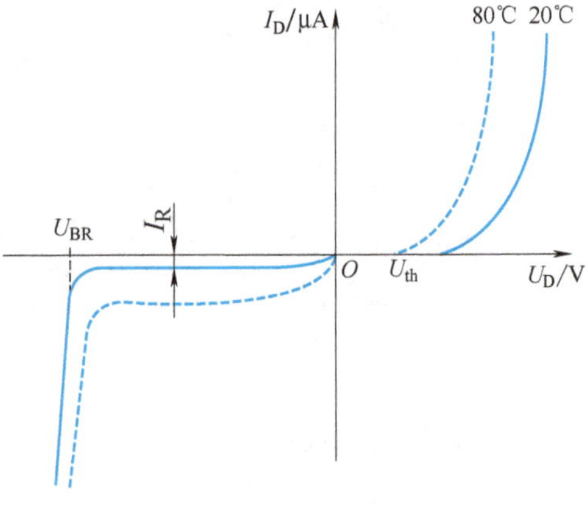

图 1-10 温度对二极管伏安特性的影响

（4）温度对二极管伏安特性的影响 温度对二极管的伏安特性有显著的影响，如图 1-10 所示。当温度升高时，正向特性曲线向左移，反向特性曲线向下移。变化规律是：**在室温附近，温度每升高 1℃，正向压降减小 2～2.5mV，温度每升高 10℃，反向电流约增大一倍**。若温度过高，可能导致PN结消失。一般规定硅管所允许的最高结温为150～200℃，锗管为75～150℃。

3. 二极管的主要参数

实用中一般通过查器件手册，依据参数来合理使用二极管。二极管的主要参数如下：

（1）最大整流电流 I_F　指二极管长期连续工作时，允许通过的最大正向电流的平均值。使用时若超过此值，二极管会因过热而烧坏。点接触型二极管的 I_F 较小，一般在几十毫安以下，面接触型二极管的 I_F 较大。

（2）最高反向工作电压 U_{RM}　指二极管正常工作时，允许施加在二极管两端的最高反向电压（峰值），通常手册上给出的最高反向工作电压 U_{RM} 为击穿电压 U_{BR} 的一半。

（3）反向饱和电流 I_R　指二极管未击穿时的反向电流值。其值会随温度的升高而急剧增加，其值越小，二极管单向导电性能越好。反向电流值会随温度的上升而显著增加，在实际应用中应加以注意。

（4）最高工作频率 f_M　指保证二极管单向导电作用的最高工作频率。当工作频率超过 f_M 时，二极管的单向导电性能就会变差，甚至失去单向导电性。f_M 的大小与PN结的结电容有关，点接触型锗管由于其PN结面积较小，故PN结的结电容很小，通常小于1pF，其最高工作频率可达数百MHz，而面接触型硅管，其最高工作频率只有3kHz。

1.2.3 晶体管

晶体管又称为**双极型半导体晶体管**，因两种载流子（空穴和自由电子）都参与导电而得名，用字母VT表示，它有两大类型，即PNP型和NPN型。实际应用时它的种类有很多，按半导体材料可分为硅管和锗管；按功率大小分为大、中、小功率管；按工作频率分为高频管和低频管；按封装形式分为金属封装和塑料封装等。

1. 晶体管的工作原理

（1）晶体管的结构与符号　晶体管是在一块半导体上通过特定的工艺掺入不同杂质的方法制成两个背靠背的PN结，并引出三个电极构成的，如图1-11所示。

晶体管有三个区，分别是发射区、基区、集电区，各区引出的电极依次是发射极E、基极B、集电极C。发射区和基区形成的PN结称为发射结，集电区和基区形成的PN结称为集电结。

（2）晶体管的电流放大作用　尽管晶体管从结构上看相当于两个二极管背靠背串联在一起，但是把两个二极管按上述关系简单连接时，将会发现并没有放大作用。晶体管之所以有放大作用是由它特殊的内部结构和外部条件共同决定的。

晶体管内部结构有以下特点：

第一，基区很薄，通常只有1微米至几十微米，而且掺杂浓度比较低。

第二，发射区是重掺杂区，所以多数载流子的浓度很大。

第三，集电区的面积最大。

应满足的外部条件：所加的直流电源必须保证发射结正偏，集电结反偏。

1）电路。图1-12中，V_{BB} 为基极电源电压，用于提供发射结正偏电压，使发射结处于正偏状态，R_B 为限流电阻；V_{CC} 为集电极电源电压，它通过 R_C、集电结、发射结形成回路。

由于发射结获正向偏置电压，其压降值很小（硅管约为0.7V），所以 V_{CC} 主要降落在电

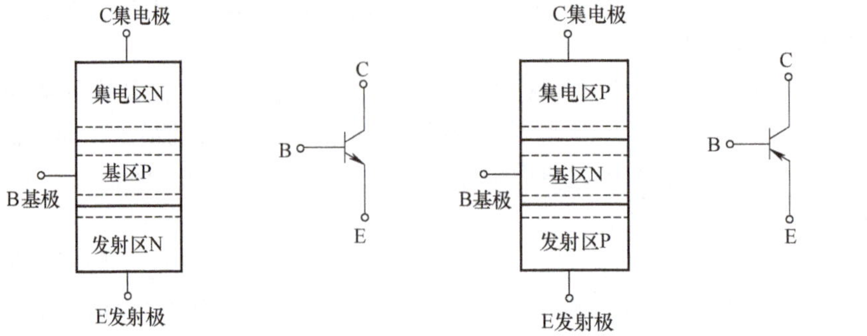

a) NPN型管结构示意图 b) NPN型管符号 c) PNP型管结构示意图 d) PNP型管符号

e) 常见实物

图 1-11 晶体管的结构示意图、符号和常见实物

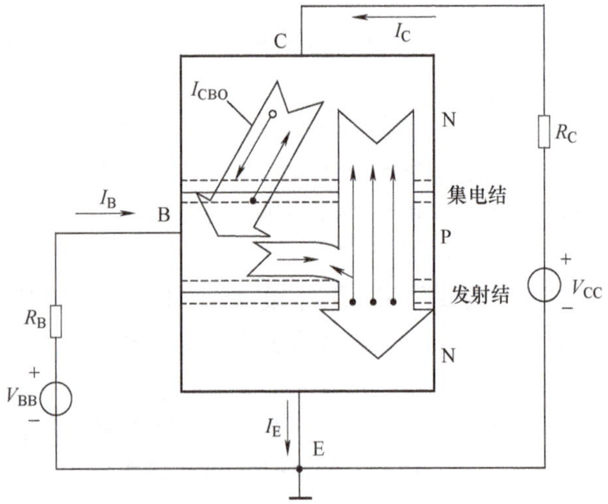

图 1-12 NPN 型晶体管中载流子的运动和各级电流

阻 R_C 和集电结两端，使集电结获得反向偏置电压，使集电结处于反偏状态。这样，V_{BB}使发射结处于正偏状态，V_{CC}使集电结处于反偏状态，满足了放大作用的外部条件。图中发射极 E 是输入回路和输出回路的公共端，这种连接方式的电路称为共发射极电路。

2）载流子的运动规律。电源 V_{BB}经过电阻 R_B 使发射结正偏，这样发射区的多数载流子（自由电子）不断越过发射结而进入基区。电子进入基区后，少数电子通过基极流出，形成基极电流，剩下大量的电子使基区靠近发射结的电子浓度很大，而靠近集电结的电子浓度很低，这样在基区存在明显的浓度差，在浓度差的作用下，促使电子流在基区中向集电结扩散，由于集电结外加反向电压，这个反向电压产生的电场将阻止集电区的电子向基区扩散，但能够促使基区内扩散到集电结附近的电子作漂移运动到达集电区，形成集电极电流。

3）晶体管的电流分配关系。综合载流子的运动规律，晶体管内的电流分配如图 1-13 所示，图中箭头方向表示电流方向。

根据图 1-13 知，电流关系如下：

$$\left.\begin{aligned} I_B &= I_{BN} - I_{CBO} \\ I_C &= I_{CN} + I_{CBO} \\ I_E &= I_{BN} + I_{CN} \end{aligned}\right\} \tag{1-1}$$

从而可推出 $I_E = I_C + I_B$ (1-2)

由载流子的运动规律可知，从发射区注入基区的电子只有很小一部分在基区复合掉，绝大部分到达集电区，即 $I_{CN} \gg I_{BN}$，若它们的比值用$\bar{\beta}$来表示，则有

$$\bar{\beta} = \frac{I_{CN}}{I_{BN}} \tag{1-3}$$

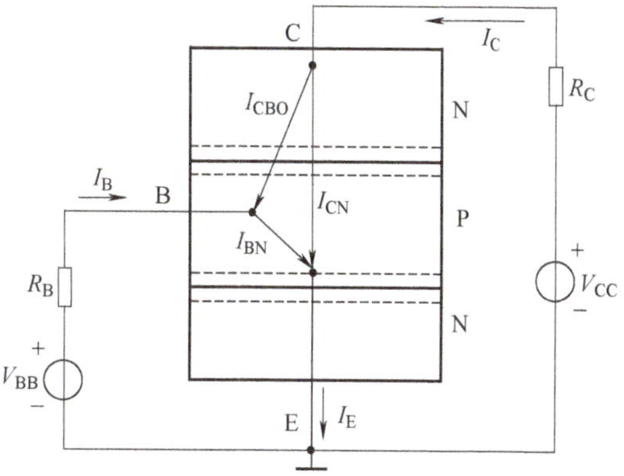

图 1-13 电流分配关系

$\bar{\beta}$反映了晶体管的电流放大能力，称为晶体管共发射极放大电路的直流电流放大系数，可见$\bar{\beta}$远大于 1，它的大小取决于基区中载流子扩散和复合的比例关系，这种比例关系是由管子的内部结构决定的，一旦管子制成，这种比例关系（$\bar{\beta}$）也就确定了。

对照图 1-13 和上面几个表达式，各级电流满足下列分配关系：

$$\bar{\beta} = \frac{I_{CN}}{I_{BN}} = \frac{I_C - I_{CBO}}{I_B + I_{CBO}} \approx \frac{I_C}{I_B} \tag{1-4}$$

$$I_C = \bar{\beta} I_B + (1 + \bar{\beta}) I_{CBO} \approx \bar{\beta} I_B \tag{1-5}$$

令

$$I_{CEO} = (1 + \bar{\beta}) I_{CBO} \tag{1-6}$$

式中，I_{CEO}为穿透电流，即

$$I_C = \bar{\beta} I_B + I_{CEO} \tag{1-7}$$

由式（1-2）和式（1-3）可知

$$I_E > I_C > I_B \tag{1-8}$$

由上述电流分配关系可知，在共发射极电路中，集电极电流 I_C 正比于基极电流 I_B。如果能控制 I_B 就能控制 I_C，而与集电极外部电路无关，所以晶体管是一个电流控制器件。

以上分析的是 NPN 型晶体管的电流放大原理，对于 PNP 型晶体管，其工作原理相同，只是晶体管各级电压极性相反，发射区发射的载流子是空穴而不是电子。

2. 晶体管的三种连接方式

晶体管有三个电极，而在连成电路时，必须有两个电极接输入回路，两个电极接输出回路，这样必然就有一个公共端公用，根据公共端的不同，可以有三种基本连接方式。

(1) 共发射极接法　共发射极接法（简称共射接法）以基极为输入端，集电极为输出端，发射极为公共端，电路如图 1-14a 所示。

(2) 共基极接法　共基极接法（简称共基接法）以发射极为输入端，集电极为输出端，基极为公共端，电路如图 1-14b 所示。

(3) 共集电极接法　共集电极接法（简称共集接法）以基极为输入端，发射极为输出端，集电极为公共端，电路如图 1-14c 所示。

图 1-14 中的“⊥”表示公共端，亦称接地端，无论采用哪种接法，要实现放大，都必须满足“发射结正向偏置，集电结反向偏置”这一外部条件。

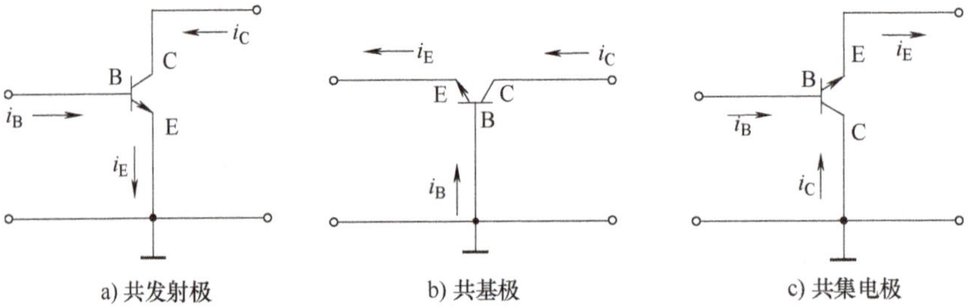

图 1-14　晶体管的三种基本连接方式

3. 晶体管的特性曲线

晶体管的特性曲线全面反映了晶体管各级电压与电流之间的关系，是分析晶体管各种电路的重要依据。晶体管各电极电压与电流之间的关系可用伏安特性曲线来表示，伏安特性曲线可用晶体管特性图示仪测得，下面对共发射极电路的伏安特性曲线进行讨论。

(1) 输入特性曲线　如图 1-15a 所示，由输入回路写出晶体管输入特性的函数式为

$$i_B = f(u_{BE})\big|_{u_{CE}=\text{常数}} \tag{1-9}$$

实际测得的某 NPN 型硅晶体管的输入特性曲线如图 1-15b 所示，由图可见曲线形状与二极管的正向伏安特性类似，不过，它与 u_{CE} 有关，$u_{CE}=1V$ 的输入特性曲线比 $u_{CE}=0V$ 的曲线向右移动了一段距离，即 u_{CE} 增大曲线向右移，但当 $u_{CE}>1V$ 后，曲线右移距离很小，可以近似认为与 $u_{CE}=1V$ 时的曲线重合，在实际使用中，u_{CE} 总是大于 1V 的。由图可见，只有 u_{BE} 大于 0.5V（称为**死区电压**）后，i_B 才随 u_{BE} 的增大迅速增大，正常工作时管压降 u_{BE} 为 0.6~0.8V，通常取 0.7V，称之为**导通电压** $\boldsymbol{U_{BE(on)}}$。对锗管，死区电压约为 0.1V，正常工作时管压降为 0.2~0.3V，导通电压 $U_{BE(on)}\approx 0.2V$。

(2) 输出特性曲线　根据图 1-15a 所示的输出回路，可写出晶体管输出特性的函数式为

$$i_C = f(u_{CE})\big|_{i_B=\text{常数}} \tag{1-10}$$

由图 1-15c 可见，根据晶体管的工作状态可将输出特性分为放大区、截止区和饱和区。

1) 放大区。在 $i_B=0$ 的特性曲线上方，各条输出特性曲线是近似平行于横轴的曲线簇部分。不同 i_B 的特性曲线的形状基本上是相同的，而且 $u_{CE}>1V$ 后，特性曲线几乎与横轴

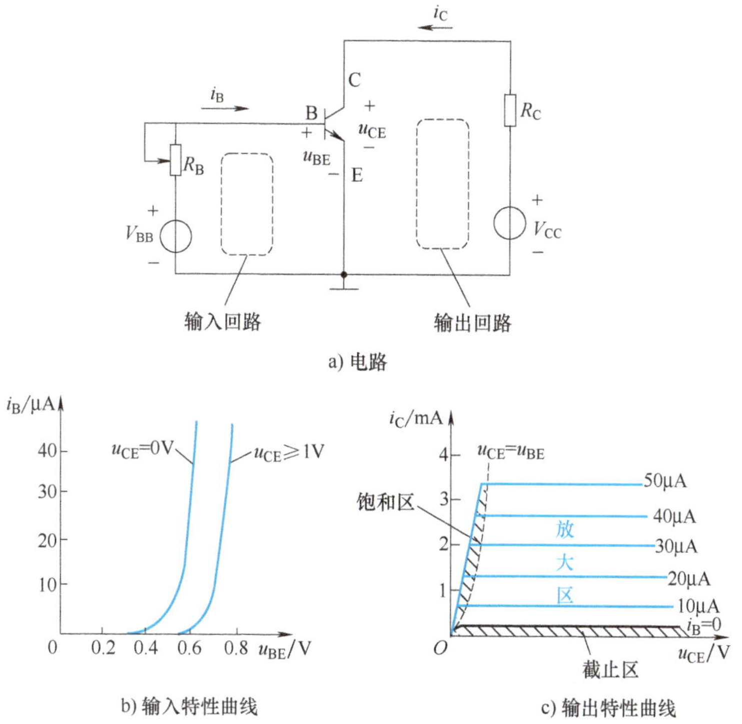

a) 电路

b) 输入特性曲线　　c) 输出特性曲线

图 1-15　NPN 型晶体管共发射极电路特性曲线

平行，i_B 等量增加时，曲线等间隔地平行上移。即 i_B 为常数的情况下，晶体管 u_{CE} 增大时，i_C 几乎不变，即具有恒流特性。在放大区，i_C 随 i_B 变化，即 $i_C=\overline{\beta}i_B$。所以把这一区域称为**放大区**。此时发射结处于正向偏置且 $u_{BE}>0.5V$，集电结处于反向偏置且 $u_{CE}\geqslant 1V$。

2）截止区。在 $i_B=0$ 曲线以下的区域称为**截止区**，这时 $i_C=0$。集电极到发射极只有微小的电流，称其为**穿透电流**。晶体管集电极与发射极之间近似开路，类似开关断开状态，无放大作用，呈高阻状态。此时 u_{BE}低于死区电压，晶体管截止，发射结和集电结都处于反向偏置。

3）饱和区。u_{CE}比较小，且小于 u_{BE}时，$u_{CB}=u_{CE}-u_{BE}<0$，i_C 随 u_{CE}的增大迅速上升而与 i_B 不成比例，即不具有放大作用，这一区域称为**饱和区**。在饱和区晶体管的发射结和集电结都处于正向偏置，晶体管 C、E 之间的压降很小。把晶体管工作在饱和区时 C、E 之间的压降称为**饱和压降**，记作 $U_{CE(sat)}$。此时晶体管集电极与发射极之间近似短路，类似开关接通状态。常把 $u_{CE}=u_{BE}$定为放大状态与饱和状态的分界点，在这曲线上，晶体管既在放大区又在饱和区，叫作**临界饱和状态**。

综上所述，晶体管工作在放大区，具有电流放大作用，常用于构成各种放大电路；晶体管工作在截止区和饱和区，相当于开关的断开与接通，常用于开关控制与数字电路。

综上所述，工作在不同的区域各电极之间的电位关系不同。以 NPN 型晶体管为例，工作于放大区时 $V_C>V_B>V_E$，工作于截止区时 $V_C>V_E>V_B$，工作于饱和区时 $V_B>V_C>V_E$。对于 PNP 型晶体管来说，它工作在各区时各极的电位关系与 NPN 型管各极电位关系正好相反。

（3）温度对特性曲线的影响　温度对晶体管特性影响较大，输入、输出特性曲线簇都随温度的变化而变化。温度升高，输入特性曲线向左移，即温度每升高1℃，晶体管的导通电压减少2～2.5mV，如图1-16a所示。温度每升高10℃，i_{CBO}约增大1倍，因此温度升高，输出特性曲线向上移。此外温度每升高1℃，$\overline{\beta}$增大（0.5～1)%，如图1-16b所示。

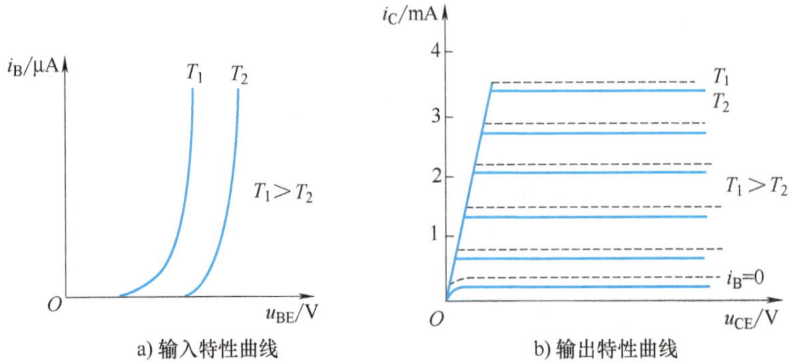

图1-16 温度对晶体管特性曲线的影响

4. 晶体管的主要参数

在实际应用晶体管时，必须合理选择，这就必须根据晶体管的参数来选取合适的晶体管。掌握晶体管的参数有助于合理选取并安全使用晶体管，其主要参数有电流放大系数、极间反向饱和电流以及极限参数等。

（1）电流放大系数 电流放大系数的大小反映了晶体管放大能力的强弱。

1）共发射极电流放大系数。晶体管电流放大系数可分为直流电流放大系数和交流电流放大系数两种。

① 直流电流放大系数，常用$\overline{\beta}$表示，定义为晶体管的集电极电流I_C与基极电流I_B之比，即$\overline{\beta}\approx\frac{I_C}{I_B}$。

② 交流电流放大系数，常用β表示，定义为集电极电流的变化量Δi_C与基极电流的变化量Δi_B之比，即$\beta=\frac{\Delta i_C}{\Delta i_B}$。有时$\beta$用$h_{fe}$表示。

显然，β和$\overline{\beta}$的定义是不同的，$\overline{\beta}$反映的是集电极的直流电流与基极的直流电流之比，而β是集电极的交流电流与基极的交流电流之比，但在实际应用中，当工作电流不十分大的情况下，β与$\overline{\beta}$值几乎相等，故在应用中不再区分，均用β表示。

2）共基极电流放大系数。

① 直流电流放大系数，常用$\overline{\alpha}$表示，定义为晶体管的集电极电流I_C与发射极电流I_E之比，即$\overline{\alpha}\approx\frac{I_C}{I_E}$。

② 交流电流放大系数，常用α表示，定义为晶体管的集电极电流的变化量Δi_C与发射极电流的变化量Δi_E之比，即$\alpha=\frac{\Delta i_C}{\Delta i_E}$。

一般情况下$\overline{\alpha}\approx\alpha$，且为常数，故可混用，其值小于1而接近1，一般在0.98以上，即共基极接法时，晶体管无电流放大能力。根据以上关系可以得到α和β的关系为

$$\alpha = \frac{\beta}{\beta + 1} \tag{1-11}$$

（2）极间反向饱和电流　极间反向饱和电流同电流放大系数一样，也是表征晶体管优劣的主要指标。常用的极间反向饱和电流有 I_{CBO} 和 I_{CEO}。

I_{CBO} 为发射极开路时集电极和基极之间的反向饱和电流。室温下，小功率硅管的 I_{CBO} 小于 1μA，锗管约为几微安到几十微安。

I_{CEO} 为基极开路时，集电极直通到发射极的电流，由于它是从集电区通过基区流向发射区的电流，所以又叫穿透电流。由前面讨论可知：

$$I_{CEO} = (1 + \beta) I_{CBO} \tag{1-12}$$

无论 I_{CBO} 还是 I_{CEO}，受温度的影响都很大。当温度升高时，I_{CBO} 增加很快，而 I_{CEO} 增加更快，I_C 也相应增加，因此晶体管的温度稳定性较差，这是它的一个缺点。I_{CBO} 越大，β 越高的管子，其稳定性越差。因此在选用晶体管时，要求 I_{CBO} 尽可能小些，而 β 以不超过 100 为宜。

硅材料管的稳定性能胜于锗材料管，所以在温度变化较大的环境中，应选用硅材料管。

（3）极限参数　极限参数是指晶体管正常工作时不得超过的最大值，以此保证晶体管的正常工作。使用晶体管时，若超过这些极限值，将会使管子性能变差，甚至损坏。

1）集电极最大允许电流 I_{CM}。当集电极电流太大时 β 值明显降低。β 下降到正常值的 2/3时所对应的集电极电流值即为集电极最大允许电流 I_{CM}。使用中若 $i_C > I_{CM}$，晶体管不一定会损坏，但 β 值明显下降。

2）集电极最大允许功率损耗 P_{CM}。晶体管工作时 u_{CE} 的大部分降在集电结上，因此，集电结功率损耗（简称功耗）$P_C = u_{CE} i_C$，近似为集电结功耗，它将使集电结温度升高而使晶体管发热。P_{CM} 就是由允许的最高集电结结温决定的最大集电极功耗，工作时 P_C 必须小于 P_{CM}。

3）反向击穿电压 $U_{(BR)CEO}$。基极开路时集电极、发射极之间最大反向允许电压称为反向击穿电压 $U_{(BR)CEO}$，当 $U_{CE} > U_{(BR)CEO}$ 时，晶体管的 I_C、I_E 剧增，使晶体管击穿。

根据三个极限参数 I_{CM}、P_{CM}、$U_{(BR)CEO}$ 可以确定晶体管的安全工作区。如图 1-17 所示，晶体管工作时必须保证工作在安全工作区内，并留有一定的余量。

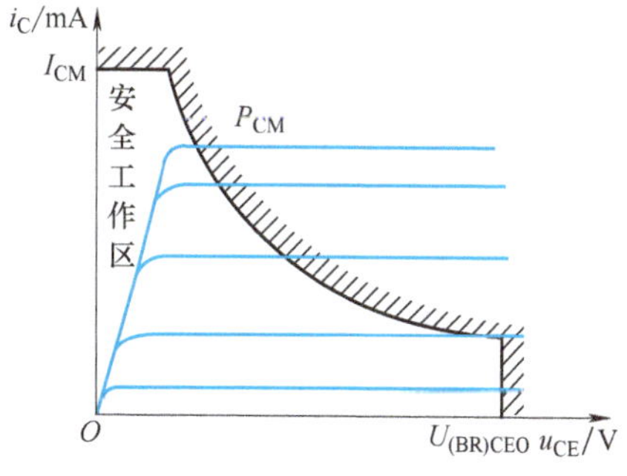

图 1-17　晶体管的安全工作区

1.3　项目实施

1.3.1　任务一　二极管伏安特性测试

1. 实验目的

1）了解二极管的特性。

2）掌握二极管伏安特性的测试方法。

3）学会用逐点法描绘二极管的伏安特性曲线。

4）加深对二极管基本特性的理解。

2. 实验原理

二极管由一个 PN 结构成，具有单向导电作用。加正向电压时，二极管导通，呈现很小的电阻，称其为正向电阻，二极管截止时，呈现高阻，称为反向电阻。

根据其原理，可以用万用表电阻档测量出二极管的正、反向电阻，来判断二极管的管脚极性。测二极管的正向电阻时，万用表的黑表笔应接二极管的正极，红表笔接二极管的负极。测二极管的反向电阻时，万用表的黑表笔应接二极管的负极，那么红表笔接其正极。

二极管质量好坏的判断，关键是看它有无单向导电性。正向电阻越小、反向电阻越大的二极管，其质量越好。如果一个二极管的正、反向电阻值相差不大，则必为劣质管。如果正、反向电阻都是无穷大或是零，则二极管内部已经断路或被击穿短路。

二极管的伏安特性是指加在二极管两端的电压与流过二极管的电流之间的关系。可用逐点测试法测量二极管的伏安特性。

根据二极管的特性，常常将二极管用在整流、限幅及检波等电路中。

3. 实验仪器设备

1）直流稳压电源。

2）万用表（500 型）。

3）电流表 10mA ×1、±100μA ×1。

4. 实验器材

1）电阻 1kΩ。

2）电位器。

3）二极管 4007。

5. 实验电路

实验电路如图 1-18 和图 1-19 所示。

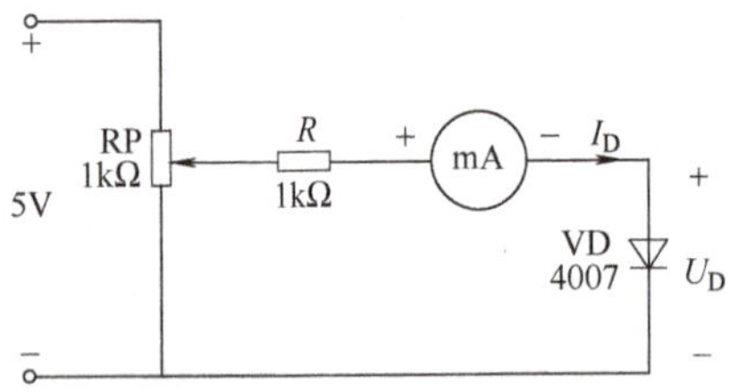

图 1-18 二极管的正向特性测试图

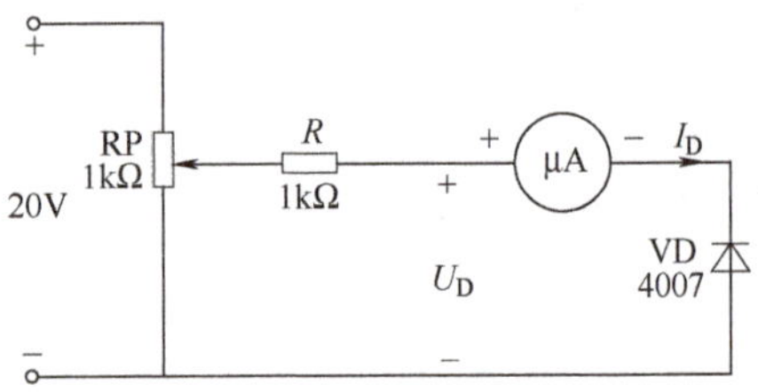

图 1-19 二极管的反向特性测试图

6. 实验步骤及内容

（1）用万用表判断二极管的管脚极性及其质量的好坏

1）将万用表置于 R ×1k（R ×100）档，调零。

2）取二极管，用万用表测其电阻，并记录数据。

3）二极管不动，调换万用表的红、黑表笔的位置，再测二极管的电阻，记下所测数值。

4）根据测量的数据，判断二极管的管脚极性及其质量好坏。

（2）用逐点测试法测二极管的正向特性

1）按图1-18正确连接电路，其中二极管是硅管4007，电位器RP是1kΩ。电流表的量程是10mA。

2）调节直流稳压电源，使其输出为5V，加上电路。

3）调节RP使二极管两端电压U_D（用万用表监测）按表1-1的数值变化，每调一个电压，观察电路中电流表示数的变化，结果填入表1-1中。

表1-1 二极管的正向特性测试

U_D/V	0	0.1	0.2	0.3	0.4	0.5	0.6	0.65	0.7
I_D/mA									

（3）用逐点测试法测二极管的反向特性

1）按图1-19正确连接电路，其中电流表是±100μA，注意二极管要反接。

2）调节稳压电源，使其输出为20V，然后接入电路。

3）调节RP使二极管两端电压U_D（用万用表监测，注意监测位置）按表1-2的数值变化，每调一个电压，观察微安表示数（I_D）的变化。结果填入表1-2中。

表1-2 二极管的反向特性测试

U_D/V	0	1	2	4	6	8	15
I_D/μA							

（4）伏安特性曲线 根据表1-1和表1-2测得的结果，在同一坐标系中画出二极管的正、反向伏安特性曲线。

7. 注意事项

用万用表监测二极管两端电压时，图1-18中可采用外接法也可采用内接法测量，而图1-19中只能采用内接法测量。

8. 思考题

在测量时，什么是内接法？什么是外接法？什么情况下采用内接法？什么情况下采用外接法？为什么图1-19所示电路中监测二极管两端的电压时，只能采用内接法，而图1-18中内接外接均可？

1.3.2 任务二 晶体管伏安特性测试

1. 实验目的

1）掌握晶体管三个电极的判断方法。

2）了解晶体管的伏安特性测试方法。

3）学会用逐点法描绘晶体管的输入特性曲线和输出特性曲线。

2. 实验原理

晶体管实质上是两个PN结。为了方便理解，可以将它近似地看成两个反向串联的二极管，由此可以用万用表来判断晶体管的极性和类型。

（1）晶体管的基极与类型的判断 晶体管的集电极与发射极之间为两个反向串联的PN

结，因此，两个电极之间的电阻很大。在晶体管的三个管脚中任取两个电极，将万用表置于 R×1k（R×100）档，测量它们之间的电阻，若很大，对调万用表的红、黑表笔后再测这两个电极间的电阻，若仍很大，则剩下的那只管脚为基极；若两次测得的电阻值一大一小，则基极一定是这两只管脚中的一个。

晶体管的基极找到以后，将万用表的黑表笔搭接在基极上，红表笔分别搭接在另外两只管脚上，若测得的电阻值均较小（几千欧以下，即为正向电阻），则该管为 NPN 型晶体管；若电阻值很大（几百千欧以上，即为反向电阻），则该管为 PNP 型晶体管。

（2）集电极的判别　对于 NPN 型的管子，当晶体管的基极测出来以后，在剩余的两只管脚中任取一只，并假定它为集电极。在假定的集电极与基极之间连接一只大电阻（100kΩ左右，可以用手来代替）。万用表置于 R×1k 档，并将黑表笔接于假设的集电极上，红表笔接在假设的发射极上，观察此时万用表的指针偏转情况。再假设另一个脚为集电极，方法同上面，再观察此时万用表的指针偏转情况。两次测得的电阻进行比较可得：万用表指针偏转大的（即测得电阻小的）假设正确。

对于 PNP 型的管子，方法与 NPN 型相似，只是万用表的表笔接法不同：把假设的集电极接红表笔，假设的发射极接黑表笔。其他同 NPN 型的管子。

（3）晶体管的伏安特性　晶体管的伏安特性有输入特性和输出特性。

输入特性研究的是当 u_{CE} 为常数时，i_B 和 u_{BE} 之间的关系。即

$$i_B = f(u_{BE})\big|_{u_{CE}=\text{常数}}$$

输出特性研究的是当 i_B 为常数时，i_C 和 u_{CE} 之间的关系。即

$$i_C = f(u_{CE})\big|_{i_B=\text{常数}}$$

3. 实验仪器设备

1）直流稳压电源。

2）万用表。

3）电流表　10mA×1、±100μA×1。

4. 实验器材

1）晶体管 3DG6。

2）电位器 10kΩ×2。

3）电阻 100kΩ×1、1kΩ×1。

5. 实验电路

实验电路如图 1-20 所示。

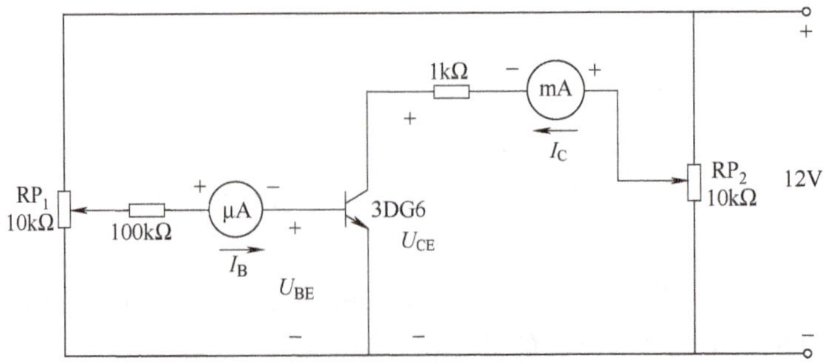

图 1-20　晶体管伏安特性测试电路

6. 实验步骤及内容

（1）用万用表判断晶体管的好坏和极性 根据实验原理来判断晶体管的好坏和极性。

（2）晶体管的输入特性测试

1）按图1-20将各元器件连接起来，其中晶体管为3DG6，两个电位器为10kΩ，电流表分别为10mA和±100μA，注意位置不能接错。

2）调好直流稳压电源，加入电路中。

3）调节RP_1使U_{BE}按表1-3中的数值变化，调RP_2使$U_{CE}=1V$不变。观察不同的U_{BE}对应的I_B的大小，结果填入表中。

4）根据测量结果画出晶体管的输入特性曲线。

表1-3 晶体管的输入特性测试

U_{BE}/V	0	0.1	0.2	0.3	0.4	0.5	0.6	0.65	0.7
I_B/μA									

（3）晶体管的输出特性测试

1）在（2）的基础上，电路不变，调节RP_1使I_B按表1-4所给的数值变化，然后再调节RP_2改变U_{CE}，测出对应的I_C，结果填入表1-4中。

2）根据测量结果画出晶体管的输出特性曲线。

表1-4 晶体管的输出特性测试

U_{CE}/V I_C/mA I_B/μA	0	0.2	0.4	0.5	0.6	0.7	1	2	4	6
0										
20										
40										
60										

7. 思考题

1）如何用万用表来判别晶体管的好坏和极性。

2）如何从晶体管的输出特性曲线来计算晶体管的β的大小。

1.4 拓展知识

1.4.1 二极管的应用电路

普通二极管是电子电路中最常用的半导体器件之一，其应用非常广泛。利用二极管的单向导电性及导通时正向压降很小等特点，可完成整流、检波、钳位、限幅、开关及电路元件保护等任务。

1. 整流电路

所谓整流，就是将交流电变成脉动直流电。利用二极管的单向导电性可组成多种形式的整流电路，常用的二极管整流电路有单相半波整流电路和桥式整流电路等。这些内容将在项目三中详细介绍。

2. 钳位电路

钳位电路是指能把一个周期信号转变为单向的（只有正向或只有负向）或叠加在某一直流电平上，而不改变它的波形的电路。在钳位电路中，电容是不可缺少的元件。图1-21a为一个实用的二极管正钳位电路，我们分析一下它的工作原理。设 $t=0$ 时电容上的初始电压为零，$t=0_+$ 时，$u_i=U_m$，输入信号经二极管VD向电容充电，充电时间常数极小，最终电容上的电压大小为 U_m。此过程中二极管导通 $u_o=0$ 并且将一直保持到 $t=t_1$。

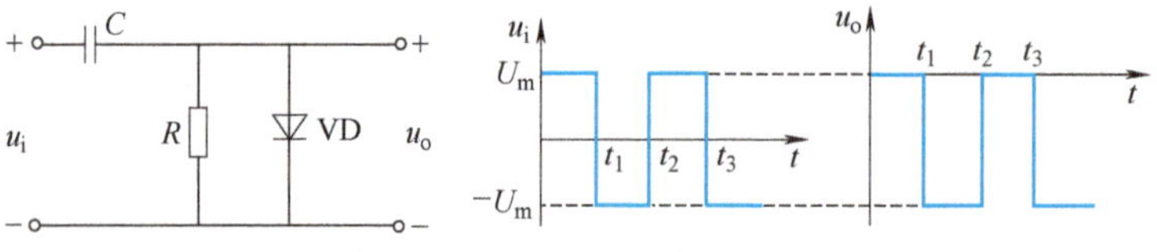

a) 正钳位电路　　b) 输入、输出波形

图1-21　钳位电路

当 u_i 突降到 $-U_m$，二极管截止，如果电阻和电容再足够大，电容通过 R 放电，由于 R 较大，放电速度较慢，时间常数 RC 远大于输入信号周期，则电容上的充电电压一直保持为 U_m，于是输出电压为 $u_o=u_i-U_m=-2U_m$，并一直保持到 t_2，其输入输出波形如图1-21b所示。显然，输出信号总不会是正值，所以称为正钳位电路。

3. 限幅电路

当输入信号电压在一定范围内变化时，输出电压随输入电压相应变化；而当输入电压超出该范围时，输出电压保持不变，这就是限幅电路。通常将输出电压 u_o 开始不变的电压值称为**限幅电平**，当输入电压高于限幅电平时，输出电压保持不变的限幅称为**上限幅**；当输入电压低于限幅电平时，输出电压保持不变的限幅称为**下限幅**。

限幅电路如图1-22所示。改变 E 值就可改变限幅电平。下面就并联上限幅电路加以说明。

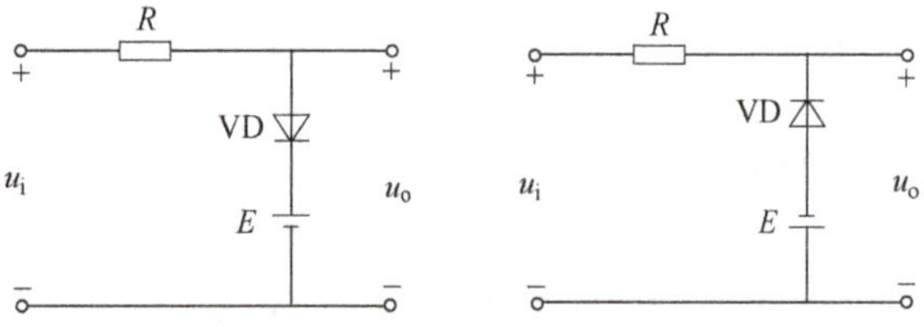

a) 并联上限幅电路　　b) 并联下限幅电路

图1-22　二极管限幅电路

$E=0$V 时，限幅电平为0V。当 $u_i>0$ 时二极管VD导通，$u_o=0$；当 $u_i<0$ 时，二极管VD截止，$u_o=u_i$。波形如图1-23a所示。

如果 $0<E<U_m$，则限幅电平为 $+E$。当 $u_i<E$ 时，二极管VD截止，$u_o=u_i$；当 $u_i>E$ 时，二极管导通，$u_i=E$。波形如图1-23b所示。

如果 $-U_m<E<0$，则限幅电平为 $E<0$，波形如图1-23c所示。

4. 元件保护电路

在电子电路中常用二极管来保护其他元器件，图1-24所示为用二极管保护其他元器件免受过高电压损害的电路。

在开关S接通时，电源 E 给线圈供电，L 中有电流流过，储存了磁场能量。在开关S由

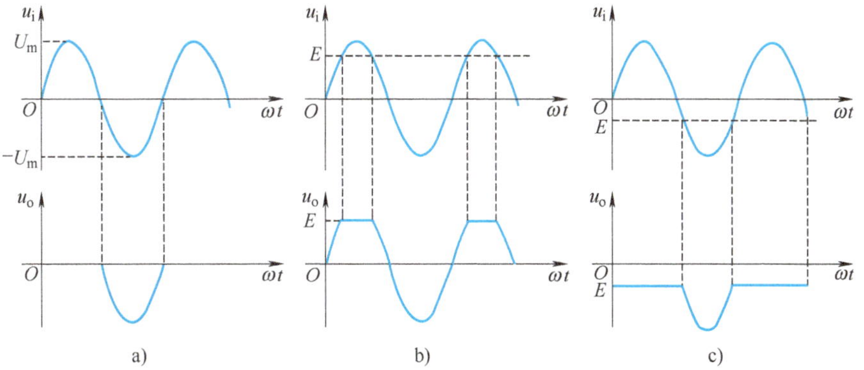

图 1-23 二极管并联上限幅电路波形图

接通到断开的瞬间，电流突然中断，L 中将产生一个高于电源电压很多倍的自感电动势 e_L，e_L与 E 叠加作用在开关 S 的端子上，会产生电火花放电，这将影响设备的正常工作，使开关 S 寿命缩短。接入二极管 VD 后，e_L 通过二极管 VD 产生放电电流 i，使 L 中存储的能量无需经过开关 S 放掉，从而保护了开关 S。

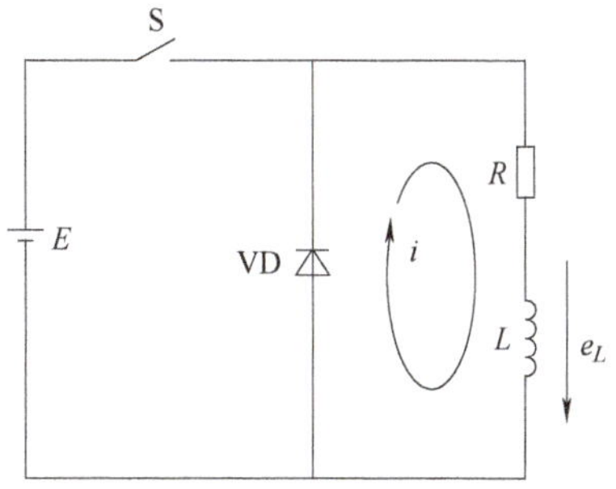

图 1-24 二极管保护电路

普通二极管除以上所介绍的应用外，还有许多其他实际用途，这里就不一一介绍了。随着半导体技术的发展，二极管的应用范围将会越来越广。

1.4.2 特殊二极管

前面主要讨论了普通二极管，另外还有一些特殊用途的二极管，如稳压二极管、发光二极管、光电二极管和变容二极管等，现介绍如下。

1. 稳压二极管

稳压二极管又名齐纳二极管，简称稳压管，是一种采用特殊工艺制作的面接触型硅二极管，这种二极管的杂质浓度大，容易被反向击穿，其反向击穿时的电压基本上不随电流的变化而变化，从而达到稳压的目的。

（1）稳压二极管的伏安特性和符号　图 1-25 所示为稳压二极管的伏安特性曲线、符号和常见实物。其正向特性与普通二极管相似，不同的是反向击穿电压较低，且击穿特性曲线很陡，其反向击穿是可逆的，只要对反向电流加以限制，就不会发生“热击穿”，当去掉反向电压后，稳压二极管又恢复正常。稳压二极管在电路中起稳压作用时应工作在反向击穿区，反向电流在很大范围内变化时，击穿电压基本不变，因而具有稳压作用。

（2）稳压二极管的主要参数

1）稳定电压 U_Z。稳定电压是指当流过规定电流时，稳压二极管两端的反向电压值，其值决定于稳压二极管的反向击穿电压。不同型号的稳压二极管其稳定电压值不同。同一型号的管子，由于制造工艺的分散性，各个管子的 U_Z值也有差别。例如稳压二极管 2CW21A，其稳定电压的范围为 4 ~ 5.5V，但对某一只稳压二极管而言，稳定电压 U_Z是确定的。

2）稳定电流 I_Z。稳定电流是指稳压二极管工作在稳压状态时，稳压二极管中的电流，

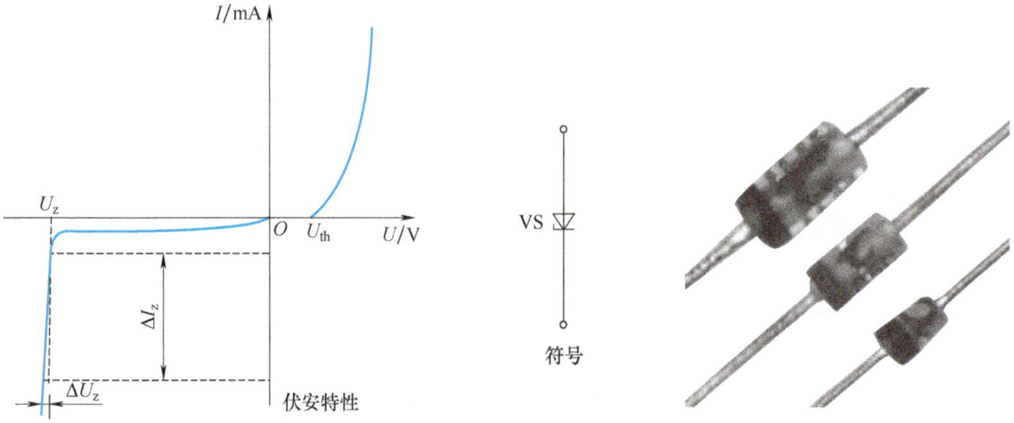

a) 伏安特性曲线　　b) 电路符号　　c) 常见实物

图 1-25　稳压二极管的伏安特性曲线、符号和常见实物

当工作电流低于 I_Z时，稳压效果变差，若低于最小稳定电流 I_{min}，则稳压二极管将失去稳压作用；当大于最大稳定电流 I_{max}时，管子将因过电流而损坏。一般情况是工作电流较大时，稳压性能较好。但电流要受稳压二极管功耗的限制。

3）最大耗散功率 P_{ZM}。它是指稳压二极管正常工作时，管子上允许的最大耗散功率。若使用中稳压二极管的耗散功率超过此值，管子会因过热而损坏。稳压二极管的最大功率损耗和 PN 结的面积、散热条件等有关。由耗散功率 P_{ZM}和稳定电压 U_Z可以决定最大稳定电流 I_{max}。稳压二极管正常工作时，PN 结的耗散功率为 $P_Z = U_Z I_Z$。

4）电压温度系数 σ。σ 指稳压二极管温度变化 1℃时，所引起的稳定电压变化的百分比。一般情况下，稳定电压大于 7V 的稳压二极管的 σ 为正值，即当温度升高时，稳定电压值增大。而稳定电压小于 4V 的稳压二极管，σ 为负值，即当温度升高时，稳定电压值减小。如 2CW11，$U_Z = 3.2 \sim 4.5V$，$\sigma = -(0.05\% \sim 0.03\%)/℃$，若 $\sigma = -0.05\%/℃$，则表明当温度升高 1℃时，稳定电压减小 0.05%。稳定电压为 4～7V 的稳压二极管，其 σ 值较小，稳定电压值受温度影响较小，性能比较稳定。

5）动态电阻 r_Z。r_Z是稳压二极管工作在稳压区时，两端电压变化量与电流变化量之比，即 $r_Z = \Delta U/\Delta I$。r_Z值越小，则稳压性能越好。同一稳压二极管一般工作电流越大时，r_Z值越小。通常手册上给出的 r_Z值是在规定的稳定电流下测得的。

（3）使用稳压二极管应注意的问题

1）稳压二极管稳压时，一定要外加反向电压，保证管子工作在反向击穿区。当外加的反向电压值大于或等于 U_Z时，才能起到稳压作用；若外加的电压值小于 U_Z，则稳压二极管相当于普通的二极管使用。

2）在稳压二极管稳压电路中，一定要配合限流电阻的使用，保证稳压二极管中流过的电流在规定的范围之内。

（4）稳压二极管应用电路

例 1-1　如图 1-26 所示的稳压二极管稳压电路中，若限流电阻 $R = 1.6k\Omega$，$U_Z = 12V$，$I_{Zmax} = 18mA$，通过稳压二

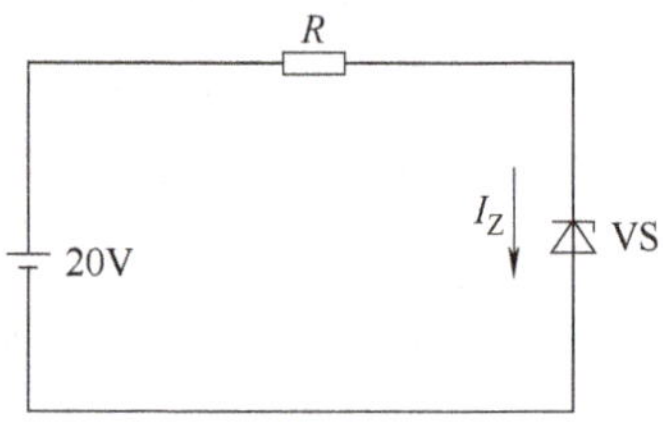

图 1-26　稳压二极管稳压电路

极管 VS 的电流 I_Z 等于多少？限流电阻的值是否合适？

解： 由图可知，$I_Z=\dfrac{(20-12)\text{V}}{1.6\text{k}\Omega}=5\text{mA}$

因为 $I_Z<I_{Zmax}$，可知限流电阻的值合适。

例 1-2 稳压二极管限幅电路如图 1-27a 所示，输入电压 u_i 为幅度为 10V 的正弦波，电路中使用两个稳压二极管对接，已知 $U_{Z1}=6\text{V}$，$U_{Z2}=3\text{V}$，稳压二极管的正向导通压降为 0.7V，试对应输入电压 u_i 画出输出电压 u_o 的波形。

解： 输出电压 u_o 的波形如图 1-27b 所示，u_o 被限定为 −6.7 ~ 3.7V。

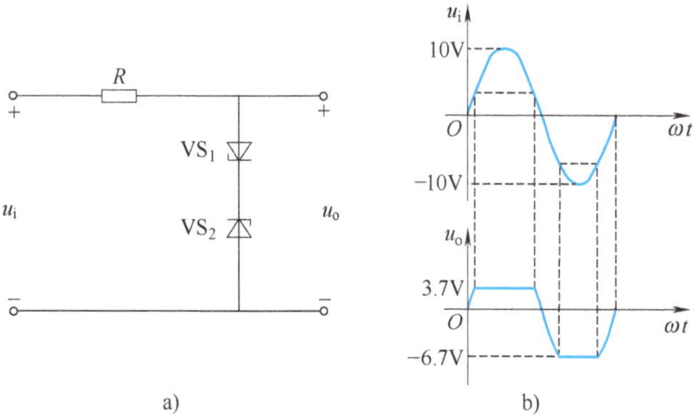

图 1-27 稳压二极管限幅电路

2. 发光二极管

发光二极管是一种光发射器件，英文缩写是 LED。此类管子通常由镓（Ga）、砷（As）、磷（P）等元素的化合物制成，管子正向导通，当导通电流足够大时，能把电能直接转换为光能，发出光来。目前发光二极管的颜色有红、黄、橙、绿、白和蓝 6 种，所发光的颜色主要取决于制作管子的材料，例如用砷化镓发出红光，而用磷化镓则发出绿光。其中白色发光二极管是新型产品，主要应用在手机背光灯、液晶显示器背光灯及照明等领域。

发光二极管工作时导通电压比普通二极管大，其工作电压随材料的不同而不同，一般为 1.7 ~ 2.4V。普通绿、黄、红、橙色发光二极管工作电压约为 2V；白色发光二极管的工作电压通常高于 2.4V；蓝色发光二极管的工作电压一般高于 3.3V。发光二极管的工作电流一般为 2 ~ 25mA。

发光二极管应用非常广泛，常用作各种电子设备（如仪器仪表、计算机、电视机等）的电源指示灯和信号指示灯等，还可以做成七段数码显示器等。发光二极管的另一个重要用途是将电信号转为光信号。普通发光二极管的外形、符号和常见实物如图 1-28 所示。

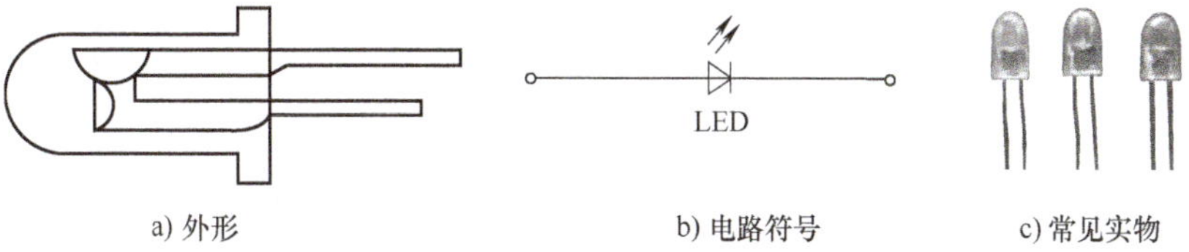

图 1-28 发光二极管的外形、符号和常见实物

3. 光电二极管

光电二极管俗称为光敏二极管，是一种光接收器件，其 PN 结工作在反偏状态，它可以将光能转换为电能，实现光电转换。

图 1-29 所示为光电二极管的基本电路、符号及常见实物。此类管子在管壳上有一个玻

璃窗口，以便接收光照。当窗口接收光照时，形成反向电流 I_{RL}，通过回路中的电阻 R_L 就可得到电压信号，从而实现光电转换。光电二极管接收到的光照越强，反向电流也越大，它的反向电流与光照度成正比。

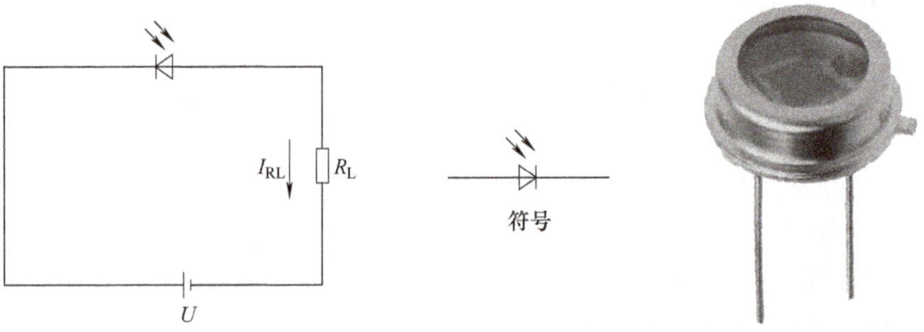

a) 基本电路　　b) 外形　　c) 常见实物

图 1-29　光电二极管的基本电路、符号和常见实物

光电二极管的应用非常广泛，可用于光测量、光电控制等，如遥控接收器、光纤通信、激光头等都离不开光电二极管。大面积的光电二极管还可以用作能源器件，即光电池，这是一种极有发展前途的绿色能源。

光电二极管的检测方法和普通二极管一样，通常正向电阻为几千欧，反向电阻为无穷大。否则光电二极管质量变差或损坏。当受到光线照射时，反向电阻显著变化，正向电阻不变。

4. 变容二极管

变容二极管是利用 PN 结电容可变原理制成的半导体器件，它仍工作在反向偏置状态，当外加的反偏电压变化时，其电容也随着改变。它的电路符号、压控特性曲线和常见实物如图 1-30 所示。

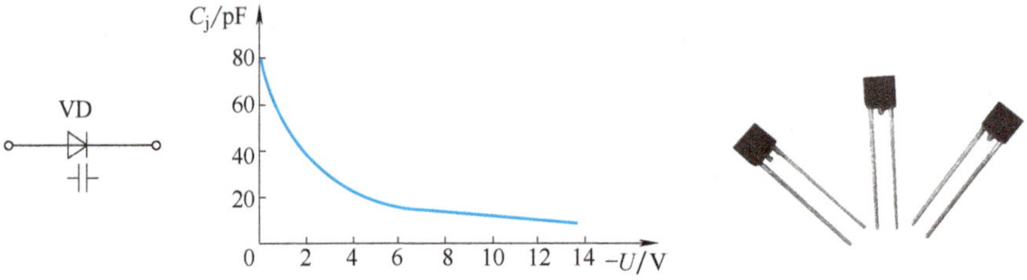

a) 电路符号　　b) 压控特性曲线　　c) 常见实物

图 1-30　变容二极管的压控特性曲线、符号和常见实物

变容二极管可当作可变电容使用，主要用于高频技术中，如高频电路中的变频器、电视机中的调谐回路，都用到变容二极管。

5. 激光二极管

激光二极管是在发光二极管的 PN 结间安置一层具有光活性的半导体，构成一个光谐振腔。工作时加正向电压，可发射出激光。常见的激光二极管实物如图 1-31 所示。

激光二极管的应用非常广泛，如计算机的光盘驱动器、激光打印机中的打印头、激光唱机、激光影碟机中都有激光二极管。

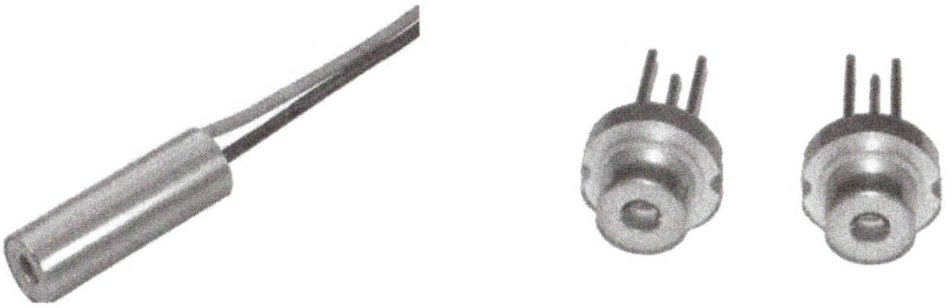

图 1-31 常见的激光二极管实物

1.4.3 场效应晶体管

场效应晶体管又叫单极型半导体晶体管（简称为 FET），它具有输入电阻高，另外还具有噪声低、热稳定性好、抗辐射能力强及寿命长等优点，因而得到广泛应用。

场效应晶体管根据结构不同分成两类：金属（Metal）-氧化物（Oxide）-半导体（Semiconductor）场效应晶体管（简称为 MOSFET）和结型场效应晶体管（简称为 JFET）。

场效应晶体管根据制造工艺和材料不同，又分为 N 沟道场效应晶体管和 P 沟道场效应晶体管。

1. MOS 场效应晶体管

MOS 场效应晶体管按工作方式，又分为增强型和耗尽型两类。这里以 N 沟道增强型 MOS 场效应晶体管为例，讨论 MOS 场效应晶体管的有关特性。

（1）N 沟道增强型 MOS 场效应晶体管

1）结构与符号。N 沟道增强型 MOS 场效应晶体管的结构如图 1-32a 所示，它的制造工艺是：以一块掺杂浓度较低的 P 型硅片作为衬底，然后利用扩散的方法在衬底的两侧形成掺杂浓度比较高的 N^+ 区，并用金属铝引出两个电极，分别是源极（S）和漏极（D），然后在硅片表面覆盖一层很薄的二氧化硅（SiO_2）的绝缘层，然后在漏、源极之间的绝缘层表面再用金属铝引出一个电极作为栅极（G），另外从衬底引出衬底引线 B。可见这种场效应晶体管由金属、氧化物和半导体组成，所以简称为 MOS 场效应晶体管。根据这种结构，源极和漏极可以交换使用。但在实际应用中，通常源极和衬底引线 B 相连（此时 S 和 D 不能交换使用）。

如果以 N 型硅片作为衬底，可制成 P 沟道增强型 MOS 场效应晶体管。N 沟道和 P 沟道增强型 MOS 场效应晶体管的符号分别如图 1-32b、c 所示，图中，衬底 B 的方向始终是 PN 结加正偏电压时正向电流的方向。

2）工作原理。N 沟道增强型 MOS 场效应晶体管正常工作时，栅、源极之间加正向电压 u_{GS}，漏、源极之间加正向电压 u_{DS}，并将源极和衬底相连。衬底是电路中的最低电位。

① 栅源电压 u_{GS}对 i_D 的控制。当栅、源极间无外加电压时，由于漏、源极间不存在导电沟道，所以无论在漏、源极间加上何种极性的电压，都不会产生漏极电流。正常工作时，栅、源极间必须外加电压使导电沟道产生，导电沟道产生过程如下：当在栅、源极间外加正向电压 u_{GS}时，外加的正向电压在栅极和衬底之间的 SiO_2 绝缘层中产生了由栅极指向衬底的电场，由于绝缘层很薄（0.1μm 左右），因此数伏电压就能产生很强的电场。该强电场会使靠近 SiO_2 一侧 P 型硅中的多子（空穴）受到排斥而向体内运动，从而在表面留下不能移动

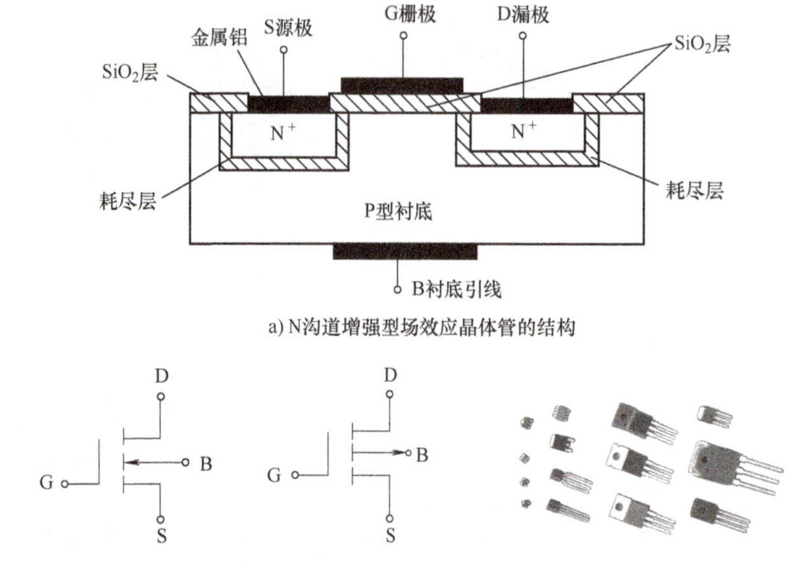

a) N沟道增强型场效应晶体管的结构

b) N沟道增强型MOS管的符号　c) P沟道增强型MOS管的符号　d) 场效应晶体管实物图

图 1-32　增强型场效应晶体管的结构与符号

的负离子，形成耗尽层。耗尽层与金属栅极构成类似的平板电容器。随着正向电压 u_{GS} 的增大，耗尽层也随着加宽，但对于 P 型半导体中的少子（电子），此时则受到电场力的吸引。当 u_{GS} 增大到某一值时，这些电子被吸引到 P 型半导体表面，使耗尽层与绝缘层之间形成一个 N 型薄层，鉴于这个 N 型薄层是由 P 型半导体转换而来的，故将它称为**反型层**。反型层与漏、源极间的两个 N 型区相连，成为漏、源极间的导电沟道，如图 1-33 所示。

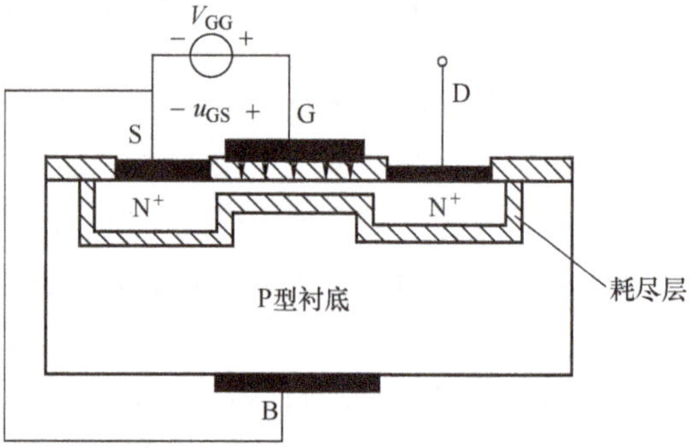

图 1-33　增强型 NMOS 管导电沟道的形成

这时，如果在漏、源极间加上电压，就会有漏极电流产生，如图 1-34a 所示。人们将开始形成反型层所需的 u_{GS} 值称为**开启电压**，用 $U_{GS(th)}$ 表示。显然，栅源电压 u_{GS} 越大，作用于半导体表面的电场越强，被吸引到反型层中的电子越多，沟道越厚，相应的沟道电阻就越小。可见，这种场效应晶体管 $u_{GS}=0$ 时没有导电沟道，只有 $u_{GS}>U_{GS(th)}$ 才有导电沟道。其转移特性曲线如图 1-34b 所示，可近似表示为

$$i_D = I_{DO}\left(\frac{u_{GS}}{U_{GS(th)}} - 1\right)^2 \qquad (u_{GS} > U_{GS(th)}) \tag{1-13}$$

式中，I_{DO} 是 $u_{GS}=2U_{GS(th)}$ 时的 i_D 的电流。

② 漏源电压 u_{DS} 对沟道的影响。i_D 流经沟道产生压降，使得栅极与沟道中各点的电位不再相等，也就是加在“平板电容器”上的电压将沿着沟道产生变化，导电沟道从等宽到不等宽，呈楔形分布。当 $u_{GS}>U_{GS(th)}$ 且为某一定值，如果在漏、源极间加上正向电压 u_{DS}，u_{DS}

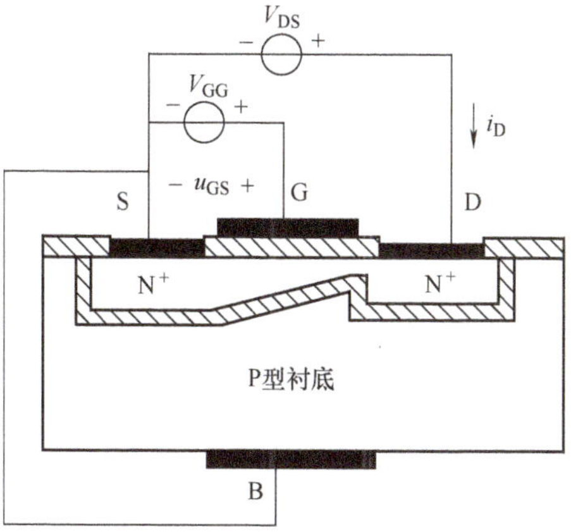

a) u_{GS}对沟道的影响

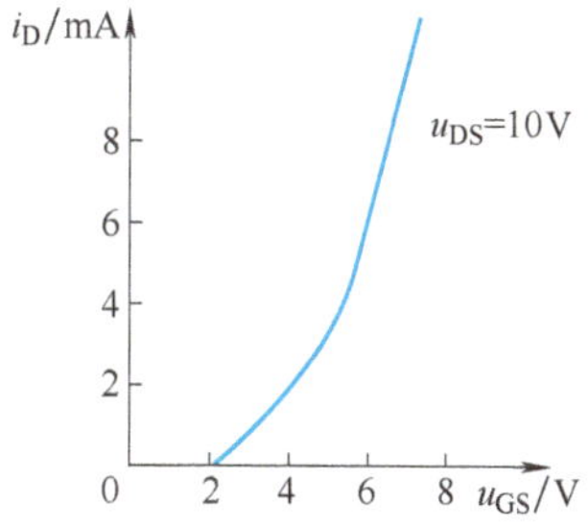

b) 转移特性曲线

图 1-34 u_{GS}对 i_D 的控制作用

将在沟道中产生自漏极指向源极的电场，该电场使得 N 沟道中的多数载流子电子沿着沟道从源极漂移到漏极形成漏极电流 i_D。其特性曲线如图 1-35 所示。从图中可以看出，管子的工作状态可分为可变电阻区、放大区和截止区这三个区域。

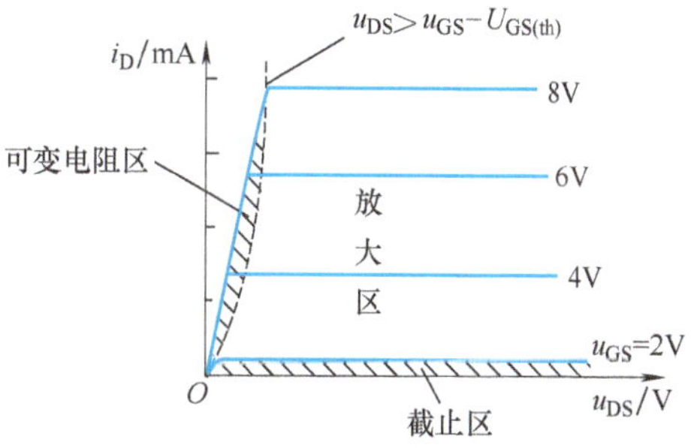

图 1-35 增强型 NMOS 场效应晶体管的输出特性曲线

可变电阻区：这是 u_{DS}较小的区域，但 u_{GS}为一定值时，i_D与 u_{DS}成线性关系，其相应直线的斜率受 u_{GS}控制，这时场效应晶体管 D、S 间相当于一个受电压 u_{GS}控制的可变电阻，其阻值为相应直线斜率的倒数。

放大区：这是 $u_{DS} > u_{GS} - U_{GS(th)}$，场效应晶体管夹断后对应的区域，其特点是曲线近似为一簇平行于 u_{DS}轴的直线，i_D 仅受 u_{GS}控制而与 u_{DS}基本无关。在这一区域，场效应晶体管的 D、S 之间相当于一个受电压 u_{DS}控制的电流源，所以也称为**恒流区**，场效应晶体管用于放大电路时，一般就工作于该区域。

截止区：指 $u_{GS} < U_{GS(th)}$的区域，这时导电沟道消失，$i_D = 0$，管子处于截止状态。

（2）N 沟道耗尽型场效应晶体管　N 沟道耗尽型 MOS 管的结构如图 1-36a 所示，符号如图 1-36b 所示。N 沟道耗尽型 MOS 管在制造时，在二氧化硅绝缘层中掺入大量的正离子。这些正离子的存在，使得 $u_{GS} = 0$ 时，就有垂直电场进入半导体，并吸引自由电子到半导体的表面而形成 N 型导电沟道。

如果在栅、源极之间加负电压，u_{GS}所产生的外电场削弱正离子产生的电场，使得沟道变窄，电流 i_D 减小，反之则电流 i_D 增大。故这种管子的栅源电压 u_{GS}可以是正的，也可以是负的。改变 u_{GS}就可以改变沟道宽窄，从而控制漏极电流 i_D。其转移特性曲线如图 1-37b 所示，$i_D = 0$ 时场效应晶体管截止，此时导电沟道消失的栅源电压称为**夹断电压**，用 $U_{GS(off)}$ 来表示。转移特性曲线可近似表示为

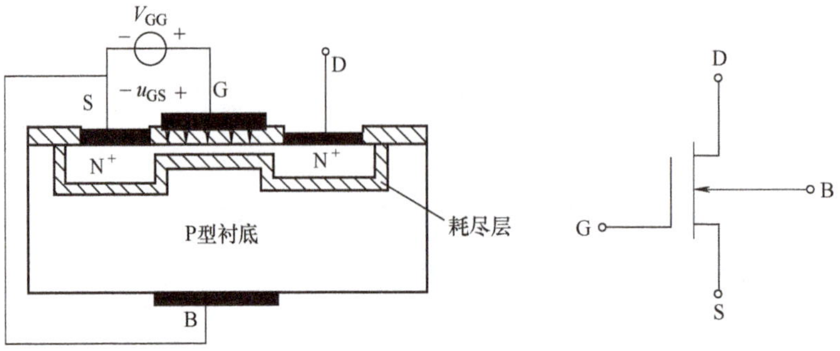

a) 结构　　b) 符号

图 1-36　耗尽型 NMOS 的结构与符号

$$i_D = I_{DSS}\left(1 - \frac{u_{GS}}{U_{GS(off)}}\right)^2 \qquad (U_{GS(off)} < u_{GS} \leqslant 0) \tag{1-14}$$

式中，I_{DSS}是 $u_{GS}=0$ 时的 i_D 的电流，称为**漏极饱和电流**。

2. 结型场效应晶体管

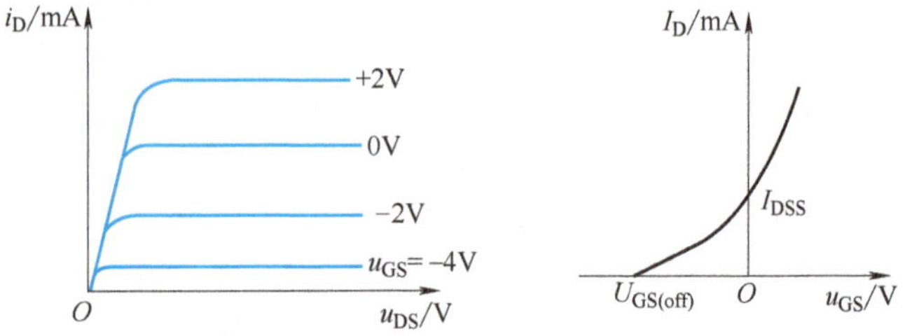

a) 输出特性曲线　　b) 转移特性曲线

图 1-37　耗尽型 NMOS 管的特性曲线

（1）结构与符号　结型场效应晶体管同 MOS 管一样，也是电压控制器件，但它的结构和工作原理与 MOS 管是不同的。N 沟道结型场效应晶体管的结构与符号如图 1-38a、b 所示。它是以 N 型半导体作为衬底，在其两侧形成掺杂浓度比较高的 P 区，从而形成两个 PN 结，从两边的 P 型半导体引出的两个电极并联在一起，作为栅极（G），在 N 型衬底的两端各引出一个电极，分别是源极（S）和漏极（D），两个 PN 结中间的 N 型区域称为**导电沟道**，它是漏、源之间电子流通的路径，因此导电沟道是 N 型的，所以称为 N 沟道结型场效应晶体管。结型场效应晶体管工作时，要求 PN 结反向偏置。

（2）工作原理　当漏、源极间短路，栅、源极间外加负向电压 u_{GS}时，结型场效应晶体管中的两个 PN 结均处于反偏状态。随着 u_{GS}负向增大，加在 PN 结上的反向偏置电压增大，则耗尽层加宽。由于 N 沟道掺杂浓度较低，故耗尽层主要集中在沟道一侧。耗尽层加宽，使得沟道变窄，沟道电阻增大，如图 1-39 所示。

当 u_{GS}负向增大到某一值后，PN 结两侧的耗尽层向内扩展到彼此相遇，沟道被完全夹断，此时漏、源极间的电阻将趋于无穷大，相应此时的漏源电压 u_{GS}称为**夹断电压**，用 $U_{GS(off)}$表示。i_D 与 u_{GS}的关系可近似表示为

$$i_D = I_{DSS}\left(1 - \frac{u_{GS}}{U_{GS(off)}}\right)^2 \qquad (U_{GS(off)} < u_{GS} \leqslant 0) \tag{1-15}$$

式中，I_{DSS}为 $u_{GS}=0$ 的漏极饱和电流。由以上分析可知，改变栅源电压 u_{GS}的大小，就能改变导电沟道的宽窄，也就能改变沟道电阻的大小。如果在漏极和源极之间接入一个适当大小的正电压 V_{DD}，则 N 型导电沟道中的多数载流子（电子）便从源极通过导电沟道向漏极做飘

移运动，从而形成漏极电流 i_D，显然，在漏源电压 V_{DD}一定时，i_D 的大小是由导电沟道的宽窄决定的。其特性曲线见表 1-5。

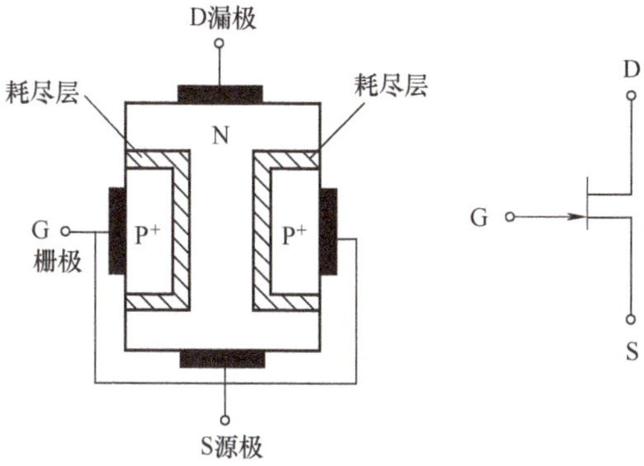

a) 结构
b) 符号

图 1-38 N 沟道结型场效应晶体管的结构与符号

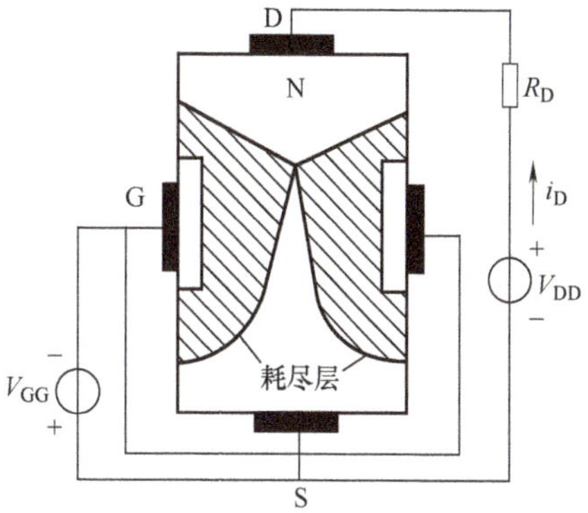

图 1-39 $u_{DS} \geqslant u_{GS} - U_{GS(off)}$ 时 N 沟道结型场效应晶体管被夹断

表 1-5 各种场效应晶体管的符号、转移特性及输出特性

类 型	符 号	转 移 特 性	输 出 特 性
NMOS 增强型	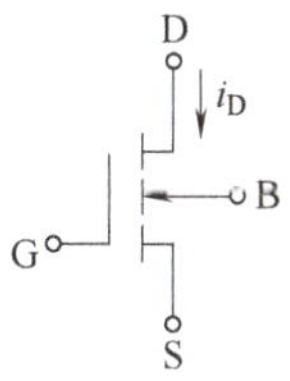	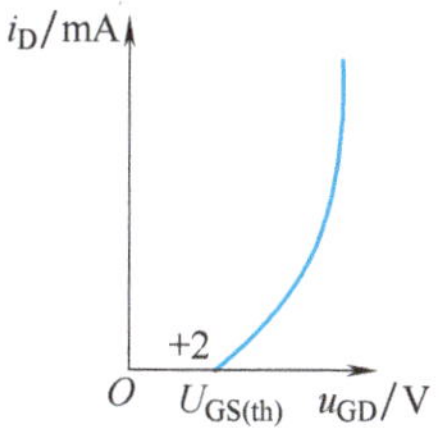	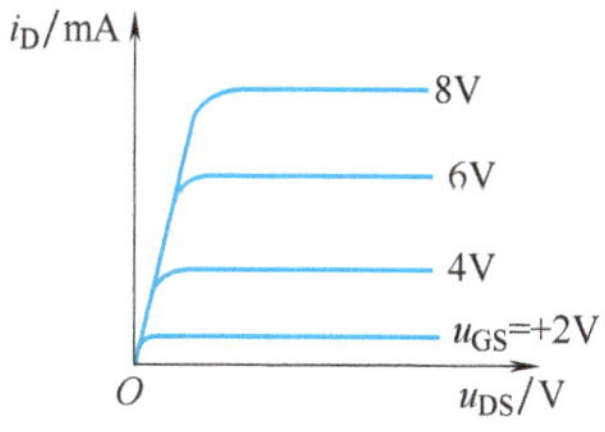
NMOS 耗尽型	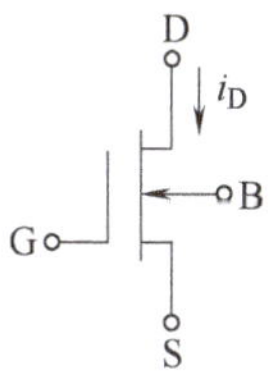	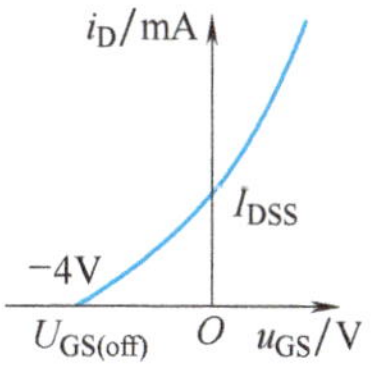	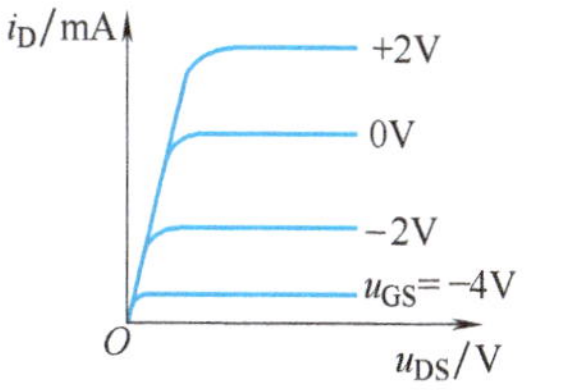
PMOS 增强型	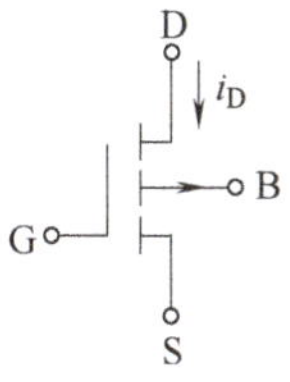	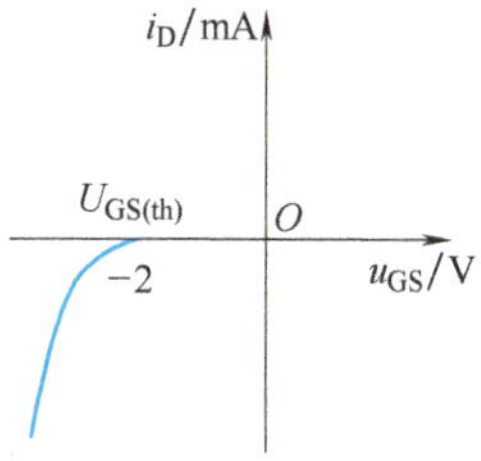	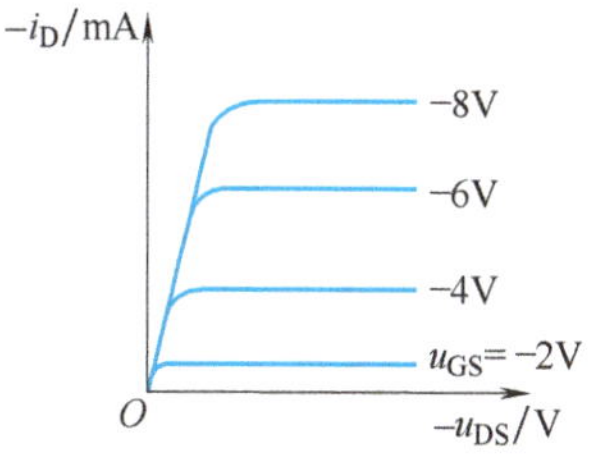

（续）

类　　型	符　　号	转移特性	输出特性
PMOS 耗尽型	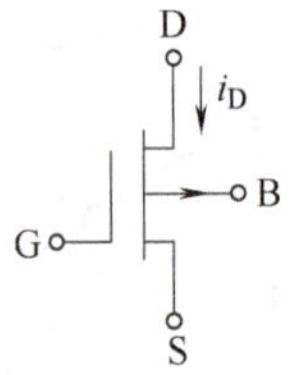	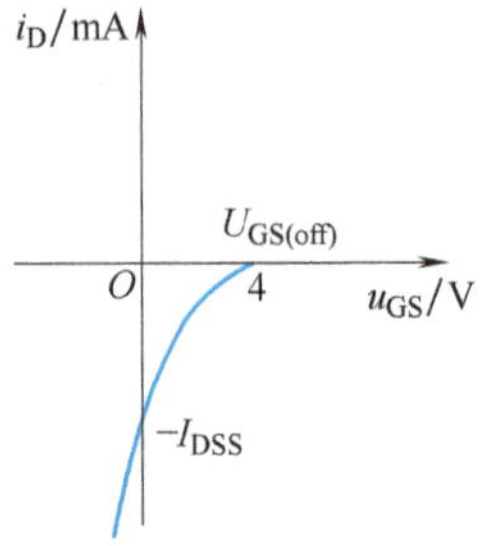	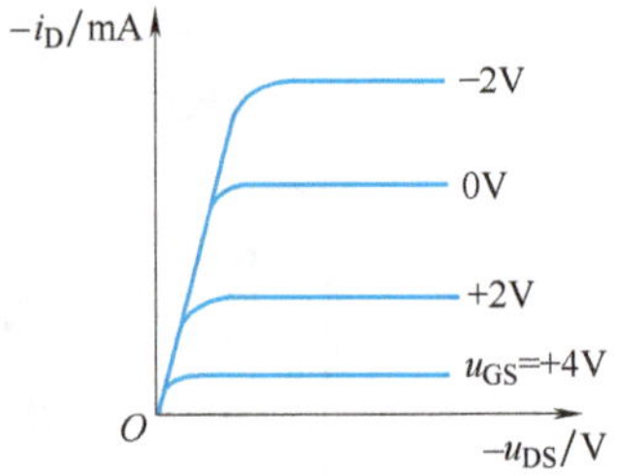
结型 N 沟道	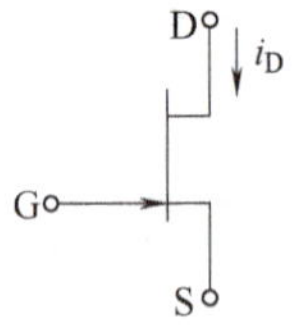	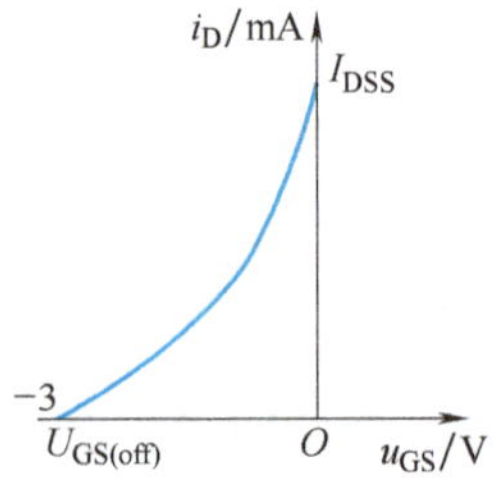	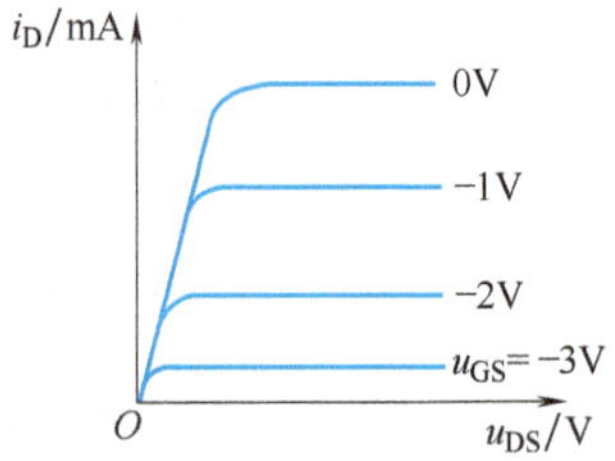
结型 P 沟道	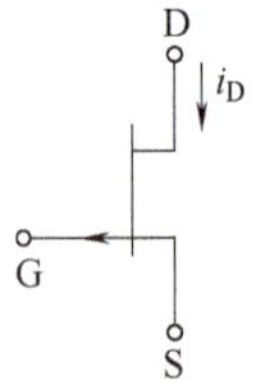	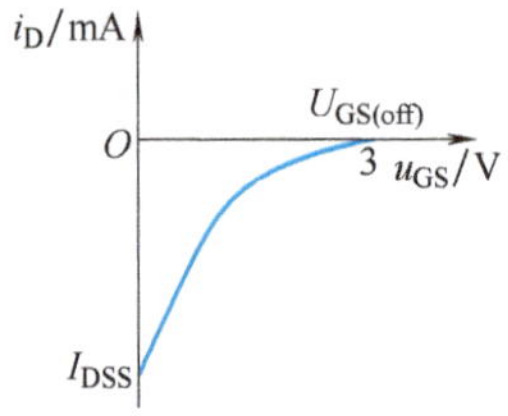	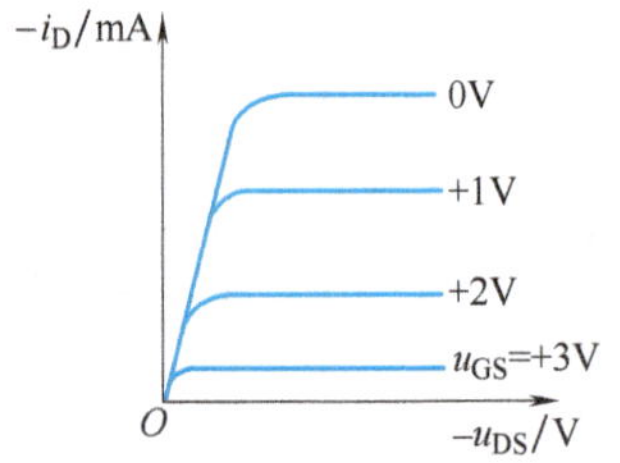

3. 场效应晶体管的主要参数

（1）直流参数

1）开启电压 $U_{GS(th)}$ 和夹断电压 $U_{GS(off)}$。指 u_{DS} 等于某一定值时，使漏极电流 i_D 等于某一微小电流时栅、源之间的电压 u_{GS}，对于增强型为开启电压 $U_{GS(th)}$，对于耗尽型为夹断电压 $U_{GS(off)}$。

2）漏极饱和电流 I_{DSS}。指工作于放大区的耗尽型场效应晶体管在 $u_{GS}=0$ 条件下的漏极电流，它反映了场效应晶体管作为放大电路时可能输出的最大电流。

3）直流输入电阻 R_{GS}。指漏、源极短路时，栅、源极之间所加的电压 u_{GS} 与栅极电流 i_G 之比，一般大于 $10^8\Omega$。

（2）交流参数

1）低频跨导 g_m（又叫低频互导）。指 u_{DS} 为一定值时，漏极电流的变化量 i_D 与 u_{GS} 的变化量之比，即

$$g_m = \left.\frac{\Delta i_D}{\Delta u_{GS}}\right|_{u_{DS}=常数} \tag{1-16}$$

g_m 是表征场效应晶体管放大能力的重要参数。g_m 的值与管子的工作点有关，单位为西（门子），符号为S。

2）漏源输出电阻 r_{DS}。指 u_{GS} 为某一定值时，u_{DS} 的变化量与 i_D 的变化量之比，即

$$r_{DS}=\left.\frac{\Delta u_{DS}}{\Delta i_D}\right|_{u_{GS}=\text{常数}} \tag{1-17}$$

r_{DS} 在恒流区很大，在可变电阻区很小，当 $u_{GS}=0$ 时的 r_{DS} 称为场效应晶体管的导通电阻 $r_{DS(on)}$。

（3）极限参数

1）漏源击穿电压 $U_{(BR)DS}$。指漏、源极间承受的最大电压，当 u_{DS} 值超过 $U_{(BR)DS}$ 值时，漏、源极间发生击穿，i_D 开始急剧增大，使用时，漏、源极之间的电压 u_{DS} 不允许超过 $U_{(BR)DS}$，否则会烧坏管子。

2）栅源击穿电压 $U_{(BR)GS}$。指栅、源极间所能承受的最大反向电压，u_{GS} 值超过此值，栅、源极间发生击穿。

3）最大耗散功率 P_{DM}。耗散功率指漏、源极间电压和漏极电流的乘积，即 $P_D=u_{DS}i_D$。该耗散功率会使管子温度升高，因此，耗散功率 P_D 不能超过最大值 P_{DM}。

项目小结

1. 半导体材料中有两种载流子参与导电，即自由电子和空穴，电子带负电，空穴带正电。本征半导体的载流子由本征激发产生，电子和空穴总是成对出现，其浓度随温度升高而增加。在本征半导体中掺入不同的杂质元素，可以得到P型和N型两种杂质半导体；杂质半导体的导电性得到大大改善，主要由掺杂浓度决定，其值较大且基本不受温度影响；在本征半导体中掺入五价元素，则成为N型半导体，N型半导体中多子是电子，空穴是少子，所以N型半导体又叫电子型半导体；在本征半导体中掺入三价元素，则成为P型半导体，P型半导体中多子是空穴，电子是少子，所以P型半导体又叫空穴型半导体。

2. 采用一定的工艺，使P型半导体和N型半导体结合在一起，就可以形成PN结，PN结的基本特点是具有单向导电性。PN结正偏时，正向电流主要由多子的扩散运动形成，其值较大且随着正偏电压的增加迅速增大，PN结处于导通状态；PN结反偏时，反向电流主要由少子的漂移运动形成，其值很小，且基本不随反偏电压而变化，但随温度变化较大，PN结处于截止状态。反偏电压超过反向击穿电压值后，PN结被反向击穿，单向导电性被破坏。

3. 二极管由一个PN结构成，同样具有单向导电性。其特性可用伏安特性和一系列参数来描述，伏安特性有正向特性、反向特性和反向击穿特性。硅二极管的正向导通电压 $U_{th}\approx$ 0.7V，锗管 $U_{th}\approx$0.2V。普通二极管主要参数是最大整流电流和最高反向工作电压，使用中还应注意二极管的最高工作频率和反向电流，硅管的反向电流比锗管小得多，反向电流越小，单向导电性越好，反向电流受温度影响大，二极管正常工作时其反向电压不能超过反向击穿电压。

4. 普通二极管电路的分析主要采用模型分析法。在大信号状态，往往将二极管等效为理想二极管，即正偏时导通，电压降为零，相当于理想开关闭合；反偏时截止，电流为零，相当于理想开关断开。

5. 二极管的应用非常广泛，可用于整流、限幅、开关等电路；稳压二极管、发光二极管、光电二极管结构与普通二极管类似，稳压二极管工作在反向击穿区，主要用途是稳压。而发光二极管与光电二极管是用来实现光、电信号转换的半导体器件，它在信号处理、传输中获得广泛应用。

6. 三极管是具有放大作用的半导体器件。根据结构和工作原理的不同可分为双极型的晶体管和单极型的场效应晶体管。晶体管在工作时有空穴和自由电子两种载流子参与导电，而场效应晶体管工作时只有一种载流子（多数载流子）参与导电。

7. 晶体管是由两个PN结组成的有源三端器件，分为NPN型和PNP型两种类型，根据材料不同分为硅管和锗管。晶体管在放大时三个电极的电流关系为：$i_C = \beta i_B + I_{CEO} \approx \beta i_B$，$i_E = i_C + i_B$，$i_E > i_C > i_B$，$i_C$、$i_E$、$i_B$分别是集电极、发射极、基极电流，$I_{CEO}$为穿透电流。$\beta$为共发射极电流放大系数，是晶体管的基本参数。

8. 场效应晶体管可分为结型场效应晶体管和MOS场效应晶体管。场效应晶体管是利用栅源电压改变导电沟道的宽窄而实现对漏极电流控制的，所以称为电压控制电流器件。MOS场效应晶体管有增强型和耗尽型，耗尽型在$u_{GS}=0$时存在导电沟道，而增强型只有在栅源电压大于开启电压后，才会形成导电沟道。场效应晶体管种类较多，使用时应注意它们的区别。

习题与提高

1-1 判断题

(1) 在P型半导体中掺入足够量的五价元素，可将其改型为N型半导体。 (　　)

(2) 因为N型半导体的多数载流子是自由电子，所以它带负电。 (　　)

(3) PN结在无光照、无外加电压时，结电流为零。 (　　)

(4) 用万用表识别二极管的极性时，若测的是二极管的正向电阻，那么和标有“+”号的测试棒相连的是二极管的正极，另一端是负极。 (　　)

(5) 二极管的电流—电压关系特性可大概理解为反向偏置导通，正向偏置截止。 (　　)

(6) 稳压二极管工作在正常反向击穿状态，切断外加电压后，PN结应处于反向击穿状态。 (　　)

(7) 在稳压二极管构成的稳压电路中不加限流电阻R，只利用稳压二极管的稳压性能也能输出稳定的直流电压。 (　　)

(8) 处于放大状态的晶体管，集电极电流是多子漂移运动形成的。 (　　)

(9) 结型场效应晶体管外加的栅源电压应使栅、源极间的耗尽层承受反向电压，才能保证其R_{GS}大的特点。 (　　)

(10) 若耗尽型N沟道MOS场效应晶体管的U_{GS}大于零，则其输入电阻会明显变小。 (　　)

(11) 温度升高时，共发射极放大电路的工作点易进入饱和区。 (　　)

(12) 共基极放大电路既有电压放大作用，也有电流放大作用。 (　　)

1-2 选择题

(1) PN结加反向电压时，空间电荷区将（　　）。

A. 变窄　　B. 基本不变　　C. 变宽

(2) 设二极管的端电压为 U，则二极管的电流方程是（　　）。

A. $I_S e^{U}$　　B. $I_S e^{U/U_T}$　　C. $I_S(e^{U/U_T}-1)$

(3) 稳压二极管是工作在（　　）区实现稳定电压的功能。

A. 正向导通　　B. 反向截止　　C. 反向击穿

(4) 在本征半导体中加入（　　）元素可形成 N 型半导体，加入（　　）元素可形成 P 型半导体。

A. 五价　　B. 四价　　C. 三价

(5) 当温度升高时，二极管的反向饱和电流将（　　）。

A. 增大　　B. 不变　　C. 减小

(6) 如果二极管的正、反向电阻都很小或为零，则该二极管（　　）

A. 正常　　B. 已被击穿　　C. 内部断路

(7) 当晶体管工作在放大区时，发射结电压和集电结电压应为（　　）

A. 前者反偏、后者也反偏　　B. 前者正偏、后者反偏　　C. 前者正偏、后者也正偏

(8) $U_{GS}=0$V 时，能够工作在恒流区的场效应晶体管有（　　）

A. 结型场效应晶体管　　B. 增强型 MOS 场效应晶体管　　C. 耗尽型 MOS 场效应晶体管

(9) 工作在放大区的某晶体管，如果当 I_B 从 12μA 增大到 22μA 时，I_C 从 1mA 变为 2mA，那么它的 β 约为（　　）

A. 83　　B. 91　　C. 100

(10) 场效应晶体管共源极放大电路类似于（　　）

A. 共发射极放大电路　　B. 共集电极放大电路　　C. 共基极放大电路

1-3　电路如图 1-40 所示，已知 $u_i=10\sin\omega t$V，试画出 u_i 与 u_o 的波形。忽略二极管正向压降。

1-4　比较硅、锗两种材料二极管的性能。在工程实践中，为什么硅二极管应用得较普遍？

1-5　如图 1-40 所示，设二极管的正向电压降为 0.6V，求 u_i 分别为 +5V、-5V、0V 时，u_o 的值。

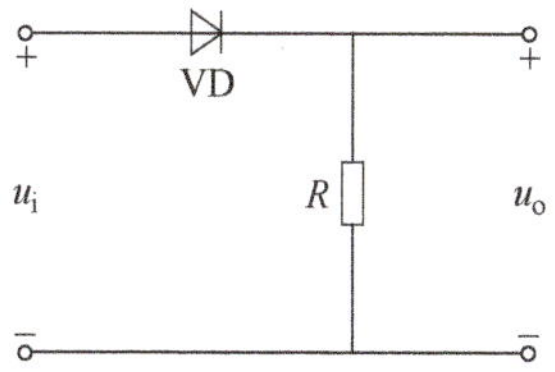

图 1-40　题 1-3、题 1-5 图

1-6　二极管电路如图 1-41 所示，判断图中的二极管是导通还是截止，并确定各电路的输出电压。设二极管是理想的。

1-7　电路如图 1-42 所示，已知 $u_i=5\sin\omega t$V，二极管导通电压为 0.7V。试画出 u_i 与 u_o 的波形，并标出幅值。

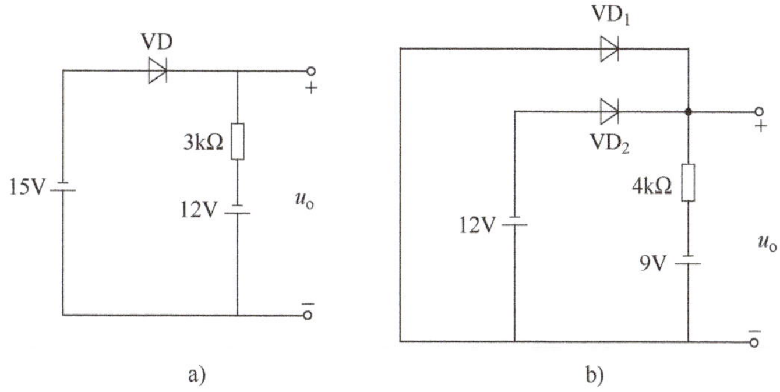

图 1-41　题 1-6 图

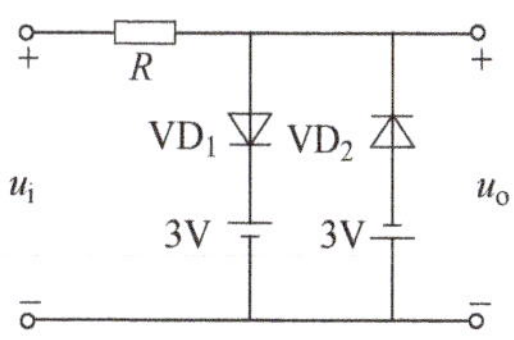

图 1-42　题 1-7 图

1-8 由理想二极管组成的电路如图1-43所示，已知 $u_i = 10\sin\omega t$V，试画出输出电压的波形。

1-9 在晶体管放大电路中测得三个晶体管的各个电极的电位如图1-44所示。试判断各晶体管的类型（是PNP型管还是NPN型管，是硅管还是锗管），并区分E、B、C三个电极。

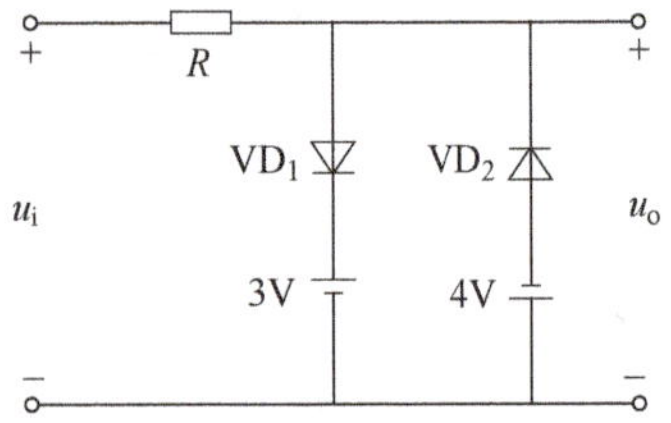

图1-43 题1-8图

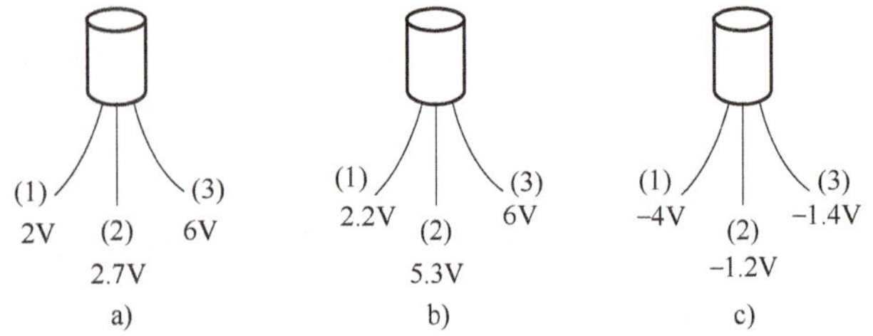

图1-44 题1-9图

1-10 用万用表直流电压档测得电路中晶体管各电极的对地电位如图1-45所示，试判断这些晶体管分别处于哪种工作状态（饱和、截止、放大、倒置或已损坏）。

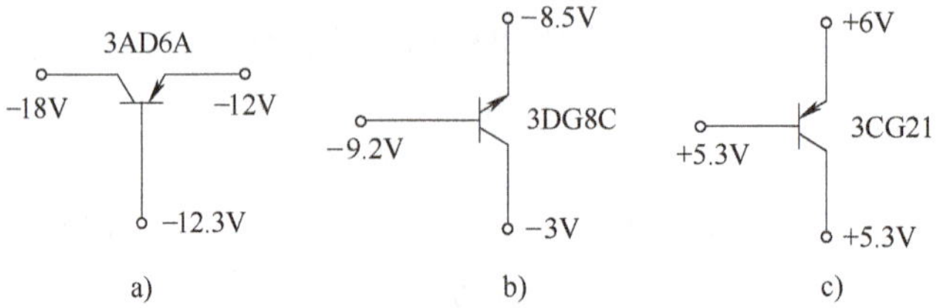

图1-45 题1-10图

1-11 测得某晶体管放大状态下两个电极的电流如图1-46所示。

(1) 求另一个电极电流，并在图中标出实际方向。

(2) 标出E、B、C极，并判断该管是NPN型管还是PNP型管。

(3) 估算其 β 值。

1-12 已知图1-47所示电路中的稳压二极管VS的稳定电压 $U_Z = 6$V，最小稳定电流 $I_{zmin} = 5$mA，最大稳定电流 $I_{zmax} = 25$mA，限流电阻 $R = 1$kΩ。

(1) 分别计算 $U_i = 8$V、15V、40V三种情况下的输出电压 U_o 的值。

(2) 当 $U_i = 40$V时负载 R_L 开路，电路能否正常工作，为什么？

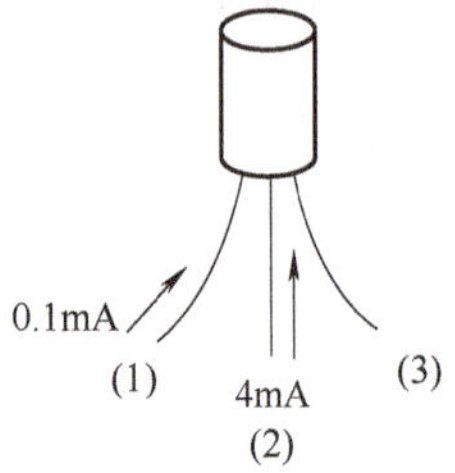

图1-46 题1-11图

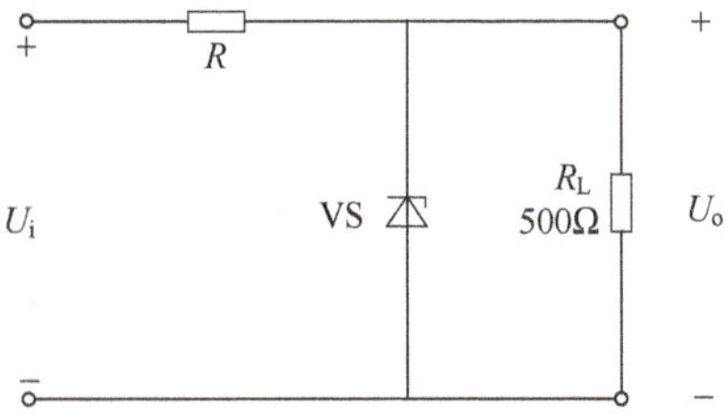

图1-47 题1-12图

1-13 现有两只稳压二极管，它们的稳定电压分别为4V和8V，正向导通电压为0.7V。试问：若将它们串联相接，可以得到几种稳压值？各为多少？

1-14 为什么稳压二极管的动态电阻越小其稳压性能越好？

项目2

常用测量仪器仪表的使用

2.1 项目分析

随着电子技术的飞速发展，电子产品的制造和应用日渐广泛，这也使在生产企业及科研院所中从事各种电子产品开发、生产、调试、维修的工程技术人员越来越多，电子测量仪器必然是他们日常工作中不可或缺的设备。工程技术人员掌握各种电子测量仪器的正确使用方法，将为科研、生产调试及维修工作带来更高的效率。

1. 项目内容

本项目阐述了基本电子测量仪器仪表的工作原理与使用方法，包括电子测量时常用的信号发生器、示波器、交流毫伏表等。

2. 知识点

各种测量仪器的特点、分类和工作原理；常用测量仪表（信号发生器、示波器、交流毫伏表等）的使用。

3. 能力要求

掌握信号发生器、示波器、交流毫伏表的正确使用方法；掌握直流稳压电源的使用方法；掌握利用信号发生器输出相应幅值和频率的波形的方法；掌握利用示波器测试信号发生器输出波形的特性参数的方法。

2.2 相关知识

2.2.1 信号发生器

低频信号发生器能产生一定频率的低频正弦信号，是工厂和实验室中用于调试相应频率段的放大器等电子电路及电子设备的信号源。实验台上的信号发生器有三种信号输出：正弦波信号、矩形波信号和三角波信号。

2.2.2 示波器

1. 简介

示波器的型号和种类很多，但其基本原理是相同的。在熟练掌握一种示波器面板上各机件的功能后，也能使用好其他示波器。即根据调节要求，识别并选中要调节的机件，调整它就可以达到使用好它的目的。至于某一种示波器的特殊功能，只要参阅其使用说明书，也可以很快地掌握它的功能。现介绍 MOS-620CH 双踪示波器，这种示波器最大灵敏度为

5mV/div，最大扫描速度为0.2μs/div，并可扩展10倍使扫描速度达到20ns/div。该示波器采用6in（1in=25.4mm）并带有刻度的矩形CRT，操作简单，稳定可靠。

2. MOS-620CH双踪示波器的特点

1）高带宽：DC～20MHz。

2）高灵敏度：最高达5mV/div。

3）6in大矩形示波管，观察波形方便。

4）内刻度：消除了观察时的平行误差。

5）交替触发：观察两个频率不同的波形时，两个通道都能稳定触发。

6）电视同步：采用新颖的电视同步分离电路，能稳定地观察电视信号。

7）自动聚焦：聚焦电平可自动校正。

2.2.3 毫伏表

DA-16型晶体管毫伏表是一种目前应用较广的测量低频交流电压的晶体管毫伏表。它的主要作用是进行低频交流电压有效值测量。测量电压范围：100μV～300V分12个档位；测量频率范围：10Hz～2MHz。

2.3 项目实施

2.3.1 任务一 信号发生器的使用

1. 实验目的

1）学会使用信号发生器。

2）能根据给定的频率、幅度、波形要求，调试出相应的波形。

2. 低频信号发生器的使用

（1）频率调节 正弦波信号、三角波信号和矩形波信号的频率表指示：频率粗调、频率细调用于表示频率的多少，频率可连续调节，可调范围为5Hz～550kHz。信号频率的大小等于频率粗调所选择的量限和频率表头的指示的乘积。而表头的指示是由频率细调来调整的。例如，要调一个1kHz的信号，可以把粗调调到10^2位置，再调节细调，使表头指示到10位置，这时信号的频率即是1kHz。

（2）波幅度调节

1）矩形波幅度调节：可以调节矩形波信号的幅度的大小，顺时针调节增大，反之减小。

2）正弦波幅度调节：调节正弦波输出信号的大小。

（3）正弦波衰减 它决定正弦波信号的输出和正弦波信号表头的显示之间的关系，有三个档位，分别是0dB、20dB、40dB。

1）当衰减调到0dB位置时，正弦波表头指示等于其输出。

2）当衰减调到20dB位置时，正弦波表头指示等于其输出的10倍。

3）当衰减调到40dB位置时，正弦波表头指示等于其输出的100倍。

引入衰减是为了调节小信号时方便。

2.3.2 任务二 示波器的使用

1. 实验目的

1）熟练掌握示波器的使用方法。

2）学会用示波器观察信号波形、测试信号的幅值、测试信号周期或频率。

2. 示波器面板介绍

MOS-620CH 示波器的面板如图 2-1 所示。

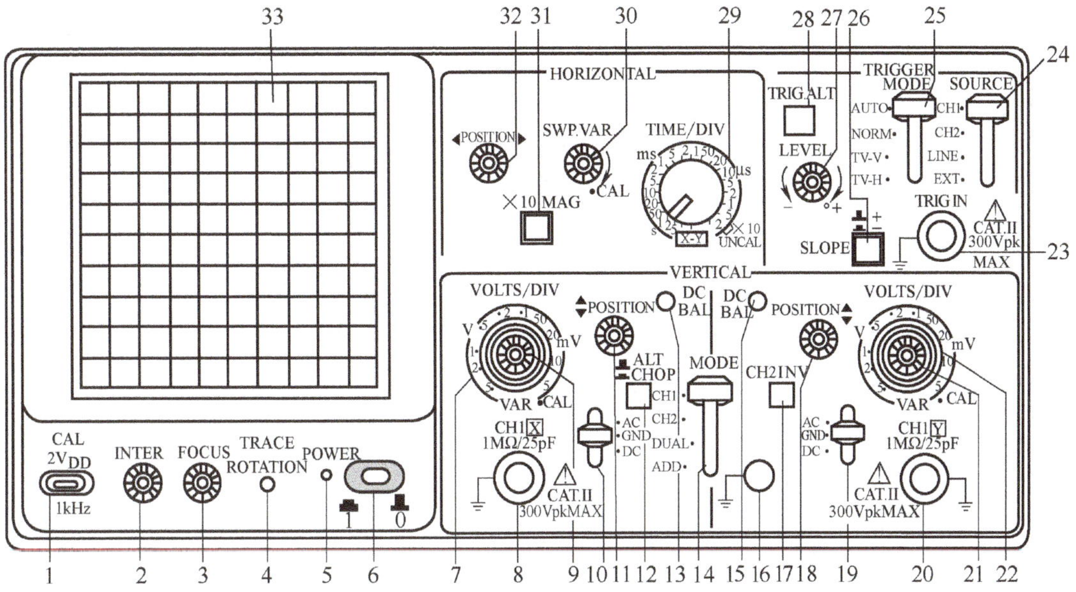

图 2-1 MOS-620CH 示波器的面板图

（1）前面板介绍

6——电源开关（POWER）：按进去为电源开，恢复是电源断。

5——电源开关指示灯。

2——辉度控制（INTER）：这个旋钮用来调节辉度电位器，改变辉度。顺时针旋转，辉度增加。

3——聚焦控制（FOCUS）：当辉度调到适当的亮度后，调节聚焦控制直至扫描线最佳。虽然聚焦在调节亮度时能自动调整，但有时会稍微漂移，因此应手动调节以便获得最佳聚焦状态。

4——基线旋转控制（TRACE ROTATION）：用于调节扫描线和水平刻度线水平。

33——显示屏：用于显示波形。

1——校正 2V 端子（CAL）：输出 1kHz 和 2V 的校正方波，用于校正探头补偿。

（2）垂直控制偏转系统

8——CH1 输入：此端子用于垂直轴信号输入。当示波器工作于 X-Y 方式时，输入到此端子的信号变成 X 轴信号。

20——CH2 输入：同 CH1，但当示波器工作在 X-Y 方式时，输入到此端的信号作为 Y 轴信号。

10 和 19——输入耦合开关（AC-GND-DC）：该开关用于选择输入信号馈至垂直轴放大

器的耦合方式。

AC：在此耦合方式时，信号经过一个电容器输入。输入信号的直流成分被隔离，只有交流成分被显示。

GND：在此方式时，垂直放大器输入端接地。

DC：在此耦合方式时，输入信号直接馈至垂直放大器输入端而显示，包含直流成分。

7 和 22——垂直衰减开关：该开关用于选择垂直偏转因数。置于一个易于观察输入信号幅度的范围。当 10∶1 探头连接于示波器时，显示屏上的读数要乘以 10。

9 和 21——扫描微调控制旋钮：当旋转此旋钮时，可小范围地连续改变垂直偏转灵敏度，当此旋钮逆时针旋转到底时，其变化范围应大于 2.5 倍。此旋钮用于比较波形，同时观察两个通道方波上升时间或者定量测量波形的大小。通常将这个旋钮顺时针旋到底校准位置。当旋钮被拉出时，垂直系统的增益扩展 5 倍。最高灵敏度变成 1mV/div。

11 和 18——垂直位移控制旋钮：此旋钮用于调节垂直方向的位移。顺时针旋转波形上移，逆时针旋转波开下移。

13 和 15——CH1、CH2 通道直流平衡调节旋钮。

14——垂直工作方式选择开关：这个开关用于选择垂直偏转系统的工作方式。

CH1：只有加到 CH1 通道的信号才能被显示。

CH2：只有加到 CH2 通道的信号才能被显示。

DUAL：两个通道同时显示。工作方式由 ALT/CHOP 决定。

ADD：加到 CH1、CH2 通道的信号的代数和在显示屏上显示。

12——交替方式与断续方式：用于慢扫描的观察。

ALT：加到 CH1、CH2 通道的信号能交替显示在显示屏上，这个工作方式用于扫描时间短的两通道观察。

CHOP：在这个工作方式时，加到 CH1、CH2 通道的信号被 250kHz 自激振荡电子开关控制，同时显示在显示屏上，这个工作方式用于扫描时间长的两通道观察。

17——CH2 INV：CH2 的信号反向，当此键按下时，加到 CH2 的信号以及 CH2 的触发信号同时反向。

16——接地。

（3）水平控制偏转系统

29——TIME/DIV 选择开关：扫描时间范围从 0.2μs/div 到 0.5s/div 分 20 个档位。

30——扫描微调控制旋钮：此旋钮在校准位置时，扫描因数按 TIME/DIV 读出，当旋钮不在校准位置时，扫描因数能连续变化。当旋钮顺时针旋到校准位置时，扫描时间由 TIME/DIV 开关准确读出，逆时针旋转到底，扫描因数扩大 2.5 倍。

32——水平位移控制旋钮：本旋钮用于水平移动扫描线，在测量波形的时间参数时使用。该旋钮顺时针旋转，扫描线向右移；逆时针旋转，扫描线向左移。

31——扫描扩展开关：当旋钮被按下时，扫描扩展 10 倍。

（4）同步系统

23——外触发输入插座：用于外部触发信号；当使用该插座时，开关 24 设置在 EXT 的位置上。

24——触发源选择开关（SOURCE）：该开关用于选择扫描触发信号源。

CH1：加到 CH1 的信号作为触发信号。

CH2：加到 CH2 的信号作为触发信号。

LINE：选择交流电源作为触发信号。

EXT：外部触发信号接于 23，作为触发信号源。

25——触发方式选择开关（MODE）。

自动（AUTO）：本状态仪器始终显示扫描线。有触发信号时，获得正常触发扫描，波形稳定显示。没有触发信号时，扫描线将自动出现。通常情况下，这种状态是方便的。

常态（NORM）：当有触发信号时，获得触发扫描信号，实现扫描。若没有触发信号或不同步，则不出现扫描线。一个非常低的频率信号（25Hz 或更低）用这个方式时，将影响同步。

TV-V：这种状态用于观察电视信号的全场波形。

TV-H：这种状态用于观察电视信号的全行波形。

26——触发极性（SLOPE）：选择触发信号上升沿或下降沿触发。

27——触发电平控制旋钮（LEVEL）：该旋钮通过调节触发电平来确定波形扫描的起始点，亦能控制触发开关的极性。按进是正极性，拉出来是负极性。

28——交替触发（TRIG ALT）：触发信号来自于 CH1、CH2。

3. 基本使用方法

1）打开电源开关，在没有信号的情况下调出一条水平亮线。

2）校准示波器：将示波器探头接到校准信号源上（1kHz、2V 的方波信号），调出方波信号，观察其波形的幅度和周期（从而计算出频率）的大小。

3）测信号，将示波器探头接至被测信号端，注意地线（即黑夹子是地线）要与被测信号共地，信号线（探头或红夹子）接被测信号。通过调垂直和水平位移控制旋钮使波形清晰地显示在示波器的显示屏上。从上面可以读出波形的峰峰值和周期的大小（注意：在定量测量时，垂直和水平扫描微调控制旋钮要打至校准位置）。

$$峰峰值的大小 = 波形垂直所占的格数 \times 垂直扫描的灵敏度$$

$$周期的大小 = 波形的一个周期水平所占的格数 \times 时间扫描灵敏度$$

$$频率 = 周期的倒数$$

要同时观察两个波形时，必须把工作方式选择开关打至 DUAL 的 ALT 或 CHOP 位置。从上面不仅能测出两个波形的峰峰值和周期的大小，而且能测两个波形之间的相位差等。

4. 实验内容

1）校准示波器，即用示波器测一个标准信号源的峰峰值和频率的大小。

2）用示波器和频率表测试，使信号发生器输出信号，信号的幅值和频率的大小符合表 2-1 要求。

表 2-1 用示波器测量信号发生器输出信号的幅值和频率

函数发生器输出		示波器各旋钮的位置情况以及计算结果										测量结果
f/kHz	幅值/V	V/DIV 位置	微调	垂直格数	峰峰值	有效值	T/DIV 位置	微调	水平格数	周期	计算的频率	
0. 25	2											
1	0. 2											
10	0. 02											

2.3.3 任务三 交流毫伏表的使用

1. 实验目的

1）了解交流毫伏表上各部件的作用。

2）掌握交流毫伏表的使用方法。

2. 交流毫伏表介绍

常用的交流毫伏表的型号为DA-16，它的作用是用来测量正弦交流信号的有效值的。

（1）主要技术指标 测量电压范围：100μV～300V分12个档位；测量频率范围：10Hz～2MHz。

（2）使用方法

1）接通电源前，首先观察表头指针是否指到零位置，若不在0，应进行机械零点调节，将仪器站立放平，调节表头的调零螺钉，使指针指到零位置。然后把转换开关调到最大量程上。

2）通电后，接入信号，将探头线的黑夹子接到被测信号的地线上，红夹子接被测信号端。然后逐渐调节转换开关，使档位量程减小，观察仪器的指针指向的位置，尽可能地使指针接近满刻度以减小示值相对误差。

3）读数：读表盘最上面的两条刻度线，当选择的量程是以3开头的读第二条，其中3就是量程值，如选择3mV档，那么满刻度3就代表3mV。当量程以1开头时，读第一条刻线，10就代表量程值，然后按比例算出其大小。

（3）注意事项

1）切勿使用低电压档去测高电压，否则可能损坏仪表。

2）使用仪表的毫伏档测低电压时，应先接地线，而后再接入另一根测试线，测试完毕，把量程调到尽可能大一些，然后按接线时相反的顺序取下测试线，以免引入干扰使指针急速打向满刻度，造成仪表损坏。

3）测试时仪表地线应与被测电路的地线接在一起，以免引入干扰电压。连接线宜短，最好使用屏蔽线。

4）用DA-16型交流毫伏表测量市电时，量程转换开关应置于300V档，然后将仪表地线接在市电的中性线（俗称零线）上，另一根线接于相线（俗称火线）上，若接反了，则可能损坏仪表。

5）10Hz以下或2MHz以上的交流电压和非正弦电压不宜用DA-16型交流毫伏表测量。

3. 实验内容

调节信号发生器，使正弦波的信号的幅值和频率按表2-2输出。记下信号发生器上每个旋钮的位置，并用DA-16型交流毫伏表测出对应的电压值。结果填入表2-2中。

表2-2 用DA-16型交流毫伏表测出对应的电压值

正弦波信号		函数发生器面板上各旋钮的位置				测量结果
f/kHz	幅值/V	频率粗调	频率表指示	正弦波衰减	正弦波表头指示	
0.25	2					
1	0.2					
10	0.02					

2.4　拓展知识

2.4.1　示波器测量相位差的方法

在电路测试实验中，相位差测量（简称相位测量）的应用很广泛。例如测量各种滤波器移相器和放大器等双口网络的频率特性时，就需要对它们的输入信号与输出信号之间的相位差进行测量，也就是测量不同频率的正弦信号在通过双口网络时所产生的相位移。用示波器进行相位差的测量能测量的最小相角可达5°～10°。

选择双通道的断续模式，信号分别输入CH1、CH2，调节Y轴增益，使两个信号幅度相同。选择CH1触发，如果CH2的波形在CH1之后，就是CH1超前CH2，观察波形相同位置的时间差，再与一个周期的时间相比，就知道相位差了。

示波器的李沙育图形广泛应用于频率和相位的测量。这种测量方法不仅为我们提供了示波器频率及相位的测量方法，而且能对其他所有基于示波器测试原理的学习打下良好的理论基础。一个已知频率和相位的基准信号与一个待测信号在双踪示波器中进行波形叠加，调整基准信号源，在示波器上得到某种特殊图形，可以表示待测信号与已知基准信号之间的频率和相位关系，从而计算出被测信号的频率和相位。这种方法使用的图形列表叫李沙育图形，见表2-3，该方法称为李沙育图形法。

表2-3　李沙育图形列表

相位差	0°	45°	90°	135°	180°
频率比 1∶1		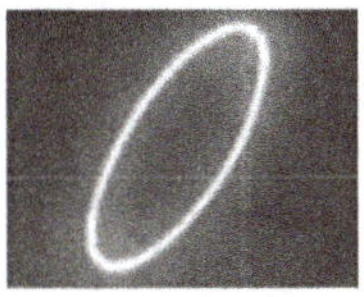	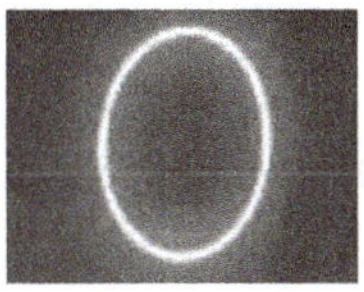	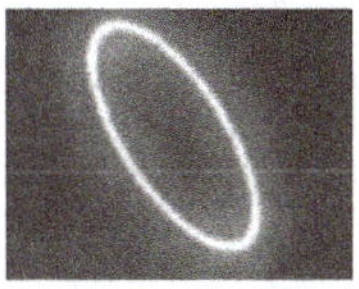	
频率比 1∶2	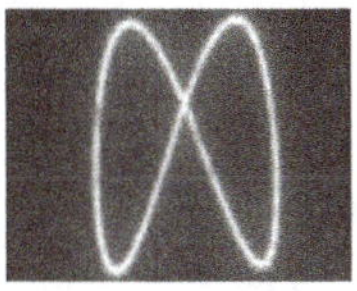	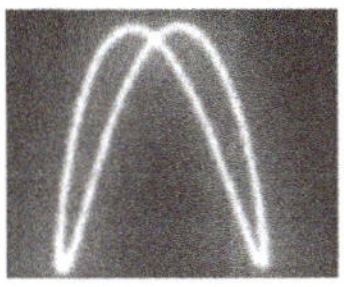	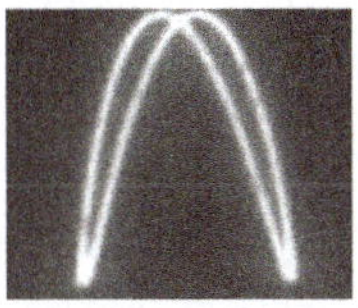	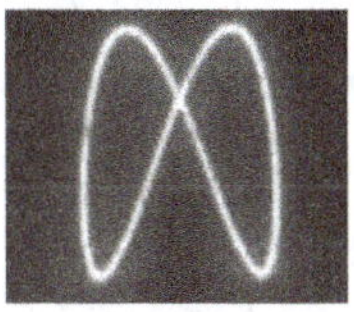	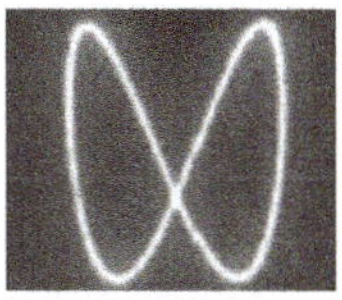
频率比 1∶3	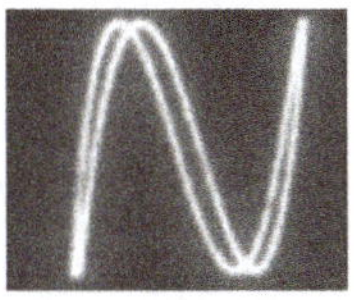	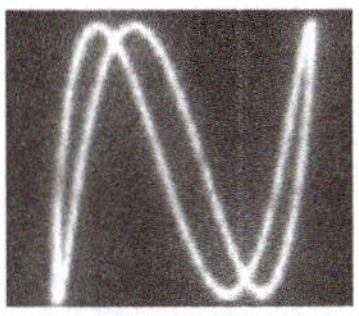	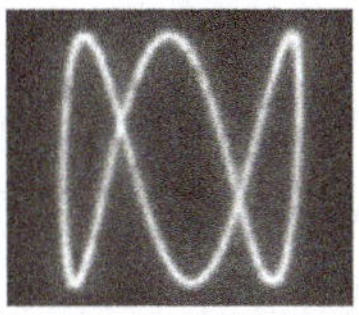	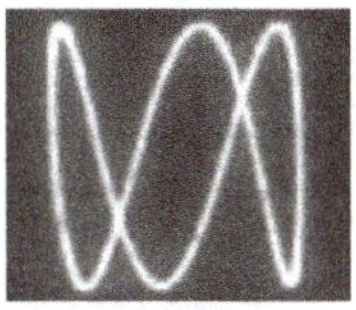	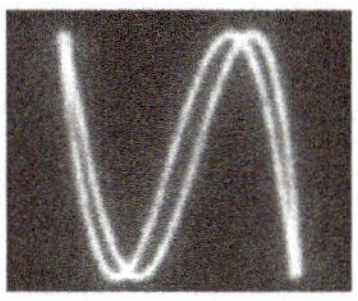
频率比 2∶3	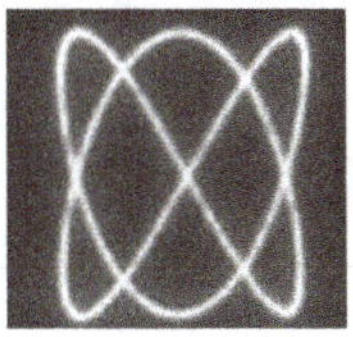	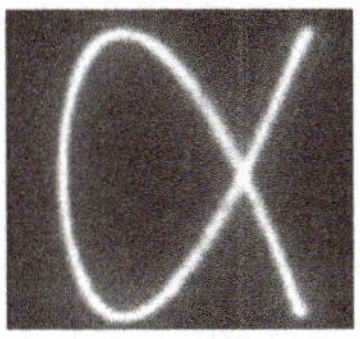	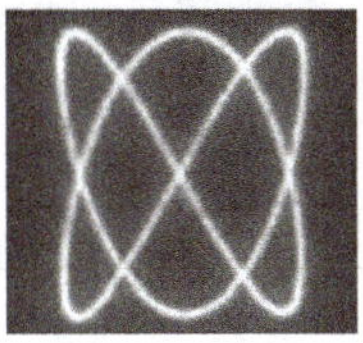	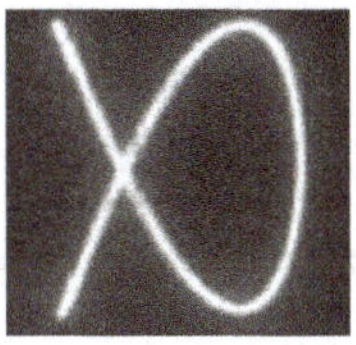	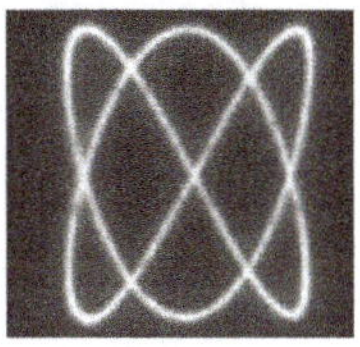

2.4.2 虚拟仪器技术

虚拟仪器技术是利用高性能的模块化硬件，结合高效灵活的软件来完成各种测试、测量和自动化的应用。灵活高效的软件能帮助创建完全自定义的用户界面，模块化的硬件能方便地提供全方位的系统集成，标准的软硬件平台能满足对同步和定时应用的需求。这也正是NI公司（美国国家仪器有限公司）近30年来始终引领测试测量行业发展趋势的原因所在。只有同时拥有高效的软件、模块化I/O硬件和用于集成的软硬件平台这三大组成部分，才能充分发挥虚拟仪器技术性能高、扩展性强、开发时间少，以及出色的集成这四大优势。

1. 虚拟仪器技术的三大组成部分

（1）高效的软件　软件是虚拟仪器技术中最重要的部分。使用正确的软件工具并通过调用特定的程序模块，工程师和科学家们可以高效地创建自己的应用以及友好的人机交互界面。NI公司提供的行业标准的图形化编程软件——NI LabVIEW，不仅能轻松方便地完成与各种软硬件的连接，更能提供强大的数据处理能力，并将分析结果有效地显示给用户。此外，NI公司还提供了许多其他交互式的测量工具和系统管理软件工具，例如连接设计与测试的交互式软件Signal Express、基于ANSI-C语言的LabWindows/CVI、支持微软Visual Studio的Measurement Studio等，这些软件均可满足客户对高性能应用的需求。

拥有了功能强大的软件，用户就可以在仪器中创建智能性和决策功能，从而发挥虚拟仪器技术在测试应用中的强大优势。

（2）模块化的I/O硬件　面对如今日益复杂的测试测量应用，NI公司提供了全方位的软硬件解决方案。无论是使用PCI、PXI、PCMCIA、USB或者是IEEE 1394总线，NI公司都能提供相应的模块化硬件产品，产品种类从数据采集及信号调理、模块化仪器、机器视觉、运动控制、仪器控制、分布式I/O到CAN接口等工业通信，应有尽有。NI公司高性能的硬件产品结合灵活的开发软件，可以为负责测试和设计工作的工程师们创建完全自定义的测量系统，满足各种灵活独特的应用需求。

目前，NI公司已经达到了每两个工作日推出一款硬件产品的速度，大大拓宽了用户的选择面：例如数据采集系列产品为工程师们提供了从分布式、便携性到工业级的全方位测量测试应用的解决方案。

（3）用于集成的软硬件平台　NI公司首先提出的专为测试任务设计的PXI硬件平台，已经成为当今测试、测量和自动化应用的标准平台，它的开放式构架、灵活性和PC技术的成本优势为测量和自动化行业带来了一场翻天覆地的改革。由NI公司发起的PXI系统联盟现已吸引了70家厂商，联盟属下的产品数量也已超过1000种。

PXI作为一种专为工业数据采集与自动化应用量身定制的模块化仪器平台，内建有高端的定时和触发总线，再配以各类模块化的I/O硬件和相应的测试测量开发软件，就可以建立完全自定义的测试测量解决方案。无论是面对简单的数据采集应用，还是高端的混合信号同步采集，借助PXI高性能的硬件平台都能应付自如。这就是虚拟仪器技术无可比拟的优势。

2. 虚拟仪器技术的四大优势

（1）性能高　虚拟仪器技术是在PC技术的基础上发展起来的，所以完全“继承”了以PC技术为主导的最新商业技术的优点，包括处理器和文件I/O，在数据高速导入磁盘的同时还可以实时地进行复杂的分析。此外，当前正蓬勃发展的一些新兴技术（如多核、PCI Express 等）也成为推动虚拟仪器技术发展的新动力，使其展现出更强大的优势。

（2）扩展性强 NI 公司的软硬件工具使得工程师和科学家们不再圈囿于固有的、封闭的技术之中。得益于 NI 公司软件的灵活性，只需更新计算机或测量硬件，就能以最少的硬件投资和极少、甚至无需软件上的升级即可改进整个现有系统。在利用最新科技的时候，可以把它们集成到现有的测量设备中，最终以较少的成本加速产品上市的时间。

（3）开发时间少 在驱动和应用两个层面上，NI 公司高效的软件构架能与计算机、仪器仪表和通信方面的最新技术结合在一起。NI 公司设计这一软件构架的初衷就是为了方便用户操作的同时，还提供高灵活性和强大的功能，使用户能轻松地配置、创建、发布、维护和修改高性能、低成本的测量和控制解决方案。

（4）出色的集成 虚拟仪器技术从本质上说是一个集成的软硬件概念。随着产品在功能上不断地趋于复杂，工程师们通常需要集成多个测量设备来满足完整的测试需求，而连接和集成这些不同设备总是要耗费大量的时间。NI 公司的虚拟仪器软件平台为所有的 I/O 设备提供了标准的接口，帮助用户可以轻松地将多个测量设备集成到一个系统之中，减少了任务的复杂性。

项目小结

1. 掌握利用信号发生器输出相应幅值和频率的波形的方法。
2. 掌握利用示波器测试信号波形的特性参数的方法。
3. 掌握利用交流毫伏表测量信号大小的方法。

习题与提高

2-1 如果示波器显示屏上显示的信号幅度过小，调节哪个旋钮才能扩大波形？

2-2 如果示波器信号显示小型跑动或杂乱无章，应调节哪个旋钮才能稳定显示被测信号？

2-3 如果示波器显示屏上只有一条竖直亮线（示波器良好），如何调整才能正常显示波形？

2-4 调节低频信号发生器，使其产生频率为 1kHz、幅值为 10mV 的正弦交流信号。

2-5 用交流毫伏表测量低频信号发生器产生的频率为 1kHz 的正弦交流信号，确保其输出电压为 100mV。

2-6 使用示波器测量低频信号发生器输出的正弦交流信号波形，并正确读出其三要素数值。

项目3

直流稳压电源的设计

3.1 项目分析

生活中经常用到的电源，如计算机、手机、剃须刀等，都是使用直流电源供电，但家用电网供电一般都为220V交流电，这就需要通过一定的装置将220V的单相交流电转换成只有几伏或几十伏的直流电，能完成这种转换的装置就是直流稳压电源。

1. 项目内容

本项目要求学习直流稳压电源电路中的整流、滤波和稳压部分的组成、结构和性能分析等知识，然后完成对稳压电源设计和技术参数的测试。

2. 知识点

直流稳压电源的组成；整流电路、滤波电路的结构及工作原理；串联型集成稳压电路的工作原理与参数测试；各种集成稳压电源的应用。

3. 能力要求

能根据所学知识，完成对稳压电源电路原理及元器件作用的分析；能利用示波器、万用表等工具调试电路；能实现电路参数的测试。

3.2 相关知识

3.2.1 直流稳压电源的组成及各部分的作用

直流稳压电源的作用是能够将频率为50Hz、有效值为220V的交流电压转换成输出幅值稳定的直流电压。

1. 直流稳压电源的组成

直流稳压电源是由电源变压器、整流电路、滤波电路和稳压电路四部分组成，如图3-1所示。

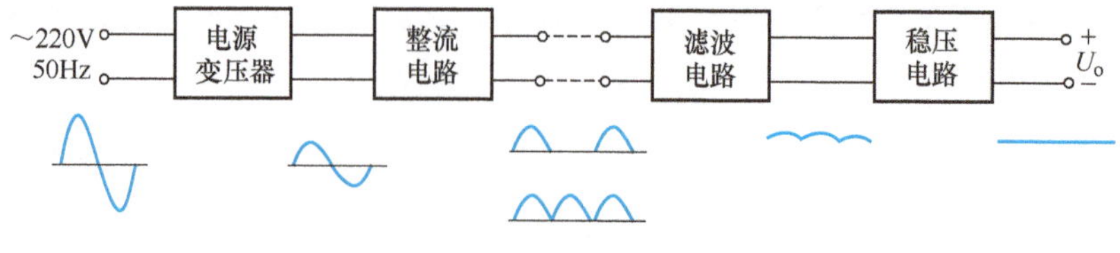

图3-1 直流稳压电源的组成框图

2. 各部分的作用

1）电源变压器的作用是将220V的交流电压变换成所需幅值的交流电压。

2）整流电路的作用是将交流电压变成单向脉动直流电压。

3）滤波电路的作用是滤去整流后所得到的单向脉动直流电压中的脉动成分，使输出电压平滑。

4）稳压电路的作用是当交流电源电压波动或负载变化时，通过该电路的自动调节作用，使输出的直流电压稳定。

3.2.2　整流电路

能将大小和方向都随时间变化的工频交流电压变换成单向脉动直流电压的过程称为**整流**。利用二极管的单向导电性，就能组成整流电路。一般电子设备中电子电路所需直流电源电压值不高，往往要经变压器降压后再进行整流。常用的整流器件是二极管，常用的整流电路有半波、全波和桥式整流电路三种。

1. 半波整流电路

单相半波整流电路如图3-2所示。

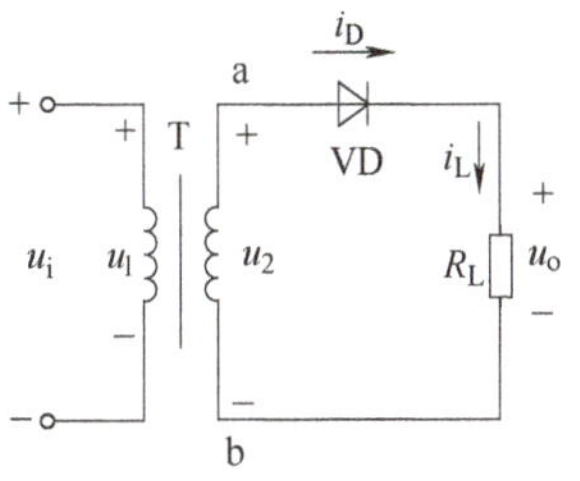

图3-2　单相半波整流电路

（1）工作原理　u_2 的波形如图3-3a所示。设 u_2 的正半周期间，二次绕组电压瞬时极性上端a为正，下端b为负，二极管VD正偏导通，二极管和负载上有电流流过。若忽略二极管导通的正向压降 U_F，则 $u_o=u_2$。在 u_2 的负半周期间，二次绕组的瞬时极性上端a为负，下端b为正，VD反偏截止，R_L 上电压为零，二极管上反偏电压 $u_D=u_2$，如图3-3d所示。

负载 R_L 上电压和电流波形如图3-3b、c所示。该电路只利用了电源电压 u_2 的半个周期，故称半波整流电路。

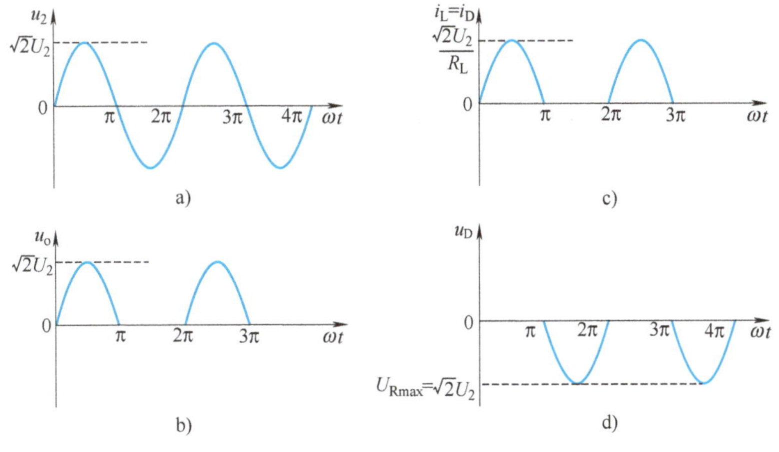

图3-3　半波整流电路波形图

（2）主要参数　用于描述整流电路性能好坏的主要参数有：输出电压平均值、输出电流平均值、脉动系数和二极管承受的最大反向电压等。

1）输出电压平均值：输出电压在一个周期内的平均值。

$$U_{o(AV)} = \frac{1}{2\pi}\int_0^{\pi} \sqrt{2}U_2\sin\omega t\mathrm{d}(\omega t) = \frac{\sqrt{2}U_2}{\pi} \approx 0.45U_2 \tag{3-1}$$

2）输出电流平均值：输出电流在一个周期内的平均值。

$$I_{o(AV)} = \frac{U_{o(AV)}}{R_L} \approx \frac{0.45U_2}{R_L} \tag{3-2}$$

3）脉动系数：是用于衡量整流电路输出电压平滑程度的参数，其定义为整流输出电压的基波峰值与输出电压平均值之比。

$$S = \frac{U_{o1M}}{U_{o(AV)}} = \frac{\sqrt{2}U_2/2}{\sqrt{2}U_2/\pi} = \frac{\pi}{2} \approx 1.57 \tag{3-3}$$

4）二极管承受的最大反向电压，即

$$U_{Rmax} = \sqrt{2}U_2 \tag{3-4}$$

（3）整流二极管的选择　半波整流电路流经二极管的电流 i_D 与负载电流 i_L 相等，在选择二极管时，二极管的最大整流电流 $I_F \geqslant I_D$，即

$$I_F \geqslant I_{D(AV)} = I_{o(AV)} \approx \frac{0.45U_2}{R_L} \tag{3-5}$$

二极管所承受的最大反向电压等于二极管截止时两端电压的最大值 U_{Rmax}，即交流电源 u_2 负半波的峰值。故要求二极管的最大反向工作电压 U_{RM} 为

$$U_{RM} > U_{Rmax} = \sqrt{2}U_2 \tag{3-6}$$

通常允许电网电压有变动，所以实际选择整流二极管时，为了保证电路能够安全工作，需满足：

$$I_F \geqslant 1.1I_{D(AV)} \approx 1.1 \times \frac{0.45U_2}{R_L} \tag{3-7}$$

$$U_{RM} \geqslant 1.1U_{Rmax} = 1.1\sqrt{2}U_2 \tag{3-8}$$

2. 桥式整流电路

单相桥式整流电路如图 3-4 所示。

（1）工作原理　设电源变压器二次电压 u_2 正半周时瞬时极性上端 a 为正，下端 b 为负。二极管 VD_1、VD_3 正偏导通，VD_2、VD_4 反偏截止。电流由 a 端流经二极管 VD_1，经电阻 R_L、二极管 VD_3 返回 b 端，负载上电压极性为上正下负。负半周时，u_2 瞬时极性 a 端为负，b 端为正，二极管 VD_1、VD_3 反偏截止，VD_2、VD_4 正偏导通。电流由 b 端流经二极管 VD_2，经电阻 R_L、二极管 VD_4 返回 a 端，负载上电压极性同样为上正下负。u_2、i_D、u_o 及 i_L 波形如图 3-5 所示。

（2）主要参数

1）输出电压平均值：输出电压在一个周期内的平均值。

$$U_{o(AV)} = \frac{1}{\pi}\int_0^{\pi} \sqrt{2}U_2\sin\omega t\mathrm{d}(\omega t) = \frac{2\sqrt{2}U_2}{\pi} \approx 0.9U_2 \tag{3-9}$$

2）输出电流平均值：输出电流在一个周期内的平均值。

$$I_{o(AV)} = \frac{U_{o(AV)}}{R_L} \approx \frac{0.9U_2}{R_L} \tag{3-10}$$

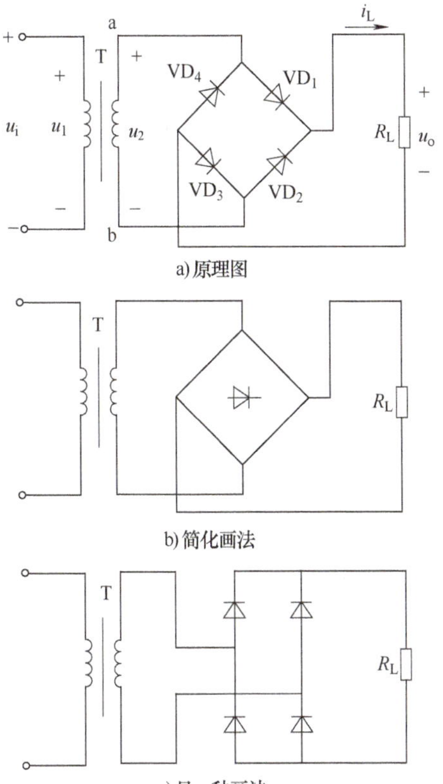

图 3-4 单相桥式整流电路

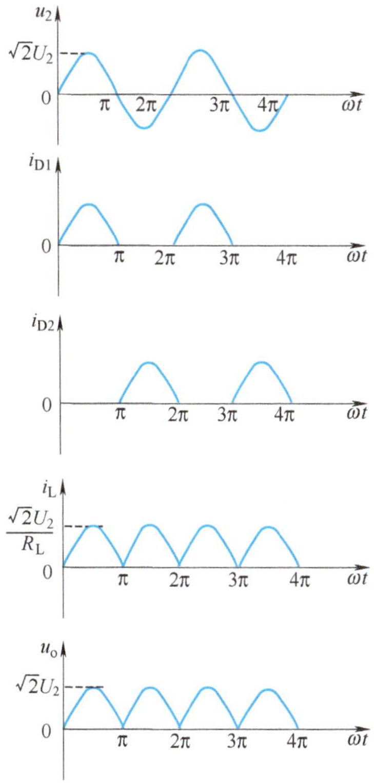

图 3-5 单相桥式整流电路波形图

3）脉动系数，即

$$S=\frac{U_{o1M}}{U_{o(AV)}}=\frac{4\sqrt{2}U_2/3\pi}{2\sqrt{2}U_2/\pi}=\frac{2}{3}\approx 0.67 \tag{3-11}$$

4）二极管承受的最大反向电压，即

$$U_{Rmax}=\sqrt{2}U_2 \tag{3-12}$$

（3）整流二极管的选择　在桥式整流电路中，四个二极管分两次轮流导通，流经每个二极管的电流为负载电流的一半。选择二极管时 $I_F \geqslant I_D$，即

$$I_F \geqslant I_{D(AV)}=\frac{1}{2}I_{o(AV)}\approx\frac{0.45U_2}{R_L} \tag{3-13}$$

二极管所承受的最大反向电压等于二极管截止时两端电压的最大值 U_{Rmax}，故要求

$$U_{RM}>U_{Rmax}=\sqrt{2}U_2 \tag{3-14}$$

通常允许电网电压有变动，所以实际选择整流二极管时，为了保证电路能够安全工作，需满足：

$$U_{RM}\geqslant 1.1U_{Rmax}=1.1\sqrt{2}U_2 \tag{3-15}$$

$$I_F \geqslant 1.1I_{D(AV)}\approx 1.1\times\frac{0.45U_2}{R_L} \tag{3-16}$$

例 3-1 在单相桥式整流电路中，已知变压器二次电压有效值 $U_2=20\text{V}$，负载电阻 $R_L=150\Omega$，试求：①输出电压平均值和输出电流平均值。②流过二极管电流的平均值和二极管所承受的最大反向电压。③当电网电压波动时，整流二极管的最大整流平均电流和最高反向工作电压至少为多少?

解： ① 输出电压平均值为

$$U_{o(AV)}\approx 0.9U_2=0.9\times 20\text{V}=18\text{V}$$

输出电流平均值为

$$I_{o(AV)}=\frac{U_{o(AV)}}{R_L}=\frac{18}{150}\text{A}=120\text{mA}$$

流过二极管电流的平均值为

$$I_{D(AV)}=\frac{1}{2}I_{o(AV)}=\frac{120}{2}\text{mA}=60\text{mA}$$

② 二极管承受的最大反向电压为

$$U_{Rmax}=\sqrt{2}U_2=\sqrt{2}\times 20\text{V}=28.3\text{V}$$

③ 当电网电压波动时，所选择的整流二极管的参数应满足：

$$I_F\geqslant 1.1I_{D(AV)}=1.1\times 60\text{mA}=66\text{mA}$$

$$U_{RM}\geqslant 1.1U_{Rmax}=1.1\times 28.3\text{V}=31.1\text{V}$$

3.2.3 滤波电路

整流电路输出的电压是脉动的，含有较大的脉动成分。这种电压只能用于对输出电压平滑程度要求不高的电子设备中，当这种电路用作要求较高的电子设备的电源时，会引起严重的谐波干扰。为此，整流电路中一般都要连接滤波电路，以保留整流后输出电压的直流成分，滤掉脉动成分，使输出电压趋于平滑，接近于理想的直流电压。常用的滤波电路有电容滤波电路、电感滤波和 RC-π 形滤波电路等。

1. 电容滤波电路

（1）半波整流电容滤波电路 半波整流电容滤波电路如图 3-6a 所示。

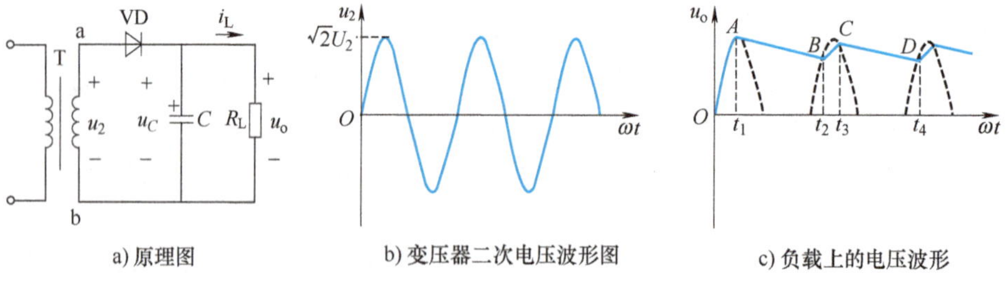

图 3-6 半波整流电容滤波电路

1）工作原理。设滤波电容初始电压值为零。

$0\sim t_1$ 期间：u_2 由零逐渐上升，二极管 VD 正偏而导通，电流分成两路，一路流经负载 R_L，另一路对电容进行充电。电容器两端电压 u_C 快速上升。二极管的阳极电位是随 u_2 变化的，而阴极电位是随 u_C 变化的。在 t_1 时刻 u_C 达到 u_2 的峰值 $\sqrt{2}U_2$，即 $u_2=u_C=\sqrt{2}U_2$。

$t_1 \sim t_2$ 期间：二极管阳极电位随输入电压 u_2 迅速下降，导致二极管在一段时间内处于截止状态，以后输入电压自负半周向正半周上升。电容 C 开始向负载 R_L 放电，放电过程缓慢，u_C 也缓慢下降，u_o 也缓慢下降。

$t_2 \sim t_3$ 期间：二极管阳极电位 u_2 开始大于阴极电位 u_C，VD 又开始导通，并向电容 C 迅速充电。u_o 波形按图 3-6c 中 $B \sim C$ 段变化，到 t_3 时刻，$u_C = u_2$，二极管又截止，使得电容 C 又对负载 R_L 放电。

综上所述，画出的输出电压 u_o 亦即电容 C 上电压 u_C 波形如图 3-6c 所示，在 $0 \sim t_1$ 期间，u_o 的波形为 OA 段，近似按输入电压上升；$t_1 \sim t_2$ 期间，u_o 波形自 A 向 B 缓慢下降；$t_2 \sim t_3$ 期间，u_o 波形又开始按输入电压迅速上升，如此不断重复，使 u_o 趋于平滑。

2）主要参数。半波整流电容滤波电路输出直流电压平均值为

$$U_{o(AV)} = (1 \sim 1.1)U_2 \tag{3-17}$$

一般取 $U_{o(AV)} = U_2$。

流过二极管的平均电流为

$$I_{D(AV)} \approx U_2/R_L \tag{3-18}$$

3）二极管选择。在二极管截止时，变压器二次电压瞬时极性为上端 a 为负，下端 b 为正，此时电容器电压充至 $\sqrt{2}U_2$，极性为上正下负，因此二极管承受的最大反向电压为两电压之和，为此选二极管时满足

$$U_{RM} \geqslant U_{DM} = 2\sqrt{2}U_2 \tag{3-19}$$

滤波电路中，二极管的导通时间比不加滤波电容时短，导通角小于 π，流过二极管的瞬时电流很大，且滤波电容越大，导通角越小，冲击电流就越大。在选用二极管时，应考虑冲击电流对二极管的影响，一般选

$$I_F = (2 \sim 3)I_D \tag{3-20}$$

（2）单相桥式整流电容滤波电路　单相桥式整流电容滤波电路如图 3-7a 所示。

1）工作原理。桥式整流滤波电路与半波整流滤波电路的工作原理基本相同，不同的是输出电压是全波脉动直流电，无论 u_2 是正半周还是负半周，电路中总有二极管导通，在一个周期内，u_2 对电容充电两次，电容对负载放电的时间大大缩短，输出电压波形更加平滑，波形如图 3-7b 所示。图中虚线为不接滤波电容时的波形，实线为滤波后的波形。

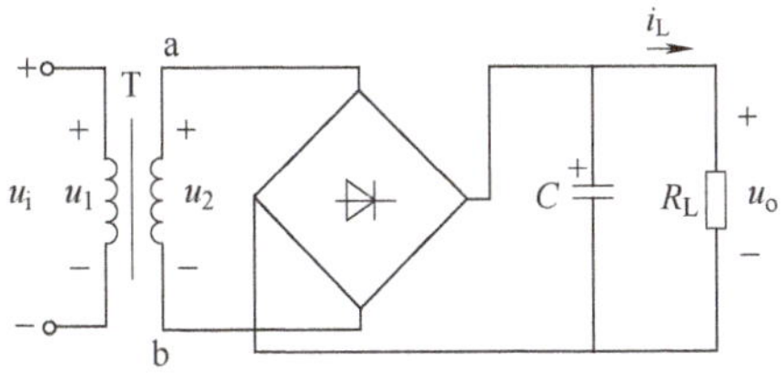

a) 电路图

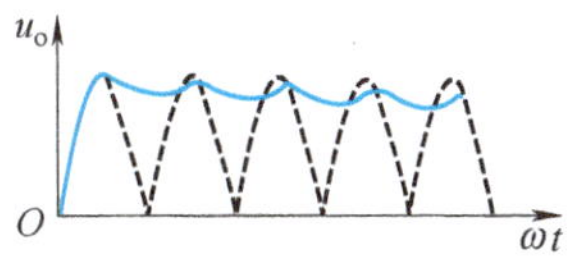

b) 波形图

图 3-7　单相桥式整流电容滤波电路

2）主要参数。桥式整流电容滤波电路输出直流电压平均值为

$$U_{o(AV)} \approx 1.2U_2 \tag{3-21}$$

若负载电阻开路，$U_o = \sqrt{2}U_2$。

3）滤波电容选择。滤波电容按下式选取

$$\tau = R_L C \geqslant (3 \sim 5) T/2 \tag{3-22}$$

式中，τ 为时间常数；T 是交流电的周期。

滤波电容数值一般在几十微法到几千微法，视负载电流大小而定，其耐压值应大于输出电压值，一般取 1.5 倍左右，且通常采用有极性的电解电容。在滤波电容装接过程中，切不可将电解电容极性接反，以免损坏电解电容或电容器发生爆炸。

电容滤波电路简单，输出电压 U_o 较高，脉动较小；但外特性差，适用于负载电压较高，负载变动不大的场合。

例 3-2 在单相桥式整流电容滤波电路中，已知交流电源的频率 $f = 50\text{Hz}$，要求输出直流电压为 30V，输出电流为 0.3A。试求：①变压器二次电压有效值；②选择整流二极管；③选择滤波电容。

解： ①变压器二次电压有效值为

$$U_2 = U_o/1.2 = 30\text{V}/1.2 = 25\text{V}$$

② 流过二极管电流的平均值为

$$I_D = I_o/2 = 0.3\text{A}/2 = 0.15\text{A}$$

二极管承受的最大反向电压为

$$U_{DM} = \sqrt{2} U_2 = 25\sqrt{2}\text{V} = 35.4\text{V}$$

可以选择 4 只 2CP21 二极管，其最大整流平均电流为 0.3A，最高反向工作电压为 100V。

③ 选择滤波电容

$$R_L = \frac{U_o}{I_o} = \frac{30}{0.3}\Omega = 100\Omega$$

$$T = \frac{1}{f} = \frac{1}{50}\text{s} = 0.02\text{s}$$

取

$$R_L C = 5 \times \frac{T}{2} = 5 \times \frac{0.02}{2}\text{s} = 0.05\text{s}$$

$$C = \frac{0.05}{R_L} = \frac{0.05}{100}\text{F} = 500\mu\text{F}$$

滤波电容所承受的最高电压为 $\sqrt{2} U_2 = 25\sqrt{2}\text{V} = 35.4\text{V}$，可选择 500μF/50V 的电解电容器。

2. 电感滤波电路

电感滤波电路是利用电感的隔交通直作用来实现滤波作用的。由于电感对交流呈现一定的阻抗，整流后所得到的单向脉动直流电中的交流成分将降落在电感上。感抗越大，降落在电感上的交流成分越多；又由于若忽略电感的电阻，电感对于直流没有压降，所以整流后所得到的单向脉动直流电中的直流成分经过电感，全部落在负载电阻上，从而使得负载电阻上所得到的输出电压的脉动减小，达到滤波目的。电感滤波器的工作频率越高、电感量越大，滤波效果越好。

3. 电感电容滤波电路

电感电容滤波电路简称为 *LC* 滤波电路。这种电路适用于电流较大、要求输出电压脉动很小的场合，尤其适用于高频整流，如开关电源电路。电感电容滤波电路如图 3-8 所示。

4. *RC*-π形滤波电路

RC-π形滤波电路如图3-9所示。它是利用 R 和 C 对输入回路整流后的电压的交直流分量的不同分压作用来实现滤波作用的。电阻 R 对交直流分量均有同样的降压作用，但是因为电容 C_2 的交流阻抗很小，这样电阻 R 与电容 C_2 及 R_L 配合以后，使交流分量较多地降在电阻 R 两端，而较少地降在负载 R_L 上，从而起到滤波作用。R 越大，C_2 越大，滤波效果越好。但 R 不能太大，若 R 太大将使直流压降增大，能量会无谓地消耗在 R 上。

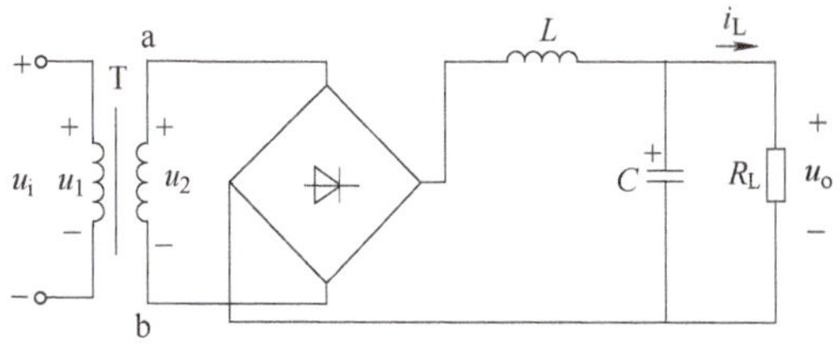

图3-8 电感电容滤波电路

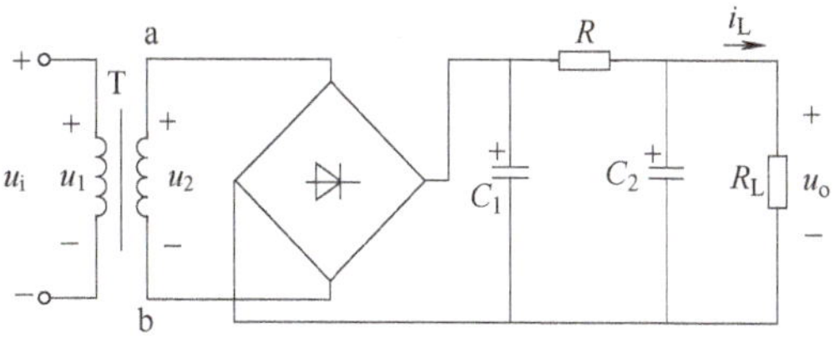

图3-9 *RC*-π形滤波电路

桥式整流 *RC*-π形滤波电路输出电压可用下式估算：

$$U_{o(AV)}=\frac{R_L}{R+R_L}\times 1.2U_2 \tag{3-23}$$

这种滤波电路适用于负载电流较小而又要求输出电压脉动小的场合。

3.2.4 线性集成稳压器

目前，集成稳压器已达百余种，并且成为模拟集成电路的一个重要分支。它具有输出电流大、输出电压高、体积小、重量轻、可靠性高、安装调试方便等一系列优点，在电子电路中应用十分广泛，已逐渐取代由分立元器件组成的稳压器。

集成稳压器是稳压电源的核心，可按如下方式分类：

1）根据对输入电压变换过程的不同，可划分为线性集成稳压器和开关式集成稳压器。

2）根据输出电压可调性可分为：

① 三端固定输出集成稳压器，它的输出端电压是固定的。

② 三端可调输出集成稳压器，这类器件外接元件可使输出端电压能在较大范围内调节。

3）根据引脚数量划分可分为三端式和多端式。

1. 串联型稳压电路的工作原理

（1）电路组成　串联型稳压电路原理图和框图如图3-10所示。

1）取样单元：由 R_1、R_2 组成，与负载 R_L 并联，通过它可以反映输出电压 U_o 的变化。

2）基准单元：由稳压二极管VS和限流电阻 R_3 构成，提供基准电压。

3）比较放大单元：晶体管 VT_2 组成放大器，起比较和放大信号的作用。

4）调整单元：由晶体管 VT_1、R_4 组成。VT_1 是串联型稳压电路的核心元件，必须选择大功率晶体管。VT_1 为调整管，R_4 既是 VT_2 的集电极负载电阻，又是 VT_1 的基极偏流电阻，使 VT_1 处于放大状态。

（2）工作原理　当电网电压波动或者负载电阻变化时，都能够引起输出电压变化。

假设电网电压波动，输入电压增加，使得输出电压增大，则该稳压电路的稳压原理为：

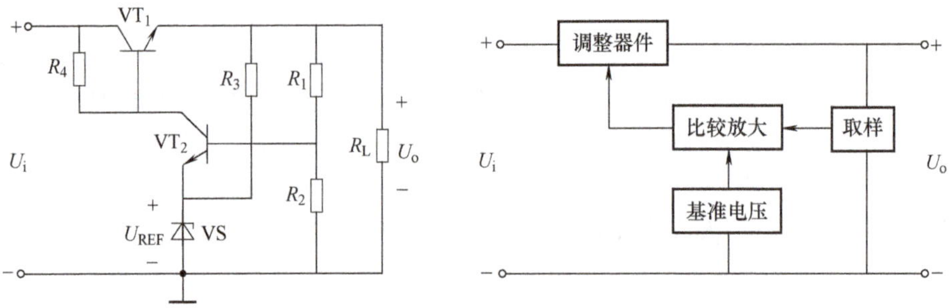

a) 原理图　　　　b) 框图

图 3-10　串联型稳压电路

输出电压 U_o 增加时，经 R_1、R_2 的取样电压 $U_{R2}=\dfrac{U_oR_2}{R_1+R_2}$相应增加，于是 VT_2 的基极电压 $U_{B2}=U_{R2}>U_{REF}$，$U_{BE2}=U_{R2}-U_{REF}$，式中 U_{REF}是稳压二极管提供的基准电压，其值基本不变，致使 U_{BE2}增大，I_{C2}随之增大，VT_2 的集电极电压 U_{C2}下降，由于 VT_1 的基极电压 $U_{B1}=U_{C2}$，因而 I_{C1}减小，VT_1 管压降 U_{CE1}增大，使输出电压 $U_o=U_i-U_{CE1}$下降，结果使 U_o 基本保持恒定。上述电压调节过程为负反馈过程。过程如下：

$$U_i\uparrow\longrightarrow U_o\uparrow\longrightarrow U_{R2}\uparrow\longrightarrow U_{BE2}\uparrow\longrightarrow I_{B2}\uparrow\longrightarrow I_{C2}\uparrow$$
$$U_o\downarrow\longleftarrow U_{CE1}\uparrow\longleftarrow I_{C1}\downarrow\longleftarrow I_{B1}\downarrow\longleftarrow U_{BE1}\downarrow\longleftarrow U_{CE2}\downarrow$$

假设负载电阻变化，电阻减小，则该稳压电路的稳压过程为：

$$R_L\downarrow\longrightarrow U_o\downarrow\longrightarrow U_{R2}\downarrow\longrightarrow U_{BE2}\downarrow\longrightarrow I_{B2}\downarrow\longrightarrow I_{C2}\downarrow$$
$$U_o\uparrow\longleftarrow U_{CE1}\downarrow\longleftarrow I_{C1}\uparrow\longleftarrow I_{B1}\uparrow\longleftarrow U_{BE1}\uparrow\longleftarrow U_{CE2}\uparrow$$

改变 R_2 的阻值就可改变输出电压，若在图 3-10 中 R_1、R_2 所在支路串接电位器 RP，组成输出电压可调串联稳压电路如图 3-11 所示。图中用集成运放构成比较放大器，调节 RP 可以改变输出电压 U_o 的大小。

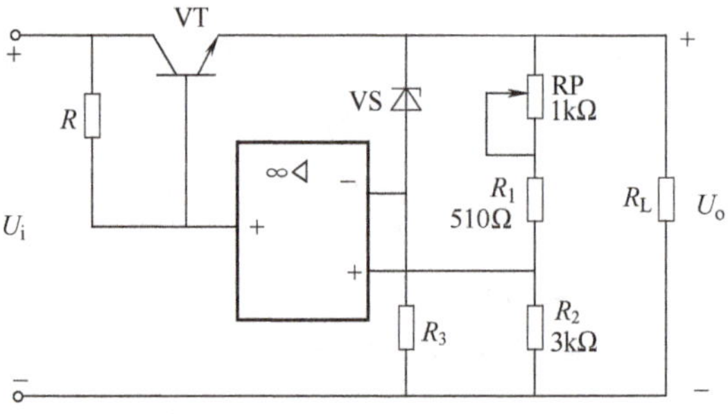

图 3-11　输出电压可调串联稳压电源

在这种电源中起调节作用的晶体管必须工作于线性放大状态，故称之为**线性串联型稳压电源**。人们在此基础上制成了集成稳压电源。在这种稳压电源中，采用多种措施，使之性能大为提高。例如采用差动放大器作比较放大器，以抑制零点漂移，提高稳压电源的温度稳定性；采用辅助电源构成基准电压源电路提高电源的稳压系数；采用限流保护电路防止调整管电流过大或电压过高超过管耗而损坏等。

2. 三端固定输出集成稳压器

（1）三端固定输出集成稳压器的分类及外形图　三端固定输出集成稳压器的三端指输入端、输出端及公共端三个引出端。

1）分类。三端固定输出集成稳压器有输出正电压的7800系列和输出负电压的7900系列。

三端固定输出集成稳压器的命名方法如下：

前缀	系列	电流	电压
W	78或79	×	××
厂标	固定输出正电压或负电压	最大输出电流	输出电压

国产三端固定输出集成稳压器的输出电压有5V、6V、9V、12V、15V、18V、24V等。最大输出电流大小用字母表示，字母与最大输出电流对应表见表3-1。

表3-1　集成稳压器字母与最大输出电流对应表

字母	L	N	M	无字母	T	H	P
最大输出电流/A	0.1	0.3	0.5	1.5	3	5	10

例如，CW7805为国产三端固定输出集成稳压器，输出电压为+5V，最大输出电流为1.5A；LM79M9为美国国家半导体公司生产的-9V稳压器，最大输出电流为0.5A。CW7800系列、7900系列三端固定输出集成稳压器装上足够大的散热器后，耗散功率可达15W。

2）管脚排列。三端固定输出集成稳压器的封装及引脚排列图如图3-12所示。

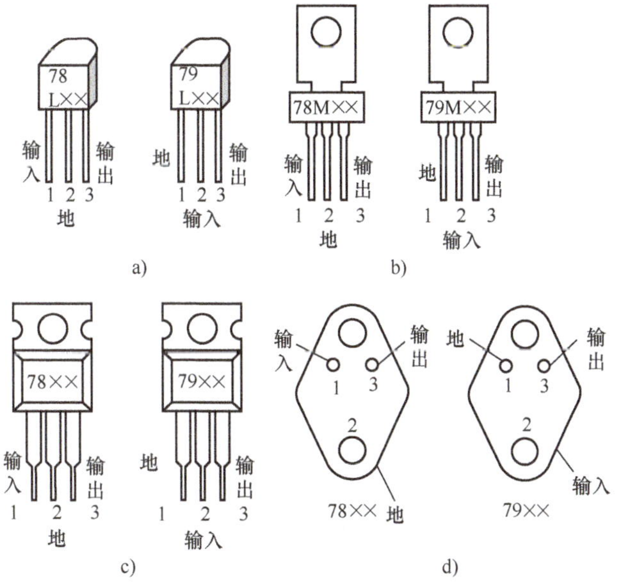

图3-12　三端固定输出集成稳压器封装及引脚排列图

（2）三端固定输出集成稳压器应用电路

1）固定电压输出电路。用三端固定输出集成稳压器组成的固定电压输出电路如图3-13所示。图3-13a为输出正电压电路。图中C_1为抗干扰电容，用以旁路在输入导线过长时串入的高频干扰脉冲；C_2具有改善输出瞬态特性和防止电路产生自激振荡的作用；虚线所接二极管对集成稳压器起保护作用。如不接二极管，当输入端短路且 C_2 容量较大时，C_2 上的电荷通过集成稳压器内电路放电，可能使集成稳压器击穿而损坏。接上二极管后，C_2 上电压使二极管正偏导通，电容通过二极管放电从而保护了集成稳压器。C_1、C_2 一般选涤纶电容，容量为 0.1μF 至几 μF。安装时，两电容应直接与三端集成稳压器的引脚根部相连。

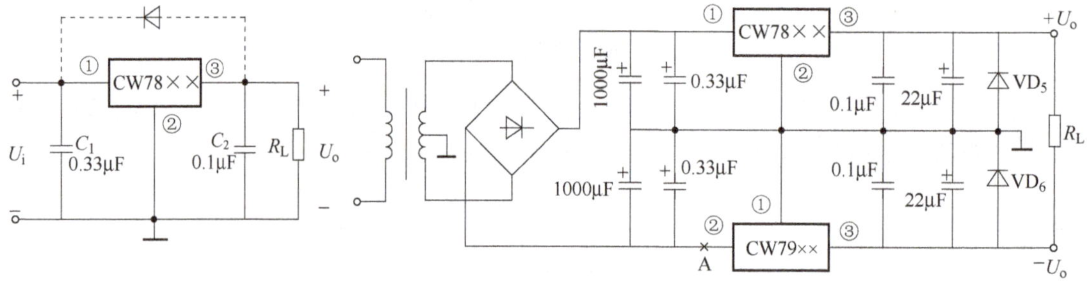

a) 输出正电压电路　　b) 输出正、负电压电路

图 3-13　固定电压输出电路

图 3-13b 为输出正、负电压电路。图中 VD_5、VD_6 起保护集成稳压器的作用。输出端接负载时，如果其中一路稳压器输入 U_i 断开，如图中 79××的输入端 A 点断开，则 $+U_o$ 通过 R_L 作用于 79××的输出端，使它的输出端对地承受反向电压而损坏。有了 VD_6，在上述情况发生时，VD_6 正偏导通，使反向电压钳制在 0.7V，从而保护了集成稳压器。

2）扩大输出电流电路。扩大输出电流电路如图 3-14 所示。图中 VT_1 为外接功率管，起扩大输出电流的作用。VT_2 与 R_S 组成功率管短路保护电路。

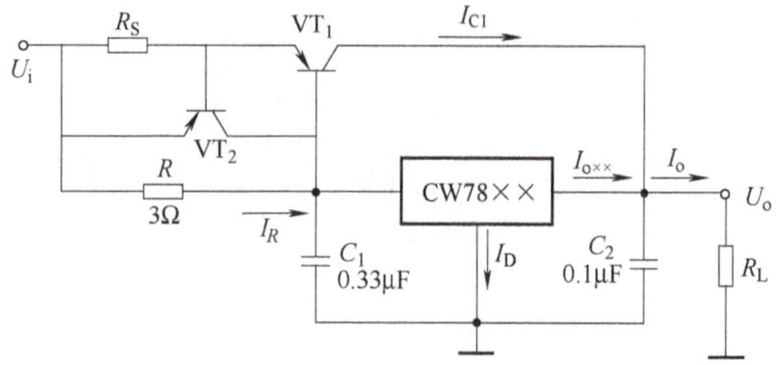

图 3-14　扩大输出电流电路

若集成稳压器的输出电流为 $I_{o××}$，在负载正常情况下，$I_{C1}R_S - U_{BE2}$ 小于 VT_2 的阈值电压 U_{th2}，VT_2 截止，则本电路的输出电流 I_o 为

$$I_o = I_{C1} + I_{o××} \tag{3-24}$$

当负载过载或短路时，$I_{C1}R_S > U_{th2}$，VT_2 导通，则 $U_{CE2} \approx I_{C1}R_S + U_{BE1}$。当 I_{C1} 增大，U_{BE2} 也增大，U_{CE2} 减小，致使 U_{BE1} 减小，限制了 I_{C1} 的增加。

当负载较轻时，VT_1、VT_2 均处于截止状态，$I_o \approx I_{o××}$。图中 R 为 VT_1 的偏置电阻，选取 VT_1（3AD30）的阈值电压 $U_{th1}=0.3V$，设 $I_D + I_{omin} \approx 100mA$，则取 $R \approx 0.3V/0.1A = 3\Omega$。当 I_o 增大时，使 I_R 增大，在 U_R 增大到一定程度，即为 VT_1 导通提供所需偏置电压。

3）扩大输出电压电路。CW7800 和 CW7900 系列三端固定输出集成稳压器的输出电压绝对值最大为 24V，若要高于此值，可采用图 3-15 所示电路。图 3-15a 为电阻分压电路，从中可得

$$U_o = (1 + R_2/R_1)U_{××} \tag{3-25}$$

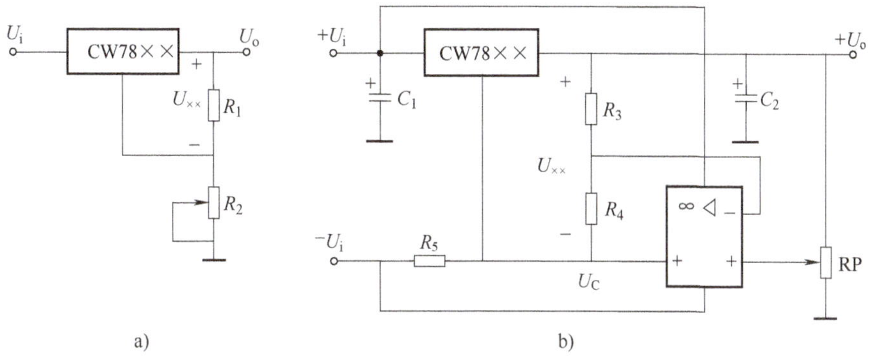

图 3-15 扩大输出电压电路

图 3-15b 中集成运放组成差动输入组态，R_4 为负反馈电阻。该电路既提高了输出电压，又达到了输出电压可调的目的。

注意： 三端固定输出集成稳压器使用时对输入电压有一定要求。若过低，会使稳压器在电网电压下降时不能正常稳压；过高会使集成稳压器内部输入级击穿，使用时应查阅手册中输入电压范围。一般输入电压应大于输出电压 2 ~ 3V。

3. 三端可调输出集成稳压器

三端可调输出集成稳压器输出电压可调，且稳压精度高，输出纹波小，只需外接两只不同的电阻，即可获得各种输出电压。

（1）三端可调输出集成稳压器的分类及外形图

1）分类。三端可调输出集成稳压器分为三端可调正电压集成稳压器和三端可调负电压集成稳压器。三端可调正电压集成稳压器有 117、217 和 317 三种系列，这三种系列具有相同的引出端、相同的基准电压和相似的内部电路，所不同的是它们的工作温度范围，分别是 −55 ~ 150℃、−25 ~ 150℃ 和 0 ~ 125℃。三端可调负电压集成稳压器有 137、237 和 337 三种系列。

三端可调输出集成稳压器产品分类见表 3-2。

表 3-2 三端可调输出集成稳压器分类

类　型	产品系列或型号	最大输出电流 I_{oM}/A	输出电压 U_o/V
正电压输出	LM117L/217L/317L	0.1	1.2 ~ 37
	LM117M/217M/317M	0.5	1.2 ~ 37
	LM117/217/317	1.5	1.2 ~ 37
	LM150/250/350	3	1.2 ~ 33
	LM138/238/338	5	1.2 ~ 32
	LM196/396	10	1.25 ~ 15
负电压输出	LM137L/237L/337L	0.1	−1.2 ~ −37
	LM137M/237M/337M	0.5	−1.2 ~ −37
	LM137/237/337	1.5	−1.2 ~ −37

注：表中集成稳压器产品系列中加“LM”，为国外产品，国产集成稳压器产品系列中加“CW”，如 CW317。

2）引脚排列。三端可调输出集成稳压器引脚排列图如图3-16所示。除输入端、输出端外，另一端称为调整端。

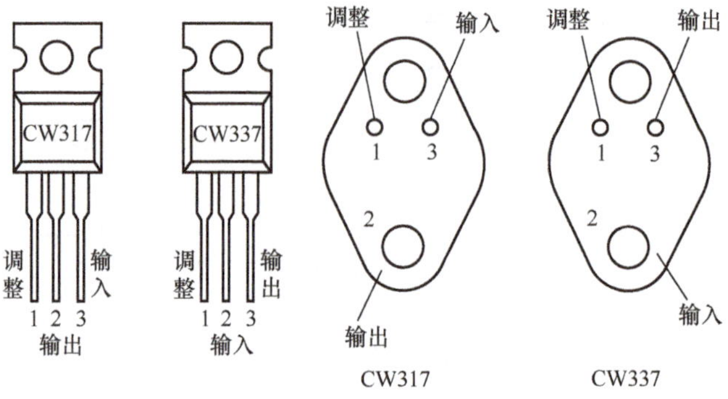

a) TO-220封装　　b) TO-3封装

图3-16　三端可调输出集成稳压器引脚排列图

（2）三端可调输出集成稳压器基本应用电路　三端可调输出集成稳压器基本应用电路以CW317为例说明，电路如图3-17所示。

该电路为输出电压1.2～37V连续可调，最大输出电流为1.5A，它的最小输出电流由于集成块电路参数限制，不得小于5mA。CW317的输出端与调整端之间电压U_{REF}固定在1.2V，调整端（ADJ）的电流很小且十分稳定（50μA），因此输出电压为

$$U_o = 1.2(1 + R_2/R_1)\text{V} \quad (3\text{-}26)$$

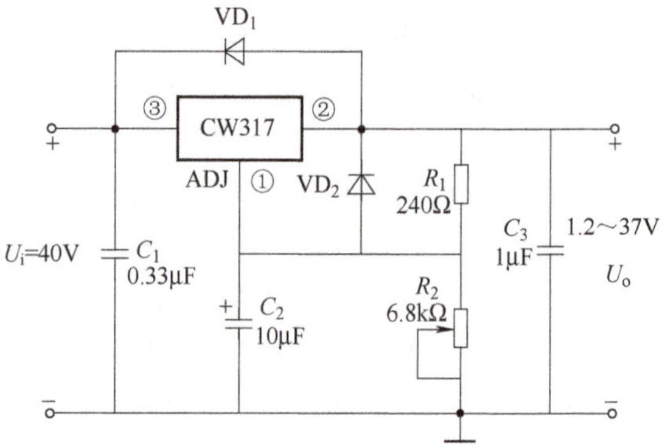

图3-17　三端可调输出集成稳压电路

在图3-17中，R_1跨接在输出端与调整端之间，为保证负载开路时输出电流不小于5mA，R_1的最大值为$R_{1max} = U_{REF}/5\text{mA} = 240\Omega$。本电路要求最大输出电压为37V；$R_2$为输出电压调节电阻；$C_1$为输入端滤波电容，可抵消电路的电感效应和滤除输入线窜入干扰脉冲；C_2是为了减小R_2两端纹波电压而设置的；C_3是为了防止输出端负载呈容性时可能出现的阻尼振荡；VD_1、VD_2是保护二极管。

3.3　项目实施

3.3.1　任务一　二极管整流、电容滤波电路的测试

1. 实验目的

1）了解半波、桥式整流电容滤波电路的工作原理。

2）掌握桥式整流电容滤波电路的测试方法。

3）比较半波整流电路与桥式整流电路的特点。

4）比较电容滤波电路与 *RC* 型滤波电路的特点。

5）验证半波整流电路及桥式整流电路的输入电压有效值与其输出值 U_o 的关系。

2. 实验原理

（1）单相半波整流电路的组成及工作原理　图 3-18 所示为单相半波整流电路。由于流过负载的电流和加在负载两端的电压只有半个周期的正弦波，故称半波整流。

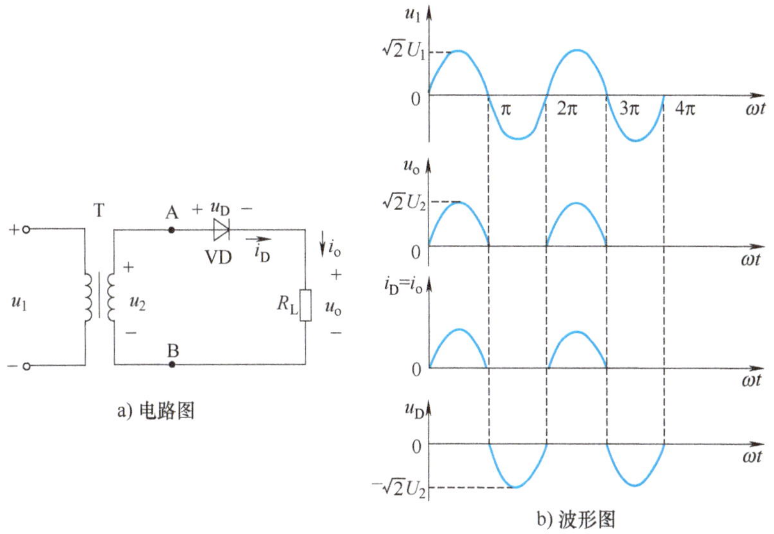

图 3-18　单相半波整流电路及波形图

直流电压是指一个周期内脉动电压的平均值，即

$$U_{o(AV)}=\frac{1}{2\pi}\int_0^{2\pi}u_o\mathrm{d}(\omega t)=\frac{1}{2\pi}\int_0^{\pi}\sqrt{2}U_2\sin\omega t\mathrm{d}(\omega t)=\frac{2\sqrt{2}}{2\pi}U_2\approx 0.45U_2 \tag{3-27}$$

（2）单相桥式整流电路的组成及工作原理　利用整流二极管的单向导电性及一定的电路连接（半波或全波整流），将极性和瞬间值均做周期性变化的交流电，变换成瞬时值随时间变化，但极性不变的单向脉动直流电，两者最根本的区别在于交流电在一个周期中的平均值为零，即不含直流分量，而单向脉动直流电在一个周期中的平均值即直流分量 $U_{o(AV)}\neq 0$。图 3-19a 是最常用的单相桥式整流电路，图中的电源变压器将电网电压变换成所需的电压 u_2；四个二极管作为整流器件，接成电桥形式，将交流电压变换为单方向的脉动电压；R_L 是负载电阻，其两端的电压为 u_o。单相桥式整流电路的简化电路如图 3-19b 所示。

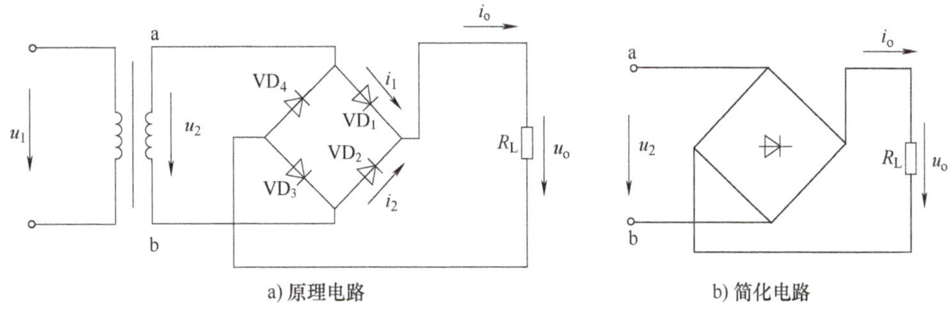

图 3-19　单相桥式整流电路

设电源变压器二次电压为 $u_2=U_{2m}\sin\omega t$，其波形如图3-20所示，在 u_2 正半周时，变压器二次绕组a端电位高于b端电位，二极管 VD_1、VD_3 受正向电压而导通，VD_2、VD_4 受反向电压而截止。此时电流由a端流出，经 VD_1、R_L、VD_3 回到b端，负载上得到上正下负的半波电压，且 $u_O=u_2$；流过电阻上的电流 $i_O=i_1$，其电压、电流波形如图3-20所示。

在 u_2 负半周时，变压器二次绕组b端电位高于a端电位，二极管 VD_2、VD_4 受正向电压而导通，VD_1、VD_3 受反向电压而截止。此时电流由b端流出，经 VD_2、R_L、VD_4 回到a端，负载上仍得到上正下负的半波电压，且 $u_o=u_2$；流过电阻上的电流 $i_o=i_2$，其电压、电流波形如图3-20所示。

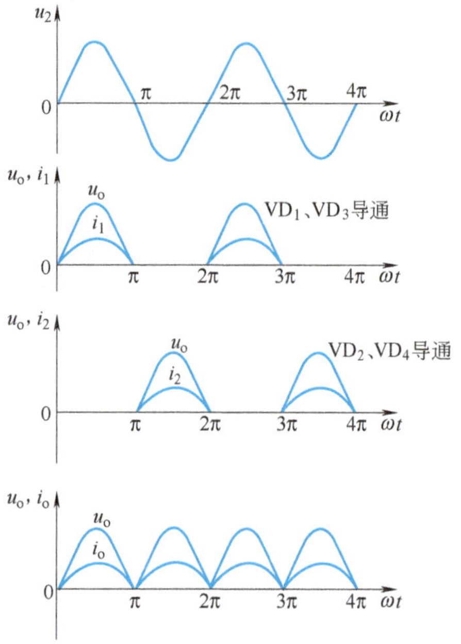

图3-20 桥式整流波形图

由上可见，变压器二次电压的极性虽在不停地变化，但负载上的电压总是上正下负，R_L 上得到一个全波电压，如图3-20所示。

已知 $u_2=\sqrt{2}U_2\sin\omega t$，负载上一个周期内的平均值（负载上的直流电压）为

$$U_{o(AV)}=\frac{1}{\pi}\int_0^{\pi}\sqrt{2}U_2\sin\omega t\mathrm{d}(\omega t) \qquad (3\text{-}28)$$

即

$$U_{o(AV)}=0.9U_2 \qquad (3\text{-}29)$$

（3）电容滤波电路及其工作原理 图3-21所示为桥式整流电容滤波的电路。它是一种并联滤波，滤波电容与负载电阻直接并联，因此，负载两端的电压等于电容 C 两端电压。电容的充放电在电源电压的半个周期内重复一次，因此，输出的直流电压波形更为平滑。

电容滤波电路输出电压波形如图3-22所示，设 $t=0$ 时，$u_C=0V$，当 u_2 由零进入正半周时，此时整流电路导通，电容 C 被充电，电容两端电压 u_C 随着 u_2 的上升而逐渐增大，直至 u_2 达到峰值。由于电容充电电路的二极管正向导通电阻很小，所以电容充电回路时间常数极小，u_C 紧随 u_2 升高。此后，u_2 过了峰值开始下降，由于 u_2 在最大值附近的下降速度很慢，以后越来越快，而电容电压开始下降较快，以后越来越慢，$t=t_2$ 时，出现 $u_C>u_2$ 的现象，整流电路截止，电容 C 对负载电阻 R_L 放电，放电回路由 C 和 R_L 串联而成，在 R_L 和 C 足够大的情况下，电容放电回路时间常数大，放电持续到下一个正半周 $t=t_3$ 时刻，u_2 上升且大于 u_C，于是整流电路又重新导通，电容又被重新充电，这样不断地重复，因而负载两端电压 u_2 的变化规律如图3-22中的粗实线所示。

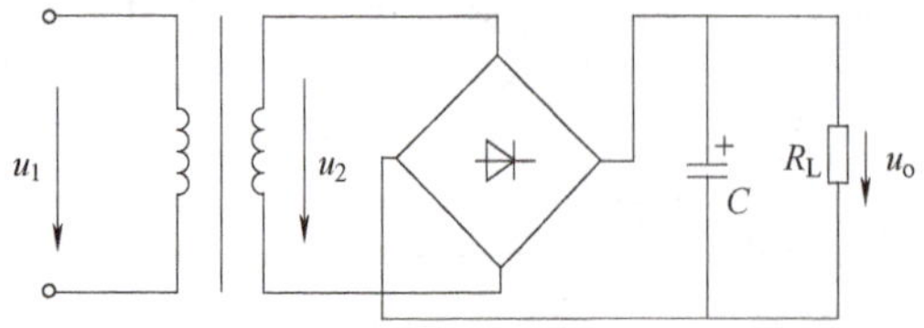

图3-21 电容滤波电路

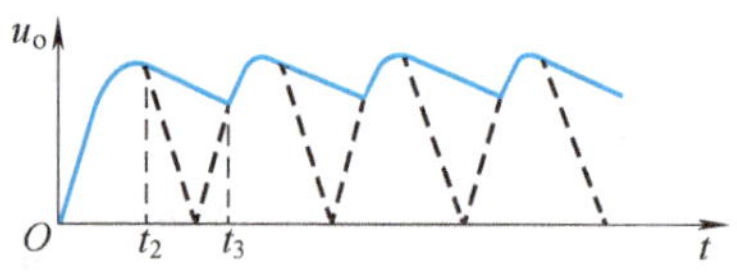

图3-22 电容滤波电路输出电压波形图

在满足

$$C \geqslant (3\sim5)\frac{T}{R_L}=(3\sim5)\frac{0.01}{R_L} \tag{3-30}$$

条件下，电容器两端，也就是负载上的直流电压，可估算为

$$U_L=U_2\ （半波） \tag{3-31}$$

$$U_L=1.2U_2\ （桥式） \tag{3-32}$$

3. 实验仪器设备

1）低压交流电源（3～24V）。

2）双踪示波器。

3）万用表。

4. 实验器材

1）二极管4007，4个。

2）电阻1kΩ。

3）电容220μF。

4）开关。

5）绝缘导线。

5. 实验电路

实验电路如图3-23和图3-24所示。

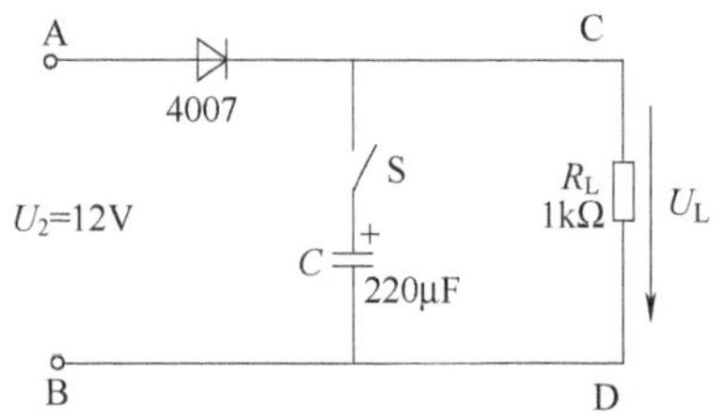

图3-23 半波整流、滤波电路

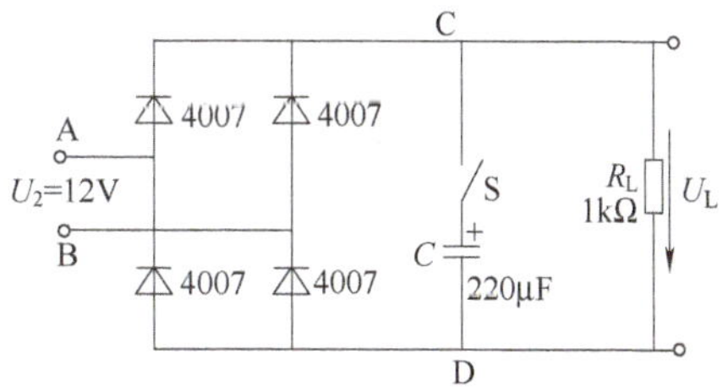

图3-24 桥式整流滤波电路

6. 实验步骤及内容

（1）半波整流及滤波作用

1）按图3-23正确连线，其中二极管选择4007，电容为220μF，负载电阻为1kΩ。

2）将低压交流电源打向12V位置，用导线接入电路，即 $U_2=12V$。

3）断开开关S，用双踪示波器分别测 u_{AB} 和 u_{CD} 波形。根据测量结果，画出输入输出电压波形（时间轴要对齐）。用万用表的交流电压档测出电压 $U_{AB}=(\quad)V$，用直流电压档测出输出电压 $U_{CD}=(\quad)V$。

4）闭合开关S，观察双踪示波器上的输出电压波形的情况，若改变负载电阻，输出电压波形又发生怎样的变化？用万用表测出接上电容后的输出电压 $U_{CD}=(\quad)V$。

（2）全波整流及滤波作用

1）按图3-24正确连线，其中四个二极管均选择4007，电容为220μF，负载为1kΩ。

2）将低压交流电源打向12V位置，用导线接入电路，即 $U_2=12V$。

3）断开开关S，用双踪示波器分别测 U_{AB} 和 U_{CD} 波形。根据测量结果，画出输入输出电压波形（时间轴要对齐）。用万用表的交流电压档测出电压 U_{AB} =（　　）V，用直流电压档测出输出电压 U_{CD} =（　　）V。

4）闭合开关S，观察双踪示波器上的输出电压波形的情况，若改变负载电阻，输出电压波形又发生怎样的变化？用万用表测出接上电容后的输出电压 U_{CD} =（　　）V。

7. 思考题

1）如何用万用表来判别晶体管的好坏和极性？

2）如何从晶体管的输出特性曲线计算晶体管的 β 的大小？

3.3.2 任务二 集成直流稳压电源的调整与测试

1. 实验目的

1）加深对直流稳压电源工作原理的理解。

2）熟悉三端固定输出集成稳压器的型号、参数及其应用。

3）掌握直流稳压电源调整与测试的方法。

2. 实验原理

图3-25所示为由CW7805等构成的基本直流稳压电源应用电路，输出电压和最大输出电流由所选的三端集成稳压器决定。电容 C_i 用于抵消输入线较长时的电感效应，以防止电路产生自激振荡，其容量较小。电容 C_o 用于消除输出电压中的高频噪声，可取几微法或几十微法，以便输出较大的脉冲电流。在稳压器的输入端和输出端之间跨接一个二极管起保护作用。

本实验采用CW7805来组成一个直流稳压电源，电源输出电压为 U_o = 5V，输出电流 $I_{omax} \leqslant 100mA$。

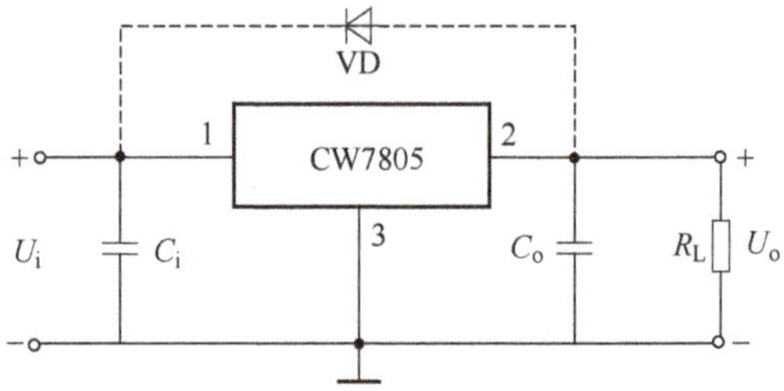

图3-25 固定输出集成稳压电源应用电路

3. 实验仪器设备

1）万用表。

2）示波器。

3）标准直流电源。

4）自耦变压器。

4. 实验器材

1）二极管4007×4。

2）电容器220μF、470μF。

3）电阻51Ω。

4）电位器470Ω。

5. 实验电路

实验电路如图3-26所示。

6. 实验步骤及内容

（1）搭接电路　按图3-26搭接好实验电路。

（2）空载检查测试

1）将 S_1 断开，接通220V交流电压，调整电源变压器的二次抽头，用万用表交流电压档测量变压器二次交流电压值，使其有效值 U_2 约为6V。

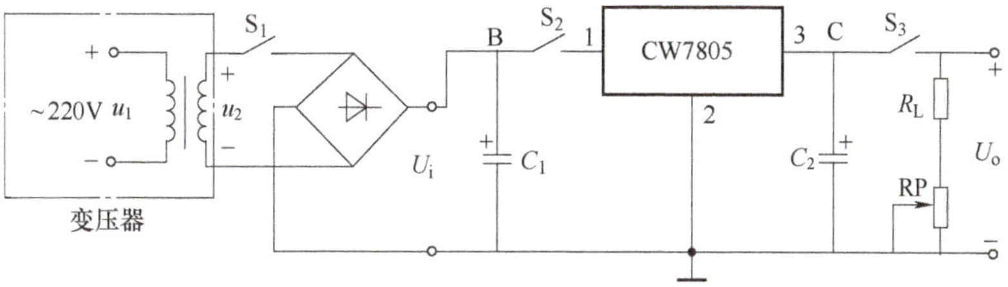

图 3-26　固定输出集成稳压电源电路

2）将 S_1 合上，S_2 断开，并接通 220V 交流电压，用万用表直流电压档测整流滤波电路输出的直流电压 U_i，其值应约为 $1.4U_2$。

3）将 S_3 断开，S_2 合上，并接通 220V 交流电压，测量集成稳压器的输出端 C 点的电压 U_C，其值应为 5V。最后检查稳压器输入、输出端的电压差，其值应大于最小电压差。

（3）加载检查测试

1）上述检查符合要求之后，稳压电路工作基本正常。此时合上 S_3，测量 U_2、U_i、U_o 的大小，观察其值是否符合设计值。注：此时 U_2、U_i 的测量值要比空载测量值略小，且 $U_i \approx 1.2U_2$，而 U_o 基本不变。

2）用示波器观察 B 点和 C 点的纹波电压。

（4）质量指标测试　下面介绍电压调整率 S_U 的测量。

1）由于集成直流稳压电源的电压调整率比较小，若要准确测量输出电压的变化量，则可采用差值法测量。如图 3-27 所示，图中 E 为稳定度高的基准电压，调节 E 使之与集成直流稳压电源的输出电压 U_o 值近似相等，然后用万用表直流电压小量程档（例如 2.5V 档）即可测出 U_o 的变化量 ΔU_o。

2）为调节交流输入电压，在集成稳压器的输入端可接入一自耦变压器，如图 3-28 所示。调节自耦变压器使 U_i 等于 220V，并调节集成直流稳压电源及负载 R_L，使 I_o、U_o 为额定值，然后调节自耦变压器，使 U_i 分别为 242V（增加 10%）、198V（减小 10%），并测出两者对应的输出电压 U_o，即可求出变化量 ΔU_o。将其中较大者代入式

$$S_U = \left.\frac{\Delta U_o / U_o}{\Delta U_i / U_i}\right|_{\Delta R_L = 0} \tag{3-33}$$

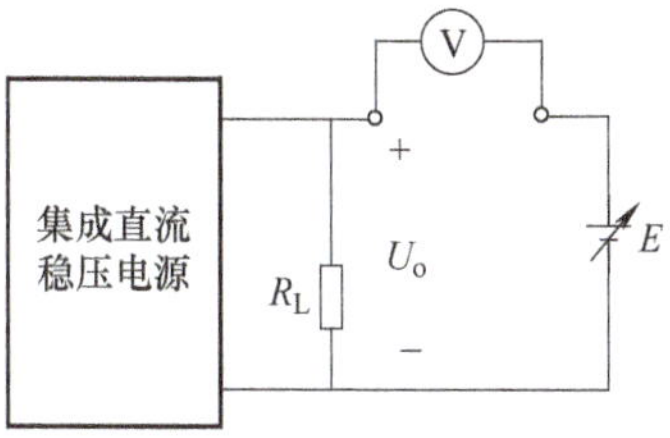

图 3-27　用差值法测量 ΔU_o 电路

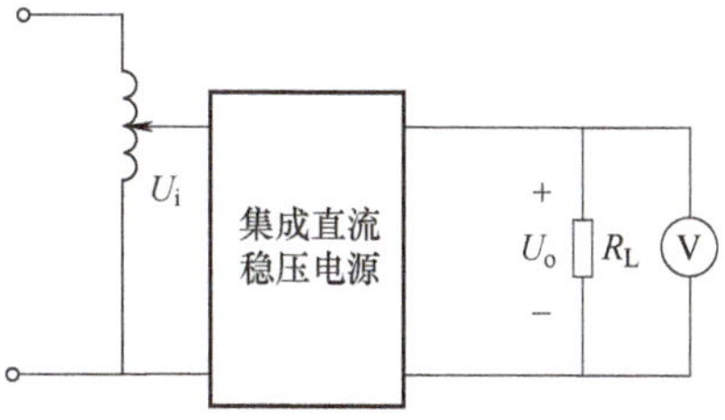

图 3-28　S_U 的测量电路

即可得到该电路的电压调整率。

7. 思考题

1）三端集成稳压器 78×× 系列和 79×× 系列有什么区别？

2）三端集成稳压器具有什么特点？其主要性能指标有哪些？

3.4 拓展知识

3.4.1 单向晶闸管可控整流电路

晶闸管又称为可控硅整流器（SCR），是由三个 PN 结构成的大功率半导体器件。它具有体积小、重量轻、容量大、响应速度快、控制灵活、寿命长以及维护方便等优点，常用于大功率场合，它可通过毫安级的电流、几伏电压来控制几百安的电流、数千伏以上的电压，使半导体器件的应用从弱电领域进入强电领域。但也存在缺点：工作状态的断续非周期状况会产生大量谐波，这会对电网产生不良影响。

晶闸管多用于可控整流、逆变、调压等电路，也可用作无触点开关。晶闸管的外形及符号如图 3-29 所示。

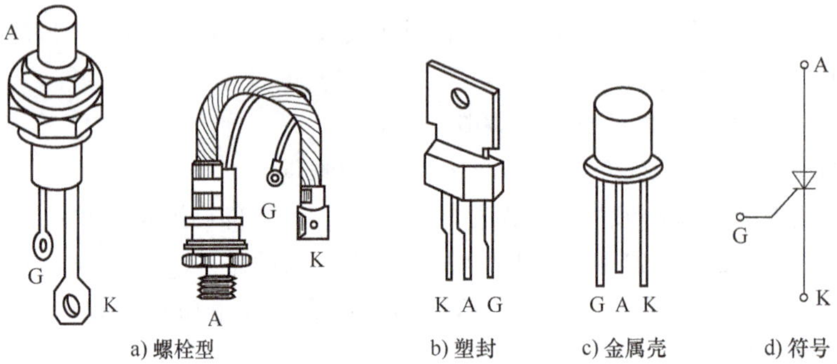

图 3-29 晶闸管的外形及符号

1. 单相半波可控整流电路

把不可控的单相半波整流电路中的二极管用晶闸管代替，就成为单相半波可控整流电路。下面分析这种可控整流电路在接电阻性负载和电感性负载时的工作情况。

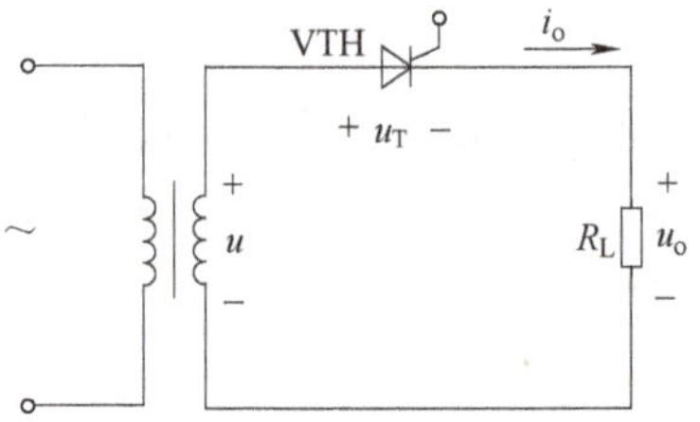

图 3-30 接电阻性负载的单相半波可控整流电路

（1）电阻性负载 图 3-30 是接电阻性负载的单相半波可控整流电路，负载电阻为 R_L。从图可见，在电压 u 的正半周，晶闸管 VTH 承受正向电压，如图 3-31a 所示波形。假如在 t_1 时刻给门极加上触发脉冲（如图 3-31b 所示），晶闸管导通，负载上得到电压。当交流电压 u 下降到接近于零值时，晶闸管正向电流小于维持电流而关断。在电压 u 负半周，晶闸管承受反向电压，不可能导通，负载电压和电流均为零。在第二个正半周内，再在相应的 t_2 时刻加入触发脉冲，晶闸管再次导通。这样，在负载 R_L 上就可以得到如图 3-31c 所示的电压波形。图 3-31d 所示的波形为晶闸管所承受的正向和反向电压，其最高正向和反向电压均为输入交流电压的幅值 $\sqrt{2}U$。

显然，在晶闸管承受正向电压时，改变门极触发脉冲的输入时刻（移相），负载上得到的电压波形就随着改变，这样就控制了负载上输出电压的大小。

晶闸管在正向电压下不导通的电角度称为触发延迟角（又称移相角），用 α 表示，而导通的电角度则称为导通角，用 θ 表示，如图3-31c 所示。很显然，导通角 θ 越大，输出电压越高。整流输出电压的平均值可以用触发延迟角表示，即

$$U_o = \frac{1}{2\pi}\int_{\alpha}^{\pi}\sqrt{2}U\sin\omega t\mathrm{d}(\omega t) = \frac{\sqrt{2}}{2\pi}U(1+\cos\alpha) = 0.45U\frac{1+\cos\alpha}{2} \tag{3-34}$$

从式（3-34）看出，当 $\alpha=0°$ 时（$\theta=180°$）晶闸管在正半周全导通，$U_o=0.45U$，输出电压最高，相当于不可控二极管单相半波整流电压。若 $\alpha=180°$，$U_o=0$，这时 $\theta=0°$，晶闸管全关断。

根据欧姆定律，电阻负载中整流电流的平均值为

$$I_o=\frac{U_o}{R_L}=0.45\frac{U}{R_L}\cdot\frac{1+\cos\alpha}{2} \tag{3-35}$$

此电流即为通过晶闸管的平均电流。

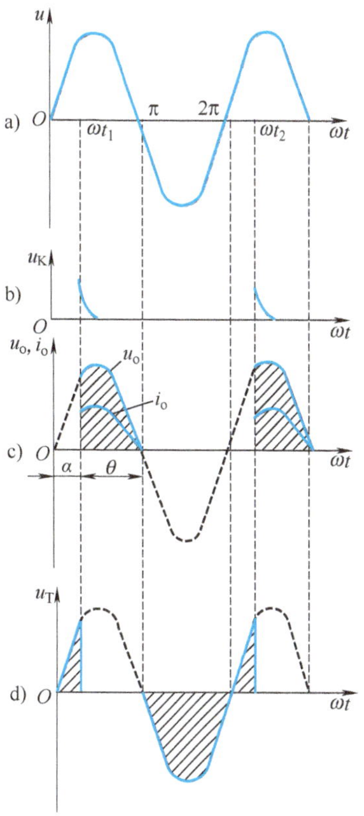

图3-31 接电阻性负载时单相半波可控整流电路的电压与电流波形

（2）电感性负载与续流二极管 上面所讲的是接电阻性负载的情况，实际上遇到较多的是电感性负载，如各种电机的励磁绕组、各种电感线圈等，它们既含有电感，又含有电阻。有时负载虽然是纯电阻的，但串联了电感线圈等，它们也是既含有电感，又含有电阻。有时负载虽然是纯电阻的，但串联了电感滤波器后，也变为电感性的了。整流电路接电感性负载和接电阻性负载的情况大不相同。

电感性负载可用串联的电感元件 L 和电阻元件 R 表示，如图3-32所示。当晶闸管刚触发导通时，电感元件中产生阻碍电流变化的感应电动势（其极性在图3-32中为上正下负），电路中电流不能跃变，将由零逐渐上升，如图3-33a 所示，当电流到达最大值时，感应电动势为零，而后电流减小，电动势 e_L 也就改变极性，在图3-32中为下正上负。此后，在交流电压 u 到达零值之前，e_L 和 u 极性相同，晶闸管当然导通。即使电压 u 经过零值变负之后，只要 $e_L>u$，晶闸管继续承受正向电压，电流仍将继续流通，如图3-33a 所示。只要电流大于维持电流时，晶闸管就不能关断，负载上出现了负电压。当电流下降到维持电流以下时，晶闸管才能关断，并且立即承受反向

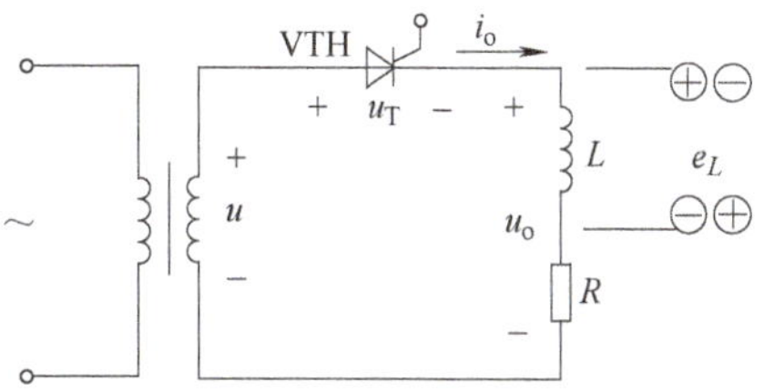

图3-32 接电感性负载的可控整流电路

电压，如图 3-33b 所示。

综上可见，在单相半波可控整流电路接电感性负载时，晶闸管导通角 θ 将大于（$180° - \alpha$）。负载电感越大，导通角 θ 越大，在一个周期中负载上负电压所占的比重就越大，输出电压和电流的平均值就越小。为了使晶闸管在电源电压 u 降到零值时能及时关断，使负载上不出现负电压，必须采取相应措施。

我们可以在电感性负载两端并联一个二极管 VD 来解决上述问题，如图 3-34 所示。当交流电压 u 过零值变负后，二极管因承受正向电压而导通，于是负载上由感应电动势 e_L 产生的电流就经过二极管形成回路。因此这个二极管称为续流二极管。

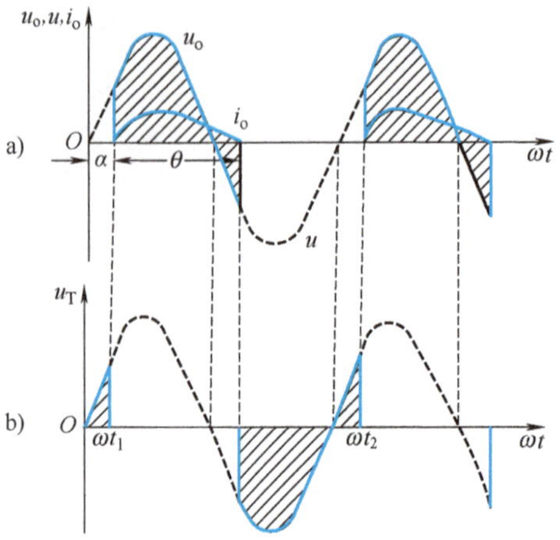

图 3-33 接电感性负载时单相半波可控整流电路的电压与电流波形

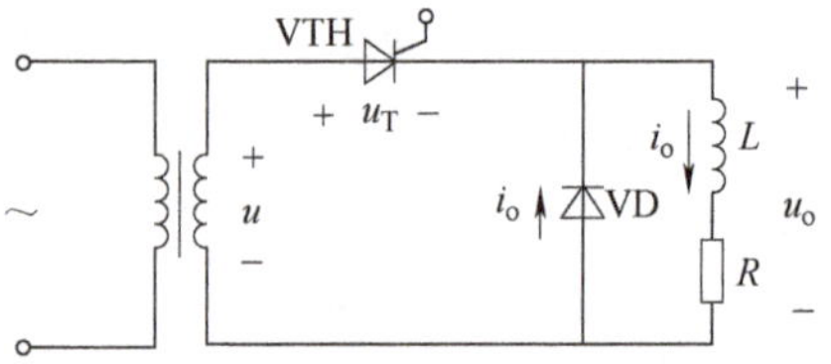

图 3-34 电感性负载并联续流二极管

这时负载两端电压近似为零，晶闸管因承受反向电压而关断。负载电阻上消耗的能量是电感元件释放的能量。

2. 单相半控桥式整流电路

单相半波可控整流电路虽然具有电路简单、使用元器件少、调整方便等优点，但是也有整流电压脉动大、输出电流小的缺点。较常用的是半控桥式整流电路，简称半控桥，其电路如图 3-35 所示。电路与单相不可控桥式整流电路相似，只是其中两个臂中的二极管被晶闸管所取代。

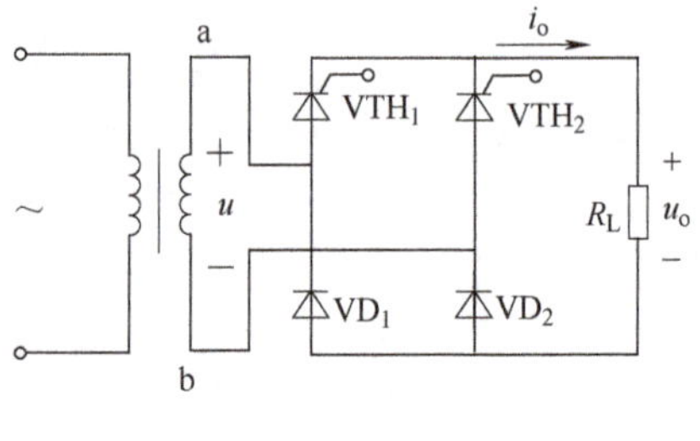

图 3-35 电阻性负载的单相半控桥式整流电路

在变压器二次电压 u 的正半周（a 端为正）时，VTH_1 和 VD_2 承受正向电压。这时如对晶闸管 VTH_1 引入触发信号，则 VTH_1 和 VD_2 导通，电流的通路为 a→VTH_1→R_L→VD_2→b。

这时 VTH_2 和 VD_1 都因承受反向电压而截止。同样，在电压 u 的负半周时，VTH_2 和 VD_1 承受正向电压。这时，如对晶闸管 VTH_2 引入触发信号，则 VTH_2 和 VD_1 导通，电流的通路为 b→VTH_2→R_L→VD_1→a。

这时 VTH_1 和 VD_2 处于截止状态。电压与电流的波形如图 3-36 所示。显然，与单相半

波可控整流相比，桥式整流电路的输出电压的平均值要大一倍，即

$$U_o = 0.9U\frac{1+2\cos a}{2} \tag{3-36}$$

输出电流的平均值为

$$I_o = \frac{U_o}{R_L} = 0.9\frac{U}{R_L}\cdot\frac{1+\cos a}{2} \tag{3-37}$$

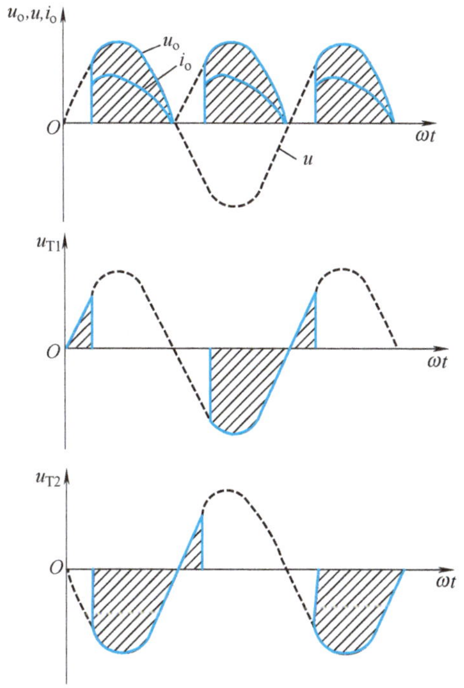

图 3-36　电阻性负载时单相半控桥式整流电路的电压与电流的波形

3.4.2　复式滤波电路

复式滤波电路常用的有 LC-Γ 型、LC-π 型和 RC-π 型 3 种形式。它们的电路组成原则是，把对交流阻抗大的元件（如电感、电阻）与负载串联，以降落较大的纹波电压，而把对交流阻抗小的元件（如电容）与负载并联，以旁路较大的纹波电流。其滤波原理与电容滤波、电感滤波类似。

项目小结

1. 整流是利用二极管的单向导电性把交流电变成单向脉动电流，常见的整流电路有单相半波、全波和桥式整流电路。在全波和桥式整流电路中二极管要装接正确，否则二极管会因短路过电流烧毁。

2. 整流电路的输出电压中含有交流谐波成分，用电容、电感、电阻等元件组成滤波电路，接在整流电路与负载之间可起平滑输出电压的作用。

3. 串联反馈型电源主要由取样电路、基准源、比较放大器和调整管组成。

4. 三端线性集成稳压器具有稳压性能好、品种多、体积小、重量轻、使用方便及安全可靠等优点，但效率不高。利用三端线性固定输出集成稳压器和三端可调输出集成稳压器可组成不同的实用电路。本项目介绍了三端线性集成稳压器的使用常识及其常见实用电路。

5. 晶闸管导通必须同时具备两个条件：①晶闸管阳极电路加正向电压；②门极电路加适当的正向电压（实际工作中，门极加正触发脉冲信号）。

6. 单向晶闸管可控整流电路主要有单相半波可控整流电路、单相半控桥式整流电路。

习题与提高

3-1 判断题

（1）直流电源是一种将正弦信号转换为直流信号的波形变化电路。（ ）

（2）直流电源是一种能量转换电路，它将交流能量转换成直流能量。（ ）

（3）在变压器二次电压和负载电阻相同的情况下，桥式整流电路的输出电流是半波整流电路输出电流的2倍。（ ）

（4）若U_2为变压器二次电压的有效值，则半波整流电容滤波电路和桥式整流滤波电路在空载时的输出电压均为$\sqrt{2}U_2$。（ ）

（5）一般情况下，开关型稳压电路比线性稳压电路的效率高。（ ）

（6）整流电路可将正弦电压变为脉动的直流电压。（ ）

（7）整流的目的是将高频电流变为低频电流。（ ）

（8）在单相桥式整流电容滤波电路中，若有一只整流二极管断开，则输出电压平均值变为原来的一半。（ ）

（9）直流稳压电源中滤波电路的目的是将交流变为直流。（ ）

3-2 某直流负载电阻为20Ω，要求输出电压$U_o=12V$，采用单相桥式整流电路供电，试选择二极管。

3-3 某直流负载电阻为10Ω，要求输出电压$U_o=24V$，采用单相桥式整流电路供电。

（1）选择二极管；（2）求电源变压器的电压比与容量。

3-4 有一单相桥式整流电容滤波电路如图3-37所示，频率为$f=50Hz$，负载电阻$R_L=400Ω$，要求直流输出电压$U_o=24V$，试选择整流二极管及滤波电容。

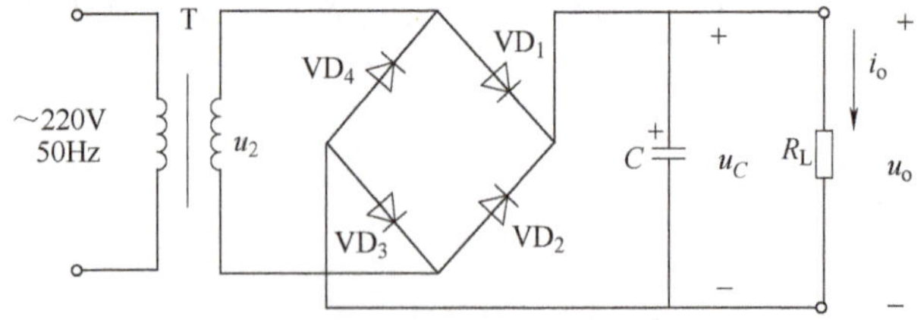

图3-37 题3-4图

3-5 直流稳压电源由哪几部分组成？各组成部分的作用如何？

3-6 由三端固定输出集成稳压器CW7815组成的稳压电路如图3-38所示。其中$R_1=1kΩ$，$R_2=1.5kΩ$，三端集成稳压器本身的工作电流$I_Q=2mA$，U_i值足够大。试求输出电压U_o。

3-7 电路如图 3-39 所示，已知电流 $I_Q=5\text{mA}$，试求输出电压 U_o。

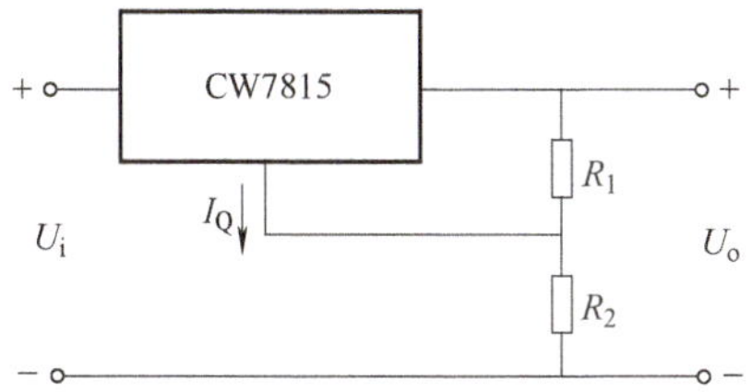

图 3-38 题 3-6 图

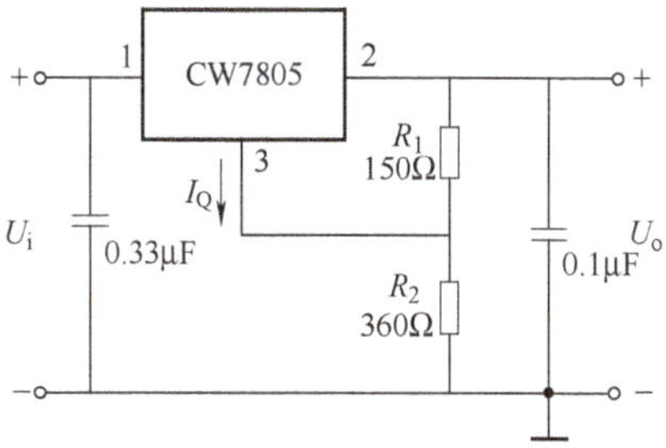

图 3-39 题 3-7 图

3-8 串联型稳压电路如图 3-40 所示，稳压二极管 VS 的稳定电压为 5.3V，电阻 $R_1=R_2=200\Omega$，晶体管 $U_{BE}=0.7\text{V}$。

a. 试说明电路如下四个部分分别由哪些元器件构成（填空）：①调整管________；②放大环节________，________；③基准环节________，________；④取样环节________，________。

b. 当 RP 的滑动端在最下端时 $U_o=15\text{V}$，求 RP。

c. 当 RP 的滑动端移至最上端时，求 U_o。

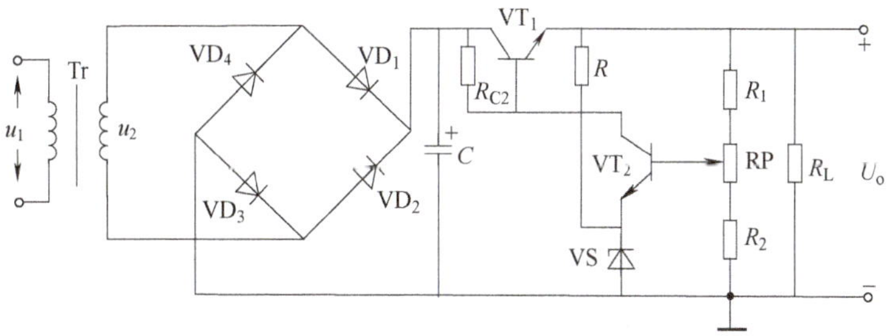

图 3-40 题 3-8 图

3-9 图 3-41 所示为三端可调输出集成稳压器 CW137 组成的稳压电路。已知 CW137 调整端电流 $I_{ADJ}=50\mu\text{A}$，输出端 3 和调整端 1 之间的电压 $U_{REF}=1.25\text{V}$。

（1）求 $R_1=200\Omega$，$R_2=500\Omega$ 时，输出电压 U_o 的值。

（2）若将 R_2 改为 3kΩ 的电位器，则 U_o 的可调范围有多大？

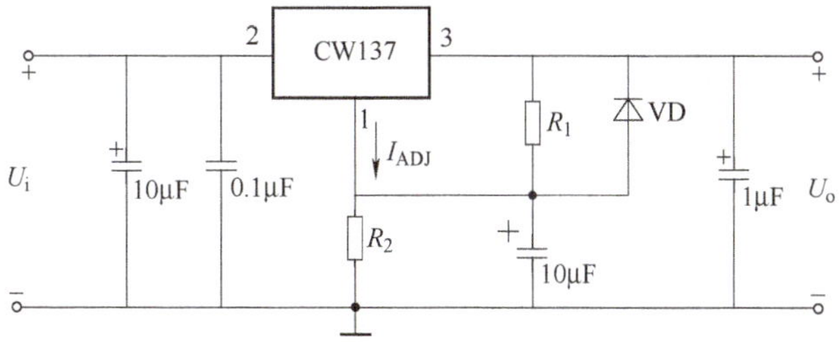

图 3-41 题 3-9 图

项目4

分立元器件放大电路的设计

4.1 项目分析

1. 项目内容

本项目讨论了放大器的基础知识，各种典型的分立元器件放大电路的基本原理和分析方法，以及指标参数等。

2. 知识点

共发射极放大电路的基本原理；静态工作点稳定放大电路——分压式偏置电路的基本原理；共集电极放大电路和共基极放大电路的基本原理。

3. 能力要求

掌握晶体管基本放大电路的组成结构及特征；掌握晶体管基本放大电路的实际应用及分析方法。

4.2 相关知识

4.2.1 放大电路的基础知识

用来对电信号进行放大的电路称为放大电路，又称为放大器。它的应用非常广泛，它是构成其他电子电路的基本单元电路，无论是日常使用的电视机、测量仪器、还是复杂的自动控制系统，其中都有各种各样的放大电路。

1. 放大电路的组成

图 4-1a 中，信号源产生所需放大的电信号，它可把非电量的信号转换为电量的信号，它们可以等效为图 4-1b 所示的电压源和电流源电路，R_S为信号源内阻，u_s、i_s分别为电压源和电流源且 $u_s=i_sR_S$。利用放大电路中的晶体管工作于放大区所具有的电流（或电压）控制特性，可以实现放大作用，为了保证晶体管工作于放大状态，必须通过直流电源和相应的偏置电路给晶体管提供适当的偏置电压。负载是接收放大电路输出信号的元件（或电路），它可由将电信号变成非电信号的输出换能器构成，R_L 也可以是下一级电子电路的输入电阻，一般情况下它们都可等效为一纯电阻 R_L（实际上它不可能为纯电阻，可能是容性阻抗，也可能是感性阻抗，但为了分析问题方便起见，一般都把负载用纯电阻 R_L 来等效）。可见，放大电路应由放大器件、直流电源、输入回路和输出回路等组成。晶体管共发射极基本放大电路如图 4-2a 所示。

2. 基本放大电路中各元器件的作用

图 4-2b 中，晶体管 VT 是整个电路的核心，担负着放大信号的任务；直流电源 V_{CC}（几

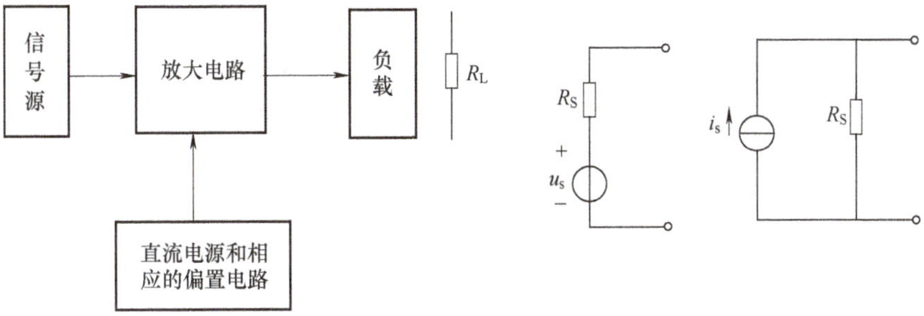

a) 放大电路组成示意图　　b) 信号源等效电路

图 4-1　放大电路组成框图

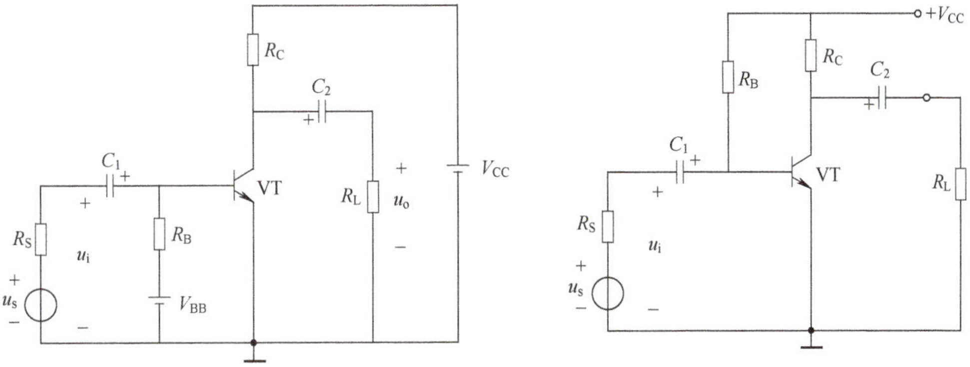

a) 原理电路　　b) 习惯画法

图 4-2　共发射极基本放大电路

伏到几十伏）一方面通过 R_C、R_B 给晶体管发射结提供正向偏压，给集电结提供反向偏压，另一方面提供负载所需的信号能量；R_B 称为基极偏置电阻（一般为几十千欧 ~ 几百千欧）。R_C 将集电极电流的变化转化为电压的变化，称为集电极负载电阻（一般为几千欧 ~ 几十千欧）；电容 C_1、C_2 的作用是隔离放大电路与信号源，放大电路与负载之间的直流通路，仅让交流信号通过，即隔直通交。C_1、R_B、V_{CC} 及晶体管 VT 的基极和发射极构成信号的输入回路，C_2、R_C 及晶体管 VT 的集电极和发射极构成信号的输出回路，V_{CC}、R_B、R_C 构成晶体管的偏置电路。R_L 是放大电路的负载，称为交流负载电阻。

3. 放大电路的性能指标

放大电路性能的优劣是用它的性能指标来表示的。性能指标是指在规定条件下，按照规定程序和测试方法获得的有关数据。为了表明各性能指标的含义，将放大电路用图 4-3 所示的有源线性四端网络表示。图中 1-1′端为放大电路的输入端，R_S 为信号源内阻，u_s 为信号源电压，此时放大电路的输入电压和电流分别为 u_i 和 i_i。2-2′端为放大电路的输出端，R_L 为负载电阻。此时放大电路的输出电压和电流分别为 u_o

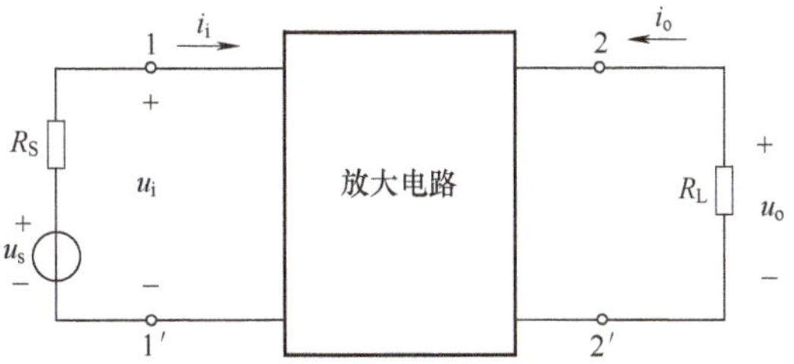

图 4-3　放大电路四端网络表示

和 i_o。图中电压和电流的正方向符合四端网络的一般规定。

(1) 放大倍数（又叫增益） 放大倍数表示放大电路对弱信号的放大能力。常用的有电压放大倍数、电流放大倍数、功率放大倍数和源电压放大倍数。

电压放大倍数 A_u 是放大电路的输出电压 u_o 与输入电压 u_i 之比，即

$$A_u = \frac{u_o}{u_i} \tag{4-1}$$

电流放大倍数 A_i 是放大电路的输出电流 i_o 与输入电流 i_i 之比，即

$$A_i = \frac{i_o}{i_i} \tag{4-2}$$

功率放大倍数 A_P 是放大电路的输出功率 P_o 与输入功率 P_i 之比，即

$$A_P = \frac{P_o}{P_i} \tag{4-3}$$

源电压放大倍数 A_{us}是放大电路的输出电压 u_o 与信号源电压 u_S 之比，即

$$A_{us} = \frac{u_o}{u_s} \tag{4-4}$$

工程上常用分贝（dB）来表示放大倍数，它们的定义如下：

电压放大倍数为 $A_u(\text{dB}) = 20\lg|A_u|$

电流放大倍数为 $A_i(\text{dB}) = 20\lg|A_i|$

功率放大倍数为 $A_P(\text{dB}) = 10\lg|A_P|$

源电压放大倍数为 $A_{us}(\text{dB}) = 20\lg|A_{us}|$

(2) 输入电阻 输入电阻用 R_i 表示，是从输入端 1－1′端看进去的等效电阻，它等于放大电路输出端实际接入负载电阻 R_L 后，输入电压 u_i 与输入电流 i_i 之比，即

$$R_i = \frac{u_i}{i_i} \tag{4-5}$$

对于信号源而言，R_i 相当于它的负载，如图4-4所示，由图可知：

$$u_i = \frac{R_i}{R_S + R_i} u_s \tag{4-6}$$

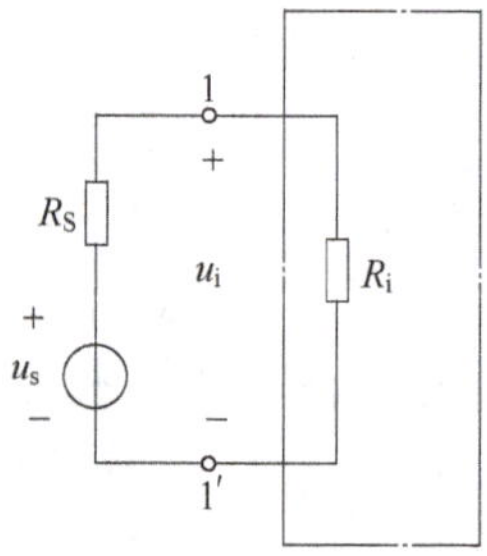

图4-4 放大电路输入等效电路

例4-1 已知信号源 $u_s = 20\text{mV}$，$R_S = 600\Omega$，当 R_i 分别等于6kΩ、600Ω、60Ω时，试求输入电流 i_i 和输入电压 u_i 的大小。

解： 当 $R_i = 6\text{k}\Omega$ 时

$$i_i = \frac{u_s}{R_S + R_i} = \frac{20\text{mV}}{(0.6+6)\text{k}\Omega} = 3\mu\text{A}$$

$$u_i = \frac{u_s}{R_S + R_i} R_i = \frac{20\text{mV} \times 6\text{k}\Omega}{(0.6+6)\text{k}\Omega} = 18\text{mV}$$

当 $R_i = 600\Omega$ 时

$$i_i = \frac{u_s}{R_S + R_i} = \frac{20\text{mV}}{(0.6+0.6)\text{k}\Omega} = 16.7\mu\text{A}$$

$$u_i = \frac{u_s}{R_S + R_i} R_i = \frac{20\text{mV} \times 0.6\text{k}\Omega}{(0.6+0.6)\text{k}\Omega} = 10\text{mV}$$

当 $R_i = 60\Omega$ 时

$$i_i = \frac{u_s}{R_S + R_i} = \frac{20\text{mV}}{(600+60)\Omega} = 30\mu\text{A}$$

$$u_i = \frac{u_s}{R_S + R_i}R_i = \frac{20\text{mV}\times 60\Omega}{(600+60)\Omega} = 1.82\text{mV}$$

可见，R_i 越大，向信号源所取的信号电流 i_i 越小，R_S 两端的电压就越小，其实际输入电压 u_i 就越接近于信号源电压 u_s，对信号源的衰减程度就越弱。对于一个实际放大电路，希望输入电阻越大越好。

(3) 输出电阻　输出电阻用 R_o 表示。对负载 R_L 而言，放大电路的输出端可以等效为一个信号源，如图4-5a所示，用相应的电压源或电流源来代替，u_{ot}是将 R_L 移去，u_s 或 i_s 在放大电路输出端产生的开路电压。R_o 是等效电压源或电流源的内阻，也就是放大电路的输出电阻。R_o 等于负载开路（$R_L=\infty$），输入信号源短路（$u_s=0$）保留 R_S，由输出端2－2′两端向放大器看进去的等效电阻，如图4-5b所示。R_L 断开后，接入一信号源 u，如图4-5c所示，此时流过的电流为 i，则放大器的输出电阻为

$$R_o = \frac{u}{i} \tag{4-7}$$

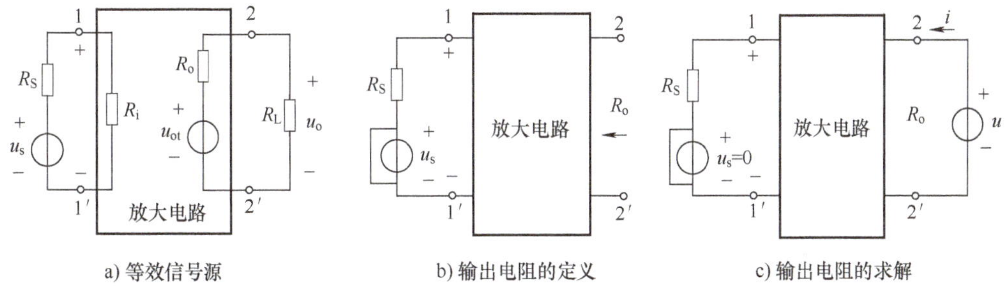

图4-5　放大电路的输出电阻

由于 R_o 的存在，由图4-5a可知放大电路实际输出电压为

$$u_o = \frac{u_{ot}R_L}{R_o + R_L} \tag{4-8}$$

$$R_o = \left(\frac{u_{ot}}{u_o} - 1\right)R_L \tag{4-9}$$

由式（4-8）、式（4-9）可以看出：R_o 越小，u_o 和 u_{ot}就越接近，u_o 受负载的影响就越小，流过负载的电流就越大。可见，R_o 的大小反映了放大电路带负载能力的大小。R_o 越小，带负载能力就越强。对于实际放大电路，希望 R_o 小些。

4. 通频带与非线性失真

放大电路中通常含有电抗元件，因此放大电路对不同频率信号的放大倍数是不一样的。相应的电压放大倍数可以表示为信号频率的复函数，即

$$\dot{A}_u = A_u(f)\underline{/\varphi(f)} \tag{4-10}$$

在式（4-10）中，$A_u(f)$ 是增益的幅值，$\varphi(f)$ 是增益的相位角，都是频率的函数。我们将幅值随频率f变化的特性称为**幅频特性**，其相应的曲线称为**幅频特性曲线**，如图4-6所示；相位角随频率f变化的特性称为**相频特性**，其对应的曲线称为**相频特性曲线**。幅频特性和相频特性总

称为放大电路的**频率特性**或**频率响应**。

对于幅频特性曲线，一般情况下，中频段的放大倍数几乎不变，用 A_{um} 来表示，低频段和高频段的放大倍数都将下降，下降到 $A_{um}/\sqrt{2} \approx 0.707A_{um}$ 时对应的两个频率，称为放大电路的下限频率和上限频率，分别用 f_L 和 f_H 来表示。f_H 和 f_L 之间的频率范围称为放大电路的通频带，用 $BW_{0.7}$ 表示，即

$$BW_{0.7} = f_H - f_L \tag{4-11}$$

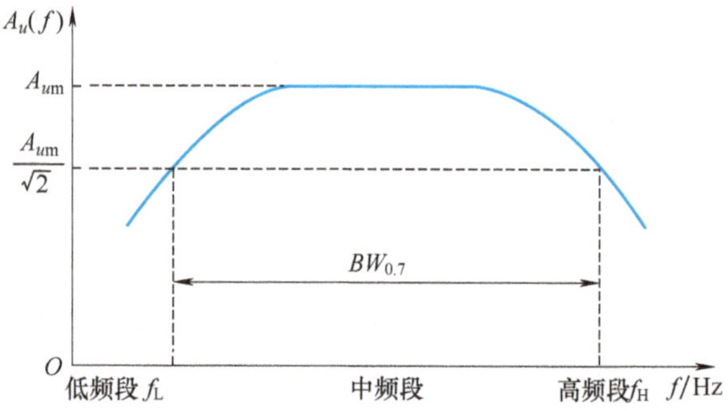

图 4-6 放大电路的幅频特性曲线

在工程上，一个实际的输入信号包含许多不同的频率分量（可以按照傅里叶级数展开），放大电路不能对所有的频率分量进行等量放大，那么合成的输出波形就与输入信号不同，这种波形失真称为频率失真。要把这种失真限制在允许值范围内，要求放大电路的通频带应大于输入信号的频带。

放大电路除了上述指标外，针对不同的使用场合，还可以提出一些其他指标，如最大输出功率、效率及非线性失真等。

4.2.2 晶体管电路的基本分析方法

利用晶体管外接电源、电阻等电路元件，可实现各种功能电路。由于晶体管是非线性器件，因此对这些电路进行分析时，常常根据电路功能和外部条件，采用适当近似的方法，以获得工程满意的结果。前文对放大电路进行了定性分析，现在再对放大电路进行定量分析。对一个放大电路进行定量分析，需做两方面的工作，第一：直流分析；第二：交流分析，计算放大电路在加入交流信号后的放大倍数、输入电阻及输出电阻等指标。直流分析和交流分析均可以采用图解分析法，但在工程应用中作直流分析时，一般采用工程近似法，作交流分析时，如外接的交流信号足够小，可以采用小信号等效电路法分析，大信号输入时只能采用图解法分析。

1. 直流分析

只研究在直流电源作用下，电路中各直流量的大小称为直流分析（又叫静态分析），其对应的电压和电流都是直流量，由此确定的晶体管的各级电压和电流称为静态工作点。

(1) 图解法　图解法是通过在晶体管的特性曲线上作图从而获得电路的直流量而进行分析的一种方法。其特点是直观，物理意义清楚。

1) 由输入回路确定直流负载线。

图 4-2b 所示电路的输入回路直流通路如图 4-7a 所示。图 4-7b 为

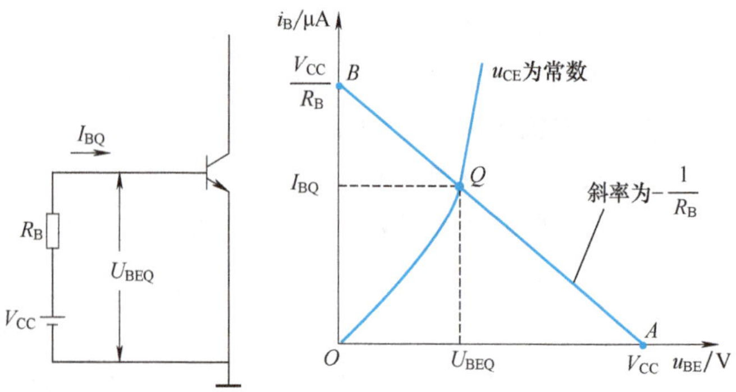

a) 直流通路　　b) 晶体管的输入特性曲线

图 4-7 输入回路的直流负载线

晶体管的输入特性曲线，它描绘了晶体管内 i_B 与 u_{BE} 之间的关系。由此对输入回路列方程为

$$u_{BE}=V_{CC}-i_BR_B \tag{4-12}$$

它是一个直线方程。令 $i_B=0$，则 $u_{BE}=V_{CC}$，得 A 点坐标为（V_{CC}，0）；令 $u_{BE}=0$，则 $i_B=\frac{V_{CC}}{R_B}$，得 B 点坐标为$\left(0,\ \frac{V_{CC}}{R_B}\right)$，据此可作出直线 AB，可见，直线的斜率为 $-1/R_B$。该直线与输入特性曲线相交于 Q 点，Q 点对应的坐标为（U_{BEQ}、I_{BQ}）。

2）由输出回路确定直流负载线。

图 4-2b 所示电路的输出回路直流通路如图 4-8a 所示，输出特性曲线如图 4-8b 所示。

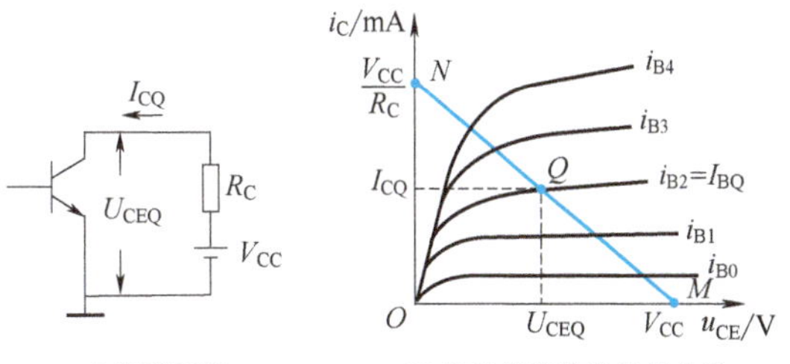

a) 直流通路　　b) 晶体管的输出特性曲线

图 4-8　输出回路的直流负载线

对输出回路列方程为

$$u_{CE}=V_{CC}-i_CR_C \tag{4-13}$$

它也是一个直线方程。令 $i_C=0$，则 $u_{CE}=V_{CC}$，得 M 点坐标为（V_{CC}，0）；令 $u_{CE}=0$，则 $i_C=\frac{V_{CC}}{R_C}$，得 N 点坐标为$\left(0,\ \frac{V_{CC}}{R_C}\right)$，据此可作出直线 MN，可见，直线的斜率为 $-1/R_C$。该直线与输出特性曲线相交于 Q 点，那 Q 点对应的坐标为（U_{CEQ}、I_{CQ}）。

静态工作点 Q 有四个数据，即 U_{BEQ}、I_{BQ}、U_{CEQ} 和 I_{CQ}。由图 4-7b 可见，当 $V_{CC}\gg U_{CEQ}$ 时，I_{BQ} 在较大范围变化时，U_{BEQ} 变化不大。只要是硅管，U_{BEQ} 就在 0.7V 左右，这样 Q 点的基极电流 I_{BQ} 可按下式直接求得，而不必作出输入回路的直流负载线。

$$I_{BQ}=\frac{V_{CC}-0.7\text{V}}{R_B} \tag{4-14}$$

例 4-2　图 4-9 是放大电路中晶体管的输出特性曲线。已知 $R_B=280\text{k}\Omega$，$R_C=3\text{k}\Omega$，$V_{CC}=12\text{V}$，试用图解法确定其静态工作点。

解：

$$I_{BQ}=\frac{V_{CC}-0.7\text{V}}{R_B}=\frac{(12-0.7)\text{V}}{280\text{k}\Omega}=40\mu\text{A}$$

$$u_{CE}=V_{CC}-i_CR_C=12\text{V}-3\text{k}\Omega\cdot i_C$$

令 $i_C=0$，得 $u_{CE}=12\text{V}$，则 M（12，0）。令 $u_{CE}=0$，得 $i_C=4\text{mA}$，则 N（0，4）。在图 4-9所示的坐标系中，找到 M、N 两点，连接起来所得的直流负载线与 $I_B=40\mu\text{A}$ 这条输出特性曲线的交点即为 Q 点，对应的 $U_{CEQ}=6\text{V}$、$I_{CQ}=2\text{mA}$。

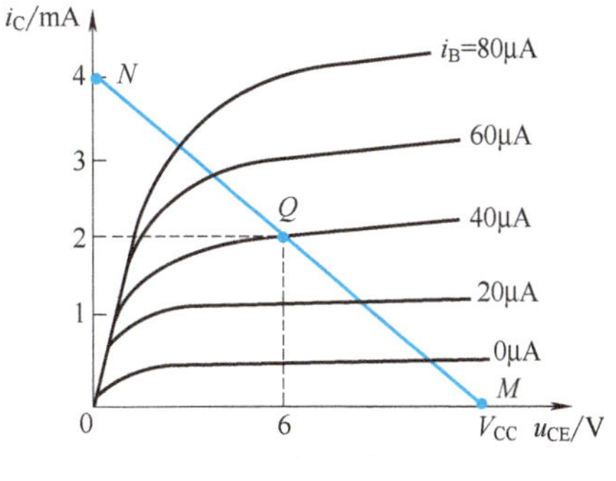

图 4-9　例 4-2 图

另外，通过作图还可以根据参数确定晶体管是否进入截止区和饱和区，但作图比较麻烦，一般都采用近似估算法确定是否进入截止区和饱和区。晶体管截止时，$i_B=0$、$i_C=0$、$u_{CE}=V_{CC}$，晶体管可视为开路，可用图 4-10a 所示开关 S 断开来等效；晶

体管饱和导通时，$u_{CE}=0$、$i_C\approx\frac{V_{CC}}{R_C}$，晶体管 C、E 电极可视为短路，可用图 4-10b 所示开关 S 来等效。也可以采用近似估算的方法确定晶体管在饱和区还是放大区。晶体管在饱和区和放大区分界处流过集电极的电流称为**临界饱和电流**，用 I_{CS}表示，即

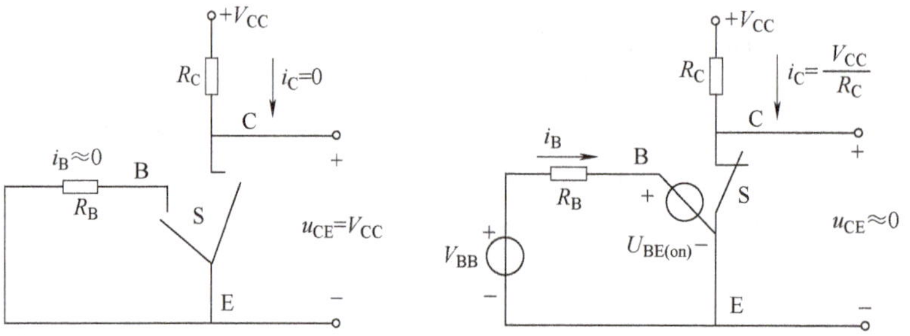

a) 截止状态　　b) 饱和导通状态

图 4-10　晶体管的开关等效电路

$$I_{CS}=\frac{V_{CC}-U_{CE(sat)}}{R_C} \tag{4-15}$$

据此可得维持临界饱和电流 I_{CS}所需的最小基极电流 I_{BS}为

$$I_{BS}=\frac{I_{CS}}{\beta} \tag{4-16}$$

这就是说，若晶体管饱和，则基极电流必须满足

$$i_B\geqslant I_{BS}=\frac{I_{CS}}{\beta}\approx\frac{V_{CC}}{\beta R_C} \tag{4-17}$$

（2）近似分析法　在晶体管的输入回路中，由晶体管的输入特性可知，u_{BE}大于导通电压后，u_{BE}很小的变化将会引起 i_B 很大的变化，因此晶体管导通后输入特性具有恒压特性，所以晶体管的输入电流近似等于

$$I_{BQ}\approx\frac{V_{CC}-U_{BE(on)}}{R_B} \tag{4-18}$$

式中，$U_{BE(on)}$为晶体管的导通电压，硅管近似为 0.7V。对于晶体管的输出回路可得

$$I_{CQ}=\beta I_{BQ} \tag{4-19}$$

$$U_{CEQ}=V_{CC}-I_{CQ}R_C \tag{4-20}$$

2. 交流分析

当放大电路加入交流信号后，为确定叠加在静态工作点上的各交流量而进行的分析，称为**交流分析**（或称为**动态分析**），此时各级电压和电流既有直流量，又有交流量。如果放大电路外接的交流信号足够小，可采用小信号等效分析法（或称为小信号微变等效电路分析法），大信号输入时，只能采用图解分析法。

（1）交流通路　对于电容 C_1、C_2（假设电容足够大），其容抗 $X_C=1/j\omega C$，其容抗近似为 0，可近似为短路（隔直通交）；直流电压源 V_{CC}的内阻很小，两端的变化量很小（近似为 0），可近似为短路；对于电感 L（假设足够大），其感抗 $X_L=j\omega L$，其感抗近似为无穷大，近似为开路。图 4-2 所示电路的交流通路如图 4-11 所示。

（2）图解分析 晶体管动态工作时的电压与电流，可以利用晶体管的特性曲线通过作图来获得。

① 交流负载线。交流通路如图4-11所示，因为 C_2 的隔直流作用，所以 R_L 对直流无影响，为了便于理解，先用上面的方法画出直流负载线 MN，设工作点为 Q，如图4-12所示。

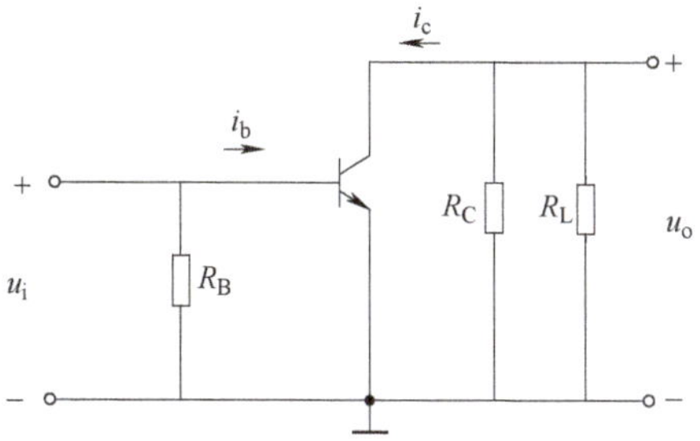

图4-11 共发射极放大电路的交流通路

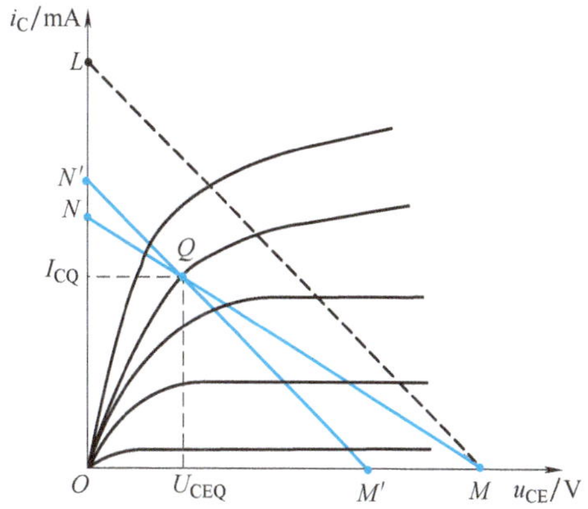

图4-12 交流负载线

下面讨论交流负载线，在如图4-11所示的交流通路中，有

$$u_{ce} = -i_c \ (R_C//R_L) = -i_c R'_L$$

根据叠加原理，有

$$i_C = I_{CQ} + i_c$$

$$u_{CE} = U_{CEQ} + u_{ce}$$

上面三式联立可得

$$u_{CE} = U_{CEQ} - i_c R'_L = U_{CEQ} - (i_C - I_{CQ}) R'_L \qquad (4\text{-}21)$$

整理得

$$i_C = \frac{U_{CEQ} + I_{CQ} R'_L}{R'_L} - \frac{1}{R'_L} u_{CE}$$

上式即为交流负载线的特性方程，显然也是直线方程。当 $i_C = I_{CQ}$、$u_{CE} = U_{CEQ}$ 时，所以交流负载线与直流负载线都过 Q 点，其斜率为

$$K' = -\frac{1}{R'_L} \qquad (4\text{-}22)$$

已知点 Q 和斜率就可作出交流负载线，但斜率做得不是很精确，一般用下面方法做交流负载线。

如图4-12所示，首先作直流负载线 MN，确定静态工作点 Q；其次过 M 作斜率为 $1/R'_L$ 的辅助线 ML；最后过 Q 点作 $M'N'$ 平行于 ML，所以 $M'N'$ 的斜率为 $1/R'_L$，而且过 Q 点，所以 $M'N'$ 就是所作的交流负载线。

② 交流分析。晶体管电路接通直流电源的同时，在输入端加入小信号正弦交流电压，晶体管各级电压、电流将随输入信号的变化而变化，其变化的大小可通过图解求得，如图4-13所示，这样就可以读出电路各交流电压和电流值，从而计算出放大电路的电压与电流放大倍数。

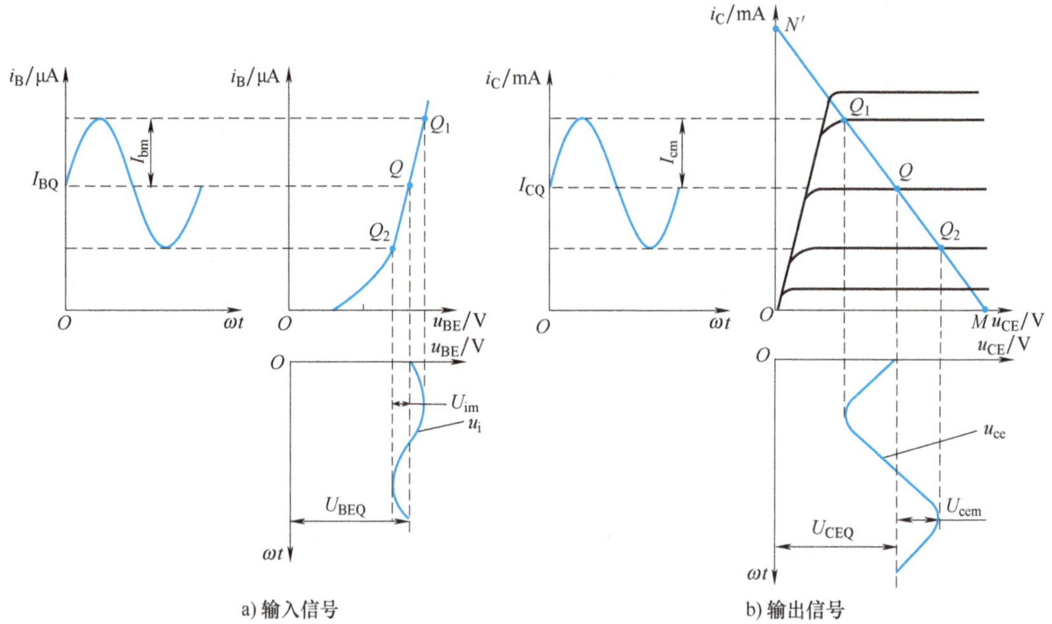

图 4-13　晶体管共发射极放大电路的图解分析

③ 放大电流的非线性失真和静态工作点的选择。晶体管的非线性表现在输入特性起始的弯曲部分和输出特性间距的不均匀部分，如果输入信号的幅度比较大，将使 i_B、i_C 和 u_{CE} 的正、负半周不对称，产生**非线性失真**。静态工作点的位置不合适，也会产生严重的失真，输入大信号时尤其严重。如果静态工作点选得接近截止区，在输入信号的负半周，引起 i_B、i_C 和 u_{CE}的波形失真，称为**截止失真**，对于 NPN 型晶体管，截止失真时，输出波形 u_{CE}出现顶部失真，如图 4-14a 所示；如果静态工作点选得过高，接近饱和区，在输入信号的正半周，引起 i_B、i_C 和 u_{CE}的波形失真，称为**饱和失真**，对于 NPN 型晶体管，饱和失真时，输出波形 u_{CE}出现底部失真，如图 4-14b 所示。对于放大电路用 PNP 型晶体管时，波形失真刚好相反。静态工作点与 R_B、R_C 和 V_{CC}均有关，但在实际应用中，一般只通过调整 R_B 的大小来改变静态工作点。对一个实际的放大电路，希望它的输出信号能正确反映输入信号的变化，也就是要求波形失真小，如果出现截止失真，则说明 I_{BQ}过小，为了减小这种失真，应减小 R_B，从而增大 I_{BQ}；如果出现饱和失真，则说明 I_{BQ}过高，为了减小这种失真，应增大 R_B，从而减小 I_{BQ}。

④ 微变等效电路。用图解法进行交流分析具有直观的优点，但比较麻烦。根据以上讨论可知，放大电路输入小（微弱）信号时，即晶体管的电压和电流变化量之间的关系基本上是线性的。这样，晶体管可等效成一个线性网络，这就是**微变等效电路**。利用微变等效电路（又叫小信号等效电路）可方便地对放大电路进行分析、计算。

在如图 1-15b 所示晶体管输入特性中，当输入交流信号很小时，静态工作点 Q 附近的一段曲线可看作直线，因此，当 u_{CE}为常数时，输入电压的变化量 Δu_{BE}与输入电流 Δi_B 的变化量比值是一个常数，可用符号 r_{be}来表示，即

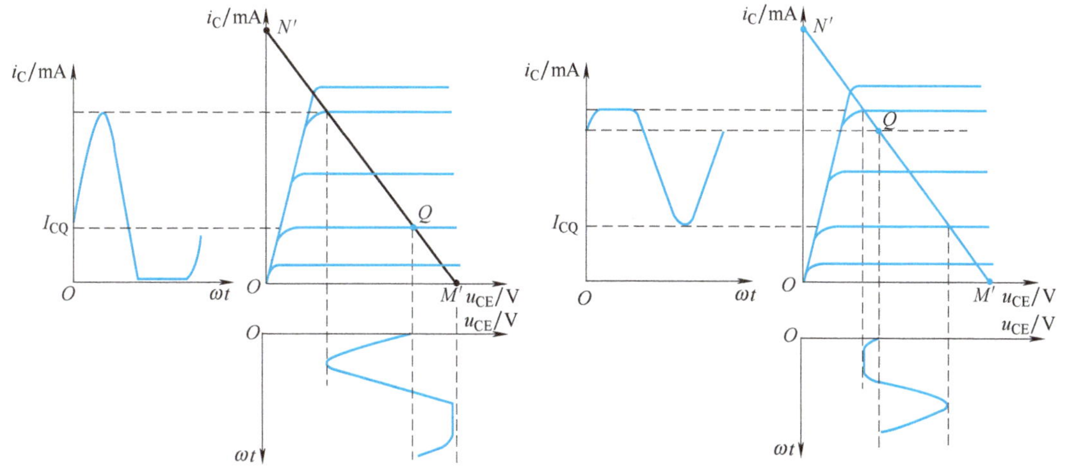

图 4-14 工作点选择不当引起的失真

$$r_{be}=\frac{\Delta u_{BE}}{\Delta i_B}\bigg|_{u_{CE}=常数}=\frac{u_{be}}{i_b}\bigg|_{u_{CE}=常数} \tag{4-23}$$

r_{be}的大小与静态工作点有关，在常温下，r_{be}为几百欧到几千欧，工程上常用下式来估算：

$$r_{be}=r_{bb'}+(1+\beta)\frac{26\text{mV}}{I_{EQ}} \tag{4-24}$$

式中，$r_{bb'}$是晶体管的基区体电阻，对于低频小功率管，$r_{bb'}$一般为 200 ~ 300Ω。应当注意，实验表明 I_{EQ}过小或过大时，用式（4-24）计算 r_{be}将会产生很大的误差。

如图 1-15c 所示，晶体管的输出特性曲线可近似看成一组与横轴平行、间距均匀的直线，当 u_{CE}为常数时，集电极输出电流 i_C 的变化量 Δi_C 与基极电流 i_B 的变化量 Δi_B 之比为常数，即

$$\beta=\frac{\Delta i_C}{\Delta i_B}\bigg|_{u_{CE}=常数}=\frac{i_c}{i_b}\bigg|_{u_{CE}=常数} \tag{4-25}$$

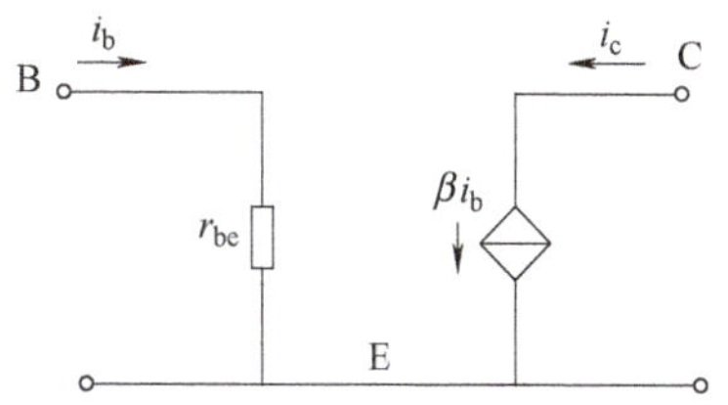

图 4-15 晶体管的微变等效电路

这说明晶体管处于放大状态时，C、E 之间可以用一个输出电流为 βi_b 的电流源来表示，如图 4-15 所示，它不是一个独立的电流源，而是一个大小及方向均受 i_b 控制的受控电流源。

4.2.3 共发射极放大电路

偏置电路是放大电路不可缺少的组成部分，我们在进行电路设计时，设置的偏置电路必须满足两个要求：一是给放大电路提供合适的静态工作点；二是环境温度、电源电压等因素变化时，静态工作点保持稳定。在诸多因素中，尤其是温度的变化对静态工作点的影响最大。一些放大电路在常温下，其静态工作点确定合适，则能正常工作，但在高温或低温条件下则不能正常工作，这是因为静态工作点随温度变化引起的。下面结合环境温度介绍两种偏

置电路的放大电路。

电路如图 4-16 所示。待放大的输入信号源接在放大电路的输入端 1-1′，通过电容 C_1 与放大电路相耦合，放大的输出信号通过电容 C_2 的耦合输送到负载，C_1、C_2 起到耦合交流信号的作用，称为**耦合电容**。为了使交流信号顺利通过，要求它们在输入信号频率上的容抗足够小，因此它们的容量足够大，这样对于交流信号 C_1、C_2 可近似为短路。为了不使信号源和负载对放大电路静态工作点产生影响，则要求 C_1、C_2 的漏电流很小，即还具有隔断直流的作用，所以，C_1、C_2 起到隔直通交的作用。

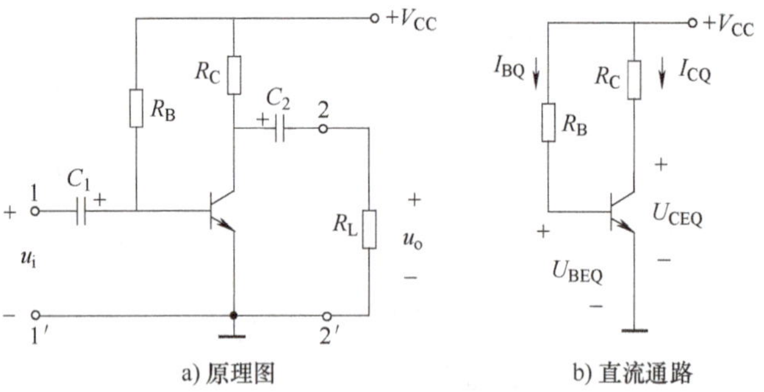

图 4-16　固定偏置放大电路

1. 求静态工作点

直流通路如图 4-16b 所示

用近似估算法可求得该电路的 I_{BQ}、I_{CQ}和 U_{CEQ}，即

$$I_{BQ}=\frac{V_{CC}-U_{BEQ}}{R_B} \tag{4-26}$$

$$I_{CQ}=\beta I_{BQ}+(1+\beta)I_{CBO}\approx\beta I_{BQ} \tag{4-27}$$

$$U_{CEQ}=V_{CC}-I_{CQ}R_C \tag{4-28}$$

由式（4-26）、式（4-27）、式（4-28）可知，晶体管的所有参数几乎都随温度变化而变化，温度升高时，β 和 I_{CBO}增大，而管压降 U_{BEQ}减小，这些变化都将引起工作点电流 I_{CQ}的增大；反之，温度下降，I_{CQ}将减小，工作点会随温度的变化而漂移，这不但会影响放大倍数等性能，严重时还会造成输出波形失真，甚至使放大电路无法正常工作。为了保证放大电流在很宽的温度范围内正常工作，就必须采用热稳定性高的偏置电路。提高偏置电路热稳定性有很多措施，常用的是分压式偏置放大电路，这种电路将在后面内容中介绍。

2. 性能指标分析

图 4-16a 所示电路中，由于 C_1、C_2 的容量都比较大，对交流信号可视为短路，直流电压源 V_{CC}两端的变化量为 0，对交流信号也可视为短路，这样便得到图 4-17a 所示的交流通路，然后将晶体管用小信号等效模型代替，便得到放大电路的小信号等效电路，如图 4-17b 所示，由图可求得放大电路的性能指标关系式。

（1）电压放大倍数　小信号等效电路如图 4-17b 所示，有

$$u_o=-\beta i_b(R_C//R_L)=-\beta i_b R_L'$$

$$u_i=i_b r_{be}$$

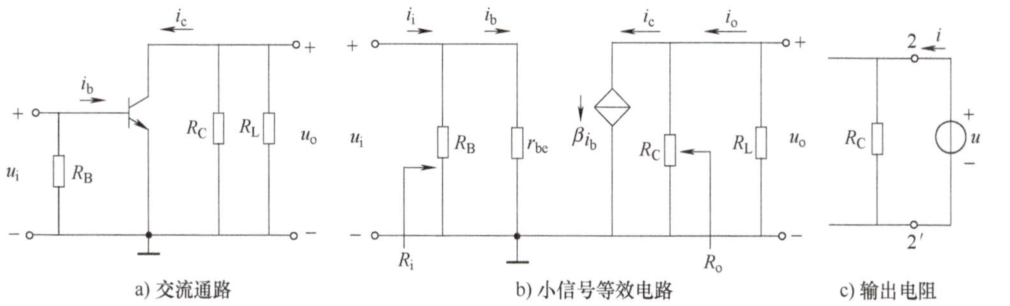

图 4-17 固定偏置电路的小信号等效电路

所以，放大电路的电压放大倍数等于

$$A_u = \frac{u_o}{u_i} = \frac{-\beta i_b R'_L}{i_b r_{be}} = \frac{-\beta R'_L}{r_{be}} \tag{4-29}$$

（2）输入电阻 由图 4-17b 可得

$$i_i = \frac{u_i}{R_B} + \frac{u_i}{r_{be}} = u_i\left(\frac{1}{R_B} + \frac{1}{r_{be}}\right)$$

所以，放大电路的输入电阻等于

$$R_i = \frac{u_i}{i_i} = \frac{1}{\dfrac{1}{R_B} + \dfrac{1}{r_{be}}} = R_B//r_{be} \tag{4-30}$$

（3）输出电阻 由图 4-17b 可见，当 $u_i = 0$ 时，$i_b = 0$，则 βi_b 开路，所以，放大电路输出端断开 R_L，接入信号源电压 u，如图 4-17c 所示，可得 $i = u/R_C$，因此放大电路的输出电阻等于

$$R_o = \frac{u}{i} = R_C \tag{4-31}$$

例 4-3 放大电路如图 4-18 所示，已知 $\beta = 45$，$r_{bb'} = 300\Omega$，$U_{BEQ} = 0.7\text{V}$，试求：（1）静态工作点；（2）电压放大倍数；（3）输入电阻和输出电阻。

解：（1）$I_{BQ} = \dfrac{V_{CC} - U_{BEQ}}{R_B} = \dfrac{(20 - 0.7)\text{V}}{500\text{k}\Omega} \approx 40\mu\text{A}$

$$I_{CQ} = \beta I_{BQ} = 45 \times 0.04\text{mA} = 1.8\text{mA}$$

$$U_{CEQ} = V_{CC} - I_{CQ}R_C = 20\text{V} - 1.8\text{mA} \times 6.8\text{k}\Omega = 7.76\text{V}$$

（2）$r_{be} = r_{bb'} + (1+\beta)\dfrac{26\text{mV}}{I_{EQ}} = 300\Omega + 46 \times \dfrac{26}{1.84}\Omega = 950\Omega$

$$R'_L = R_C//R_L = \frac{6.8 \times 6.8}{6.8 + 6.8}\text{k}\Omega = 3.4\text{k}\Omega$$

$$A_u = \frac{-\beta R'_L}{r_{be}} = -\frac{45 \times 3.4 \times 1000}{950} \approx -161$$

（3）$R_i = R_B//r_{be} = \dfrac{500 \times 0.95}{500 + 0.95}\text{k}\Omega \approx 948\Omega$

$$R_o = R_C = 6.8\text{k}\Omega$$

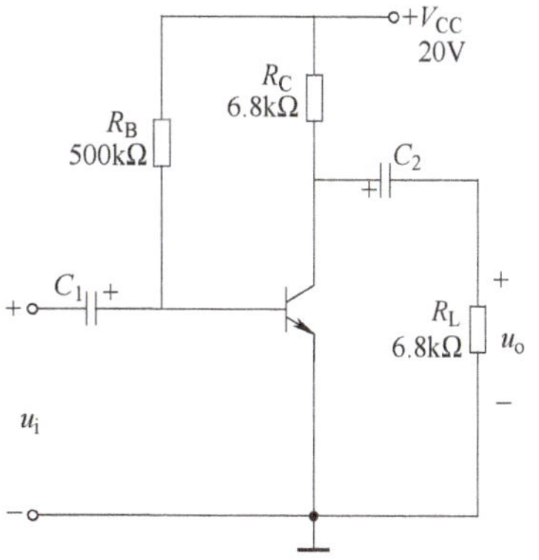

图 4-18 例 4-3 图

4.2.4 分压偏置电路的放大电路

电路如图4-19a 所示。

1. 静态工作点

将图4-19a 所示电路中所有电容均断开即得到放大电路的直流通路，如图4-19b 所示，晶体管的基极偏置电压由直流电源 V_{CC} 经过 R_{B1}、R_{B2} 的分压而获得，所以，图4-19a 所示电路又称为“分压偏置式工作点稳定电路”。

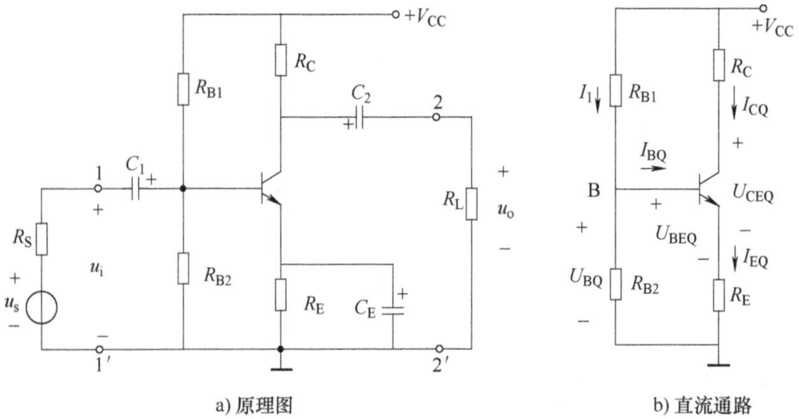

图4-19 分压偏置放大电路

分压偏置电路既能提供静态电流，又能稳定静态工作点。图4-19b 中，当流过 R_{B1}、R_{B2} 的直流电流 I_1 远大于基极电流 I_{BQ} 时，可得到晶体管基极直流电压 U_{BQ} 为

$$U_{BQ} \approx \frac{R_{B2}}{R_{B1}+R_{B2}}V_{CC} \tag{4-32}$$

由于 $U_{EQ}=U_{BQ}-U_{BEQ}$，所以晶体管的发射极直流电流为

$$I_{EQ}=\frac{U_{BQ}-U_{BEQ}}{R_E} \tag{4-33}$$

晶体管集电极、基极的直流电流分别为

$$I_{CQ} \approx I_{EQ} \tag{4-34}$$

$$I_{BQ}=\frac{I_{CQ}}{\beta} \approx \frac{I_{EQ}}{\beta} \tag{4-35}$$

晶体管的 C、E 之间的直流压降为

$$U_{CEQ}=V_{CC}-I_{CQ}R_C-I_{EQ}R_E \approx V_{CC}-I_{CQ}(R_C+R_E) \tag{4-36}$$

现在分析分压偏置电路稳定静态工作点的过程。假设温度升高，根据晶体管的温度特性知，I_{CQ}（或 I_{EQ}）随温度升高而增大，那么 U_{EQ} 也增大，而 U_{BQ} 几乎不随温度的变化而变化，可认为恒定不变，根据 $U_{BQ}=U_{BEQ}+U_{EQ}$ 知 U_{BEQ} 减小，从而使 I_{BQ}、I_{CQ} 减小，从而使 I_{EQ}、I_{CQ} 基本稳定。这个自动调节过程可表示如下（“↑”表示增，“↓”表示减）：

$$T(\text{温度})\uparrow \rightarrow I_{CQ}(I_{EQ})\uparrow \rightarrow U_{EQ}\uparrow \rightarrow U_{BEQ}\downarrow$$

$$\downarrow$$

$$I_{CQ}(I_{EQ})\downarrow \longleftarrow I_{BQ}\downarrow$$

反之亦然。由上述分析可知分压偏置电路稳定工作点的实质是：先稳定 U_{BQ}，然后通过 R_E 把输出量（I_{CQ}）的变化引回到输入端，使输出量变化减小。该电路实质是引入了一个直流电流负反馈的结果。

由上面的分析知道，要想使稳定过程能够实现，必须满足以下两个条件：

1）基极电位固定不变。这样才使 U_{BEQ} 真实反映 I_{CQ}（或 I_{EQ}）的变化。那么只要满足 $I_1 \gg I_{BQ}$，就可近似认为

$$U_{BQ} \approx \frac{R_{B2}}{R_{B1}+R_{B2}}V_{CC}$$

基本恒定，不受温度的影响。工程上，一般取 $I_1 \geqslant (5\sim10)I_{BQ}$。

2）R_E 足够大，这样才使 I_{CQ}（或 I_{EQ}）的变化引起 U_{EQ} 更大的变化，能更有效地控制 U_{BEQ}。但从电压利用率来看，R_E 不能过大，否则 V_{CC} 实际加到管子两端的 U_{CEQ} 就会过小。工程上，一般取 $U_{EQ}=0.2V_{CC}$ 或 $U_{EQ}=(1\sim3)\mathrm{V}$。

2. 性能指标分析

将图 4-19a 中的电容和直流电压源均短路，得到如图 4-20a 所示的交流通路，然后将晶体管用小信号等效模型代替，便得到放大电路的小信号等效电路，如图 4-20b 所示，由图可求得放大电路的性能指标关系式。

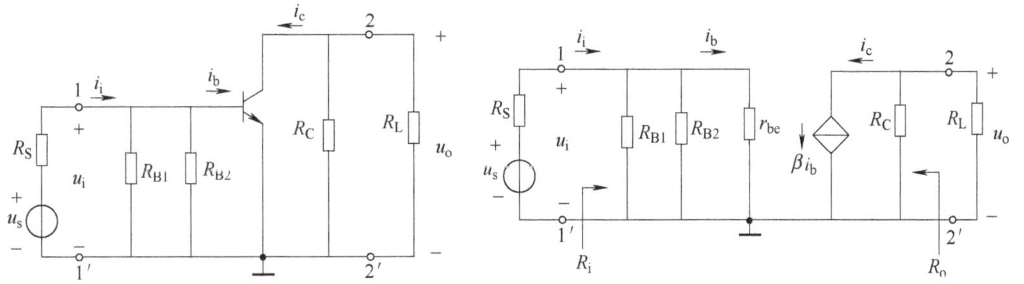

a) 交流通路　　b) 小信号等效电路

图 4-20　分压偏置放大电路的小信号等效电路

（1）电压放大倍数（同固定偏置电路）

$$u_o = -\beta i_b(R_C /\!/ R_L) = -\beta i_b R'_L$$

$$u_i = i_b r_{be}$$

所以，放大电路的电压放大倍数为

$$A_u = \frac{u_o}{u_i} = \frac{-\beta i_b R'_L}{i_b r_{be}} = -\beta\frac{R'_L}{r_{be}} \tag{4-37}$$

（2）输入电阻　由图 4-20b 可得

$$i_i = \frac{u_i}{R_{B1}} + \frac{u_i}{R_{B2}} + \frac{u_i}{r_{be}} = u_i\left(\frac{1}{R_{B1}} + \frac{1}{R_{B2}} + \frac{1}{r_{be}}\right)$$

所以，放大电路的输入电阻为

$$R_i = \frac{u_i}{i_i} = \frac{1}{\dfrac{1}{R_{B1}} + \dfrac{1}{R_{B2}} + \dfrac{1}{r_{be}}} = R_{B1} /\!/ R_{B2} /\!/ r_{be} \tag{4-38}$$

（3）输出电阻 由图4-20b可见，当 $u_s=0$ 时，$i_b=0$，则 βi_b 开路，所以，放大电路输出端断开 R_L，接入信号源电压 u，如图中所示，可得 $i=u/R_C$，因此放大电路的输出电阻为

$$R_o=\frac{u}{i}=R_C \tag{4-39}$$

例4-4 在图4-19a所示的电路中，已知晶体管的 $\beta=100$，$r_{bb'}=200\Omega$，$U_{BEQ}=0.7V$，$R_S=1k\Omega$，$R_{B1}=62k\Omega$，$R_{B2}=20k\Omega$，$R_C=3k\Omega$，$R_E=1.5k\Omega$，$R_L=5.6k\Omega$，$V_{CC}=15V$，各电容的容量足够大。试求：（1）静态工作点；（2）A_u、R_i、R_o 和源电压放大倍数 A_{us}；（3）如果发射极旁路电容断开，画出此时放大电路的交流通路和小信号等效电路，并求出此时放大电路的 A_u、R_i 和 R_o。

解：（1）静态工作点的计算：

$$U_{BQ}\approx\frac{R_{B2}}{R_{B1}+R_{B2}}V_{CC}=\frac{20k\Omega}{(62+20)k\Omega}\times15V\approx3.7V$$

$$I_{EQ}=\frac{U_{BQ}-U_{BEQ}}{R_E}=\frac{(3.7-0.7)V}{1.5k\Omega}=2mA$$

$$I_{BQ}\approx\frac{I_{EQ}}{\beta}=\frac{2mA}{100}=20\mu A$$

$$U_{CEQ}=V_{CC}-I_{CQ}(R_C+R_E)=15V-2mA\times(3k\Omega+1.5k\Omega)=6V$$

（2）A_u、R_i、R_o 和 A_{us} 的计算：

先求晶体管的输入电阻。

$$r_{be}=r_{bb'}+(1+\beta)\frac{26mA}{I_{EQ}}=200\Omega+101\times\frac{26mV}{2mA}=1.5k\Omega$$

所以

$$A_u=-\frac{\beta R_L'}{r_{be}}=-100\times\frac{\frac{3\times5.6}{3+5.6}k\Omega}{1.5k\Omega}=-130$$

$$R_i=R_{B1}//R_{B2}//r_{be}=\frac{1}{\frac{1}{62}+\frac{1}{20}+\frac{1}{1.5}}k\Omega\approx1.36k\Omega$$

$$R_o=R_C=3k\Omega$$

$$A_{us}=\frac{u_o}{u_s}=\frac{u_i}{u_s}\times\frac{u_o}{u_i}=\frac{u_i}{u_s}A_u=\frac{R_i}{R_s+R_i}A_u$$

将已知数代入，则得

$$A_{us}=\frac{1.36k\Omega}{(1+1.36)k\Omega}\times(-130)=-75$$

（3）断开 C_E 后，求 A_u、R_i、R_o：

C_E 开路后，晶体管发射极E将通过 R_E 接地，因此可得放大电路的交流通路和小信号放大电路如图4-21所示。

由图4-21b可得

$$u_i=i_br_{be}+i_eR_E=i_b[r_{be}+(1+\beta)R_E]$$

$$A_u=\frac{u_o}{u_i}=\frac{-\beta i_b(R_C//R_L)}{i_b[r_{be}+(1+\beta)R_E]}=-\beta\frac{R_C//R_L}{r_{be}+(1+\beta)R_E}=-100\times\frac{\frac{3\times5.6}{3+5.6}k\Omega}{1.5k\Omega+101\times1.5k\Omega}\approx1.3$$

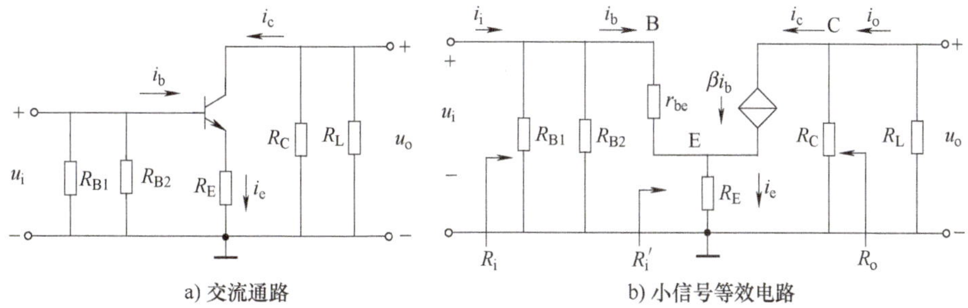

图 4-21　发射极旁路电容 C_E 开路的小信号等效电路

显然，去掉 C_E 后 A_u 下降很大，这是由于 R_E 对交流信号产生了很强的负反馈的结果。由图可得

$$R_i' = \frac{u_i}{i_b} = \frac{i_b r_{be} + (1+\beta) i_b R_E}{i_b} = r_{be} + (1+\beta) R_E$$

因此，放大电路的输入电阻为

$$R_i = R_{B1} // R_{B2} // R_i' = R_{B1} // R_{B2} // [r_{be} + (1+\beta) R_E] \approx 13.7\text{k}\Omega$$

由图可见，令 $u_i = 0$ 时，$i_b = 0$，则 $\beta i_b = 0$，视为开路，放大电路的输出电阻为

$$R_o = R_C = 3\text{k}\Omega$$

由以上讨论可见，无论是固定偏置放大电路还是分压偏置放大电路，共发射极放大电路输出电压 u_o 与输入电压 u_i 反相，输入电阻 R_i 和输出电阻 R_o 大小适中。由于共发射极放大电路的电压、电流、功率增益都比较大，因而应用广泛，适用于一般放大或多级放大的中间级。

4.2.5　共集电极放大电路和共基极放大电路

根据输入和输出回路公共端的不同，放大电路可分为三种基本组态。前面分析了共发射极放大电路，现在讨论共集电极放大电路和共基极放大电路。

1. 共集电极放大电路

共集电极放大电路的原理图如图 4-22a 所示。

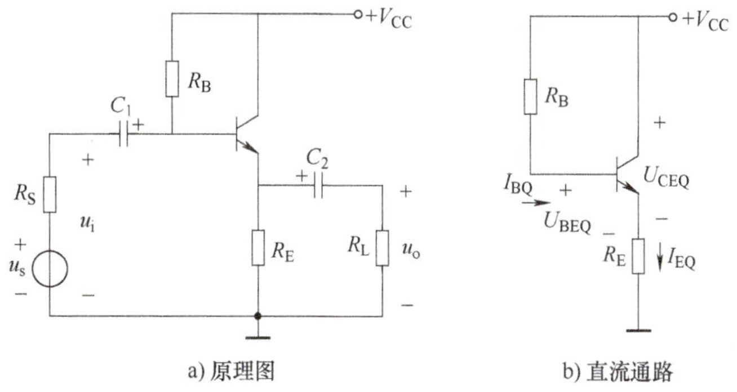

图 4-22　共集电极放大电路

(1) 静态工作点 共集电极放大电路的直流通路如图 4-22b 所示，根据图中输入回路可得

$$V_{CC}-I_{BQ}R_B-U_{BEQ}-I_{EQ}R_E=0$$

即

$$V_{CC}-I_{BQ}R_B-U_{BEQ}-(1+\beta)I_{BQ}R_E=0$$

由此可求得共集电极放大电路的静态工作点电流为

$$I_{BQ}=\frac{V_{CC}-U_{BEQ}}{R_B+(1+\beta)R_E} \tag{4-40}$$

$$I_{CQ}=\beta I_{BQ}\approx I_{EQ} \tag{4-41}$$

根据图 4-22b 中输出回路可得

$$U_{CEQ}=V_{CC}-I_{EQ}R_E \tag{4-42}$$

(2) 交流分析 根据图 4-23a 所示的交流通路可画出小信号等效电路如图 4-23b 所示，由图可求出共集电极放大电路的各性能指标。

① 电压放大倍数。由图 4-23b 可得

$$u_i=i_b r_{be}+i_e(R_E//R_L)=i_b r_{be}+(1+\beta)i_b R'_L$$
$$u_o=i_e(R_E//R_L)=(1+\beta)i_b R'_L$$

因此电压放大倍数为

$$A_u=\frac{u_o}{u_i}=\frac{(1+\beta)R'_L}{r_{be}+(1+\beta)R'_L} \tag{4-43}$$

一般满足 $(1+\beta)R'_L\gg r_{be}$，所以共集电极放大电路的电压放大倍数恒小于 1，而接近于 1，并且输出电压与输入电压同相位，即输出电压跟随输入电压的变化而变化，因此共集电极放大电路又称为“射极跟随器”。

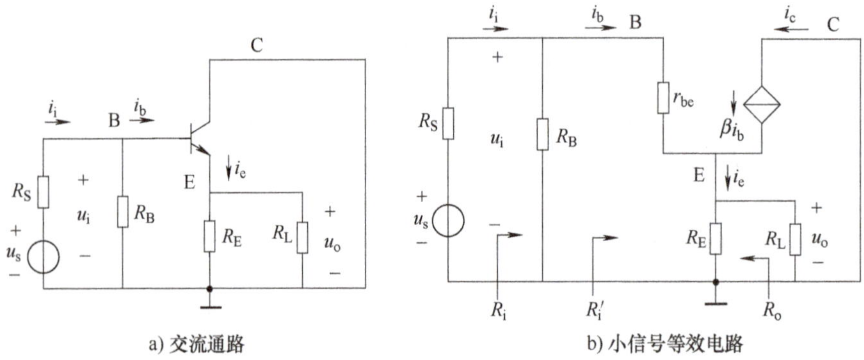

图 4-23 共集电极放大电路的交流通路及小信号等效电路

② 输入电阻。由图 4-23b 可得，从晶体管的基极看进去的输入电阻为

$$R'_i=\frac{u_i}{i_b}=\frac{i_b r_{be}+(1+\beta)i_b R'_L}{i_b}=r_{be}+(1+\beta)R'_L$$

因此放大电路的输入电阻为

$$R_i=\frac{u_i}{i_i}=R_B//R'_i=R_B//[r_{be}+(1+\beta)R'_L] \tag{4-44}$$

③ 输出电阻。将信号源 u_s 短路，负载 R_L 断开接入交流电源 u，如图 4-24 所示，由它

产生的电流为

$$i = i_{RE} + i_b + \beta i_b = \frac{u}{R_E} + (1+\beta)\frac{u}{r_{be} + R_S'}$$

式中，$R_S' = R_S // R_B$，因此放大电路的输出电阻为

$$R_o = \frac{u}{i} = \frac{1}{\dfrac{1}{R_E} + \dfrac{(1+\beta)}{r_{be} + R_S'}} = \frac{1}{\dfrac{1}{R_E} + \dfrac{1}{(r_{be} + R_S')/1+\beta}}$$

即

$$R_o = R_E // \left(\frac{r_{be} + R_S'}{1+\beta}\right) \tag{4-45}$$

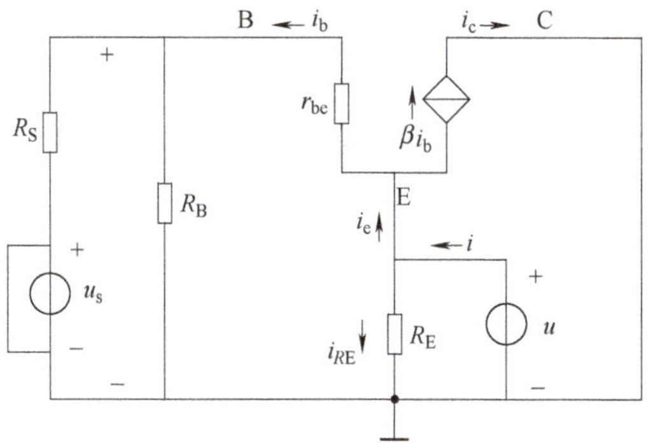

图 4-24　求共集电极放大电路输出电阻的等效电路

例 4-5　放大电路如图 4-22a 所示，已知 $\beta = 100$，$r_{bb'} = 300\Omega$，$U_{BEQ} = 0.7V$，$R_S = 1k\Omega$，$R_B = 200k\Omega$，$R_E = 2k\Omega$，$R_L = 2k\Omega$，$V_{CC} = 12V$，试求（1）静态工作点；（2）A_u、R_i、R_o。

解：（1）静态工作点的计算：

$$I_{BQ} = \frac{V_{CC} - U_{BEQ}}{R_B + (1+\beta)R_E} = \frac{(12-0.7)V}{200k\Omega + (1+100)\times 2k\Omega} = 28\mu A$$

$$I_{CQ} = \beta I_{BQ} \approx I_{EQ} = 100 \times 28\mu A = 2.8mA$$

$$U_{CEQ} = V_{CC} - I_{EQ}R_E = (12 - 2.8 \times 2)V = 6.4V$$

（2）A_u、R_i、R_o 的计算：

$$r_{be} = r_{bb'} + (1+\beta)\frac{26mA}{I_{EQ}} = 300\Omega + 101 \times \frac{26}{2.8}\Omega \approx 1.2k\Omega$$

$$R_L' = R_E // R_L = (2//2)k\Omega = 1k\Omega$$

$$A_u = \frac{(1+\beta)R_L'}{r_{be} + (1+\beta)R_L'} = \frac{(1+100)\times 1k\Omega}{1.2k\Omega + (1+100)k\Omega} \approx 0.99$$

$$R_i = R_B // [r_{be} + (1+\beta)R_L'] = 200k\Omega // (1.2 + 101 \times 1)k\Omega = 67.6k\Omega$$

$$R_o = R_E // \frac{r_{be} + R_S'}{1+\beta} = 2k\Omega // \frac{1.2k\Omega + (1//200)k\Omega}{101} \approx 21\Omega$$

由以上讨论可见，共集电极放大电路是同相放大器，放大倍数小于 1 而近似为 1，无电压放大作用，但输出电流却是输入电流的（$1+\beta$）倍，它具有一定的电流放大和功率放大作用，具有输入电阻大、输出电阻小等特点。由于输入电阻大，对信号源获取的信号电流比较小，对信号源的衰减比较小；由于输出电阻比较小，带负载的能力比较强，因此共集电极

放大电路可用于输入级、输出级和中间级。

2. 共基极放大电路

电路如图 4-25a 所示。

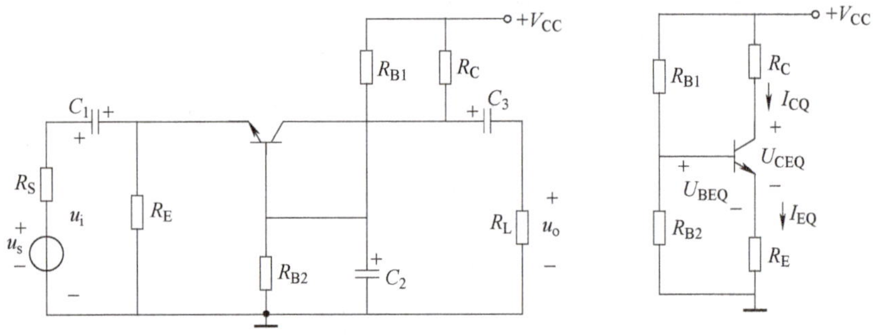

a) 原理图　　b) 直流通路

图 4-25　共基极放大电路

(1) 直流分析　由图 4-25b 可见，共基极放大电路的直流通路与共发射极放大电路的（分压偏置电路）直流通路完全相同，因此静态工作点计算方法也完全相同。即

$$U_{BQ} \approx \frac{R_{B2}}{R_{B1}+R_{B2}}V_{CC} \tag{4-46}$$

$$I_{EQ} = \frac{U_{BQ}-U_{BEQ}}{R_E} \tag{4-47}$$

$$I_{CQ} \approx I_{EQ}, I_{BQ} \approx \frac{I_{EQ}}{\beta} \tag{4-48}$$

$$U_{CEQ} = V_{CC} - I_{CQ}R_C - I_{EQ}R_E \approx V_{CC} - I_{CQ}(R_C+R_E) \tag{4-49}$$

(2) 交流分析　将 C_1、C_2、C_3 及 V_{CC} 短路，画出图 4-25a 所示电路的交流通路如图 4-26a所示，然后，在 E、B 极之间接入 r_{be}，在 E、C 极之间接入受控电流源 βi_b，如图 4-26b所示，即得共基极放大电路的小信号等效电路。

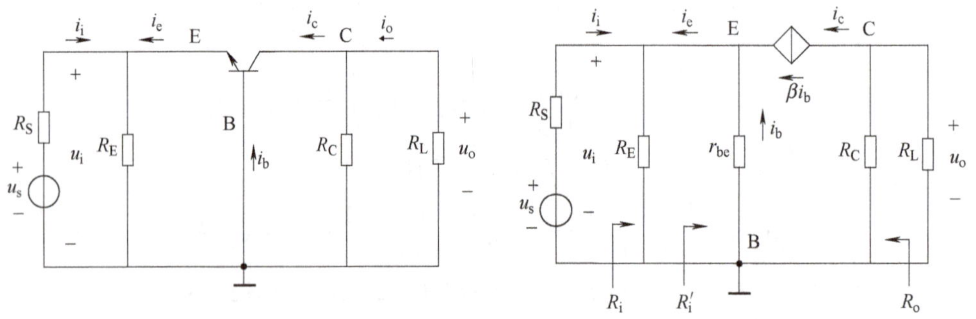

a) 交流通路　　b) 小信号等效电路

图 4-26　共基极放大电路的交流通路及小信号等效电路

① 电压放大倍数为

$$A_u = \frac{u_o}{u_i} = \frac{-i_c(R_C//R_L)}{-i_b r_{be}} = \frac{\beta i_b R'_L}{i_b r_{be}} = \frac{\beta R'_L}{r_{be}} \tag{4-50}$$

可见，如果该放大电路和共发射极放大电路的元器件参数完全一样，则二者的大小完全相同，只是该放大倍数为正值，说明共基极放大电路为同相放大电路。

② 输入电阻。由晶体管发射极看进去的等效电阻 R_i'为

$$R_i' = \frac{u_i}{-i_e} = \frac{-i_b r_{be}}{-(1+\beta)i_b} = \frac{r_{be}}{1+\beta}$$

因此放大电路的输入电阻为

$$R_i = \frac{u_i}{i_i} = R_E // R_L' \tag{4-51}$$

③ 输出电阻。由图4-26b可见，当 $u_s=0$ 时，则 $i_b=0$，则 βi_b 开路，所以，放大电路输出端断开 R_L，接入信号源电压 u，可得 $i=u/R_C$，因此放大电路的输出电阻为

$$R_o = \frac{u}{i} = R_C \tag{4-52}$$

例4-6　在图4-25a所示电路中，元器件的参数与例4-4相同，即晶体管的 $\beta=100$，$r_{bb'}=200\Omega$，$U_{BEQ}=0.7V$，$R_S=1k\Omega$，$R_{B1}=62k\Omega$，$R_{B2}=20k\Omega$，$R_C=3k\Omega$，$R_E=1.5k\Omega$，$R_L=5.6k\Omega$，$V_{CC}=15V$，各电容的容量足够大。试求：(1) 静态工作点；(2) A_u、R_i 及 R_o。

解：(1) 静态工作点的计算。

直流通路与分压偏置共发射极放大电路相同，所以

$$I_{EQ} = I_{CQ} = 2mA, I_{BQ} = \frac{I_{CQ}}{\beta} = 20\mu A, U_{CEQ} = 6V$$

(2) A_u、R_i、R_o 的计算。

$$A_u = \frac{\beta(R_C // R_L)}{r_{be}} = \frac{100 \times \frac{3 \times 5.6}{3+5.6}k\Omega}{1.5k\Omega} = 130$$

$$R_i' = \frac{r_{be}}{1+\beta} = \frac{1.5k\Omega}{1+100} = 15\Omega$$

$$R_i = R_E // R_i' = \frac{1500 \times 15}{1500+15}\Omega \approx 15\Omega$$

$$R_o = R_C = 3k\Omega$$

由以上讨论可见，共基极放大电路是同相放大器，与共发射极放大电路的放大能力相同（电路元器件参数相同），但其输入电阻小，在高频放大电路中常常采用该种放大电路。

4.3　项目实施

4.3.1　任务一　单管共发射极放大电路的测试（I）

1. 实验目的

1）初步掌握基本放大电路最佳静态工作点的调测方法。

2）了解静态工作点对输出波形失真的影响。

3）测量基本放大电路的输入电阻和输出电阻。

4）进一步进行仪器、仪表、设备综合使用的训练。

2. 实验仪器设备

1）信号发生器。

2）直流稳压电源。

3）示波器。

4）晶体管毫伏表。

3. 实验器材

1）晶体管：3DG6。

2）电阻：1kΩ、4.7kΩ、10kΩ、3.3kΩ、6.8kΩ。

3）电位器：100kΩ。

4）电容：10μF×2　47μF。

4. 实验电路

实验电路如图4-27a所示。

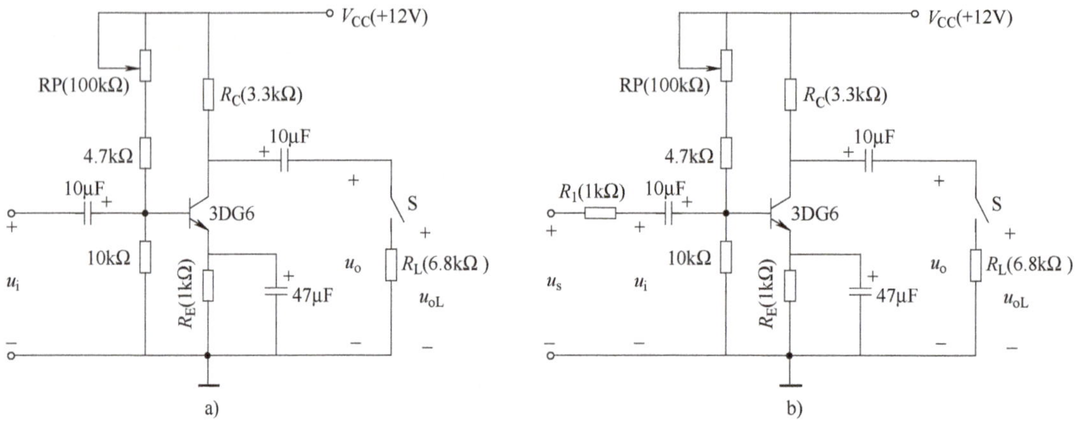

图4-27　单管共发射极放大电路

5. 实验步骤及内容

1）根据图4-27a正确连线，检查无误后，接通电源，V_{CC}为12V，u_i接信号发生器的正弦波输出端。u_o接示波器，用来监测输出电压波形情况。

2）用动态方法调测最佳静态工作点，方法如下：

接入频率为1kHz的正弦波信号u_i，信号发生器的正弦波衰减调至40dB位置，正弦波幅度旋钮从最小开始慢慢加大，即使u_i从零开始慢慢增大，用示波器观察输出波形的情况（开关S先断开，即先不加负载），直至放大器出现失真，这时可以调节电位器RP使失真消失（或改善）。再逐渐加大信号，调RP，反复调整，直至输出波形u_o最大而不失真为止。此时的工作点就是最佳工作点。

在上面的基础上，用万用表直流电压档测出晶体管的U_{BE}、U_{CE}和I_C（I_C可以通过间接测量方法测量，即可以测R_C上的压降，此电压除以R_C就是流过此电阻的电流即为I_C；因为$I_C \approx I_E$，可以通过测R_E上的电压除以其阻值，可以得到I_E，即要得到I_C）。把测量的结果填入表中。

3）放大倍数的测量。在上面输出为最大不失真的基础上，用 DA-16 分别测出 u_i、u_o。闭合开关 S 测出 u_{oL}。根据放大倍数的计算公式计算出 A_u 和 A_{uL}。结果填入表 4-1 中。

$$A_u = \frac{u_o}{u_i} \quad A_{uL} = \frac{u_{oL}}{u_i}$$

表 4-1 实验数据

项目	最佳静态工作点			最大不失真输出				
	U_{BE}	U_{CE}	I_C	u_i	u_o	u_{oL}	A_u	A_{uL}
空载								
带载								

6. 注意事项

1）在测量静态工作点时，应采用高内阻的电压表，并尽量用同一量程测量同一工作状态情况下各点电压值。

2）测量时，各种信号源与测量仪器、仪表应共地。

4.3.2 任务二 单管共发射极放大电路的测试（Ⅱ）

1. 实验目的

1）进一步掌握基本放大电路最佳静态工作点的调测方法。

2）通过实验了解静态工作点对输出波形失真的影响。

3）测量基本放大电路的输入电阻和输出电阻。

2. 实验仪器设备

1）信号发生器。

2）直流稳压电源。

3）示波器。

4）晶体管毫伏表。

3. 实验器材

1）晶体管：3DG6。

2）电阻：1kΩ×2、4.7kΩ、10kΩ、3.3kΩ、6.8kΩ。

3）电位器：100kΩ。

4）电容：10μF×2 47μF。

4. 实验电路

实验电路如图 4-27b 所示。

5. 实验步骤及内容

1）输入电阻和输出电阻的测试。

① 根据图 4-27b 正确连线，检查无误后，接通电源，V_{CC} 为 12V，u_s 接信号发生器的正弦波输出端。u_o 接示波器，用来监测输出电压波形情况。

② 用动态方法调出最佳静态工作点。

接入频率为 1kHz 的正弦波信号 u_s，函数发生器的正弦波衰减调至 40dB 位置，正弦波幅度旋钮从最小开始慢慢加大，即使 u_i 从零开始慢慢增大，用示波器观察输出波形的情况（开关 S 先断开，即先不加负载），直至放大器出现失真，这时可以调节电位器 RP 使失真消失（或改善）。再逐渐加大信号，调 RP，反复调整，直至输出波形 u_o 最大而不失真为止。此时的工作点就是最佳工作点。

在上面的基础上，用 DA-16 分别测出 u_s、u_i、u_o，闭合开关 S，测出 u_{oL}。根据基本放大电路的输入电阻和输出电阻的计算公式计算出 R_i 和 R_o。结果填入表 4-2 中。

输入电阻和输出电阻的计算公式如下：

$$R_i=\frac{u_i}{u_s-u_i}R_1 \quad R_o=\left(\frac{u_o}{u_{oL}}-1\right)R_L$$

表 4-2 实验数据

u_s	u_i	u_o	u_{oL}	R_i	R_o	理论 R_o

2）观察静态工作点对输出信号波形的影响（选做）。

在（I）中调出最大不失真时，我们可以测出电路的最佳工作点。调节 RP 使输出的波形明显饱和失真，再测一下工作点，与最佳情况进行比较。然后，再调 RP 使输出的波形正常，这时加大信号，调 RP 使输出波形出现截止失真，测量工作点与正常、饱和情况进行比较，从而可知工作点对输出波形的影响情况。

6. 注意事项

1）用 DA-16 测量输入信号和输出信号时，要注意量程的选择。

2）测量时，各种信号源与测量仪器、仪表应共地。特别是用 DA-16 测信号时，地线和信号线不能接反。

4.4 拓展知识

4.4.1 场效应晶体管放大电路

1. 场效应晶体管放大电路的构成及工作原理

由于场效应晶体管也具有放大作用，如不考虑物理本质上的区别，可把场效应晶体管的栅极（G）、源极（S）、漏极（D）分别与晶体管的基极（B）、发射极（E）、集电极（C）相对应。所以场效应晶体管放大电路也由输入信号源、放大电路、相应的偏置电路和直流电压源和负载构成，也可以构成共栅极、共源极和共漏极三种组态的放大电路。N 沟道耗尽型场效应晶体管组成的放大电路如图 4-28 所示。

其中，C_1、C_2 为耦合电容；R_G 为栅极电阻；R_S 为源极电阻，利用源极电流在其上产生的压降为栅、源极之间提供偏压；R_D 为漏极电阻，将漏极电流转化为漏极电压，并影响放大倍数 A_u；C_S 为源极旁路电容，消除 R_S 对交流信号的衰减；R_L 为负载电阻。虽然场效应晶体管放大电路的组成原则与晶体管放大电路相同，但由于场效应晶体管是电压控制器件，且种类较多，故在电路组成上仍有其特点。

2. 场效应晶体管放大电路的分析

1）静态分析。与晶体管放大电路一样，场效应晶体管放大电路也需要建立合适的静态工作点，也要保证管子工作在恒流区；也存在工作点的稳定问题。由于场效应晶体管是电压控制器件，栅极电流必须为零，因此需要合适的栅极电压，如图 4-29 所示，由于栅极电阻上无直流电流，因而 $U_{GSQ}=-I_{DQ}R_S$，这种偏置方式为自给偏压，也称自偏压电路。必须指出，自给偏压电压电路只能产生反向偏压，所以它只适应于耗尽型场效应晶体管，而不适应于增强型场效应晶体管，因为增强型场效应晶体管的栅源电压只有达到开启电压后才能产生漏极电流。

图 4-29 所示为采用分压式自偏压电路的场效应晶体管的放大电路，图中 R_{G1}、R_{G2} 为分压电阻，将 V_{DD} 分压后，取 R_{G2} 上的压降供给场效应晶体管栅极偏压。由于 R_{G3} 中没有电流，它对静态工作点没有影响，所以由图不难得到

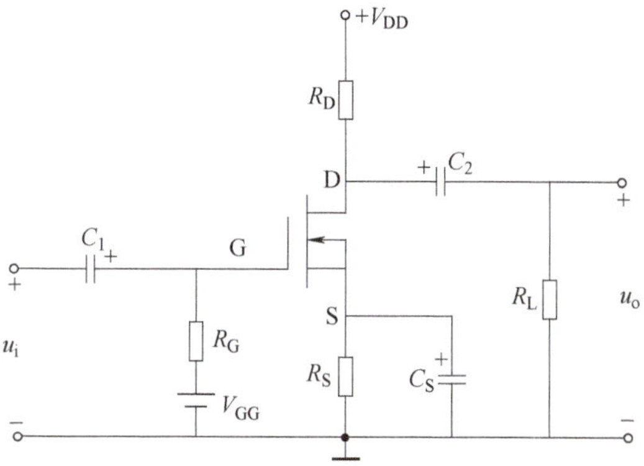

图 4-28　场效应晶体管放大电路

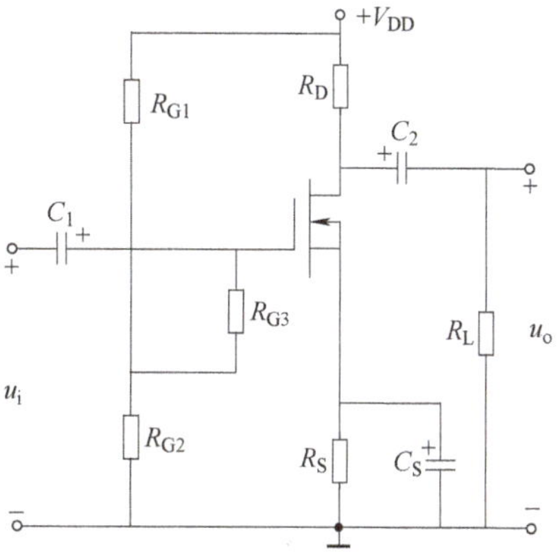

图 4-29　分压式自偏压场效应晶体管放大电路

$$U_{GSQ}=U_{GQ}-U_{SQ}=\frac{R_{G2}}{R_{G1}+R_{G2}}V_{DD}-I_{DQ}R_S \tag{4-53}$$

2）动态分析。与晶体管一样，场效应晶体管在小信号作用下，可用微变等效电路来代替，从而求得放大电路的性能指标。

① 场效应晶体管的微变等效电路。在小信号作用下，工作在放大区的场效应晶体管可用一个线性有源二端网络来等效。由输入回路来看，由于场效应晶体管的输入电阻很大，可视为开路；由输出回路来看，可等效为电流源，这样在小信号情况下场效应晶体管可等效成图 4-30 所示的电路。

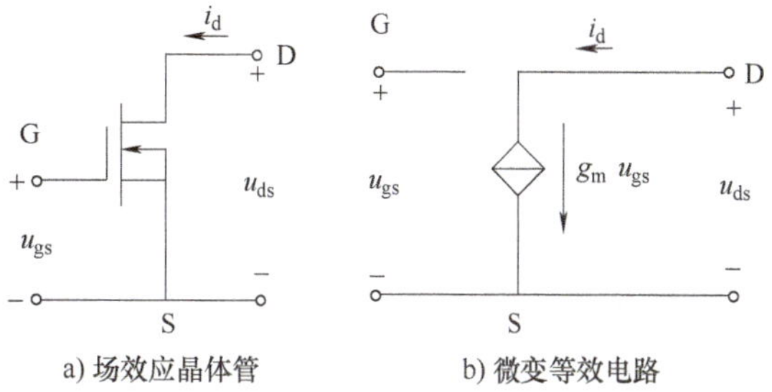

图 4-30　场效应晶体管的微变等效电路

② 共源极放大电路。图 4-29 所示放大电路的交流通路和小信号等效电路如图 4-31 所示。

由图 4-31b 可求出放大电路的电压放大倍数为

$$A_u = \frac{u_o}{u_i} = -\frac{i_d(R_D//R_L)}{u_{gs}} = -\frac{g_m u_{gs} R_L'}{u_{gs}} = -g_m R_L' \tag{4-54}$$

放大电路的输入电阻为

$$R_i = R_{G3} + R_{G1}//R_{G2} \tag{4-55}$$

放大电路的输出电阻为

$$R_o = R_D \tag{4-56}$$

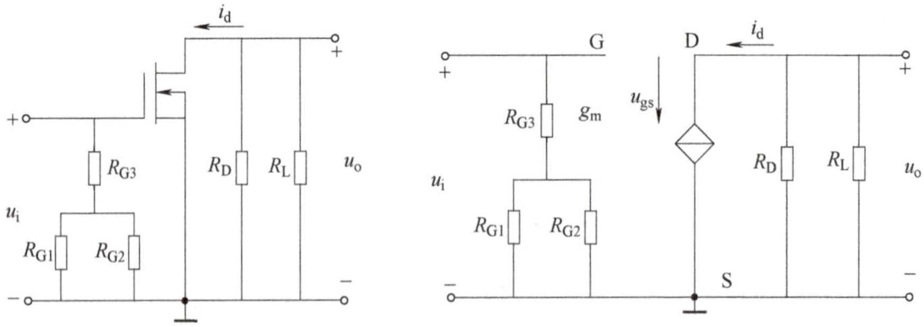

a) 交流通路　　b) 小信号等效电路

图 4-31 共源极放大电路

例 4-7 电路如图 4-29 所示，已知 $R_{G1}=200\text{k}\Omega$，$R_{G2}=30\text{k}\Omega$，$R_{G3}=10\text{M}\Omega$，$R_D=5\text{k}\Omega$，$R_S=5\text{k}\Omega$，$R_L=5\text{k}\Omega$，$g_m=4\text{ms}$，各电容的容量足够大，试求电压放大倍数 A_u、输入电阻 R_i 及输出电阻 R_o。

解： 电压放大倍数为

$$A_u = \frac{u_o}{u_i} = -g_m(R_D//R_L) = -4\times\frac{5\times5}{5+5} = -10$$

输入电阻为

$$R_i = R_{G3} + R_{G1}//R_{G2} = 10^4\text{k}\Omega + \frac{200\times30}{200+30}\text{k}\Omega \approx 10^4\text{k}\Omega = 10\text{M}\Omega$$

输出电阻为

$$R_o = R_D = 5\text{k}\Omega$$

4.4.2 多级放大电路

1. 多级放大电路的组成及耦合方式

1）多级放大电路的组成。大多数电子放大电路或系统，需要把微弱的毫伏级或微伏级信号放大为足够大的输出电压或电流信号去推动负载工作。而前面讨论的基本单元放大电路，其性能通常很难满足电路或系统的这种要求，因此，在实际使用时往往需采用两级或两级以上的基本单元放大电路连接起来组成多级放大电路，以满足电路或系统的需要，如图 4-32所示。通常把与信号源相连接的第一级放大电路称为**输入级**，与负载相连接的末级放大电路称为**输出级**，而在输出级与输入级之间的放大电路称为**中间级**。输入级与中间级的位置处于多级放大电路的前几级，故又称为前置级。前置级一般都属于小信号工作状态，主要进行电压放大；输出级属于大信号放大，以提供给负载足够大的信号，常采用功率放大电路。

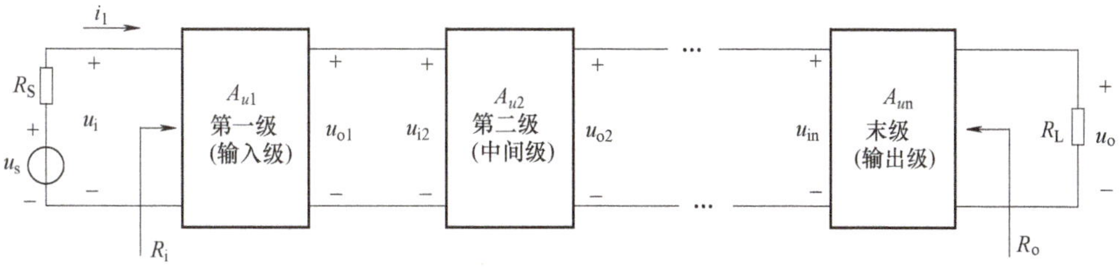

图 4-32　多级放大电路的组成框图

2）多级放大电路的耦合方式。多级放大电路各级间的连接方式称为**耦合**。耦合的方式可分为阻容耦合、直接耦合和变压器耦合等。阻容耦合方式常在分立元器件多级放大电路中被广泛使用；放大缓慢变化的信号或直流信号则采用直接耦合的方式，集成电路中也多采用这种耦合方式；变压器耦合由于频率响应不好、笨重、成本高、不能集成等缺点，在放大电路中的应用逐渐被淘汰。下面只讨论前两种级间耦合方式。

① 阻容耦合。图 4-33 所示是两级阻容耦合共发射极放大电路。两级间的连接通过耦合电容 C_2 将前级的输出电压加在后级的输入电阻上（即前级的负载电阻），故称为阻容耦合放大电路。在这种电路中，由于耦合电容隔断了级间的直流通路，因此各级的直流工作点彼此独立，互不影响，这也使得这种耦合放大电路不能放大直流信号或缓慢变化的信号，若放大的交流信号的频率较低，则需采用大容量的电解电容作为耦合电容。

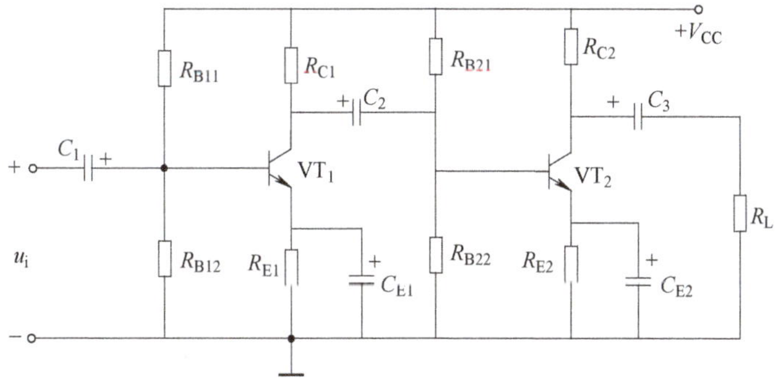

图 4-33　两级阻容耦合放大电路图

② 直接耦合。放大缓慢变化的信号（如热电偶测量炉温变化时送出的电压信号）或直流信号（如电子测量仪表中的放大电路）时，就不能采用阻容耦合方式的放大电路，而要采用直接耦合放大电路。图 4-34 所示就是两级直接耦合放大电路，即前级的输出与后级的输入端直接相连。

直接耦合方式可省去级间耦合元件，信号传输的损耗小，它不仅能放大交流信号，而且能放大变化十分缓慢的信号或直流信号，但由于级间为直接耦合，所以前后级之间的直流电位相互影响，使得多级放大电路的各级静态工作点不能独立，当某一级的静态工作点发生变化时，其前后级也将受到影响。例如，当工作温度或电源电压等外界因素发生变化时，直接耦合放大电路中各级静态工作点将跟随变化，这种变化称为工作点漂移。值得注意的是，第一级的工作点漂移会随着信号传送至后级，并逐级被放大。这样一来，即便输入信号为零，输出电压也会偏离原来的初始值而上下波动，这种现象称为零点漂移。零点漂移将会造成有用信号的失真，严重时有用信号将被零点漂移所“淹没”，使人们无法辨认输出电压是漂移电压，还是有用的信号电压。

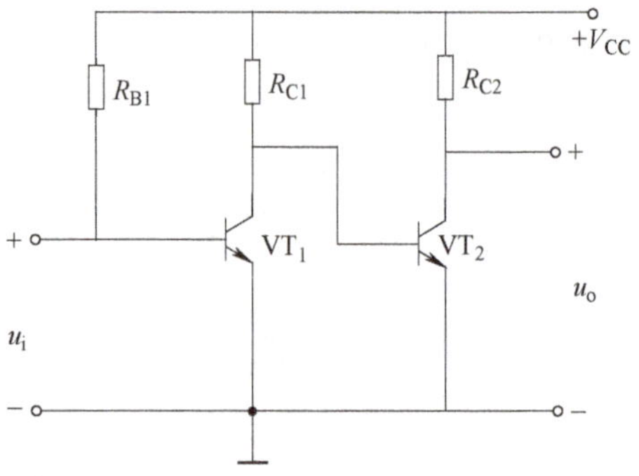

图 4-34 两级直接耦合放大电路图

在引起工作点漂移的外界因素中，工作温度变化引起的漂移最严重，称为温漂。这主要是由于晶体管的β、I_{CBO}、U_{BE}等参数都随温度的变化而变化，从而引起工作点的移动。衡量放大电路温漂的大小，不能只看输出端漂移电压的大小，还要看放大倍数多大。因此，一般都是将输出端的温漂电压折算到输入端来衡量。如果输出端的温漂电压为ΔU_o，电压放大倍数为A_u，则折算到输入端的零点漂移电压为

$$\Delta U_i = \frac{\Delta U_o}{A_u} \tag{4-57}$$

ΔU_i越小，零点漂移越小。如果输入级采用差动放大电路，可有效地抑制零点漂移。

2. 多级放大器性能指标的估算

在图 4-32 所示的多级放大电路的组成框图中，假设各级电压放大倍数分别为$A_{u1}=u_{o1}/u_i$、$A_{u2}=u_{o2}/u_{i2}$、…、$A_{un}=u_o/u_{in}$。由于信号是逐级被传送放大的，前级的输出电压便是后级的输入电压，即$u_{o1}=u_{i2}$、$u_{o2}=u_{i3}$、…、$u_{o(n-1)}=u_{in}$，所以整个放大电路的电压放大倍数为

$$A_u = \frac{u_o}{u_i} = \frac{u_{o1}}{u_i} \cdot \frac{u_{o2}}{u_{i2}} \cdots \frac{u_o}{u_{in}} = A_{u1} \cdot A_{u2} \cdots A_{un} \tag{4-58}$$

式（4-58）表明，多级放大电路的电压放大倍数等于各级电压放大倍数的乘积。若用分贝（dB）表示，则多级放大电路的电压总的增益等于各级电压增益之和，即

$$A_u(\mathrm{dB}) = A_{u1}(\mathrm{dB}) + A_{u2}(\mathrm{dB}) + \cdots + A_{un}(\mathrm{dB}) \tag{4-59}$$

应当注意的是，在计算各级电压放大倍数时，必须考虑后级的输入电阻对前级的负载效应。即计算每级电压放大倍数时，下一级的输入电阻应作为上一级的负载来考虑。因为后级的输入电阻就是前级放大电路的负载，若不计及负载效应，各级的电压放大倍数仅为空载时的放大倍数，它与实际电路不符，这样，得出的多级放大电路的电压放大倍数是错误的。

由图 4-32 可见，多级放大电路的输入电阻就是由第一级考虑到后级放大电路影响后的输入电阻求得，即$R_i=R_{i1}$。

多级放大电路的输出电阻就是由末级放大电路求得的输出电阻，即$R_o=R_{on}$。

例 4-8 两级共发射极阻容耦合放大电路如图 4-35 所示，若晶体管 VT_1 的$\beta_1=60$，$r_{be1}=2\text{k}\Omega$，VT_2 的$\beta_2=100$，$r_{be2}=2.2\text{k}\Omega$，其他参数如图 4-35a 所示，各电容的容量足够大。试求放大电路的A_u、R_i、R_o。

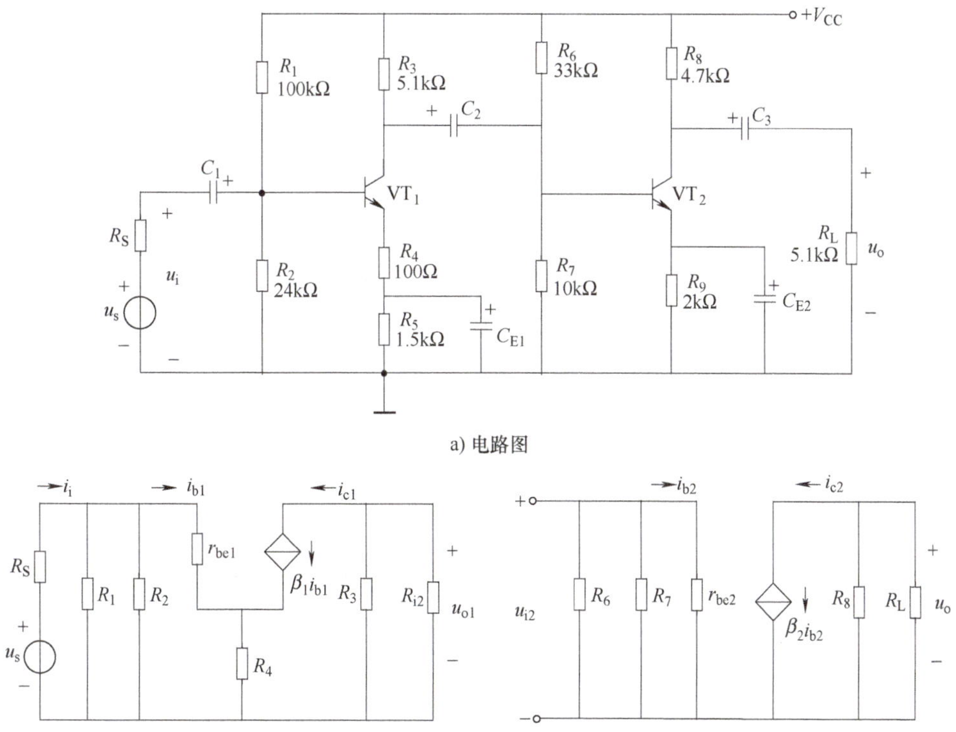

a) 电路图

b) 第一级微变等效电路

c) 第二级微变等效电路

图 4-35 两级电容耦合放大电路

解： 在小信号工作情况下，两级共发射极放大电路的微变等效电路如图 4-35b、c 所示，其中图 4-35b 中的负载电阻 R_{i2} 即为后级放大电路的输入电阻，即

$$R_{i2}=R_6//R_7//r_{be2}=\frac{1}{\frac{1}{33}+\frac{1}{10}+\frac{1}{2.2}}\text{k}\Omega\approx 1.7\text{k}\Omega$$

因此第一级的总负载为 $R'_{L1}=R_3//R_{i2}=5.1\text{k}\Omega//1.7\text{k}\Omega\approx 1.3\text{k}\Omega$

第一级电压放大倍数为 $A_{u1}=\dfrac{u_{o1}}{u_i}=\dfrac{-\beta_1 R'_{L1}}{r_{be1}+(1+\beta_1)R_4}=\dfrac{-60\times 1.3\text{k}\Omega}{2\text{k}\Omega+61\times 0.1\text{k}\Omega}\approx -9.6$

$$A_{u1}(\text{dB})=20\lg 9.6\text{dB}=19.6\text{dB}$$

第二级电压放大倍数为 $A_{u2}=\dfrac{u_o}{u_{i2}}=-\beta_2\dfrac{R'_{L1}}{r_{be2}}=-100\times\dfrac{(4.7//5.1)\text{k}\Omega}{2.2\text{k}\Omega}\approx -111$

$$A_{u2}(\text{dB})=20\lg 111\text{dB}\approx 41\text{dB}$$

两级放大电路的总电压放大倍数为 $A_u=A_{u1}\cdot A_{u2}=(-9.6)\times(-111)=1066$

$$A_u(\text{dB})=A_{u1}(\text{dB})+A_{u2}(\text{dB})=19.6\text{dB}+41\text{dB}=60.6\text{dB}$$

式中没有负号，说明两级放大电路的输出电压与输入电压同相位。

两级放大电路的输入电阻等于第一级输入电阻，即

$$R_i=R_{i1}=R_1//R_2//[r_{be1}+(1+\beta_1)R_4]$$
$$=100\text{k}\Omega//24\text{k}\Omega//(2\text{k}\Omega+61\times 0.1\text{k}\Omega)\approx 5.7\text{k}\Omega$$

两级放大电路的输出电阻等于第二级的输出电阻，即 $R_o = R_8 = 4.7\text{k}\Omega$。

项目小结

1. 用来对电信号进行放大的电路称为放大电路，它是使用最为广泛的电子电路，也是构成其他电子电路的基本单元电路。放大电路的性能指标主要有放大倍数、输入电阻和输出电阻等。放大倍数是衡量放大能力的指标，输入电阻是衡量放大电路对信号源影响的指标，输出电阻是衡量放大电路带负载能力的指标。

2. 在晶体管放大电路中，只研究在直流电源作用下，电路中各直流量的大小而进行的分析称为直流分析（又叫静态分析），由此确定的各级电压和电流称为静态工作点。当外电路接上交流信号后，为了确定叠加在静态工作点的信号而进行的分析称为交流分析（又叫动态分析）。在工程应用时，直流分析通常用来进行静态工作点的估算，既准确又十分简便。小信号交流分析时常采用晶体管的小信号等效电路模型，它是将晶体管的非线性特点局部线性化而得到的线性等效电路。

3. 由晶体管组成的基本放大电路有共发射极、共集电极和共基极三种基本组态。共发射极放大电路的输出电压与输入电压反相，输入电阻和输出电阻适中，由于它的电压、电流和功率放大倍数都比较大，适用于一般放大电路和多级放大电路的中间级。共集电极放大电路的输出电压与输入电压同相，电压放大倍数小于1而近似等于1，但它具有输入电阻大、输出电阻小的特点，多用于多级放大电路的输入级、中间级和输出级。共基极放大电路的输出电压和输入电压同相，电压放大倍数较大，输入电阻很小而输出电阻比较大，它适用于高频放大。放大电路性能指标的分析主要采用小信号等效电路。场效应晶体管组成的放大电路与晶体管类似，其分析方法也相似。

4. 多级放大电路的级间耦合方式通常有阻容耦合、直接耦合和变压器耦合三种。在分立元器件电路中，以阻容耦合和直接耦合用得比较多。在集成电路中，都采用直接耦合方式。采用直接耦合方式的各级放大电路之间的直流电路是连通的，各级静态工作点互相影响，因此必须合理配置各级放大电路的直流电位，同时还要解决零点漂移问题。

5. 计算多级放大电路的电压增益，必须考虑前后级之间的相互影响。掌握了放大器输入电阻和输出电阻的概念，就可以将后级对前级的影响和前级对后级的影响利用这两个概念得到解决。通常将后级的输入电阻作为前级的负载处理，从而使一个复杂的电路系统分成若干个独立部分进行分析，使问题简化。

习题与提高

4-1 判断题

(1) 共发射极放大电路中，减小集电极电阻 R_C 有利于电路退出保护状态。（ ）

(2) 在不失真的前提下，静态工作点低的电路静态功耗小。（ ）

(3) 温度升高时，共发射极放大电路的工作点易进入饱和区。（ ）

(4) 交流负载线比直流负载线陡。（ ）

(5) 共基极放大电路既有电压放大作用，也有电流放大作用。（ ）

（6）射极输出器的输出电压与输入电压大小近似相等。（　　）

（7）场效应晶体管共源极放大电路所采用的自给偏压电路，只适用于增强型场效应晶体管。（　　）

4-2　选择题

（1）当晶体管工作在放大区时，发射结电压和集电结电压应为（　　）

A. 前者反偏、后者也反偏　　B. 前者正偏、后者反偏

C. 前者正偏、后者也正偏

（2）$U_{GS}=0V$ 时，能够工作在恒流区的场效应晶体管有（　　）

A. 结型管　　B. 增强型 MOS 管　　C. 耗尽型 MOS 管

（3）某放大电路在负载开路时的输出电压为 4V，接入 3kΩ 的负载电阻后输出电压降为 2V，说明该放大电路的输出电阻为（　　）

A. 10kΩ　　B. 2kΩ　　C. 1kΩ　　D. 3kΩ

（4）工作在放大区的某晶体管，如果当 I_B 从 12μA 增大到 22μA 时，I_C 从 1mA 变为 2mA，那么它的 β 约为（　　）

A. 83　　B. 91　　C. 100

（5）当场效应晶体管的漏极直流电流 I_D 从 2mA 变为 4mA 时，它的低频跨导 g_m 将（　　）

A. 增大　　B. 不变　　C. 减小

（6）场效应晶体管共源极放大电路类似于晶体管（　　）

A. 共发射极放大电路　　B. 共集电极放大电路

C. 共基极放大电路

（7）多级放大电路与单级放大电路相比，电压放大倍数（　　），通频带（　　），级数越多则上限频率 f_H（　　）、下限频率 f_L（　　）。

A. 增大　　B. 减小　　C. 基本不变　　D. 不定

4-3　电路如图 4-36 所示，设晶体管的 $\beta=80$，试分析当开关 S 分别接通 A、B、C 三位置时，晶体管各工作在输出特性曲线的哪个区域，并求出相应的集电极电流 I_C。

4-4　判断图 4-37 所示电路能否实现正常放大？

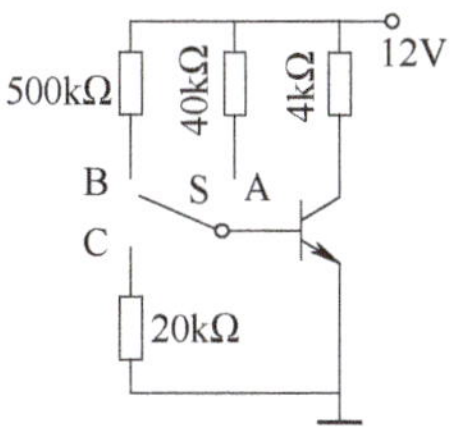

图 4-36　题 4-3 图

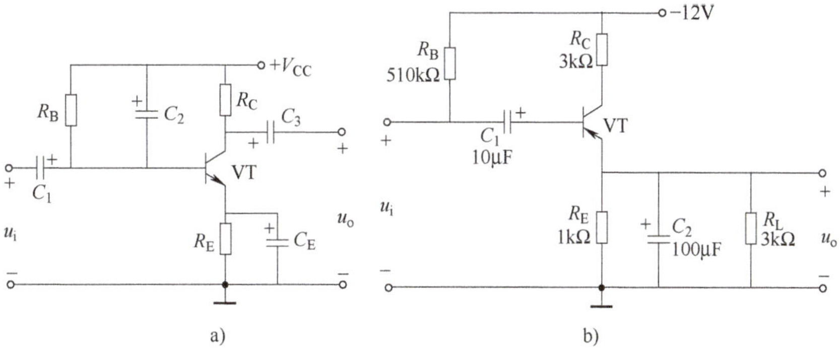

图 4-37　题 4-4 图

4-5　判断图 4-38 中电路属于何种组态的放大电路。

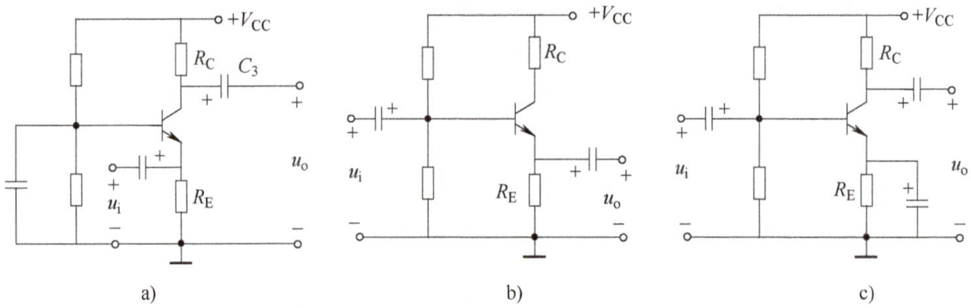

图 4-38 题 4-5 图

4-6 电路如图 4-39 所示，已知晶体管的 $\beta=100$，$U_{BEQ}=0.7V$。(1) 试计算该电路的 Q 点；(2) 画出小信号等效电路；(3) 求该电路的电压增益 A_u、输入电阻 R_i 及输出电阻 R_o；(4) 若 u_o 中的交流成分出现图中所示的失真现象，问是截止失真还是饱和失真？为消除此失真，应调节电路中的哪个元件，如何调整？

4-7 放大电路如图 4-40 所示，已知晶体管的 $\beta=100$，$r_{bb'}=300\Omega$，$U_{BEQ}=0.7V$，试求：(1) 静态工作点；(2) 画出小信号等效电路，并求 A_u、R_i 及 R_o。

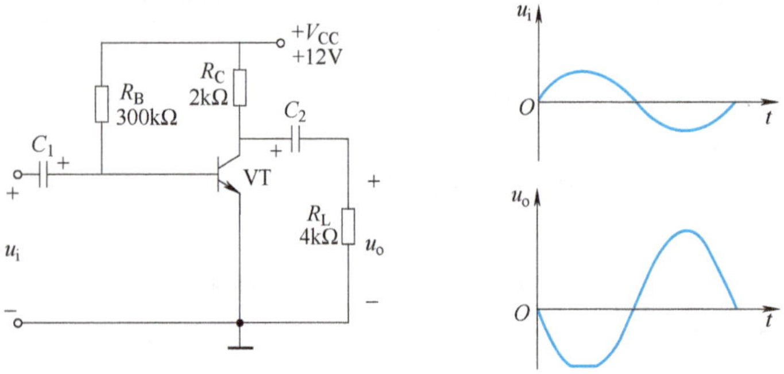

图 4-39 题 4-6 图

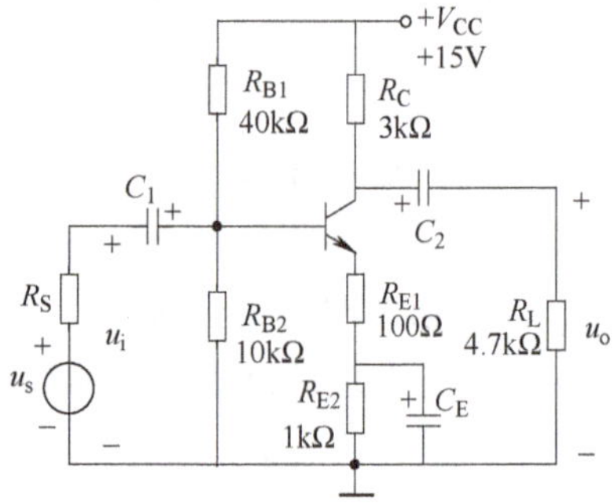

图 4-40 题 4-7 图

4-8 共集电极放大电路如图 4-41 所示，已知晶体管的 $\beta=100$，$r_{bb'}=200\Omega$，$U_{BEQ}=0.7V$。(1) 求静态工作点；(2) 求 A_u、R_i；(3) 若信号源内阻 $R_S=1k\Omega$，$u_s=2V$，求输出电压 u_o 和输出电阻的 R_o 大小。

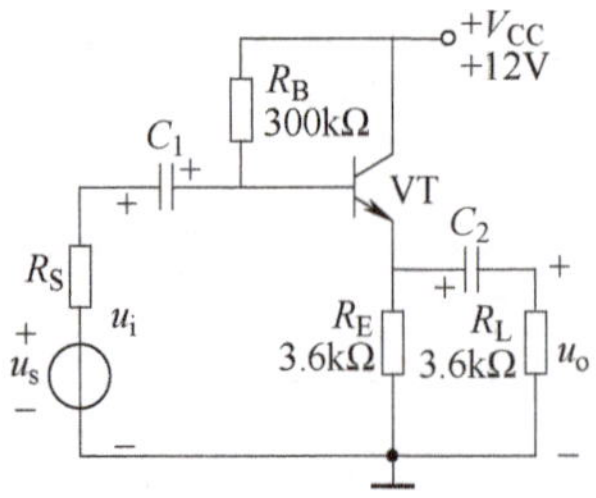

图 4-41 题 4-8 图

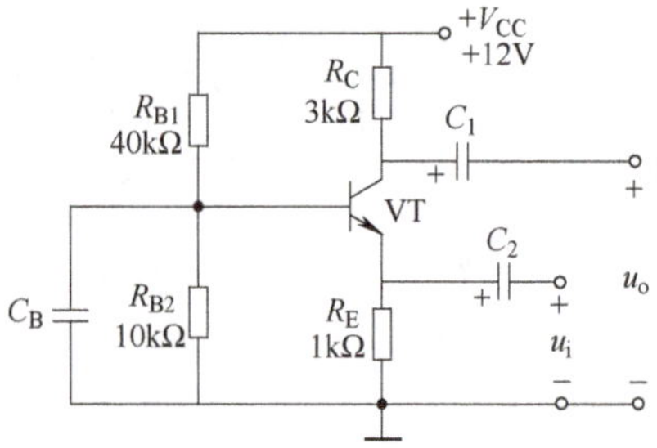

图 4-42 题 4-9 图

4-9 放大电路如图 4-42 所示，已知 $\beta=100$，$r_{bb'}=200\Omega$，$I_{CQ}=1mA$，试画出该电路的

交流通路和小信号等效电路，并求 A_u、R_i 及 R_o 的大小。

4-10　共源极放大电路如图 4-43 所示，已知场效应晶体管 $g_m = 1.2\text{ms}$，试画出该电路的交流通路和小信号等效电路，求 A_u、R_i 及 R_o 的大小。

4-11　由 N 沟道增强型 MOS 管构成的共漏极放大电路如图 4-44 所示，试画出该电路的交流通路和小信号等效电路，推导 A_u、R_i 及 R_o 的表达式。

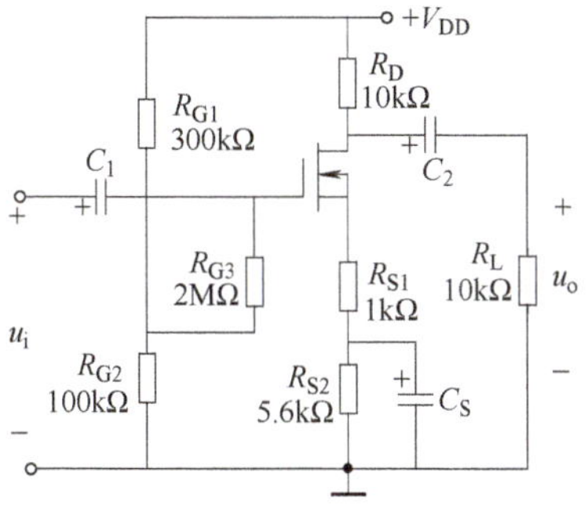

图 4-43　题 4-10 图

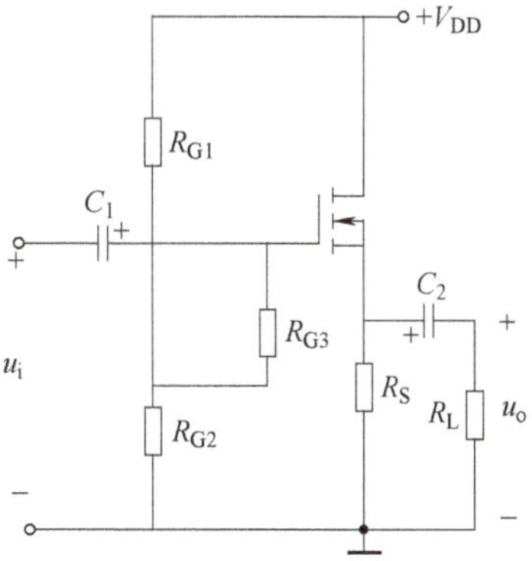

图 4-44　题 4-11 图

项目5

集成运算放大电路的应用

5.1 项目分析

1. 项目内容

集成电路是利用半导体制造工艺，将整个电路中的元器件制作在一块基片上，封装后构成的具有特定功能的电路块。集成电路按其功能可分为数字集成电路和模拟集成电路。模拟集成电路品种繁多，其中应用最广泛的是集成运算放大器。

2. 知识点

集成运算放大器的组成及性能；集成运算放大器的实际应用；了解负反馈的概念及对放大电路性能的影响；掌握负反馈的类型及判断方法。

3. 能力要求

掌握集成运算放大器的组成及性能；掌握集成运算放大器的线性应用；掌握集成运算放大器的非线性应用；掌握负反馈的类型及判断方法。

5.2 相关知识

5.2.1 集成运算放大器的认识

1. 集成运算放大器的基本组成

集成运算放大器（简称集成运放）是模拟电子电路中最重要的器件之一，它本质上是一个高电压增益、高输入电阻和低输出电阻的直接耦合多级放大电路，因最初它主要用于模拟量的数学运算而得此名。近几年来，集成运放得到迅速发展，有不同类型、不同结构，但基本结构具有共同之处。集成运放内部电路由输入级、中间电压放大级、输出级和偏置电路四部分组成，如图 5-1 所示。

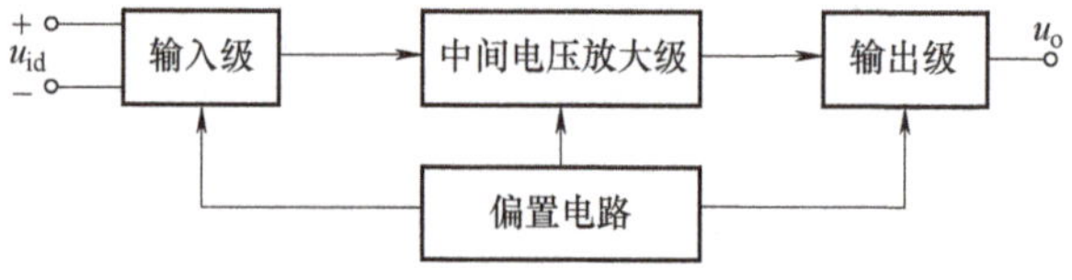

图 5-1　集成运算放大器的内部组成电路框图

（1）输入级　对于高增益的直接耦合放大电路，减小零点漂移的关键在第一级，所以要求输入级温漂小、共模抑制比高，因此，集成运放的输入级都是由具有恒流源的差动放大电路组成，并且通常工作在低电流状态，输入阻抗较高。

（2）中间电压放大级 集成运放的增益主要由中间级提供，因此，要求中间级有较高的电压放大倍数。中间级一般采用带有恒流源负载的共发射极放大电路，其放大倍数可达几千倍以上。

（3）输出级 输出级应具有较大的电压输出幅值、较高的输出功率与较低的输出电阻的特点，并有过载保护。一般采用甲乙类互补对称功率放大电路，主要用于提高集成运算放大器的负载能力，减小大信号作用下的非线性失真。

（4）偏置电路 偏置电路为各级电路提供合适的静态工作电流，由各种电流源电路组成。此外，集成运算放大器还有一些辅助电路，如过电流保护电路等。

2. 集成运放的封装、符号与引脚功能

目前，集成运放常见的两种封装方式是金属封装和双列直插式塑料封装，其外形如图5-2所示。金属封装有8、10、12引脚等种类，双列直插式有8、10、12、14、16引脚等种类。

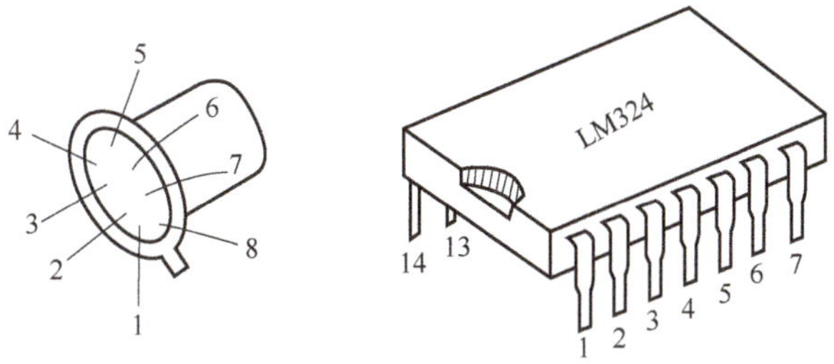

a) 金属封装　　b) 双列直插式塑料封装

图5-2 集成运放的两种封装

金属封装器件是以管键为辨认标志，由顶向下看，管键朝向自己。管键右方第一根引线为引脚1，然后逆时针围绕器件，其余各引脚依次排列。双列直插式器件是以缺口作为辨认标志，有些产品则以商标方向来标记。由器件顶向下看，辨认标志朝向自己，标记右方第一根引线为引脚1，然后逆时针围绕器件，可依次数出其余各引脚。

集成运放的符号如图5-3a、b所示。它的外引线排列，各制造厂家有自己的规范，例如图5-3c所示的F007的主要引脚有：

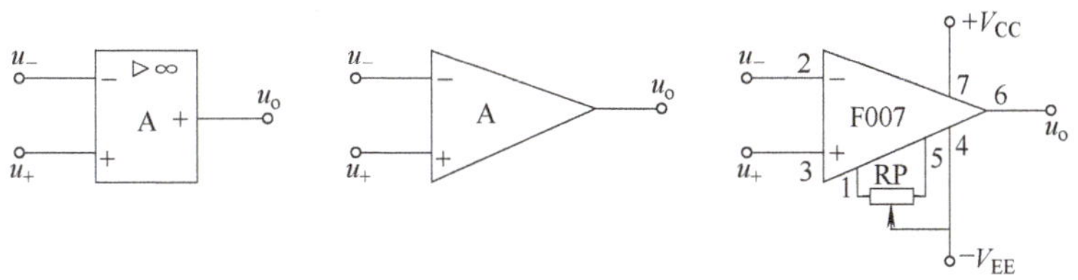

a) 国际标准符号　　b) 习惯通用画法符号　　c) F007运放主要引脚

图5-3 集成运放的符号

引脚4、7分别接电源 $-V_{EE}$ 和 $+V_{CC}$。

引脚1、5外接调零电位器，其滑动触点与电源 $-V_{EE}$ 相连。如果输入为零，输出不为零，则应调节调零电位器使输出为零。

引脚 6 为输出端。

引脚 2 为反相输入端。即当同相输入端接地时，信号加到反相输入端，输出端得到的信号与输入信号极性相反。

引脚 3 为同相输入端。即当反相输入端接地时，信号加到同相输入端，则得到的输出信号与输入信号极性相同。

3. 集成运算放大器的主要参数

集成运算放大器的性能可用各种参数表示，了解这些参数有助于正确挑选和合理使用各种不同类型的集成运放。

（1）开环差模电压增益 A_{uo}　A_{uo}是指集成运放在无外加反馈情况下，并工作在线性区时的差模电压增益，即 $A_{uo}=\dfrac{\Delta U_{od}}{\Delta U_{id}}$，用分贝表示则是 $20\lg|A_{uo}|$。性能较好的集成运放 A_{uo}可达 140dB 以上。

（2）输入失调电压 U_{IO}及其温漂$\dfrac{dU_{IO}}{dT}$　当输入电压为零时，理想集成运算放大器的输出电压必然为零。但实际运算放大器的差分输入级很难做到完全对称，当输入电压为零时，输出电压并不为零。如果在输入端人为地外加一补偿电压使输出电压为零，则该补偿电压值称为输入失调电压 U_{IO}。输入失调电压的大小主要反映了差分输入级元件的失配程度，特别是 U_{BE}和 R_C 的失配程度。U_{IO}值一般为 1 ~ 10mV，高质量的在 1mV 以下。

输入失调电压随温度、电源电压或时间而变化，通常将输入失调电压对温度的平均变化率称为输入失调电压温度漂移，用$\dfrac{dU_{IO}}{dT}$表示，一般以 μV/℃ 为单位。

U_{IO}可以通过调零电位器进行补偿，但不能使$\dfrac{dU_{IO}}{dT}$为零。

（3）输入失调电流 I_{IO}及其温漂$\dfrac{dI_{IO}}{dT}$　在常温下，输入信号为零时，放大器的两个输入端的基极静态电流之差称为输入失调电流 I_{IO}，即 $I_{IO}=|I_{B1}-I_{B2}|$。

输入失调电流的大小反映了差分输入级两个晶体管 β 的失调程度，I_{IO}一般以纳安（nA）为单位，高质量的运放 $I_{IO}<1$nA。

输入失调电流温漂$\dfrac{dI_{IO}}{dT}$是指 I_{IO}随温度变化的平均变化率，一般以 nA/℃ 为单位，高质量的为几个皮安每度（pA/℃）。

（4）输入偏置电流 I_{IB}　I_{IB}是指在常温下输入信号为零时，两个输入端的静态电流的平均值，即

$$I_{IB}=\frac{1}{2}(I_{B1}+I_{B2}) \tag{5-1}$$

I_{IB}的大小反映了放大器的输入电阻和输入失调电流的大小，I_{IB}越小，运算放大器的输入电阻越高，信号源内阻变化引起的输出电压变化也越小，输入失调电流越小。

（5）差模输入电阻 R_{id}　R_{id}是指运算放大器两个输入端之间的动态电阻，一般为几兆欧（MΩ）。

(6) 输出电阻 R_o 运算放大器在开环工作时，在输出端对地之间看进去的等效电阻即为输出电阻。它的大小反映了运算放大器的负载能力。

(7) 共模抑制比 K_{CMR} 它的定义在前面已给出，$K_{CMR}=\left|\dfrac{A_{ud}}{A_{uc}}\right|$，用 dB 表示时为 $20\lg\left|\dfrac{A_{ud}}{A_{uc}}\right|$。

(8) 最大差模输入电压 $U_{Id(max)}$ $U_{Id(max)}$是指运算放大器同相输入端与反相输入端之间所能加的最大输入电压。当输入电压超过 $U_{Id(max)}$时，运算放大器输入级的晶体管将出现反向击穿现象，使运放输入特性显著恶化，甚至造成运放的永久性损坏。

(9) 最大共模输入电压 $U_{Ic(max)}$ $U_{Ic(max)}$是指运算放大器在线性工作范围内能承受的最大共模输入电压。如果共模输入电压超过这个值，运算放大器的共模抑制比将显著下降，甚至使运放失去差模放大能力或永久性的损坏，因此规定了最大共模输入电压。高质量的运放 $U_{Ic(max)}$值可达十几伏。

(10) 最大输出电压 $U_{o(P-P)}$ 在给定负载（通常 $R_L=2k\Omega$）上最大不失真输出电压的峰-峰值称为最大输出电压 $U_{o(P-P)}$，它一般比电源电压低 2V 以上。

(11) 开环带宽 BW 和单位增益带宽 BW_G 开环带宽是指集成运算放大器的外部电路无反馈时，差模电压增益下降 3dB 所对应的频率。理想集成运算放大器的 BW 趋于无限大。

单位增益带宽 BW_G 是指集成运算放大器的开环差模电压增益下降到 0dB 时的频率。

(12) 转换速率 S_R 在额定输出电压下，集成运算放大器输出电压最大变化速率称为转换速率 S_R，即

$$S_R=\left.\frac{du_o(t)}{dt}\right|_{max} \tag{5-2}$$

S_R 是反映集成运算放大器对于高速变化的输入信号响应情况的参数。只有当输入信号变化斜率的绝对值小于 S_R 时，输出才线性反映输入变化规律。S_R 越大，表明集成运算放大器的高频性能越好。S_R 一般在 1V/μs 以下。

4. 理想集成运放

把具有理想参数的集成运算放大器叫作理想集成运放。它的主要特点为：

1) 开环差模电压放大倍数 $A_{uo}\to\infty$；

2) 输入电阻 $R_{id}\to\infty$；

3) 输出电阻 $R_o\to 0$；

4) 带宽 $BW\to\infty$，转换速率 $S_R\to\infty$；

5) 共模抑制比 $K_{CMR}\to\infty$。

5. 集成运放的传输特性

(1) 传输特性 集成运放是一个直接耦合的多级放大器，它的传输特性见图 5-4 所示中的曲线①。图中 BC 段为集成运放工作的线性区，AB 段和 CD 段为集成运放工作的非线性区（即饱和区）。由于集成运放的电压放大倍数极高，BC 段十分接近纵轴。在理想情况下，可认为 BC 段与纵轴重合，所以它的理想传输特性可以由曲线②表示，则 $B'C'$段表示集成运放工作在线性区，AB'和 $C'D$ 段表示运放工作在非线性区。

(2) 工作在线性区的集成运放 当集成运放电路的反相输入端间和输出端间有通路时

（称为负反馈），如图 5-5 所示，一般情况下，可以认为集成运放工作在线性区。由图 5-4 中曲线②可知，这种情况下，理想集成运放具有两个重要特点：①由于理想集成运放的 $A_{uo}\to\infty$，故可以认为它的两个输入端之间的差模电压近似为零，即 $u_{id}=u_{-}-u_{+}\approx0$，即 $u_{-}=u_{+}$，而 u_o 具有一定值。由于两个输入端之间的电压近似为零，故称为“虚短”。②由于理想集成运放的输入电阻 $R_{id}\to\infty$，故可以认为两个输入端电流近似为零，即 $i_{-}=i_{+}\approx0$，这样，输入端相当于断路，而又不是断路，称为“虚断”。

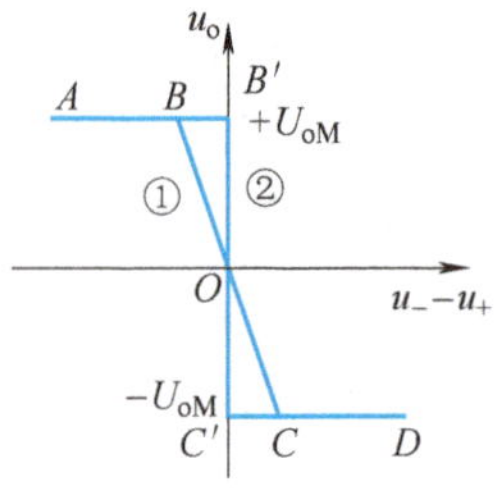

图 5-4 运放传输特性曲线

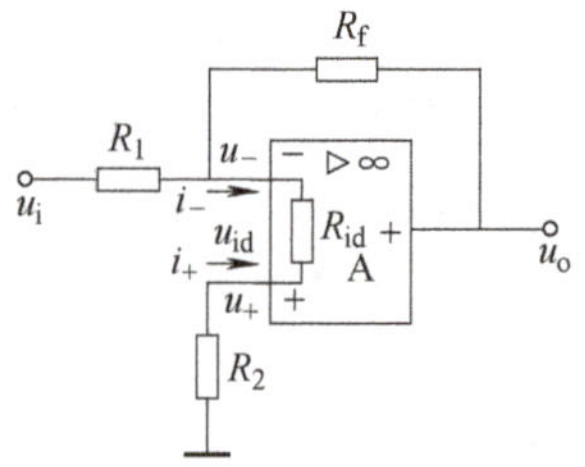

图 5-5 带有负反馈的运放电路

利用集成运放工作在线性区时的两个特点，分析各种运算与处理电路的线性工作情况将十分简便。

另外由于理想集成运放的输出电阻 $R_o\to0$，一般可以不考虑负载或后级运放的输入电阻对输出电压 u_o 的影响，但受到集成运放输出电流限制，负载电阻也不能太小。

（3）工作在非线性区的集成运放 当集成运放处于开环状态或集成运放的同相输入端和输出端间有通路时（称为正反馈），如图 5-6 和图 5-7 所示，这时集成运放工作在非线性区。它具有如下特点：

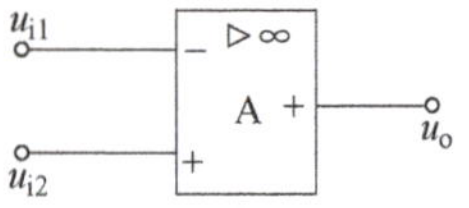

图 5-6 集成运放开环状态

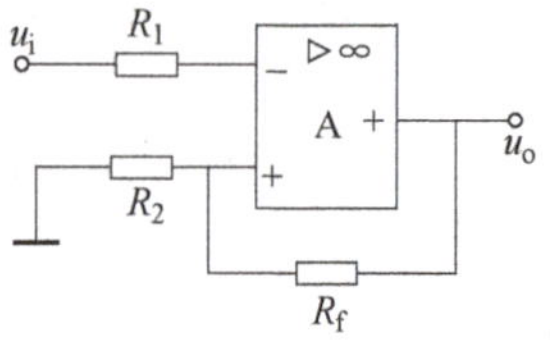

图 5-7 带有正反馈的集成运放电路图

对于理想集成运放而言，当反相输入端 u_{-} 与同相输入端 u_{+} 不相等时，输出电压是一个恒定的值，极性可正可负，即：

$$u_{-}>u_{+}\text{时},u_o=-U_{oM}$$

$$u_{-}<u_{+}\text{时},u_o=+U_{oM}$$

其中 U_{oM} 是集成运算放大器输出电压最大值。其工作特性如图 5-4 中 AB' 和 $C'D$ 段所示。

5.2.2 反馈类型的判断方法

1. 反馈的基本概念

在实际中我们需要的放大器是多种多样的，前面所学的基本放大电路是不能满足要求的，为此在放大电路中常采用负反馈的方法来改善放大电路的性能。

(1) 反馈的概念 将放大器输出信号（电压或电流）的一部分（或全部），经过一定的电路（称为反馈网络）送回到输入回路，与原来的输入信号（电压或电流）共同控制放大器，这样的作用过程称为反馈，具有反馈的放大器称为反馈放大器。对放大电路而言，由多个电阻、电容等反馈元件构成的电路，称为反馈网络。

(2) 反馈放大电路的一般表达方式 反馈放大电路框图如图5-8所示。$\dot{A}$表示开环放大器（也叫基本放大器），$\dot{F}$表示反馈网络。$\dot{X}_i$表示输入信号（电压或电流），$\dot{X}_o$表示输出信号，$\dot{X}_f$表示反馈信号，$\dot{X}_{id}$表示净输入信号。通常，把输出信号的一部分取出的过程称作“取样”；把$\dot{X}_i$与$\dot{X}_f$叠加的过程叫作“比较”。引入反馈后，按照信号的传输方向，基本放大器和反馈网络构成一个闭合环路，所以把引入了负反馈的放大器叫作闭环放大器，而把未引入反馈的放大器叫作开环放大器。

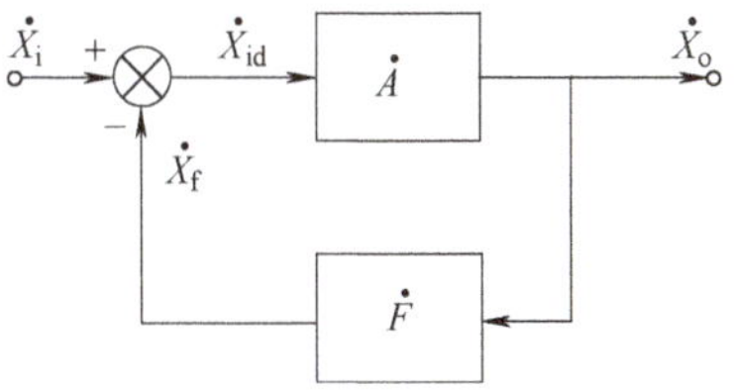

图5-8 反馈放大电路框图

净输入信号为 $\dot{X}_{id}=\dot{X}_i-\dot{X}_f$

开环放大倍数（或开环增益）为 $\dot{A}=\dot{X}_o/\dot{X}_{id}$

反馈系数为 $\dot{F}=\dot{X}_f/\dot{X}_o$

放大器闭环放大倍数（或闭环增益）为 $\dot{A}_f=\dot{X}_o/\dot{X}_i$

由以上可知：

$$\dot{A}_f=\frac{\dot{X}_o}{\dot{X}_i}=\frac{\dot{X}_o}{\dot{X}_{id}+\dot{X}_f}=\frac{\dot{A}\dot{X}_{id}}{\dot{X}_{id}+\dot{A}\dot{F}\dot{X}_{id}}=\frac{\dot{A}}{1+\dot{A}\dot{F}} \tag{5-3}$$

式（5-3）是反馈放大器的基本关系式，它是分析反馈问题的基础。其中$1+\dot{A}\dot{F}$叫作反馈深度，用其表征反馈的强弱。

1）若$|1+\dot{A}\dot{F}|>1$，则$|\dot{A}_f|<|\dot{A}|$，加入反馈后闭环放大倍数小于开环放大倍数，为负反馈。

2）若$|1+\dot{A}\dot{F}|<1$，则$|\dot{A}_f|>|\dot{A}|$，加入反馈后闭环放大倍数大于开环放大倍数，为正反馈，放大电路性能不稳定，因此很少使用。

3）若$|1+\dot{A}\dot{F}|=0$，则$|\dot{A}_f|\to\infty$，$u_i=0$，仍有输出信号，这种现象称为**自激振荡**。

2. 反馈的类型及其判定方法

(1) 正反馈和负反馈 当电路中引入反馈后，反馈信号能削弱输入信号的作用，称为负反馈。负反馈能使输出信号维持稳定。相反，反馈信号加强了输入信号的作用，称为正反馈。正反馈将破坏电路的稳定性。

判断一个反馈是正反馈还是负反馈，通常使用“瞬时极性法”：先假设断开反馈网络，在输入端加一正极性信号，使信号沿着信号传输路径向下传输（从输入到输出），再从输出经反馈网络反向传输到输入端，在输入端与原输入信号相比较，看净输入信号是增加还是减小，反馈信号使净输入信号增加的是正反馈，使净输入信号减小的是负反馈。

只存在于某一级放大器中的反馈，称为**本级反馈**。存在于两级以上的放大器之间的反馈，称为**级间反馈**。

例 5-1 分析图 5-9 所示电路的结构，判断反馈极性。

判断之前必须先找出反馈网络。本电路有两个反馈网络：一个是 R_2；另一个是 R_3 和 R_4 的串联。两个反馈皆为级间反馈，必须分开分别判断。

R_2 的反馈：设先断开反馈网络，并设从 A_1 同相端（信号输入端）加一正极性信号"+"（如图中所示），则由集成运算放大器的特点可知，输入信号经 A_1 后，仍为"+"，经 R_5 直接耦合至 A_2 反相端，极性不变。然后从 A_2 输出时变为负极性输出信号"−"。再经反馈网络 R_2，取回的电压信号并无相位变化，仍为负极性信号，所以反馈信号与输入信号极性相反，净输入信号减小。因此，此反馈网络引入的是负反馈。同理，可判断 R_3 和 R_4 构成的串联反馈为正反馈。

例 5-2 判断图 5-10 中反馈的极性。

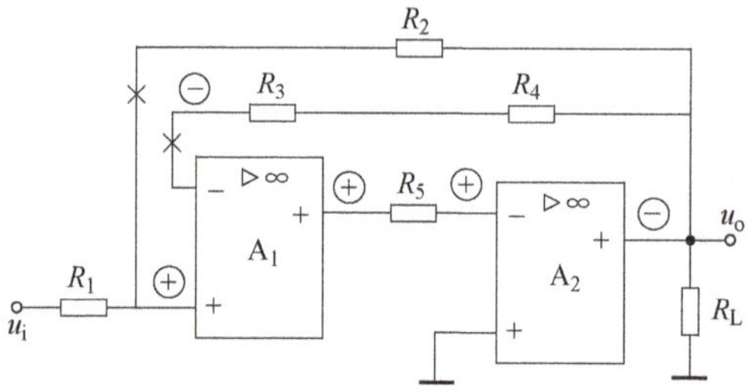

图 5-9 例 5-1 图

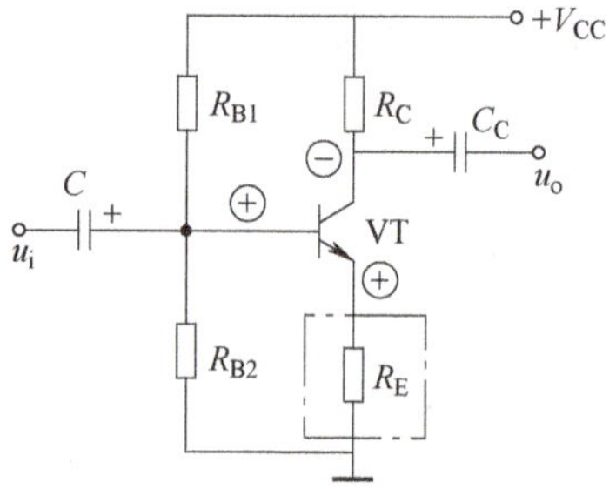

图 5-10 例 5-2 图

对单管放大电路，分析判断的依据是 u_{be}（净输入信号）的变化。

为了消除反馈效果，放大器又能正常工作，可以假设短路 R_E，消除放大器中的反馈，则 $u_{be}=u_b$，所以不影响输入电压 u_{be}，接入 R_E 后，$u_{be}=u_b-u_e$，反馈的效果是反馈信号消弱了输入信号（u_{be}），所以是负反馈。由 R_E 构成的反馈为本级反馈。

（2）交流反馈和直流反馈 在放大电路的交流通路中存在的反馈称为交流反馈，直流通路中存在的反馈称为直流反馈，直流反馈常用于稳定直流工作点，交流反馈主要用于放大电路性能的改善。

判断方法是电容观察法。即若反馈通路有隔直电容则为交流反馈；若反馈通路有旁路电容则为直流反馈；若反馈通路无电容，则为交直流反馈。

（3）电压反馈和电流反馈 按反馈信号的取样方式分类：从放大器的输出端看，反馈网络要从放大器的输出信号中取回反馈信号，通常有两种取样方式。按取样方式的不同，反馈分为电压反馈和电流反馈。

1）电压反馈。反馈信号取自输出电压或者输出电压的一部分（与输出电压成比例），此种反馈称为电压反馈，如图 5-11 所示。

2）电流反馈。反馈信号取自输出电流或者输出电流的一部分（与输出电流成比例），此种反馈称为电流反馈，如图 5-12 所示。

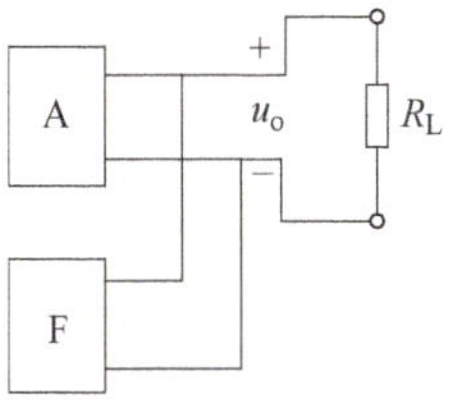

图 5-11 电压反馈

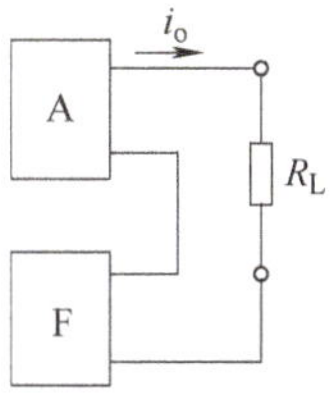

图 5-12 电流反馈

判断方法简称假想负载短路法，即令 $U_o=0$，将放大电路输出端交流短路，若反馈信号 X_f 消失，则为电压反馈（$X_f=FU_o$）；若反馈信号 X_f 仍然存在，则为电流反馈（$X_f=FI_o$）。画出框图，也可直接根据网络 A、F 在输出端的连接形式来判定：并联为电压反馈，串联为电流反馈。一般情况下，反馈信号取自电压输出端（R_L 两端）的为电压反馈，反馈信号取自非电压输出端的为电流反馈。

（4）串联反馈和并联反馈　从放大器的输入端看，反馈网络产生的反馈信号与输入信号混合产生净输入信号，按反馈信号与输入信号的混合方式分类，反馈可分为并联反馈和串联反馈。

1）并联反馈。反馈网络、放大器和信号源为并联关系，输入信号电流被分流，反馈网络直接影响净输入电流，此种反馈称为并联反馈，如图 5-13 所示。

2）串联反馈。反馈网络、放大器和信号源为串联关系，输入信号电压被分压，反馈网络直接影响净输入电压，此种反馈称为串联反馈，如图 5-14 所示。

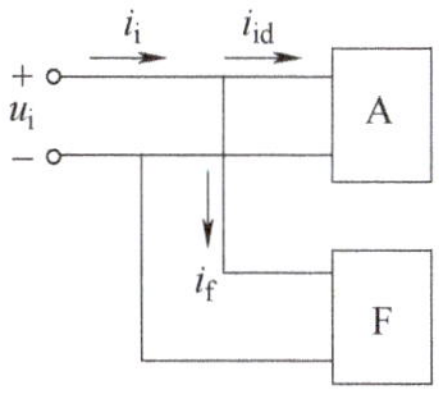

图 5-13 并联反馈

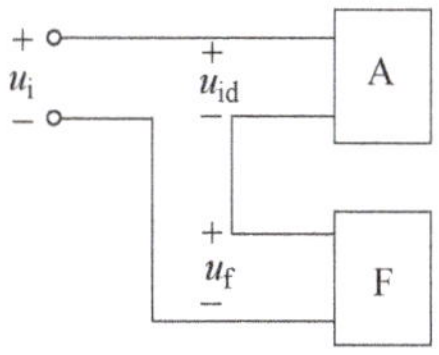

图 5-14 串联反馈

判断方法简称假想输入信号短路法。即令 $u_i=0$，假想将放大电路输入端交流短路，若反馈信号作用不到放大电路输入端，这种反馈为并联反馈；若反馈信号仍能作用到放大电路输入端，则为串联反馈。当然也可直接根据基本放大电路与反馈网络的连接方式确定。一般说来，对于分立元器件构成的反馈，反馈信号加到共发射极放大电路基极的反馈为并联反馈；反馈信号加到共发射极放大电路发射极的反馈为串联反馈。

（5）交流负反馈放大电路的四种组态　输入信号无论信号的取样还是混合都是基本放大电路与反馈网络的连接关系，所以综合起来，负反馈放大电路分为四种组态，分别是：电压串联负反馈；电压并联负反馈；电流串联负反馈；电流并联负反馈。

1）电压串联负反馈。在图 5-15a 中，u_o 经 R_f 与 R_1 分压反馈到输入回路，故有反馈；反馈使净输入电压 u_{id}减小，为负反馈；$R_L=0$，无反馈，故为电压反馈；$u_{id}=u_i-u_f$故为串联反馈。

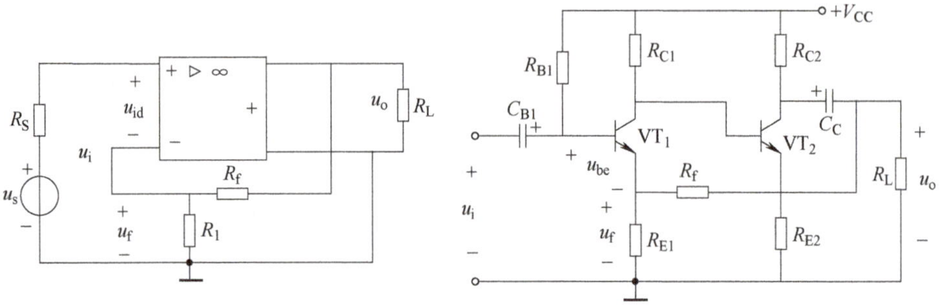

a) 集成元件构成的电压串联负反馈电路　　b) 分立元器件构成的电压串联负反馈电路

图 5-15　电压串联负反馈电路

电压串联负反馈电路的特点：

输出端，反馈信号直接取自输出电压；

输入端，反馈网络不直接接信号输入端。

2）电压并联负反馈。在图 5-16a 中，R_f为输入回路和输出回路的公共电阻，故有反馈；反馈使净输入电流 i_{id}减小，为负反馈；$R_L=0$，无反馈，故为电压反馈；$i_{id}=i_i-i_f$，故为并联反馈。

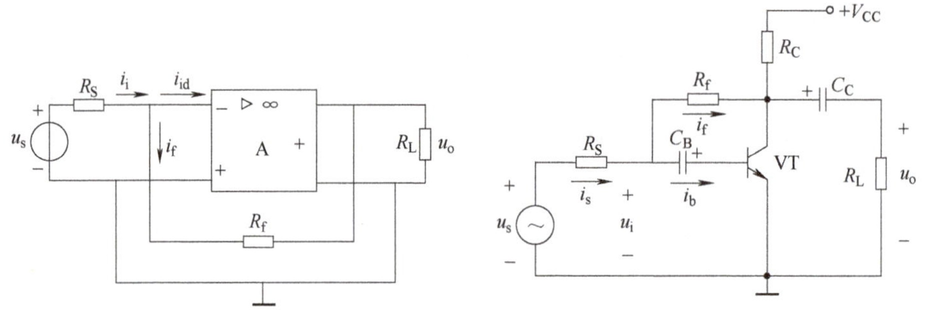

a) 集成元件构成的电压并联负反馈电路　　b) 分立元器件构成的电压并联负反馈电路

图 5-16　电压并联负反馈电路

电压并联负反馈电路的特点：

输出端，反馈信号直接取自输出电压；

输入端，反馈网络直接接信号输入端，与输入信号混合。

3）电流串联负反馈。在图 5-17a 中，R_f 为输入回路和输出回路的公共电阻，故有反馈；反馈使净输入电压 u_{id}减小，为负反馈；$R_L=0$，反馈存在，故为电流反馈；$u_{id}=u_i-u_f$ 故为串联反馈。

电流串联负反馈电路的特点：

输出端，反馈网络不直接接输出端，反馈信号取自输出电流；

输入端，反馈网络不直接接信号输入端。

4）电流并联负反馈。在图 5-18a 中，R_f 介于输入回路和输出回路，故有反馈；反馈使净输入电流 i_{id}减小，为负反馈；$R_L=0$，反馈存在，故为电流反馈；$i_{id}=i_i-i_f$，故为并联反馈。同样图 5-18b 中为分立元器件构成的电流并联负反馈电路。

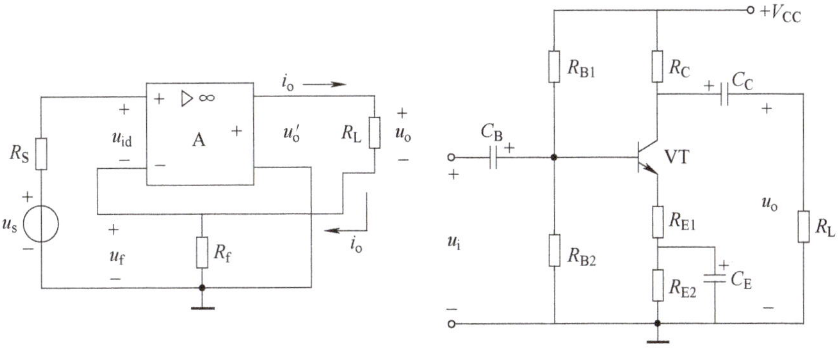

a) 集成元件构成的电流串联负反馈电路　　b) 分立元器件构成的电流串联负反馈电路

图 5-17　电流串联负反馈电路

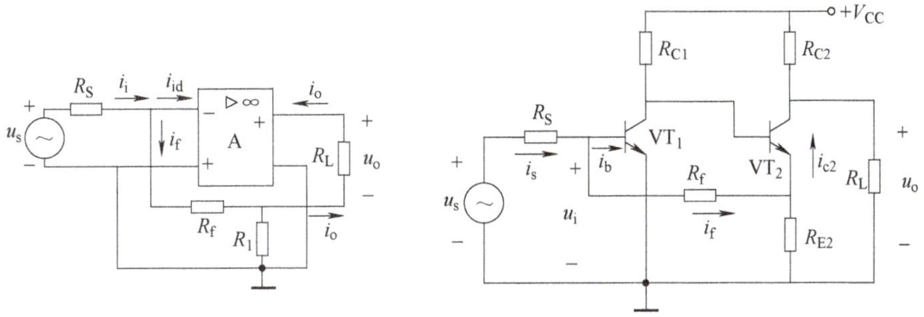

a) 集成元件构成的电流并联负反馈电路　　b) 分立元器件构成的电流并联负反馈电路

图 5-18　电流并联负反馈电路

电流并联负反馈电路的特点：

输出端，反馈网络不直接接输出端；

输入端，反馈网络直接接信号输入端。

（6）反馈组态的判断　判断反馈组态应从输出端的取样方式和输入端的连接方式分别判断反馈类型，综合即为反馈组态。

通常可使用“短路法”判断：

1）从输出端看，假设短路负载 R_L，使 $u_o=0$，仍有反馈信号的是电流反馈；反馈信号消失的是电压反馈。因电流反馈取样于输出电流而非输出电压，短路负载 R_L 虽然使输出电压为 0 但输出电流不为 0。

2）从输入端看，短路信号源，使 $u_i=0$，若反馈信号也被短路而消失的为并联反馈，仍有反馈信号的为串联反馈。

例 5-3　判断图 5-19 中各负反馈放大电路的反馈组态。

解： 由以上分析可知：

图 5-19a 中，反馈元件为 R_4，从输出端看，负载短路后反馈消失则为电压反馈；输入信号短路后，反馈信号仍能作用到放大电路输入端的是串联反馈；共集电极放大电路输入输出同相，净输入量 u_{be} 减小，所以为负反馈；因此此反馈为电压串联负反馈。

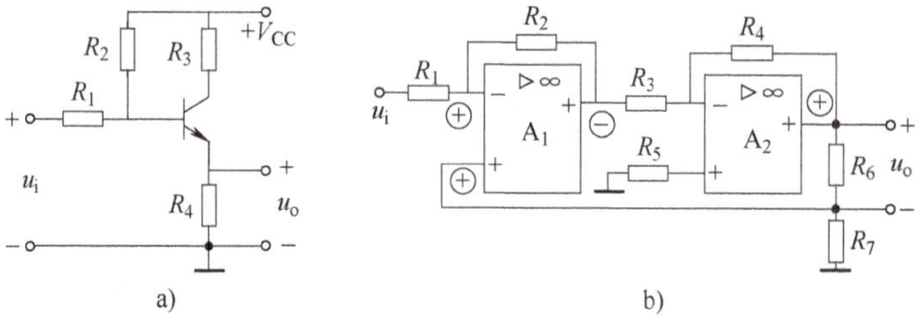

图 5-19　例 5-3 图

图 5-19b 中，有两个本级反馈，分别为 A_1 和 A_2 两级集成运算放大器的。反馈元件分别为 R_2 和 R_4；根据假想负载短路法可知，两者构成的皆为电压反馈；输入端反馈节点短路后，反馈信号消失则为并联反馈；对于单个集成运放组成的负反馈，从输出端引到反相输入端的为负反馈，引到同相输入端的为正反馈，此两种反馈皆为负反馈；本级反馈都为电压并联负反馈。由 R_6、R_7组成的反馈为级间反馈。根据假想负载短路法，负载短路后反馈信号依然存在的为电流反馈；输入信号短路后，反馈信号仍能作用到放大电路输入端的是串联反馈；如图中所标输入输出极性关系，反馈极性为负反馈；因此级间反馈为电流串联负反馈。

正确判断反馈放大电路的类型和反馈极性，是分析反馈放大电路的基础，一般来说可按以下步骤进行：

1）找出反馈元件，即联系输入、输出回路的元件。

2）判别是电压反馈还是电流反馈，令 $U_o=0$，看 X_f 是否存在。

3）判断是串联反馈还是并联反馈，令 $U_i=0$，看 X_f 能否作用到输入端。

4）判断反馈极性，采用瞬时极性法，串联反馈时看 U_{be} 的增减，并联反馈时看 I_b 的增减。

5.2.3　集成运算放大器的线性应用

由集成运放和外接电阻、电容可以构成比例、加减、积分与微分的运算电路，称为基本运算电路，此外还可以构成有源滤波器电路。这时集成运放必须工作在传输特性曲线的线性区范围。在分析基本运算电路的输出与输入的运算关系或电压放大倍数时，将集成运放看成理想集成运放，可根据“虚短”和“虚断”的特点来进行分析，较为简便。

1. 比例运算

（1）反相比例运算　图 5-20 所示电路是反相比例运算电路。输入信号从反相输入端输入，同相输入端通过电阻接地。根据“虚短”和“虚断”的特点，即 $u_-=u_+$，$i_-=i_+\approx 0$，可得 $u_+=0$，由于 $u_-=u_+$，故 $u_-=0$。这表明，运放反相输入端与地端等电位，但又不是真正接地，这种情况通常将反相输入端称为“虚地”。因此

$$i_1=\frac{u_i}{R_1} \tag{5-4}$$

$$i_f=\frac{u_- - u_o}{R_f}=-\frac{u_o}{R_f} \tag{5-5}$$

因为 $i_-=0$，$i_1=i_f$，则

$$u_o = -\frac{R_f}{R_1}u_i \tag{5-6}$$

式（5-6）表明，u_o与u_i符合比例关系，式中负号表示输出电压与输入电压的相位（或极性）相反。

电压放大倍数为
$$A_{uf} = \frac{u_o}{u_i} = -\frac{R_f}{R_1} \tag{5-7}$$

改变R_f和R_1比值，即可改变其电压放大倍数。

图5-20中集成运放的同相输入端接有电阻R_2，参数选择时应使两输入端外接直流通路等效电阻平衡，即$R_2 = R_1//R_f$，静态时使输入级偏置电流平衡并让输入级的偏置电流在运算放大器两个输入端的外接电阻上产生相等的压降，以便消除放大器的偏置电流及漂移对输出端的影响，故R_2又称为平衡电阻。

（2）同相比例运算　如果输入信号从同相输入端输入，而反相输入端通过电阻接地，并引入负反馈，如图5-21所示，称为同相比例运算电路。

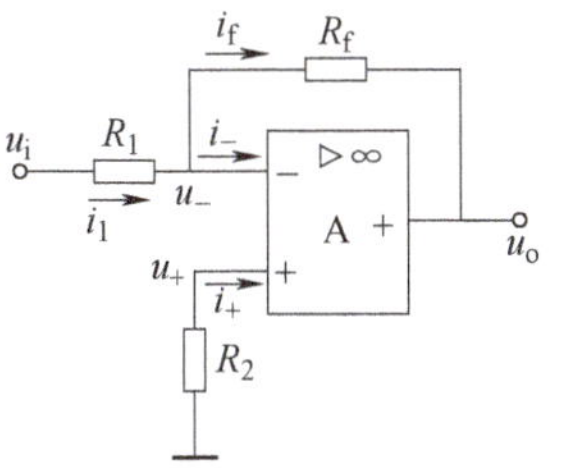

图5-20　反相比例运算电路图

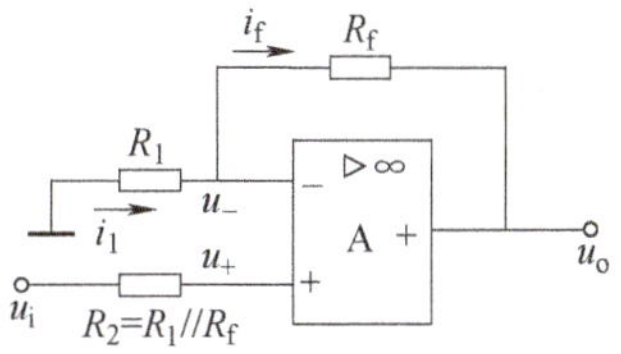

图5-21　同相比例运算电路图

因$u_- = u_+$，$i_- = i_+ \approx 0$，可得

$$u_+ = u_i = u_-, i_1 = i_f = \frac{u_- - u_o}{R_f}$$

故
$$u_o = u_- - i_fR_f = u_+ - i_1R_f = u_+ - \frac{0 - u_-}{R_1} \times R_f = \left(1 + \frac{R_f}{R_1}\right)u_+ \tag{5-8}$$

即
$$u_o = \left(1 + \frac{R_f}{R_1}\right)u_i \tag{5-9}$$

式（5-9）表明，该电路与反相比例运算电路一样，u_o与u_i也是符合比例关系的，所不同的是，输出电压与输入电压的相位（或极性）相同。电压放大倍数为

$$A_{uf} = \frac{u_o}{u_i} = 1 + \frac{R_f}{R_1} \tag{5-10}$$

图5-21中，若去掉R_1，如图5-22所示，这时

$$u_o = u_- = u_+ = u_i$$

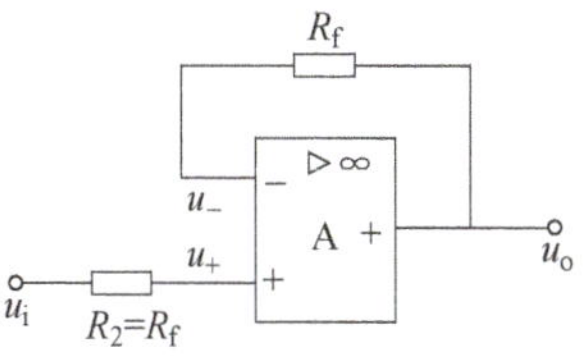

图5-22　电压跟随器

上式表明，u_o与u_i大小相等，相位相同，起到电压跟随作用，故该电路称为电压跟随器。其电压放大倍数为

$$A_{uf} = \frac{u_o}{u_i} = 1$$

2. 加法与减法运算

（1）加法电路　加法运算即对多个输入信号进行求和，根据输出信号与求和信号反相还是同相分可为反相加法运算和同相加法运算两种方式。

1）反相加法运算。图5-23所示为反相输入加法运算电路，它是利用反相比例运算电路实现的。图中输入信号 u_{i1}、u_{i2} 通过电阻 R_1、R_2 由反相输入端引入，同相输入端通过一个直流平衡电阻 R_3 接地，要求 $R_3=R_1//R_2//R_f$。

根据运放反相输入端“虚断”可知，$i_f\approx i_1+i_2$，而根据运放反相时输入端“虚地”可得 $u_-\approx 0$，

因此由图5-23得
$$-\frac{u_o}{R_f}\approx\frac{u_{i1}}{R_1}+\frac{u_{i2}}{R_2}$$

故可求得输出电压为
$$u_o=-R_f\left(\frac{u_{i1}}{R_1}+\frac{u_{i2}}{R_2}\right) \tag{5-11}$$

可见实现了反相加法运算。若 $R_f=R_1=R_2$，则
$$u_o=-(u_{i1}+u_{i2})$$

由式（5-11）可见，这种电路在调整某一路输入端电阻时并不影响其他路信号产生的输出值，因而调节方便，使用得较广泛。

2）同相加法运算。图5-24所示为同相输入加法运算电路，它是利用同相比例运算电路实现的。图中的输入信号 u_{i1}、u_{i2} 是通过电阻 R_1、R_2 由同相输入端引入的。为了使直流电阻平衡，要求 $R_2//R_3//R_4=R_1//R_f$。

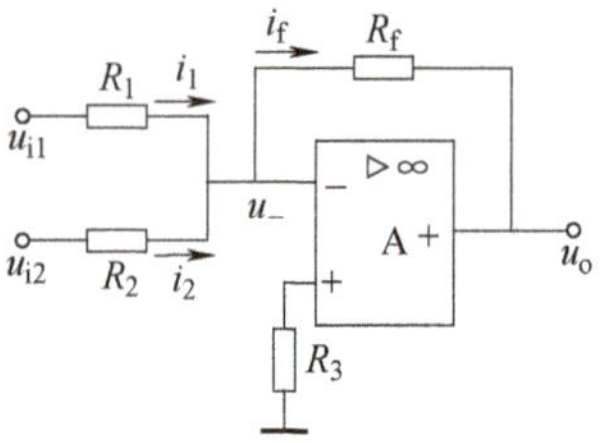

图5-23　反相输入加法运算电路图

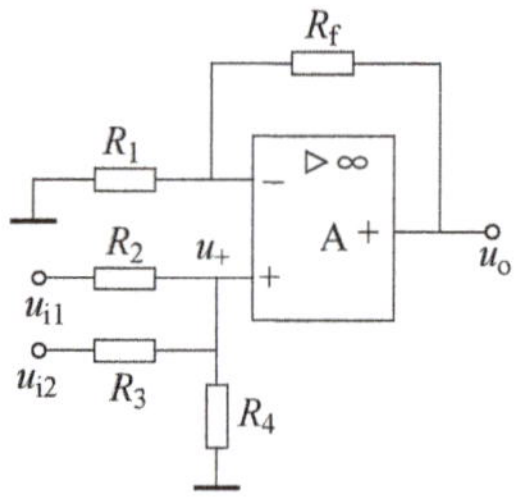

图5-24　同相输入加法运算电路图

根据运放同相端“虚断”，对 u_{i1}、u_{i2} 应用叠加原理可求得 u_+ 为
$$u_+\approx\frac{R_3//R_4}{R_2+R_3//R_4}u_{i1}+\frac{R_2//R_4}{R_3+R_2//R_4}u_{i2}$$

根据式（5-10）可得输出电压 u_o 为
$$u_o=\left(1+\frac{R_f}{R_1}\right)u_+=\left(1+\frac{R_f}{R_1}\right)\left(\frac{R_3//R_4}{R_2+R_3//R_4}u_{i1}+\frac{R_2//R_4}{R_3+R_2//R_4}u_{i2}\right) \tag{5-12}$$

可见实现了同相加法运算。

若 $R_2=R_3=R_4$，$R_f=2R_1$，则上式可简化为 $u_o=u_{i1}+u_{i2}$。

由式（5-12）可见，这种电路在调整一路输入端电阻时会影响其他路信号产生的输出值，因此调节不方便。

（2）减法电路　图5-25所示为减法运算电路，图中输入信号 u_{i1} 和 u_{i2} 分别加至反相输入

端和同相输入端，这种形式的电路又称为**差分运算电路**。对该电路也可用“虚短”和“虚断”来分析，下面利用叠加原理根据同相和反相比例运算电路已有的结论进行分析，这样可使分析更简便。

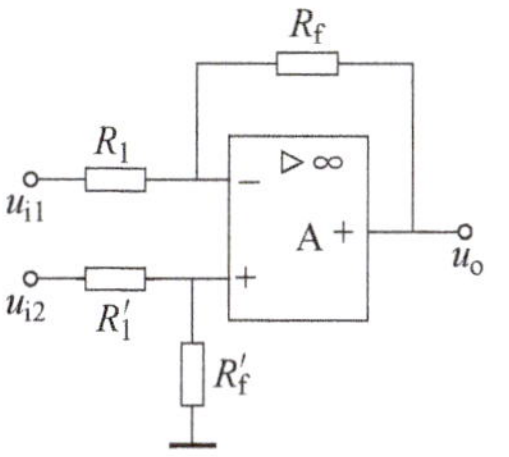

图 5-25 减法运算电路图

首先，设 u_{i1} 单独作用，而 $u_{i2}=0$，此时电路相当于一个反相比例运算电路，可得 u_{i1} 产生的输出电压 u_{o1} 为

$$u_{o1} = -\frac{R_f}{R_1}u_{i1}$$

再设 u_{i2} 单独作用，而 $u_{i1}=0$，则电路变为一同相比例运算电路，可求得 u_{i2} 产生的输出电压 u_{o2} 为

$$u_{o2} = \left(1+\frac{R_f}{R_1}\right)u_+ = \left(1+\frac{R_f}{R_1}\right)\frac{R_f'}{R_1'+R_f'}u_{i2}$$

由此可求得总输出电压 u_o 为

$$u_o = u_{o1}+u_{o2} = -\frac{R_f}{R_1}u_{i1}+\left(1+\frac{R_f}{R_1}\right)\frac{R_f'}{R_1'+R_f'}u_{i2} \tag{5-13}$$

当 $R_1=R_1'$，$R_f=R_f'$时，则

$$u_o = \frac{R_f}{R_1}(u_{i2}-u_{i1}) \tag{5-14}$$

假设式（5-14）中 $R_f=R_1$，则 $u_o=u_{i2}-u_{i1}$。

例 5-4 写出图 5-26 所示的二级运算电路的输入、输出关系。

解： 图 5-26 电路中，运放 A_1 组成同相比例运算电路，故

$$u_{o1} = \left(1+\frac{R_2}{R_1}\right)u_{i1}$$

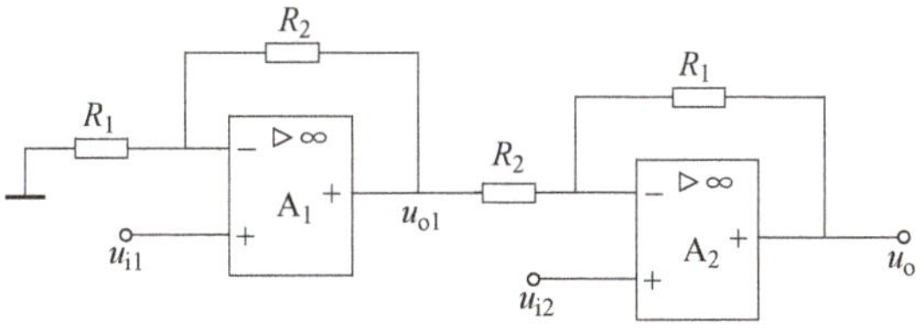

图 5-26 例 5-4 图

由于理想集成运放的输出电阻 $R_o=0$，故前级输出电压 u_{o1} 即为后级输入信号。因而运放 A_2 组成减法运算电路的两个输入信号分别为 u_{o1} 和 u_{i2}。

由叠加原理可得输出电压 u_o 为

$$\begin{aligned}u_o &= -\frac{R_1}{R_2}u_{o1}+\left(1+\frac{R_1}{R_2}\right)u_{i2}\\ &= -\frac{R_1}{R_2}\left(1+\frac{R_2}{R_1}\right)u_{i1}+\left(1+\frac{R_1}{R_2}\right)u_{i2}\\ &= -\left(1+\frac{R_1}{R_2}\right)u_{i1}+\left(1+\frac{R_1}{R_2}\right)u_{i2}\\ &= \left(1+\frac{R_1}{R_2}\right)(u_{i2}-u_{i1})\end{aligned}$$

上式表明，图5-26所示电路确实是一个减法运算电路。

例5-5 若给定反馈电阻 $R_f=10k\Omega$，试设计实现 $u_o=u_{i1}-2u_{i2}$ 的运算电路。

解： 根据题意，对照运算电路的功能可知：可用减法运算电路实现上述运算，将 u_{i1} 从同相端输入，u_{i2} 从反相端输入，电路如图5-27所示。

根据式（5-13）可求得图5-27中输出电压 u_o 的表达式为

$$u_o=-\frac{R_f}{R_1}u_{i2}+\left(1+\frac{R_f}{R_1}\right)\frac{R_3}{R_2+R_3}u_{i1}$$

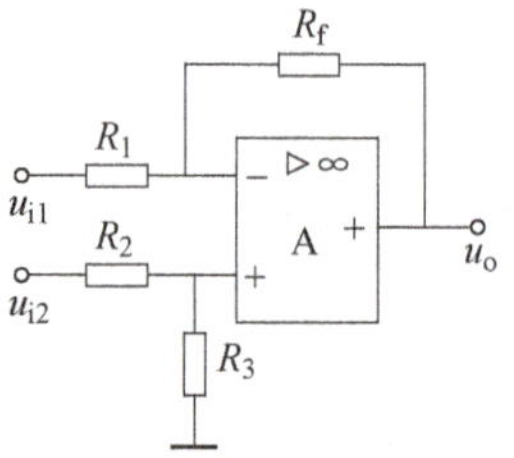

图5-27 例5-5设计的运算电路

将要求实现的 $u_o=u_{i1}-2u_{i2}$ 与上式比较可得

$$-\frac{R_f}{R_1}=-2 \qquad (1)$$

$$\left(1+\frac{R_f}{R_1}\right)\frac{R_3}{R_2+R_3}=1 \qquad (2)$$

已知 $R_f=10k\Omega$，由（1）式得 $R_1=5k\Omega$。

将式（1）代入式（2）得 $$\frac{R_3}{R_2+R_3}=\frac{1}{3} \qquad (3)$$

根据输入端直流电阻平衡的要求，由图5－27可得

$$R_2//R_3=R_1//R_f=\frac{5\times10}{5+10}k\Omega=\frac{10}{3}k\Omega$$

即 $$\frac{R_2R_3}{R_2+R_3}=\frac{10}{3}k\Omega \qquad (4)$$

联立求解式（3）和式（4）可得

$$R_2=10k\Omega,\quad R_3=5k\Omega$$

3. 积分与微分运算

（1）积分运算 图5-28所示电路为积分运算电路，它和反相比例运算电路的差别是用电容 C_f 代替电阻 R_f。为了使直流电阻平衡，要求 $R_1=R_2$。

根据运放反相端“虚地”可得

$$i_1=\frac{u_i}{R_1},\quad i_f=-C_f\frac{du_o}{dt}$$

由于 $i_1=i_f$，因此可得输出电压 u_o 为

$$u_o=-\frac{1}{R_1C_f}\int u_i dt \qquad (5\text{-}15)$$

由式（5-15）可见，输出电压 u_o 正比于输入电压 u_i 对时间 t 的积分，从而实现了积分运算。式中 R_1C_f 为电路的时间常数。

（2）微分运算 将积分运算电路中的电阻和电容位置互换，即构成微分运算电路，如图5-29所示。

根据运放反相端“虚地”可得

$$i_1=C_1\frac{du_i}{dt}\quad i_f=-\frac{u_o}{R_f}$$

由于 $i_1\approx i_f$，因此可得输出电压 u_o 为

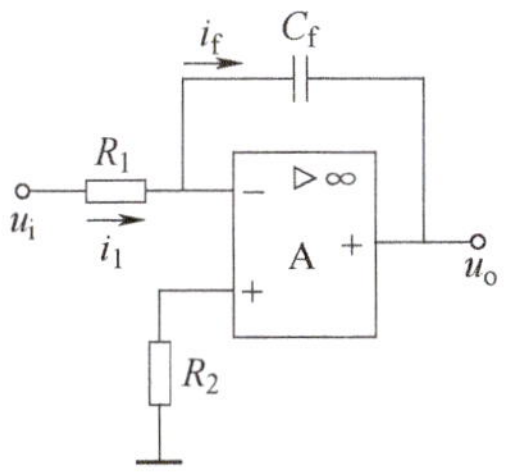

图 5-28　积分运算电路图

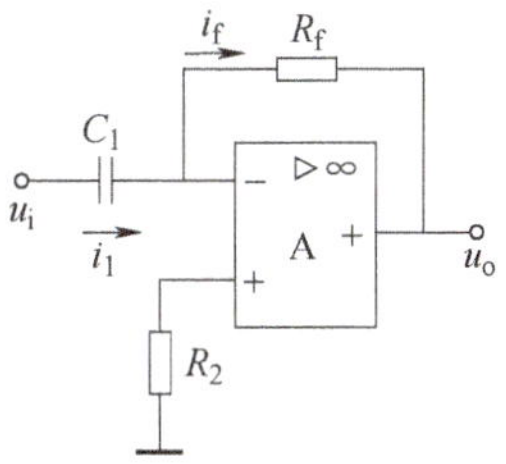

图 5-29　微分运算电路图

$$u_o = -R_f C_1 \frac{du_i}{dt} \tag{5-16}$$

由式（5-16）可见，输出电压 u_o 正比于输入电压 u_i 对时间 t 的微分，从而实现了微分运算。式中 R_fC_1 为电路的时间常数。

常用积分电路和微分电路实现波形变换。例如，利用积分电路可将方波电压变换为三角波电压；利用微分电路可将方波电压变换为尖脉冲电压，如图 5-30 所示。

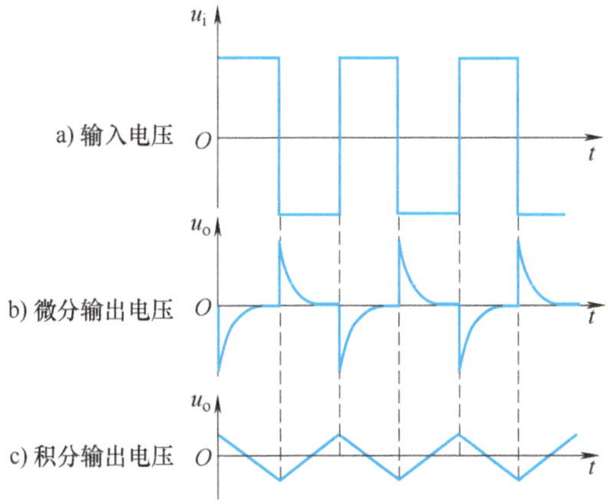

图 5-30　积分和微分电路用于波形变换

例 5-6　基本积分电路如图 5-31a 所示，输入信号 u_i 为一对称方波，如图 5-31b 所示运放最大输出电压为 ±10V，$t=0$ 时电容电压为零，试画出理想情况下的输出电压波形。

解：由图 5-31a 可求得电路时间常数为

$$\tau = R_1 C_f = 10\text{k}\Omega \times 10\text{nF} = 0.1\text{ms}$$

根据运放输入端“虚地”可知，输出电压等于电容电压，$u_o=-u_C$，$u_o(0)=0$。因为在 0 ~ 0.1ms 时间段内 u_i 为 +5V，根据积分电路的工作原理，输出电压 u_o 将从零开始线性减小，在 $t=0.1\text{ms}$ 时达到负峰值，其值为

$$u_o\big|_{t=0.1\text{ms}} = -\frac{1}{R_1C_f}\int_0^t u_i \text{d}t + u_o(0) = -\frac{1}{0.1\text{ms}}\int_0^{0.1\text{ms}} 5\text{V}\text{d}t = -5\text{V}$$

而在 0.1 ~ 0.3ms 时间段内为 −5V，所以输出电压 u_o 从 −5V 开始线性增大，在 $t=0.3\text{ms}$ 时达到正峰值，其值为

$$u_o\big|_{t=0.3\text{ms}} = -\frac{1}{R_1C_f}\int_{0.1\text{ms}}^{0.3\text{ms}} u_i \text{d}t + u_o\big|_{t=0.1\text{ms}} = -\frac{1}{0.1\text{ms}}\int_{0.1\text{ms}}^{0.3\text{ms}} (-5\text{V})\text{d}t + (-5\text{V}) = +5\text{V}$$

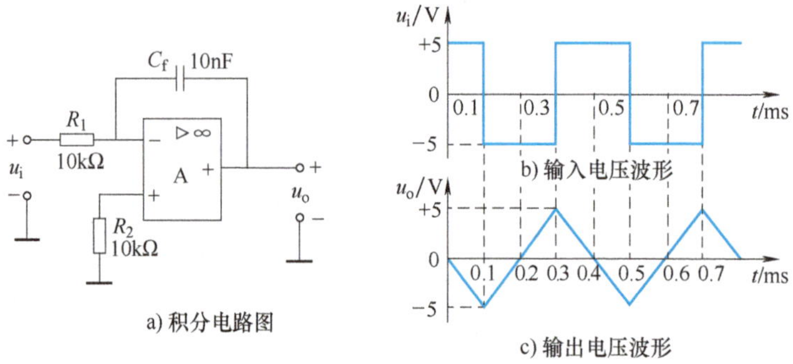

图 5-31 例 5-6 电路及波形图

上述输出电压最大值均未超过运放最大输出电压，所以输出电压与输入电压之间为线性积分关系。由于输入信号 u_i 为对称方波，因此可作出输出电压波形，如图 5-31c 所示，为一三角波。

5.2.4 负反馈对放大电路性能的影响

1. 提高增益的稳定性

在放大电路中，电源电压的变化、静态工作点的偏移、元器件老化等原因都会使放大电路的增益变化。当反馈深度很深即 $|1+\dot{A}\dot{F}| \gg 1$ 时，称此反馈为深度负反馈。由反馈方程式 $\dot{A}_f=\dfrac{\dot{A}}{1+\dot{A}\dot{F}}$ 可知，放大电路的闭环增益可近似表示为

$$\dot{A}_f=\frac{\dot{A}}{1+\dot{A}\dot{F}}\approx\frac{1}{\dot{F}} \tag{5-17}$$

式（5-17）表明，引入深度负反馈后，放大电路的增益只决定于反馈系数 $\dot{F}$，基本上与放大电路的开环增益 $\dot{A}$ 无关。通常，反馈网络是由性能比较稳定的无源线性元件组成的，因此引入深度负反馈后，放大电路的增益非常稳定。

为了定量地表述增益稳定性改善的程度，常用增益的相对变化量进行比较。若放大电路工作在中频范围，而且反馈网络又是纯阻性，皆为实数，即 $\dot{A}=A$，$\dot{F}=F$，则有

$$A_f=\frac{A}{1+AF} \tag{5-18}$$

对上式求微分可得

$$dA_f=\frac{(1+AF)-AF}{(1+AF)^2}\cdot dA=\frac{dA}{(1+AF)^2} \tag{5-19}$$

用式（5-18）来除上式两边，得

$$\frac{dA_f}{A_f}=\frac{1}{1+AF}\cdot\frac{dA}{A} \tag{5-20}$$

式（5-20）说明，引入负反馈后，闭环增益的相对变化量是开环增益相对变化量的

$1/(1+AF)$，换言之，闭环增益 A_f 的稳定度比开环增益 A 的稳定度提高了 $1+AF$ 倍。

2. 减少非线性失真和展宽通频带

（1）减少非线性失真　放大电路在大信号工作状态下，放大器件的瞬时工作点可能延伸到它的传输特性的非线性部分，从而使电路的输出波形产生非线性失真。引入负反馈可以减少非线性失真。

图 5-32 为负反馈减少非线性失真的示意图。图中的虚线波形为放大电路在无反馈时的净输入波形和输出波形。虽然输入信号是正弦波，但由于器件的非线性，使放大后的输出信号变为正、负半周不对称的失真波形，即波形的正半周小、负半周大。引入负反馈后，在反馈系数 F 为常数的条件下，反馈信号也是正半周小、负半周大，从而净输入信号变为正半周大、负半周小的预失真波形，这样，经过基本放大电路放大后就能将输出信号的正半周相对扩大而负半周相对压缩，使正、负半周的幅度接近相等，从而改善了输出波形的非线性失真。

（2）展宽通频带　利用负反馈能使放大倍数稳定的概念很容易说明负反馈具有展宽通频带的作用。在放大电路中，当信号在低频区和高频区时，其放大倍数均要下降，如图 5-33所示。由于负反馈具有稳定放大倍数的作用，因此在低频区和高频区的放大倍数下降的速度减慢，相当于通频带展宽了。在通常情况下，放大电路的增益带宽积为一常数，即

$$A_f(f_{Hf}-f_{Lf})=A(f_H-f_L)$$

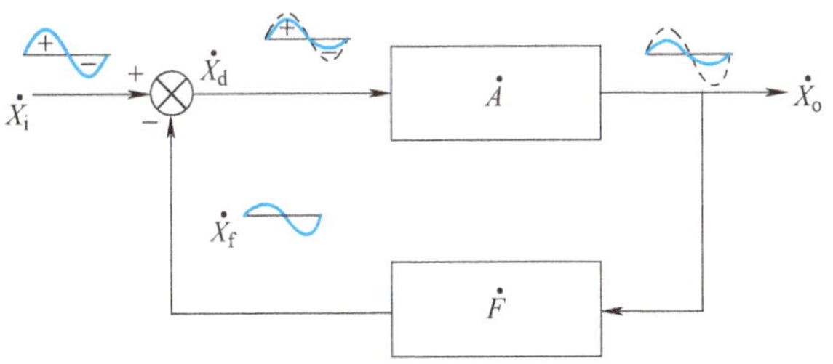

图 5-32　负反馈减少非线性失真

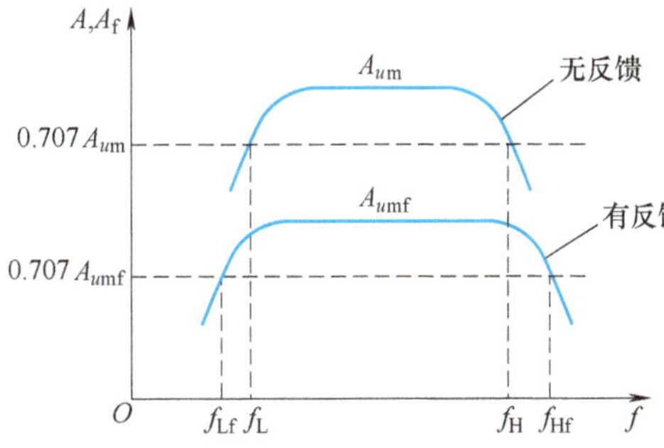

图 5-33　开环与闭环的幅频特性

一般情况下，$f_H \gg f_L$，所以 $A_f f_{Hf} \approx Af_H$，这表明，引入负反馈后，电压放大倍数下降为几分之一，通频带就展宽几倍。可见，引入负反馈能展宽通频带，但这是以降低放大倍数为代价的。

应当指出，由于负反馈的引入，在减小非线性失真的同时，降低了输出幅度。此外输入信号本身固有的失真，是不能用引入负反馈来改善的。

3. 改变放大电路的输入电阻和输出电阻

（1）负反馈对放大电路输入电阻的影响

1）串联负反馈使电路的输入电阻增大。负反馈对输入电阻的影响取决于反馈网络与基本放大电路在输入回路的连接方式，而与输出回路中反馈的取样方式无直接关系。因此在分析负反馈电路输入电阻时，只需画出输入回路的连接方式，如图 5-34 所示。

图 5-34 中 R_i 是基本放大电路的输入电阻（开环输入电阻），R_{if}是负反馈放大电路的输入电阻（闭环输入电阻）。

$$R_{if}=\frac{\dot{U}_i}{\dot{I}_i}=\frac{u_i'+\frac{u_f}{u_o}\times\frac{u_o}{u_i'}\times u_i'}{i_i}=(1+AF)\times\frac{u_i'}{i_i}$$

$$R_{if}=(1+AF)R_i \tag{5-21}$$

由式（5-21）表明，引入串联负反馈后，输入电阻 R_{if}是开环时输入电阻 R_i 的（1 + AF）倍。

应当指出，在某些负反馈放大电路中，有些电阻并不在反馈环内，如共发射极放大电路中的基极电阻 R_B，反馈对它并不产生影响。因此，更确切地说，引入串联负反馈，使引入反馈的支路的等效电阻增大到基本放大电路输入电阻的（1 + AF）倍，但不管哪种情况，引入串联负反馈都将使输入电阻增大。

2）并联负反馈使输入电阻减小。如图5-35 所示，在并联负反馈放大电路中，反馈网络与基本放大电路的输入电阻并联，因此闭环输入电阻 R_{if}小于开环输入电阻 R_i。

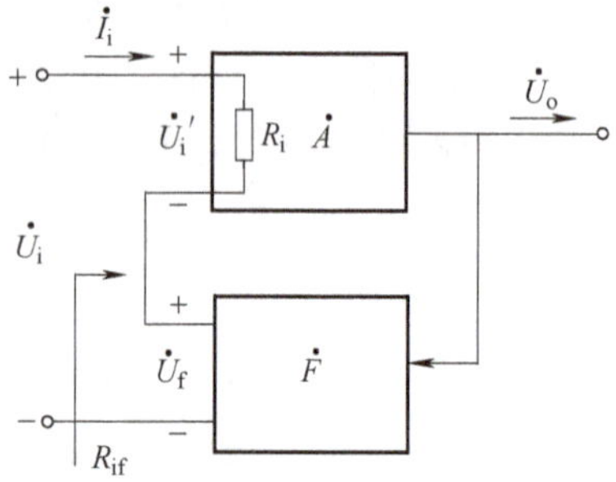

图 5-34 串联负反馈对输入电阻的影响

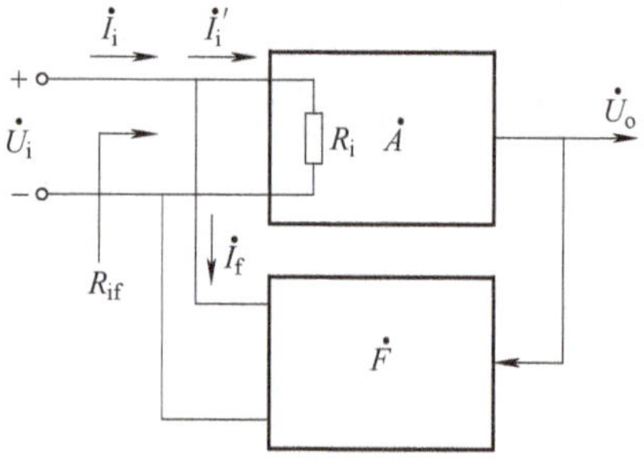

图 5-35 并联负反馈对输入电阻的影响

由于

$$R_{if}=\frac{u_i}{i_i}=\frac{u_i}{i_i'+i_f}=\frac{u_i}{i_i'+\frac{i_f}{u_o}\times\frac{u_o}{i_i'}\times i_i'}$$

$$R_{if}=\frac{R_i}{1+AF} \tag{5-22}$$

式（5-22）表明，引入并联负反馈后，闭环输入电阻是开环输入电阻的 $1/(1+AF)$。

（2）负反馈对放大电路输出电阻的影响 负反馈对输出电阻的影响取决于反馈网络在放大电路输出回路的取样方式，与反馈网络在输入回路的连接方式无直接关系。因为取样对象就是稳定对象。因此，分析负反馈对放大电路输出电阻的影响，只要看它是稳定输出信号电压还是稳定输出信号电流。

1）电压负反馈使输出电阻减小。如图5-36 所示，电压负反馈取样于输出电压，能维持输出电压稳定，即输入信号一定时，电压负反馈的输出趋于一恒压源，其输出电阻很小。

当输出取样为输出电压时，有

$$R_{of}=\left.\frac{\dot{U}_o}{\dot{I}_o}\right|_{\dot{X}_i=0}=\frac{u_o}{\frac{u_o-(-AFu_o)}{R_o}}$$

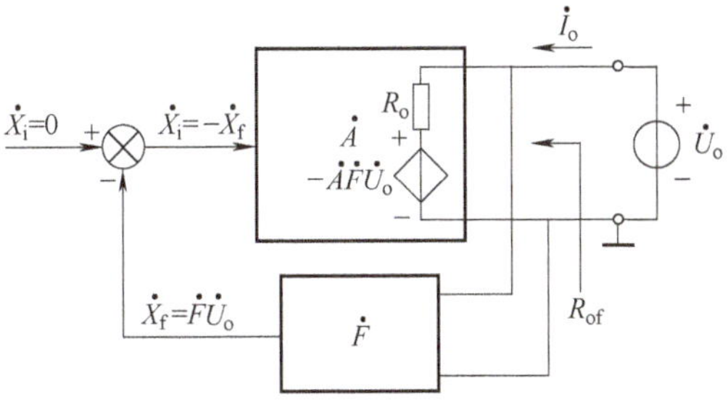

图 5-36 电压负反馈对输出电阻的影响

所以
$$R_{of}=\frac{1}{1+AF}R_o \tag{5-23}$$

注意：R_o 是在不考虑 R_L 条件下，将反馈网络等效到输入、输出端后求得，R_o 同样不考虑对反馈环无影响的元件，但应计入总电路的 R_{of}。当 $1+AF\gg1$ 时，$R_{of}\to0$，反馈电路可等效为一恒压源。

2）电流负反馈使输出电阻增大。如图5-37所示，电流反馈取样于输出电流，能维持输出电流稳定，即输入信号一定时，电流负反馈的输出趋于一恒流源，其输出电阻很大。

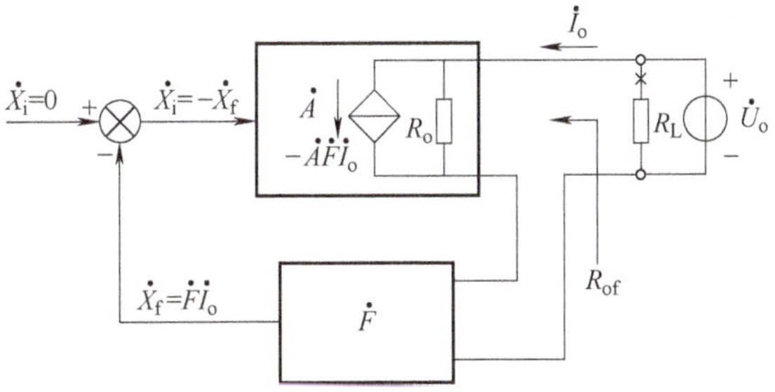

图 5-37 电流负反馈对输出电阻的影响

当输出取样为输出电流时，有
$$R_{of}=\left.\frac{\dot{U}_o}{\dot{I}_o}\right|_{\dot{X}_i=0}$$

因为
$$i_o=\frac{u_o}{R_o}+(-AF\dot{I}_o)$$

$$R_{of}=\frac{u_o}{i_o}=(1+AF)R_o \tag{5-24}$$

注意：R_o 是在不考虑 R_L 条件下，将反馈网络等效到输入、输出端后求得，R_o 同样不考虑对反馈环无影响的元件，但应计入总电路的 R_{of}。当 $1+AF\gg1$ 时，$R_{of}\to\infty$，反馈电路可等效为一恒流源。

如果基本放大电路为运算放大器时，则：①运放开环放大倍数：$A_o=A_d=\infty$；②串联反馈时：$R_{if}=\infty$；③并联反馈时：$R_{if}=0$；④电压反馈时：$R_{of}=0$；⑤电流反馈时：$R_{of}=\infty$。

5.3 项目实施

5.3.1 任务一 比例运算放大电路的制作与测试

1. 实验目的

1）掌握集成运算放大器的使用方法。

2）了解集成运放构成的反相比例运算电路、同相比例运算电路的工作原理。

3）掌握集成运放反相比例运算电路、同相比例运算电路的测试方法。

2. 实验仪器设备

1）直流稳压电源。

2）万用表。

3. 实验器材

1）集成块 μA741（HA17741）。

2）电阻 10kΩ×2、100kΩ×2、2 kΩ×2。

3）电位器 1kΩ×1。

4. 实验电路

实验电路如图5-38和图5-39所示。

5. 实验步骤及内容

（1）反相比例运算

1）按图5-38所示电路正确连线，其中集成运放用的是μA741。

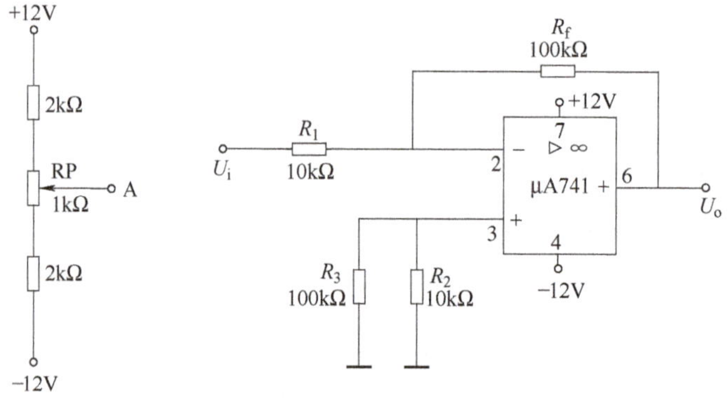

图5-38 反相比例运算实验电路

2）将双路直流稳压电源两路均调到12V，分别接到集成运放的7脚和4脚，注意7脚接正电源，4脚接负电源，不能接错。

3）两个2kΩ电阻和1kΩ的电位器RP组成简易信号源。简易信号上加上正负电源。调节RP可以改变A点对地电位的大小，没有做实验之前，先调RP使A点对地电压小一些。

4）将运放的输入端接到A点，调节RP，使 U_i 满足表5-1中的数值要求（要用万用表在路监测），然后用万用表测出不同输入时对应的输出电压，填入表5-1中。

（2）同相比例运算

1）按图 5-39 所示电路正确连线。

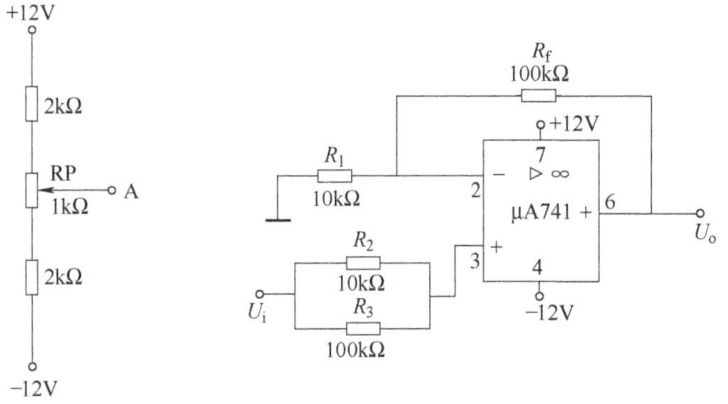

图 5-39　同相比例运算实验电路

2）将双路直流稳压电源两路均调到 12V，分别接到集成运放的 7 脚和 4 脚，注意 7 脚接正电源，4 脚接负电源，不能接错。

3）简易信号上加上下负电源。同反相比例运算实验，在没有做实验之前，先调 RP 使 A 点对地电压小一些。

4）将运放的输入端接到 A 点，调节 RP，使 U_i 满足表 5-1 中的数值要求（要用万用表在路监测），然后用万用表测出不同输入时对应的输出电压，填入表 5-1 中。

表 5-1　反相、同相比例运算测试

输入信号 U_i/V		+0.1	−0.1	+0.3	−0.3
反相比例运算	U_o/V（测量）				
反相比例运算	U_o/V（理论）				
同相比例运算	U_o/V（测量）				
同相比例运算	U_o/V（理论）				

6. 注意事项

1）对于集成运放 μA741，实际运用中的工作电压在 ±10 ~ ±15V 范围内，对应 7 脚接正电源，4 脚接负电源，切不可接反，否则将损坏集成块。

2）在接线时，注意正负电源的连接，正负电源无论在什么情况下，均不允许对地短路，以免烧坏电源。

3）集成运放的输出（6 脚）不能对地短路。

4）电路在改接时，要先关掉电源，改接完正确无误后才可接通电源。

5）实验中如出现任何异常情况，都要先切断电源，再视情况加以处理。

7. 思考题

结合理论计算结果与实际测量结果比较分析，若存在误差，分析误差产生的可能原因。

5.3.2 任务二 加减法电路的制作与测试

1. 实验目的

1）进一步掌握集成运算放大器的使用方法。

2）了解集成运放构成的加、减法运算电路的工作原理。

3）掌握集成运放加、减法运算电路的测试方法。

2. 实验仪器设备

1）直流稳压电源。

2）万用表。

3. 实验器材

1）集成块 μA741（HA17741）。

2）电阻 10kΩ×2、100kΩ×2、2kΩ×2、2.4kΩ×2、4.7kΩ×1。

3）电位器 1kΩ×2。

4. 实验电路

实验电路如图5-40和图5-41所示。

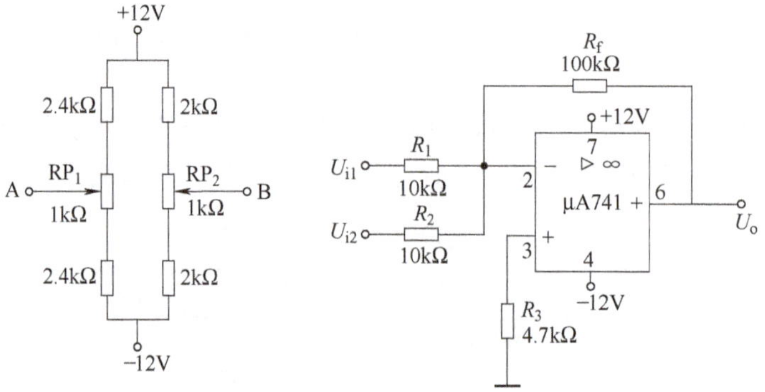

图5-40 反相加法电路

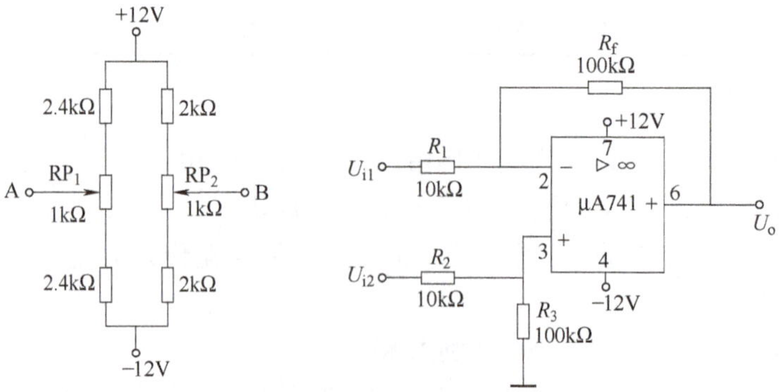

图5-41 减法电路

5. 实验步骤及内容

（1）反相加法运算

1）按图5-40所示的反相加法电路正确连线。

2）将双路直流稳压电源两路均调到12V，分别接到集成运放的7脚和4脚，注意7脚接正电源，4脚接负电源，不能接错。

3）两个2kΩ电阻、两个2.4kΩ电阻、两个1kΩ的电位器 RP_1 和 RP_2 组成两路简易信号源。简易信号上加上下负电源。调节 RP_1 可以改变A点对地电位的大小，调节 RP_2 可以改变B点对地电位的大小，没有做实验之前，先使A、B点对地电压小一些。

4）运放的输入端 U_{i1} 接到A点，U_{i2} 接B点，分别调节 RP_1、RP_2，使输入信号满足表5-2中的数值要求（要用万用表分别在路监测），然后再用万用表测出不同输入时的对应输出电压，填入表5-2中。

5）计算出表5-2中的理论结果，填入表中。

表5-2 反相加法运算

测量数据	U_{i1}/V	+0.1	+0.2	-0.3
	U_{i2}/V	+0.2	-0.4	+0.1
	U_o/V			
理论计算数据	U_o'/V			

（2）同相比例运算

1）按图5-41所示的减法电路正确连线。

2）注意集成电路电源的连接，不能接错。

3）分别调节 RP_1、RP_2 先使A、B两点对地电压小一些。

4）运放的输入端 U_{i1} 接到A点，U_{i2} 接B点，分别调节 RP_1、RP_2，使输入信号符合表5-3中的数值要求（要用万用表分别在路监测），然后再用万用表测出不同输入时的对应输出电压，填入表中。

5）计算出表5-3中的理论结果，填入表中。

表5-3 减法运算

测量数据	U_{i1}/V	+0.1	-0.2	-0.3
	U_{i2}/V	+0.3	-0.4	+0.1
	U_o/V			
理论计算数据	U_o'/V			

6. 注意事项

1）集成运放μA741，实际运用中的工作电压在±10～±15V范围内，对应7脚接正电源，4脚接负电源，切不可接反，否则将损坏集成块。

2）在接线时，注意正负电源的连接，正负电源无论在什么情况下，均不允许对地短路，以免烧坏电源。

3）集成运放的输出（6脚）不能对地短路。

4）电路在改接时，要先关掉电源，改接完正确无误后才可接通电源。

5）实验中如出现任何异常情况，都要先切断电源，再视情况加以处理。

7. 思考题

结合理论计算结果与实际测量结果进行比较分析，若存在误差，分析误差产生的可能原因。

5.4 拓展知识

5.4.1 集成运算放大器的非线性应用

常见的非正弦信号产生电路有方波、三角波产生电路等。由于在非正弦波信号产生电路中经常要用到电压比较器，这里先介绍电压比较器的基本工作原理。

1. 单值电压比较器

电压比较器的基本功能是对两个输入信号电压进行比较，并根据比较的结果相应输出高电平电压或低电平电压。电压比较器除广泛应用于信号产生电路外，还广泛应用于信号处理和检测电路等。如在控制系统中，经常将一个信号与另一个给定的基准信号进行比较，根据比较的结果，输出高电平电压或低电平电压的开关量信号，去实现控制动作，采用集成运算放大器可以实现电压比较器的功能。

（1）电路和工作原理　由集成运放组成的单值电压比较器如图5-42a所示，为开环工作状态。加在反相输入端的信号 u_i 与同相输入端给定的基准信号 U_{REF} 进行比较。

由前面的章节已知，若为理想集成运放，其开环电压放大倍数趋向于无穷大，因此有：

$$\left.\begin{array}{ll}\text{当} & u_{id}=u_- - u_+ = u_i - U_{REF}>0, u_o = -U_{oM} \\ \text{当} & u_{id}=u_- - u_+ = u_i - U_{REF}<0, u_o = +U_{oM}\end{array}\right\} \tag{5-25}$$

上式中 u_{id} 为运放输入端的差模输入电压，$-U_{oM}$ 和 $+U_{oM}$ 为运放负向和正向输出电压的最大值，此值由运放电源电压和器件参数而定。

由式（5-25）可作出输出与输入的电压变化关系，称为电压传输特性，如图5-42b所示。若开始输入信号 $u_i<U_{REF}$，则输出为 $+U_{oM}$，当 u_i 由小变大时，只要稍微大于 U_{REF}，输出则由 $+U_{oM}$ 跳变为 $-U_{oM}$；反之亦然。

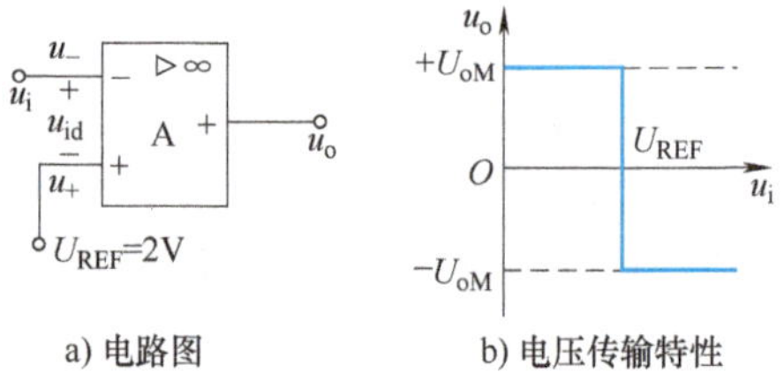

图5-42　单值电压比较器

如果将 u_i 加在同相输入端，而 U_{REF} 加在反相输入端，这时的电压传输特性如图5-42b中虚线所示。

图5-42a电路中，若 $U_{REF}=0$，即同相输入端直接接地，这时的电压传输特性将平移到与纵坐标重合，称之为过零比较器。

在比较器中，我们把比较器的输出电压 u_o 从一个电平跳变到另一个电平时刻所对应的输入电压值称为门限电压（或阈值电压），用 U_T 表示。对应上述电路 $U_T=U_{REF}$。由于上述电路只有一个门限电压值，故称单值电压比较器。U_T 值是分析输入信号变化使输出电平翻转的关键参数。

（2）单值电压比较器的应用　单值电压比较器主要用于波形变换、整形以及电平检测等电路。

1）正弦波转换成单向尖脉冲的电路。电路如图5-43a所示，由同相过零比较器、微分电路及限幅电路组成。过零比较器的传输特性如图5-43b所示。设输入信号 u_i 为正弦波，如图5-43c所示，在 u_i 过零时，比较器输出即跳变一次，故 u_o' 为正、负相间的方波；再经过时

间常数 $\tau = RC \ll \frac{T}{2}$（$T$ 为正弦波的周期）的微分电路，输出 u''_o为正、负相间的尖脉冲；然后由二极管 VD 和负载 R_L限幅后，输出 u_o为正尖脉冲信号。

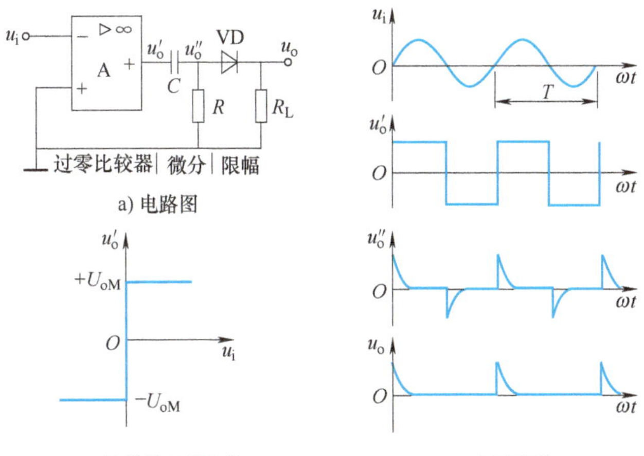

a) 电路图　b) 传输特性曲线　c) 波形图

图 5-43　过零比较器用于波形变换

2）电平检测器。图 5-44a 所示电路用以判定输入信号是否达到或超过某测试电平。由图可知，作为输出限幅的稳压二极管 VS 并不影响输出翻转条件。由于 $u_+=0$，因此当 u_-过零（即 $u_{id}=0$）时，输出发生翻转，由此可求得门限电压 U_T。从电路可列出 $u_- = u_i - \frac{u_i - U_{REF}}{R_1+R_2}R_1$，令 $u_-=0$，求得门限电压为

$$U_T = u_i = -\frac{R_1}{R_2}U_{REF} \tag{5-26}$$

故 U_T即为检测比较器的测试电平。

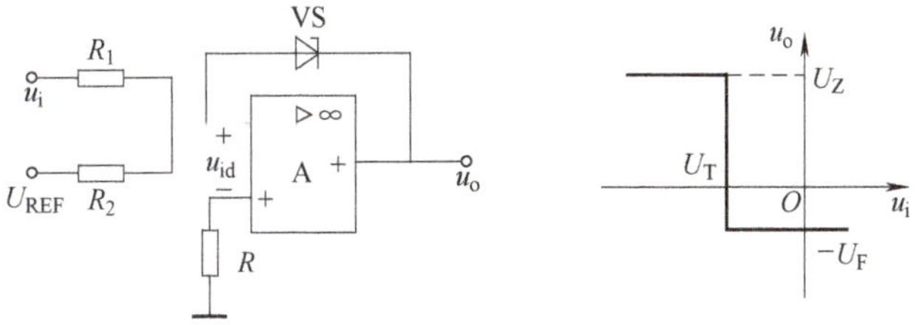

a) 电路图　b) 电压传输特性曲线

图 5-44　电平检测器

由门限电压可作出电压传输特性曲线如图 5-44b 所示。当 $u_i > U_T$，输出为负向最大值，使稳压二极管 VS 正向导通，输出限幅为 $-U_F \approx -0.7V$；当 $u_i < U_T$，输出为正向最大值，使稳压二极管 VS 反向导通，输出限幅为 U_Z。

2. 迟滞电压比较器

上面所介绍的电压比较器工作时，如果在门限电压附近有微小的干扰，就会导致状态翻

转使比较器输出电压不稳定而出现错误阶跃，为了克服这一缺点，常将比较器输出电压通过反馈网络加到同相输入端，形成正反馈，将待比较电压 u_i 加到反相输入端，参考电压 U_{REF} 通过 R_2 接到运算放大器的同相输入端，如图 5-45a 所示，把图 5-45a 所示电路称为反相型（或下行）迟滞电压比较器，也称为反相型（或下行）施密特触发器。

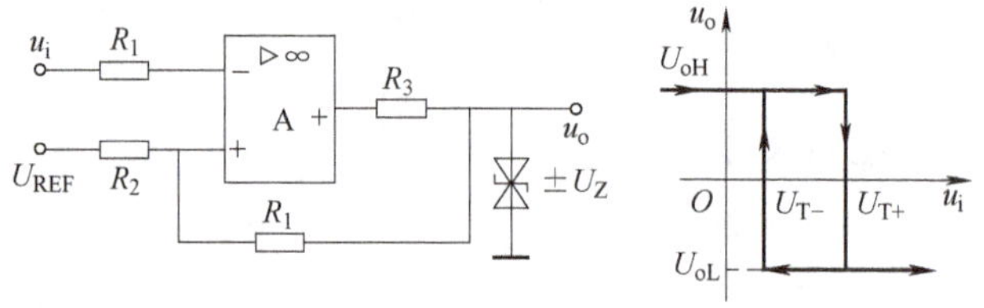

a) 反相型电路　　b) 反相型传输特性曲线

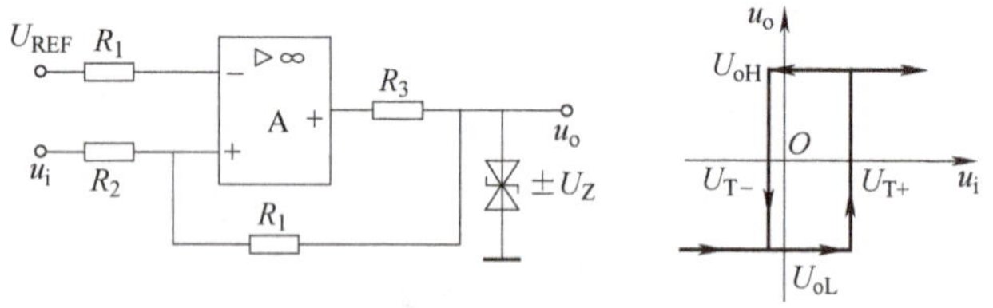

c) 同相型电路及传输特性曲线

图 5-45　迟滞电压比较器

当 u_i 足够小时，比较器输出高电平 $U_{oH}=+U_Z$，此时同相输入端电压用 U_{T+} 表示，利用叠加原理可求得

$$U_{T+}=\frac{R_1U_{REF}}{R_1+R_2}+\frac{R_2U_{oH}}{R_1+R_2} \tag{5-27}$$

随着 u_i 的不断增大，当 $u_i>U_{T+}$ 时，比较器输出由高电平变为低电平 $U_{oL}=-U_z$，此时的同相输入端电压用 U_{T-} 表示，其大小变为

$$U_{T-}=\frac{R_1U_{REF}}{R_1+R_2}+\frac{R_2U_{oL}}{R_1+R_2} \tag{5-28}$$

显然，$U_{T-}<U_{T+}$，因此，当 u_i 再增大时，比较器将维持输出低电平 U_{oL}。

反之，当 u_i 由大变小时，比较器先输出低电平 U_{oL}，运放同相输入端电压为 U_{T-}，只有当 u_i 减小到 $u_i<U_{T-}$ 时，比较器的输出电压将由低电平 U_{oL} 又跳变到高电平 U_{oH}，此时运放同相输入端电压又变为 U_{T+}，u_i 继续减小，比较维持输出高电平 U_{oH}。所以，可得反相型迟滞电压比较器的传输特性如图 5-45b 所示。可见，它有两个门限电压 U_{T+} 和 U_{T-}，分别称为上门限电压和下门限电压，两者的差值称为门限宽度（或回差电压）

$$\Delta U=U_{T+}-U_{T-}=\frac{R_2}{R_1+R_2}(U_{oH}-U_{oL}) \tag{5-29}$$

调节 R_1 和 R_2 可改变 ΔU。ΔU 越大，比较器的抗干扰能力越强，但分辨度越差。

还有一种同相（上行）施密特触发器，其电路图及传输特性曲线如图 5-45c 所示，其两个门限电压为

$$U_{T+}=\frac{R_1+R_2}{R_1}U_{REF}-\frac{R_2}{R_1}U_{oL}\quad U_{T-}=\frac{R_1+R_2}{R_1}U_{REF}-\frac{R_2}{R_1}U_{oH}$$

回差电压为 $$\Delta U = U_{T+} - U_{T-} = -\frac{R_2}{R_1}(U_{oL} - U_{oH})$$

图 5-45c 所示电路中，$U_{oL} = -U_z$，$U_{oH} = +U_z$。

5.4.2　负反馈放大电路的应用

1. 放大电路引入负反馈的一般原则

由以上分析可以知道，负反馈之所以能够改善放大电路的多方面性能，归根结底是由于将电路的输出量（$\dot{U}_o$或 $\dot{I}_o$）引回到输入端与输入量（$\dot{U}_i$或$\dot{I}_i$）进行比较，从而对净输入量（$\dot{U}_{id}$或 $\dot{I}_{id}$）及输出量进行调整。前面研究过的增益恒定性的提高、非线性失真的减少、抑制噪声、展宽频带以及对输入电阻和输出电阻的影响，均可用自动调整作用来解释。反馈越深，即 $|1+\dot{A}\dot{F}|$的值越大时，这种调整作用越强，对放大电路性能的改善越有益。另外，负反馈的类型不同，对放大电路所产生的影响也不同。

工程中往往要求根据实际需要在放大电路中引入适当的负反馈，以提高电路或电子系统的性能。引入负反馈的一般原则为：

1）为了稳定静态工作点，应引入直流负反馈；为了改善放大电路的动态性能，应引入交流负反馈（在中频段的极性）。

2）要求提高输入电阻或信号源内阻较小时，应引入串联负反馈；要求降低输入电阻或信号源内阻较大时，应引入并联负反馈。

3）根据负载对放大电路输出电量或输出电阻的要求决定是引入电压负反馈还是电流负反馈。若负载要求提供稳定的电压信号（输出电阻小），则应引入电压负反馈；若负载要求提供稳定的电流信号（输出电阻大），则应引入电流负反馈。

4）在需要进行信号变换时，应根据四种类型的负反馈放大电路的功能选择合适的组态。例如，要求实现电流-电压信号的转换时，应在放大电路中引入电压并联负反馈等。

这里介绍的只是一般原则。要注意的是，负反馈对放大电路性能的影响只局限于反馈环内，反馈回路未包括的部分并不适用。性能的改善程度均与反馈深度$|1+\dot{A}\dot{F}|$有关，但并不是$|1+\dot{A}\dot{F}|$越大越好。因为$|1+\dot{A}\dot{F}|$是频率的函数，对于某些电路来说，在一些频率下产生的附加相移可能使原来的负反馈变成了正反馈，甚至会产生自激振荡，使放大电路无法正常工作。另外，有时也可以在负反馈放大电路中引入适当的正反馈，以提高增益等。

2. 深度负反馈放大电路的特点及性能的估算

（1）深度负反馈的特点　根据$\dot{A}_f$和$\dot{F}$的定义，得

$$\dot{A}_f = \frac{\dot{X}_o}{\dot{X}_i}$$

$$\frac{1}{\dot{F}} = \frac{\dot{X}_o}{\dot{X}_f}$$

在$\dot{A}_f=\dfrac{\dot{A}}{1+\dot{A}\dot{F}}$中，若$|1+\dot{A}\dot{F}|\gg 1$，则$\dot{A}_f\approx\dfrac{1}{\dot{F}}$，即$\dfrac{\dot{X}_o}{\dot{X}_i}=\dfrac{\dot{X}_o}{\dot{X}_f}$

所以有
$$\dot{X}_i\approx\dot{X}_f \tag{5-30}$$
式（5-30）表明，当$|1+\dot{A}\dot{F}|\gg 1$时，反馈信号$\dot{X}_f$与输入信号$\dot{X}_i$相差甚微，净输入信号$\dot{X}_{id}$很小，因而有
$$\dot{X}_{id}\approx 0$$

对于串联负反馈有$\dot{U}_{id}\approx 0$（虚短），$\dot{U}_i\approx\dot{U}_f$；对于并联负反馈有$\dot{I}_{id}\approx 0$（虚断），$\dot{I}_i\approx\dot{I}_f$。利用“虚短”“虚断”的概念可以快速方便地估算出负反馈放大电路的闭环增益$\dot{A}_f$或闭环电压增益$\dot{A}_{uf}$。

（2）深度负反馈放大电路性能估算　利用上述特点，结合具体电路就能迅速求出深度负反馈放大电路的性能指标，尤其是闭环电压放大倍数。

1）电压串联负反馈放大器。典型的电压串联负反馈放大器如图5-46所示。由于反相输入端电流远小于u_o引起的电流而忽略，于是反馈电压为
$$u_f\approx\frac{R_1}{R_1+R_f}u_o$$
反馈系数为
$$F=\frac{u_f}{u_o}=\frac{R_1}{R_1+R_f} \tag{5-31}$$

设$R_1=10\text{k}\Omega$，$R_f=100\text{k}\Omega$，则$F=1/11$。设基本放大器的电压放大倍数$A_u=1100$，于是可算出反馈深度$1+A_uF=101\gg 1$，从而满足深度负反馈条件。因此反馈放大器的闭环电压放大倍数为
$$A_{uf}\approx\frac{1}{F}=1+\frac{R_f}{R_1} \tag{5-32}$$

把有关参数代入上式，得到$A_{uf}\approx 11$。

也可以利用$x_i\approx x_f$的特点求A_{uf}，在这个电路里$u_i\approx u_f$。由于$u_f\approx R_1u_o/(R_1+R_f)$，则$u_i\approx R_1u_o/(R_1+R_f)$，于是也可推导出式（5-32）。该式再一次表明，引入深度负反馈后，放大倍数与放大器内部参数及负载基本无关。

由于是电压串联负反馈，所以放大器的闭环输入电阻R_{if}很大，闭环输出电阻R_{of}很小。

2）电压并联负反馈电路，图5-47是电压并联负反馈放大电路，由于输入端的连接为并联负反馈，因而其输入量为i_i，反馈量为i_f，净输入量为i_{id}。由于$i_{id}\approx 0$，因而有$i_i\approx i_f$，再根据$u_{id}\approx 0$，可知$u_-\approx 0$，则有
$$u_o=-i_fR_i$$
$$u_i=i_iR_i$$
因此
$$A_{uf}=\frac{u_o}{u_i}\approx\frac{-i_fR_f}{i_iR_i}\approx-\frac{R_f}{R_1} \tag{5-33}$$

由于该负反馈为电压并联负反馈，所以闭环输入电阻R_{if}很小，闭环输出电阻R_{of}也很小。

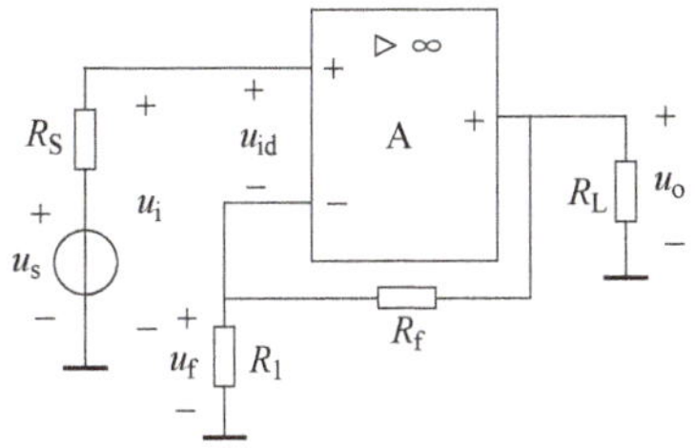

图 5-46　电压串联负反馈放大器

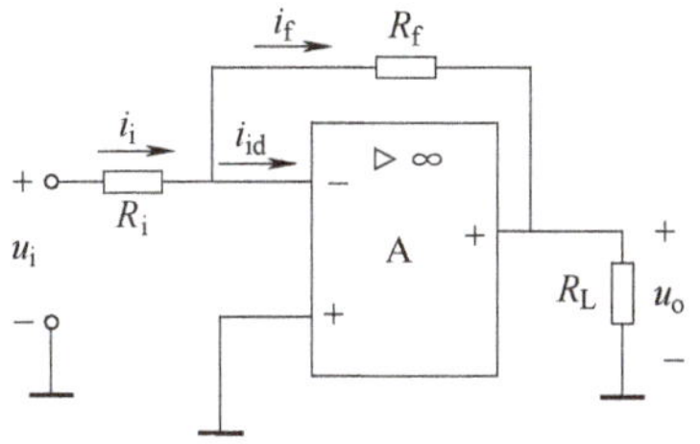

图 5-47　电压并联负反馈电路

3）电流串联负反馈电路。图 5-48 是电流串联负反馈电路，从图中可得

$$u_f = i_o R_f = \frac{u_o}{R_L} R_f$$

因此，电压放大倍数为

$$A_{uf} = \frac{u_o}{u_i} \approx \frac{u_o}{u_f} = \frac{R_L}{R_f} \tag{5-34}$$

由于是电流串联负反馈，所以放大器的闭环输入电阻 R_{if} 很大，闭环输出电阻 R_{of} 也很大。

4）电流并联负反馈电路。图 5-49 是电流并联负反馈电路，由于 $i_{id} \approx 0$，因而有

$$i_i \approx i_f$$

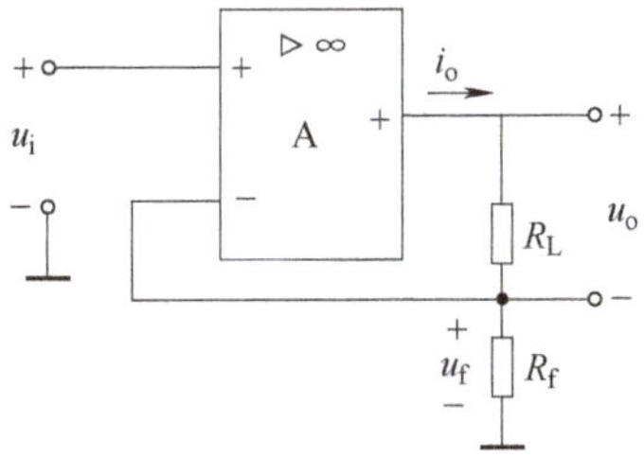

图 5-48　电流串联负反馈电路

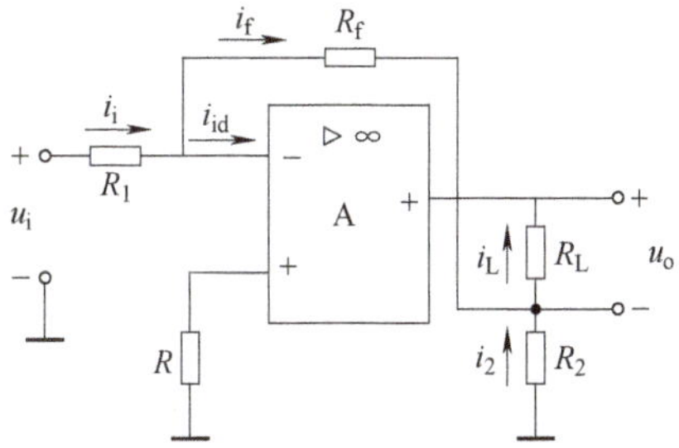

图 5-49　电流并联负反馈电路

根据 $u_{id} \approx 0$，可知 $u_- \approx 0$，则有

$$u_i \approx i_i R_1 \quad i_L = i_f + i_2 = i_f + \frac{i_f R_f}{R_2} = i_f\left(1 + \frac{R_f}{R_2}\right)$$

$$u_o = -i_L R_L = -i_f \frac{R_2 + R_f}{R_2} R_L$$

因此

$$A_{uf} = \frac{u_o}{u_i} = -\left(1 + \frac{R_f}{R_2}\right)\frac{R_L}{R_1} \tag{5-35}$$

由于是电流并联负反馈，所以放大器的闭环输入电阻 R_{if} 很小，而从信号源看进去的输入电阻 $R'_{if} \approx R_1$；其闭环输出电阻 R_{of} 很大。

5.4.3　功率放大电路

在多级放大电路中，输出级的主要作用是驱动负载。例如将放大后的信号送到扬声器使

其发出声音，或送到自动控制系统的电动机使其执行一定的动作等。这就要求输出级向负载提供足够大的信号电压和电流，即向负载提供足够大的信号功率。这种主要作用是向负载提供功率的放大电路称为功率放大电路，简称功放。

1. 功率放大电路的分类

（1）按放大电路的频率不同分类　可分为低频功率放大电路和高频功率放大电路。

本节主要介绍低频功率放大电路。低频功率放大电路的任务是：向负载提供足够大的输出功率；具有较高的效率；同时输出波形的非线性失真限制在规定的范围内。

（2）按功率放大电路中晶体管导通时间的不同分类　可分为甲类功率放大电路、乙类功率放大电路和甲乙类功率放大电路。

功率管在甲类、乙类、甲乙类的工作状态下相应的静态工作点位置及波形如图 5-50 所示，甲类位于负载线的中点附近，甲乙类接近截止区，乙类处于截止区。低频功率放大电路中主要用乙类或甲乙类功率放大电路。

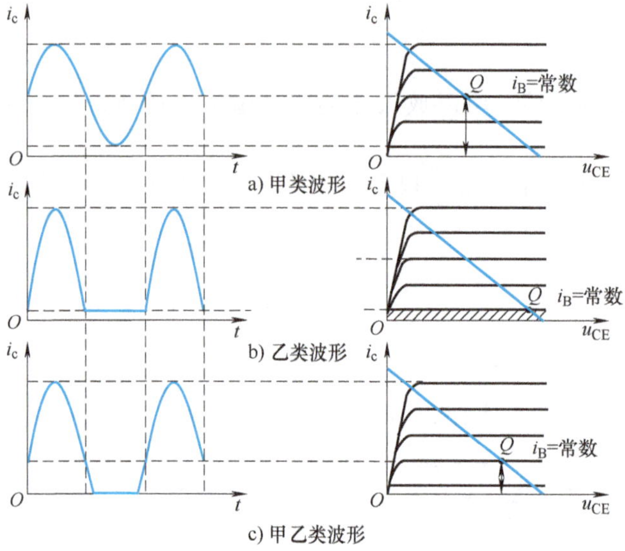

图 5-50　各类功率放大电路的静态工作点及其波形

1）甲类功率放大电路：在单管放大电路中，信号的整个周期内晶体管都处于导通状态，非线性失真小；但不论有无信号，始终有较大的静态工作电流，这会消耗一定的电源功率，输出功率和效率低，最高不超过 50%。

2）乙类功率放大电路：晶体管只在信号的半个周期内是导通的，电路会出现截止失真。

3）甲乙类功率放大电路：设置有一定的静态电流，在信号电压很小时，两只管子同时导通，则每只晶体管的导通时间超过半个周期。甲乙类电路既提高了能量的转换效率，又解决了交越失真问题。

2. 功率放大电路的特点

从能量控制的观点来看，功率放大电路与电压放大电路都属于能量转换电路，都是将电源的直流功率转换成被放大信号的交流功率。但它们具有各自的特点：

1）低频电压放大电路工作在小信号状态，动态工作点摆动范围小，非线性失真小，可用微变等效电路法分析计算电压放大倍数、输入电阻及输出电阻等及一般不讨论输出功率。

2）功率放大电路是在大信号情况下工作的，具有动态工作范围大的特点，应采用图解法进行分析，分析的主要指标是输出功率及效率等。

3. 对功率放大电路的要求

（1）输出大功率　功率放大电路的输出端所接负载一般都需较大的功率。为了满足这个要求，功放器件的输出电压和电流的幅度都应较大，功放器件（功放管）往往接近极限运用状态。对功率放大电路的分析，小信号模型已不再适用，常采用图解法。

（2）提高效率　所谓效率，就是负载得到的有用信号功率与直流电源提供的直流功率的比值。由于功放器件工作在大信号状态，输出功率大，消耗在功放器件和电路上功率也大，因此必须尽可能降低消耗在功放器件和电路上的功率，提高效率。

（3）减小非线性失真　由于功放器件在大信号下工作，动态工作点易进入非线性区，为此在功放电路设计、调试过程中，必须把非线性失真限制在允许的范围内，减小非线性失真与输出功率要大又互相矛盾，在使用功率放大器时，要根据实际情况选择。例如在电声设备中，减小非线性失真就是主要问题，而在驱动继电器等场合下，对非线性失真的要求就降为次要问题了。

（4）散热保护　在功率放大器中，晶体管本身也要消耗一部分功率，直接表现为管子的结温升高，结温升高到一定程度以后，管子就要损坏。因而输出功率受到管子允许的最大集电极损耗功率的限制。采取适当的散热措施，改善热稳定性，就有可能充分发挥管子的潜力，增加输出功率。

4. 低频功率放大电路的主要技术指标

低频功率放大电路的主要技术指标有以下三项：

（1）最大输出功率 P_{om}　输出功率 P_o 等于输出电压与输出电流的有效值乘积，即

$$P_o=\frac{1}{\sqrt{2}}I_{om}\frac{1}{\sqrt{2}}U_{om}=\frac{1}{2}I_{om}U_{om} \tag{5-36}$$

式中，I_{om}表示输出电流振幅；U_{om}表示输出电压振幅。

最大输出功率 P_{om}是在电路参数确定的情况下，负载上可能获得的最大交流功率。

（2）效率 η　效率 η 定义为负载得到的有用信号功率 P_o 与电源供给的直流功率 P_V 之比，即

$$\eta=\frac{P_o}{P_V} \tag{5-37}$$

电源提供的功率是直流功率，其值等于电源输出电流平均值与其电压的乘积。通常功放输出的功率大，电源消耗的直流功率也就多。因此，在一定的输出功率下，减小直流电源的功耗，就可以提高电路的效率。

（3）非线性失真系数 *THD*　由于功放管非线性和大信号运用易产生非线性失真。非线性失真的程度用非线性失真系数 *THD* 来衡量，即

$$THD=\frac{1}{I_{m1}}\sqrt{I_{m2}^2+I_{m3}^2+\cdots}=\frac{1}{U_{m1}}\sqrt{U_{m2}^2+U_{m3}^2+\cdots} \tag{5-38}$$

式中，I_{m1}、I_{m2}、I_{m3}…和 U_{m1}、U_{m2}、U_{m3}…分别表示输出电流和输出电压中的基波分量和各次谐波分量的振幅。

项目小结

1. 集成运算放大器实质上是一个高增益的直接耦合多级放大电路。它一般由输入级、中间电压放大级、输出级和偏置电路等组成。其输入级常采用差动放大电路，故有两个输入端；输出级采用互补对称放大电路；偏置电路采用电流源电路。目前使用的集成运算放大器开环差模电压增益可达140dB以上，差模输入电阻很高而输出电阻很小。因而应用中常把集成运算放大器特性理想化，即$A_{ud}\to\infty$，$R_{id}\to\infty$，$R_o\to 0$，$K_{CMR}\to\infty$。

2. 负反馈放大电路有四种基本类型：电压串联负反馈、电流串联负反馈、电压并联负反馈和电流并联负反馈。反馈信号取样于输出电压的，称为电压反馈，取样于输出电流的，称为电流反馈。若反馈网络与信号源、基本放大电路串联，则称为串联反馈，其反馈信号为电压量，此时信号源内阻越小，反馈效果越好。若反馈网络与信号源、基本放大电路并联，则称为并联反馈，其反馈信号为电流量，此时信号源内阻越大，反馈效果越好。

3. 用集成运放可以构成比例、加法、减法、微分及积分等基本运算电路。基本运算电路有同相输入和反相输入两种连接方式，反相输入运算电路的运算特点是：运放两个输入端对地电压等于输入电压，故有较大的共模输入信号，但它的输入电阻可趋于无穷大。基本运算电路中反馈电路必须接到反相输入端以构成负反馈，使集成运放工作在线性状态。

4. 功率放大电路在电源电压确定的情况下，应在非线性失真允许的范围内，高效率地获得尽可能大的输出功率。

习题与提高

5-1 填空题

(1) 当集成运放处于__________状态时，可运用__________和__________概念。

(2) 理想集成运算放大器的开环差模电压放大倍数A_{ud}可认为__________，输入电阻R_{id}为__________，输出电阻R_o为__________。

(3) 由集成运放组成的电压比较器，其关键参数的门限电压是指使输出电压发生__________时的__________电压值。只有一个门限电压的比较器电路称__________比较器，而具有两个门限电压的比较器电路称为__________比较器或称为__________。

(4) 反馈是把放大器的__________量的一部分或全部返送到__________回路的过程。

(5) 反馈量与放大器的输入量极性相反，因而使__________减小的反馈，称为__________。

(6) 具有输入电阻大、输出电阻小、输出电压稳定这些特点的是__________负反馈。

(7) 电压负反馈使输出电阻__________；电流负反馈使输出电阻__________。

5-2 判断题

(1) 由于集成运放的两输入端的输入电流为0，所以两输入端之间是断开的。 ( )

(2) 在放大电路中只要有反馈，就会产生自激振荡。 ( )

(3) 所有放大电路都必须加反馈，否则无法正常工作。 ( )

(4) 输出与输入之间有信号通过的就一定是反馈放大电路。 ( )

（5）构成反馈通路的元器件只能是电阻、电感或电容等无源器件。（　　）

（6）直流负反馈是直接耦合放大电路中的负反馈，交流负反馈是阻容耦合或变压器耦合放大电路中的负反馈。（　　）

（7）功率放大倍数 $A_P>1$，即 A_u 和 A_i 都大于1。（　　）

（8）功率放大器输出最大功率时，功率管发热最严重。（　　）

（9）功放电路与电压、电流放大电路都有功率放大作用。（　　）

5-3　选择题

（1）反相比例运算电路的输入电阻较（　　），同相比例运算电路的输入电阻较（　　）。

A. 高　　B. 低　　C. 不变　　D. 不确定

（2）由集成运算放大器组成的电压比较器，其运放电路必须处于（　　）状态。

A. 自激振荡　　B. 开环或负反馈　　C. 开环或正反馈　　D. 负反馈

（3）反馈量是指（　　）。

A. 反馈网络从放大电路输出回路中取出的电压信号

B. 反馈到输入回路的信号

C. 前面两信号之比

5-4　集成运算电路如图5-51所示，试分别求出各电路输出电压的大小。

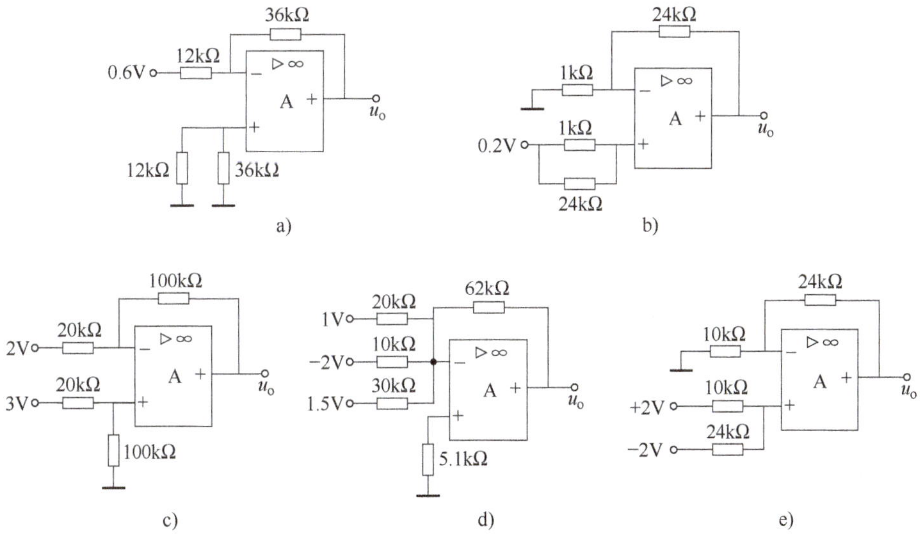

图5-51　题5-4图

5-5　写出图5-52所示各电路的名称，试分别计算它们的电压放大倍数和输入电阻。

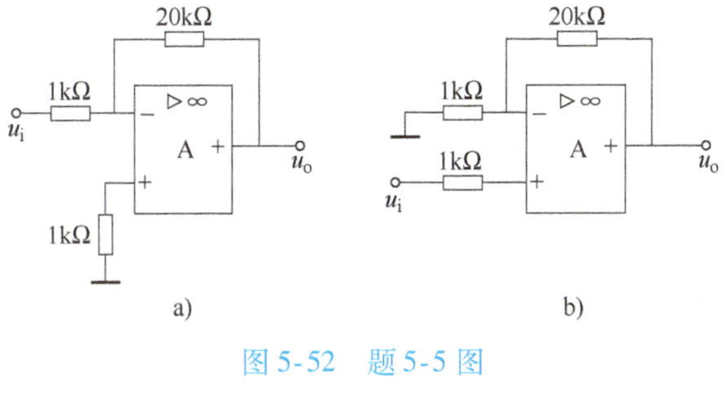

图5-52　题5-5图

5-6 集成运放应用电路如图 5-53 所示，试分别求出各电路输出电压的大小。

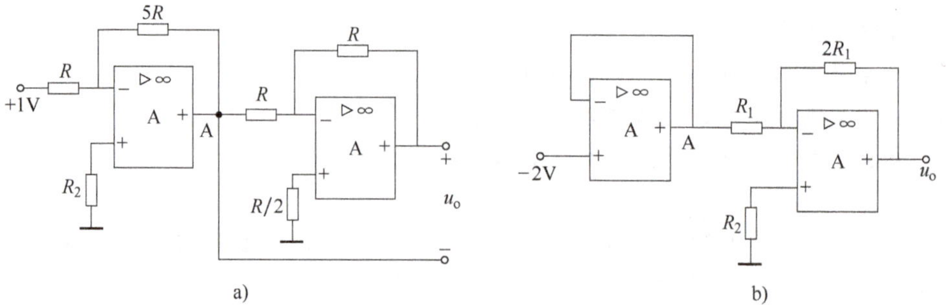

图 5-53 题 5-6 图

5-7 集成运放应用电路如图 5-54 所示，若已知 $R_1=R_2=R_4=10\text{k}\Omega$，$R_3=R_5=20\text{k}\Omega$，$R_6=100\text{k}\Omega$，试求它的输出电压与输入电压之间的关系式。

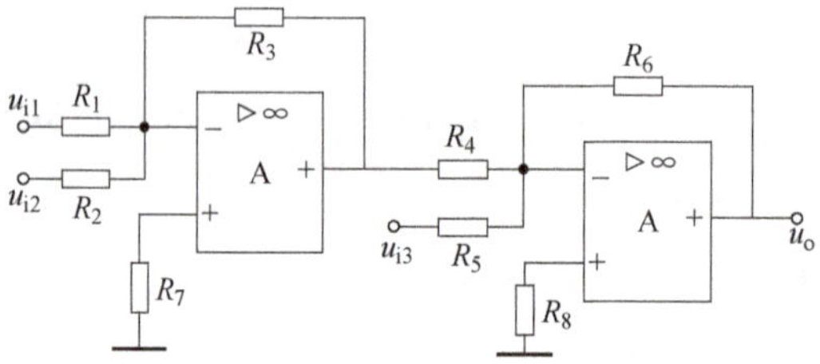

图 5-54 题 5-7 图

5-8 集成运放应用电路如图 5-55 所示，分别求出各电路输出电压的大小。

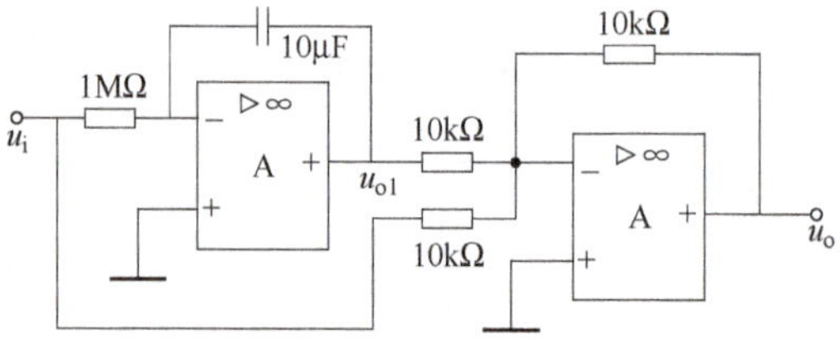

图 5-55 题 5-8 图

5-9 图 5-56a、b 所示的积分和微分电路中，已知输入电压波形如图 5-56c 所示，且 $t=0$ 时，$u_C=0$，集成运放最大输出电压为 ±15V，试分别画出各电路的输出电压波形。

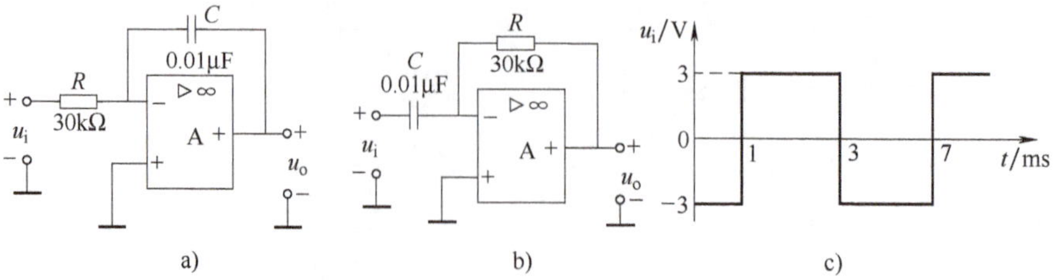

图 5-56 题 5-9 图

5-10　图 5-57 所示电路中，当 $t=0$ 时，$u_C=0$，试写出 u_o 与 u_{i1}、u_{i2}之间的关系式。

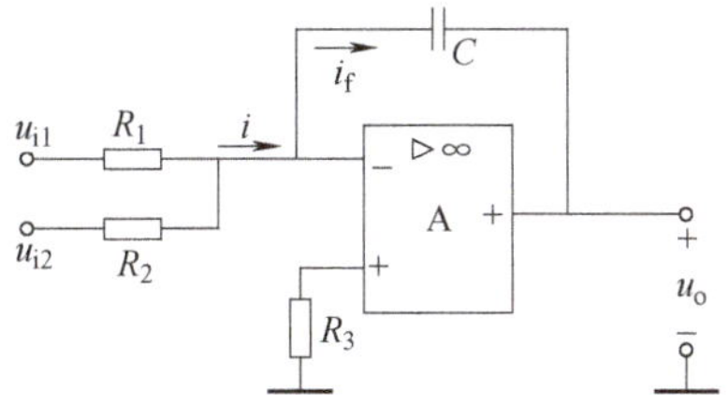

图 5-57　题 5-10 图

5-11　试画出图 5-58 所示电路中各电压比较器的传输特性。

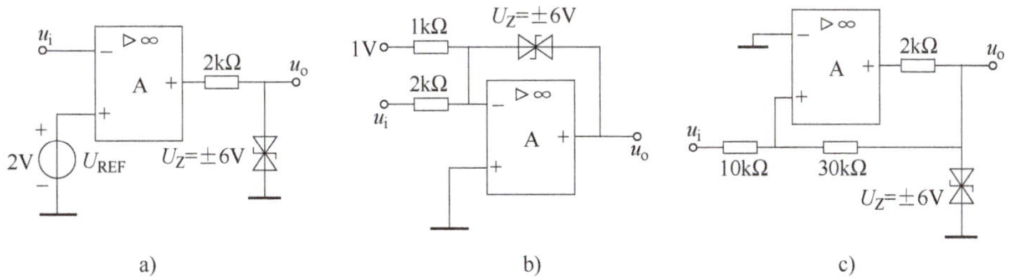

图 5-58　题 5-11 图

5-12　迟滞电压比较器如图 5-59 所示，试画出该电路的传输特性；当输入电压 $u_i=4\sin\omega t$V 时，画出该电路的输出电压 u_o 的波形。

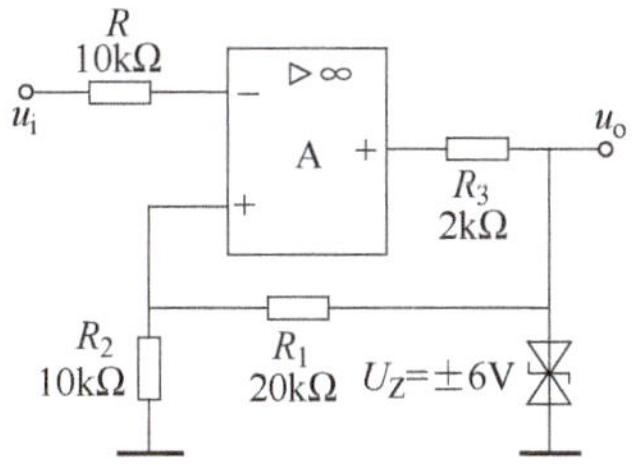

图 5-59　题 5-12 图

5-13　迟滞电压比较器如图 5-60 所示，试计算其门限电压 U_{T+}、U_{T-}和回差电压 ΔU，画出传输特性；当 $u_i=4\sin\omega t$V 时，试画出该电路的输出电压 u_o 的波形。

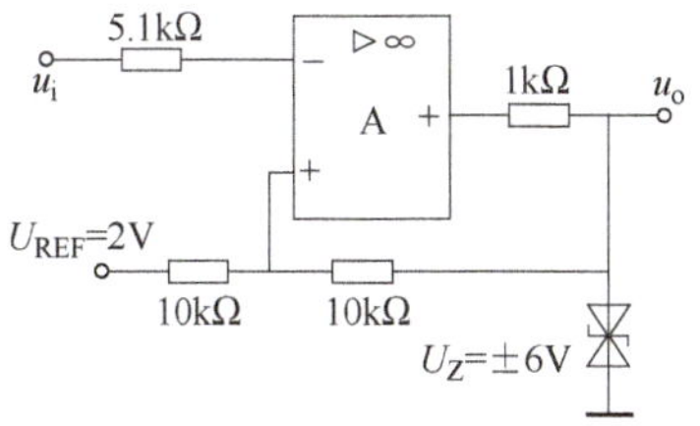

图 5-60　题 5-13 图

项目6

逻辑代数与逻辑门电路

6.1 项目分析

1. 项目内容

本项目将讨论数制与码制、逻辑代数的基本公式和定律、逻辑函数表示方法及相互转换和逻辑函数的化简，以及逻辑门电路及其应用等。

2. 知识点

数制与码制；逻辑代数的基本概念、公式和定律；逻辑函数表示方法及相互转换；逻辑函数的化简；逻辑门电路及其应用。

3. 能力要求

会对各种进制数进行相互转换；能熟练使用公式化简法和卡诺图化简法对逻辑函数进行化简；能熟练使用逻辑门电路实现相关逻辑功能。

6.2 相关知识

6.2.1 数制和码制

1. 数制

数制全称为计数体制，是用以表示数值大小的方法。日常生活中人们是按照进位的方式来计数的，称为**进位制**，简称**进制**，根据需要可以有多种不同的进制。在讲述数制之前，必须先说明几个概念。

基数或基：在某种进制数制中，允许使用的数字符号的个数，称为这种数制的基数或基。

系数：任一种 N 进制数制中，第 i 位的数字符号 K_i，称为第 i 位的系数。

权：任一种 N 进制数制中，N^i称为第 i 位的权。

（1）十进制数　十进制是我们最熟悉的计数制。它用 0 ~ 9 十个数字符号，以一定的规律排列起来表示数值的大小。相邻位之间，低位逢十向高位进一，即为十进制。它的基数为 10，各位的系数 K_i 可以是 0 ~ 9 十个数字中任一个，各位的权为 10^i。因而，任意一个 n 位十进制数 $[M]_{10}$可以表示为

$$[M]_{10}=K_{n-1}\times10^{n-1}+K_{n-2}\times10^{n-2}+\cdots+K_1\times10^1+K_0\times10^0=\sum_{i=0}^{n-1}K_i\times10^i$$

如 $[1898]_{10}=1\times10^3+8\times10^2+9\times10^1+8\times10^0$

（2）二进制数 二进制是数字电路中应用最广泛的计数制。因为在数字电路中通常只有低电平和高电平两个状态，这两个状态刚好可以用二进制数中的两个符号0和1来表示。它的运算规则简单，在电路中易于实现。在二进制中，相邻位之间，低位逢二向高位进一，即为二进制。它的基数为2，各位的系数 K_i 可以是0或1，各位的权为 2^i。因而任一个 n 位二进制数 $[M]_2$ 表示为

$$[M]_2 = K_{n-1} \times 2^{n-1} + K_{n-2} \times 2^{n-2} + \cdots + K_1 \times 2^1 + K_0 \times 2^0 = \sum_{i=0}^{n-1} K_i \times 2^i$$

如 $[101110]_2 = 1 \times 2^5 + 0 \times 2^4 + 1 \times 2^3 + 1 \times 2^2 + 1 \times 2^1 + 0 \times 2^0$

（3）八进制数 如果将一个十进制数变换为二进制数，不仅位数多，难以记忆，且不便书写，易出错。因而在数字系统中，常用与二进制有对应关系的八进制或十六进制。

八进制中，各相邻位之间，低位逢八向高位进一。它的基数为8，各位的权为 8^i，各位的系数 K_i 可以是0～7八个数字中任一个，因而任一个 n 位八进制数 $[M]_8$ 可以表示为

$$[M]_8 = K_{n-1} \times 8^{n-1} + K_{n-2} \times 8^{n-2} + \cdots + K_1 \times 8^1 + K_0 \times 8^0 = \sum_{i=0}^{n-1} K_i \times 8^i$$

如 $[267]_8 = 2 \times 8^2 + 6 \times 8^1 + 7 \times 8^0$

（4）十六进制数 在十六进制数中，各相邻位之间，低位逢十六向高位进一。它的基数为16，为了书写和计算方便，在十六进制数中，各位的系数 K_i 可以是0、1、2、3、4、5、6、7、8、9、A、B、C、D、E、F十六个数字符号中任一个。各位的权为 16^i，因而任一个 n 位十六进制数 $[M]_{16}$ 可以表示为

$$[M]_{16} = K_{n-1} \times 16^{n-1} + K_{n-2} \times 16^{n-2} + \cdots + K_1 \times 16^1 + K_0 \times 16^0 = \sum_{i=0}^{n-1} K_i \times 16^i$$

如 $[9EF]_{16} = 9 \times 16^2 + 14 \times 16^1 + 15 \times 16^0$

表6-1为几种常用进制及对应关系。

表6-1 几种常用进制及对应关系

项目	十进制	二进制	十六进制
数符	0，1，2，3，4，5，6，7，8，9，	0，1	0，1，2，3，4，5，6，7，8，9，A，B，C，D，E，F
第 i 位的权	10^i	2^i	16^i
运算规则	逢10进1，借1为10	逢2进1，借1为2	逢16进1，借1为16
对应关系	0	0	0
	1	1	1
	2	10	2
	3	11	3
	4	100	4
	5	101	5
	6	110	6
	7	111	7
	8	1000	8

（续）

项　目	十 进 制	二 进 制	十六进制
对应关系	9	1001	9
	10	1010	A
	11	1011	B
	12	1100	C
	13	1101	D
	14	1110	E
	15	1111	F
	16	10000	10

2. 不同数制间的相互转换

（1）二进制数与八进制数之间的相互转换

二进制数转换为八进制数：三位二进制代码可以组合为0～7八个数字符号，所以用三位二进制数正好可以表达一位八进制数。

二进制数转换为八进制数的方法为：以小数点为界，将二进制数的整数部分从低位开始，小数部分从高位开始，每三位一组，首尾不足三位的补零，然后将每组三位二进制数用一位八进制数表示。

例6-1 将二进制数$(1111010010.01)_2$转换为八进制数。

解：$(001, 111, 010, 010.\ 010)_2=(1722.2)_8$

↓　↓　↓　↓　↓

1　7　2　2.　2

将八进制数转换为二进制数：与上面的转换方法相反，将一位八进制数用三位二进制数表示即可。

例6-2 将八进制数$(6407.2)_8$转换为二进制数。

解：$(6\ \ 4\ \ 0\ \ 7.\ \ 2)_8=(110\ 100\ 000\ 111.010)_2$

↓　↓　↓　↓　↓

110　100　000　111.　010

（2）二进制数与十六进制数间的转换

二进制数转换为十六进制数：四位二进制数可以组合为0～15十六个数字符号，所以用四位二进制数正好可以表示一位十六进制数。

二进制数转换为十六进制数的方法：以小数点为界，将二进制数整数部分从低位开始，小数部分从高位开始，每四位一组，首尾不足四位的补零，然后将每组四位二进制数用一位十六进制数表示。

例6-3 将二进制数$(10110100111100.01001)_2$转换为十六进制数。

解：$(0010, 1101, 0011, 1100.\ 0100, 1000)_2=(2D3C.48)_{16}$

↓　↓　↓　↓　↓　↓

2　D　3　C . 4　8

十六进制转换为二进制数：与上面的转换方法相反，将一位十六进制数用四位二进制数表示即可。

例 6-4　将十六进制数 $(4FB.CA)_{16}$ 转换为二进制数。

解： $(4\ \ F\ \ B\ .\ C\ \ A)_{16} = (010011111011.11001010)_2$

4	F	B	.	C	A
↓	↓	↓		↓	↓
0100	1111	1011	.	1100	1010

（3）十进制数转换为二进制数、八进制数、十六进制数　将十进制整数转换为其他进制数一般采用**除基取余法**。将十进制小数转换为其他进制数一般采用**乘基取整法**。

具体方法是：将十进制整数连续除以 N 进制的基数 N，取得各次的余数，将先得到的余数列在低位，后得到的余数列在高位，即得 N 进制的整数。再将十进制小数连续乘以 N 进制的基数 N，求得各次乘积的整数部分，将其转换为 N 进制的数字符号，先得到的整数列在高位，后得到的整数列在低位，即得到 N 进制的小数。

例 6-5　将十进制数 $(342.6875)_{10}$ 分别转换为二进制数、八进制数、十六进制数。

解： 整数部分 $(342)_{10} = (101010110)_2 = (526)_8 = (156)_{16}$

除数	被除数	余数
2	342	
2	171	••• 0
2	85	••• 1
2	42	••• 1
2	21	••• 0
2	10	••• 1
2	5	••• 0
2	2	••• 1
2	1	••• 0
	0	••• 1

除数	被除数	余数
8	342	
8	42	••• 6
8	5	••• 2
	0	••• 5

除数	被除数	余数
16	342	
16	21	••• 6
16	1	••• 5
	0	••• 1

小数部分 $(0.6875)_{10} = (0.1011)_2 = (0.54)_8 = (0.B)_{16}$

$0.6875 \times 2 = 1.3750$ ••• 1
$0.3750 \times 2 = 0.7500$ ••• 0
$0.7500 \times 2 = 1.5000$ ••• 1
$0.5000 \times 2 = 1.0000$ ••• 1

$0.6875 \times 8 = 5.5000$ ••• 5
$0.5000 \times 8 = 4.0000$ ••• 4

$0.6875 \times 16 = 11.0000$ ••• 11

$(11)_{10}=(B)_{16}$

所以 $(342.6875)_{10} = (101010110.1011)_2 = (526.54)_8 = (156.B)_{16}$

（4）二进制数、八进制数、十六进制数转换为十进制数　二进制、八进制、十六进数按权展开，求各位数值之和即可得到相应的十进制数。

例 6-6　分别将 $(1001111)_2$、$(246)_8$、$(8E)_{16}$ 转换为十进制数。

解： $(1001111)_2 = 1\times2^6 + 0\times2^5 + 0\times2^4 + 1\times2^3 + 1\times2^2 + 1\times2^1 + 1\times2^0 = (79)_{10}$

$(246)_8 = 2\times8^2 + 4\times8^1 + 6\times8^0 = (166)_{10}$

$(8E)_{16} = 8\times16^1 + 14\times16^0 = (142)_{10}$

3. 码制

码制是指利用二进制代码表示数字或符号的编码规则。在数字系统中，各种数据、信息、文档、符号等，都必须转换成二进制数字符号来表示，这个过程称为编码。这些特定的二进制数字符号称为二进制代码。用四位二进制代码表示一位十进制数的编码方法，称为二-十进制代码，或称 BCD 码。BCD 码有多种形式，常用的有 8421 码、2421 码、5421 码及余 3 码，见表 6-2。

表 6-2　几种常用的 BCD 码

代码种类 十进制数	8421 码	2421（A）码	2421（B）码	5421 码	余 3 码
0	0000	0000	0000	0000	0011
1	0001	0001	0001	0001	0100
2	0010	0010	0010	0010	0101
3	0011	0011	0011	0011	0110
4	0100	0100	0100	0100	0111
5	0101	0101	1011	1000	1000
6	0110	0110	1100	1001	1001
7	0111	0111	1101	1010	1010
8	1000	1110	1110	1011	1011
9	1001	1111	1111	1100	1100
权	8421	2421	2421	5421	

（1）8421 码　8421 码是恒权代码，用四位二进制代码表示一位十进制数，从高位到低位各位的权分别为 8、4、2、1，即 2^3、2^2、2^1、2^0。它们代表的值为 $M = K_3 \times 2^3 + K_2 \times 2^2 + K_1 \times 2^1 + K_0 \times 2^0$，与普通四位二进制数权值相同。但在 8421 码中只利用了四位二进制数 0000 ~ 1111 十六种组合的前十种 0000 ~ 1001，分别表示 0 ~ 9 十个数码，其余 6 种组合 1010 ~ 1111 是无效的。8421 码与十进制间直接按各位转换。

$(8\quad 6)_{10} = (10000110)$ BCD

↓　↓

1000　0110

（2）2421 码和 5421 码　2421 码和 5421 码也属于恒权码，也是用四位二进制数代表一位十进制数，从高位到低各位的权分别为 2、4、2、1 和 5、4、2、1。由表 6-2 可见 2421 码分为 A 码和 B 码，在 2421（B）码中 0 和 9，1 和 8，2 和 7，3 和 6，4 和 5 互为反码。

设各位系数为 K_3、K_2、K_1、K_0，则它们所代表的值分别为

$$(M)2421 = K_3 \times 2 + K_2 \times 4 + K_1 \times 2 + K_0 \times 1$$

$$(M)5421 = K_3 \times 5 + K_2 \times 4 + K_3 \times 2 + K_0 \times 1$$

（3）余 3 码　余 3 码是无权码，每位无固定权值。它也是用四位二进制数代表一位十进制数，但不能由各位二进制数的权求得代表的十进制数。它们组成的四位二进制数比它代表的十进制数多 3，它是将普通的四位二进制数的首尾 3 组去掉而得到（即去掉 0000、0001、0010、1101、1110、1111），故称余 3 码。由表 6-2 可见，这种码对应 0 和 9，1 和 8，2 和 7，3 和 6，4 和 5 各位也是互为反码。

如 $(86.2)_{10}=(1011\ 1001.0101)_{余3码}$

（4）格雷码　格雷码又称循环码，是无权码。它有多种编码形式，但有一个特点：相邻两个代码之间仅有一位不同，且以中间为对称的两个代码也只有一位不同。当计数状态按格雷码递增或递减时，每次状态更新仅有一位代码变化，减少了出错的可能性。实际应用中很有意义。表6-3为四位循环码编码表。

表6-3　四位循环码编码表

十进制数	循环码	十进制数	循环码
0	0000	8	1100
1	0001	9	1101
2	0011	10	1111
3	0010	11	1110
4	0110	12	1010
5	0111	13	1011
6	0101	14	1001
7	0100	15	1000

6.2.2　逻辑代数的基本概念、公式和定律

1. 三种基本逻辑关系

（1）基本概念

1）逻辑常量与变量：逻辑常量只有两个，即0和1，用来表示两个对立的逻辑状态。逻辑变量与普通代数一样，也可以用字母、符号、数字及其组合来表示，但它们之间有着本质区别，因为逻辑变量的取值只有两个，即0和1，而没有中间值。

2）逻辑运算：在逻辑代数中，有与、或、非三种基本逻辑运算。表示逻辑运算的方法有多种，如语句描述、逻辑代数式、真值表及卡诺图等。

3）逻辑函数：逻辑函数是由逻辑变量、常量通过运算符连接起来的代数式。同样，逻辑函数也可以用表格和图形的形式表示。

4）逻辑代数：逻辑代数是研究逻辑函数运算和化简的一种数学系统。逻辑函数的运算和化简是数字电路课程的基础，也是数字电路分析和设计的关键。

下面分别介绍三种基本的逻辑运算关系。

（2）与运算　与运算又叫“逻辑乘”，它所对应的逻辑关系为：只有当一件事情（灯 Y 亮）的几个条件（开关 A 与 B 都接通）全部具备之后，这件事情才会发生，这种关系称与运算。

现用图6-1所示的开关串联控制电路来描述“与逻辑”关系。设开关 A、B 闭合为1，打开为0；灯 Y 亮为1，灭为0。Y 是 A、B 的函数，当且仅当 $A=B=1$（都闭合）时，Y 才等于1（亮），真值表见表6-4。

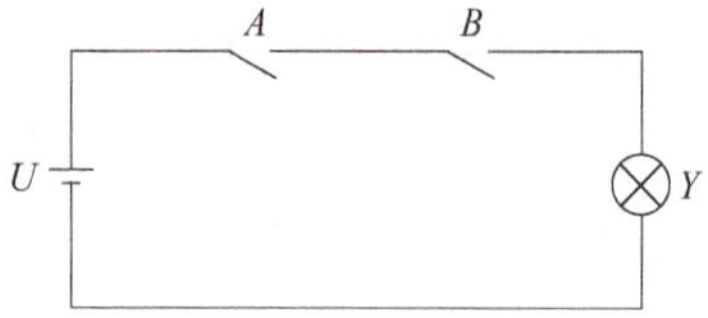

图 6-1 开关串联控制电路

表 6-4 与运算真值表

A	B	$Y=A\cdot B$
0	0	0
0	1	0
1	0	0
1	1	1

根据表 6-4 可以得出与运算逻辑函数表达式为 $Y=A\cdot B$

其逻辑符号如图 6-2 所示。

(3) 或运算 或运算又称为“逻辑加”，它所对应的逻辑关系为：当一件事情（灯 Y 亮）的几个条件（开关 A、B 接通）中只要有一个条件得到满足，这件事就会发生，这种关系称为或运算。

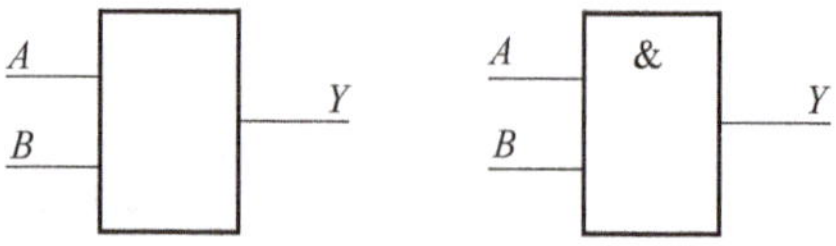

a) 常用符号 b) 国际符号

图 6-2 与运算逻辑符号

现用图 6-3 所示的开关并联控制电路来描述“或逻辑”关系。

设开关 A、B 闭合为 1，打开为 0；灯 Y 亮为 1，灭为 0。当 $A=1$ 或 $B=1$ 或 $A=B=1$ 时，灯都会亮。真值表见表 6-5。

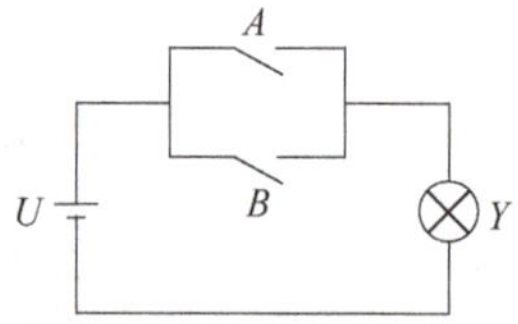

图 6-3 并联控制电路

表 6-5 或运算真值表

A	B	$Y=A+B$
0	0	0
0	1	1
1	0	1
1	1	1

根据表 6-5 可以得出或运算逻辑函数表达式为 $Y=A+B$

其逻辑符号如图 6-4 所示。

(4) 非运算 非运算又称求反运算。它所对应的逻辑关系为：一件事情（灯亮）的发生是以其相反的条件为依据。这种逻辑关系为非运算。

现用图 6-5 所示的灯与开关并联电路来描述“非逻辑”关系。设 A 闭合为 1，打开为 0；灯 Y 亮为 1，灯灭为 0。当 A 等于 1 时，灯被旁路，$Y=0$；而 A 等于 0 时，电流流过灯，$Y=1$。真值表见表 6-6。

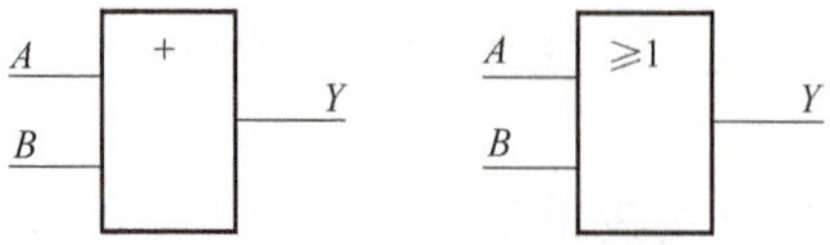

a) 常用符号 b) 国际符号

图 6-4 或运算逻辑符号

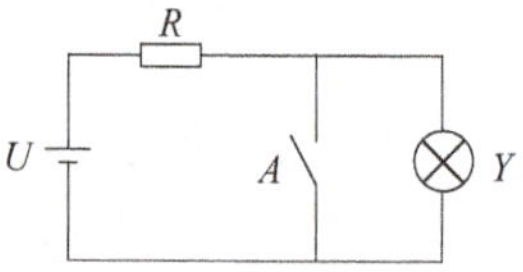

图 6-5 灯与开关并联电路

根据表6-6可以得出非运算逻辑函数表达式为　$Y=\overline{A}$

其逻辑符号如图6-6所示。

表6-6　非运算真值表

A	$Y=\overline{A}$
0	1
1	0

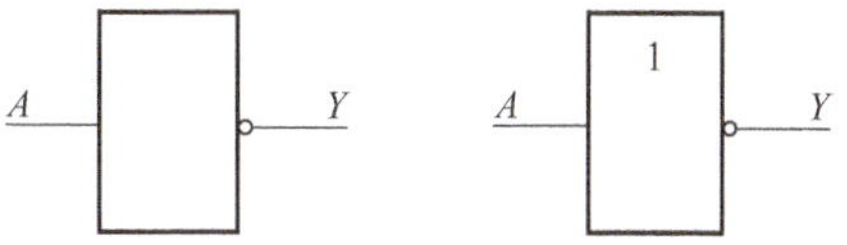

a) 常用符号　　b) 国际符号

图6-6　非运算逻辑符号

上述三种运算是逻辑代数的基本运算，由它们可以组成复合逻辑运算。常用的有与非、或非、与或非、异或、同或等，将在下文中作详细介绍。

2. 逻辑代数的基本公式

(1) 常量之间的关系　因为逻辑变量的取值是0和1，而逻辑代数中只有0和1两个常量，最基本的逻辑运算是与、或、非三种，因而常量之间的关系也只有与、或、非三种。

公式1：$0\cdot0=0$　公式2：$0\cdot1=0$　公式3：$1\cdot0=0$　公式4：$1\cdot1=1$

公式5：$0+0=0$　公式6：$0+1=1$　公式7：$1+0=1$　公式8：$1+1=1$

公式9：$\overline{0}=1$　公式10：$\overline{1}=0$

(2) 常量和变量之间的关系

公式11：$A\cdot1=A$　公式12：$A\cdot0=0$　公式13：$A+1=1$　公式14：$A+0=A$

公式15：$A\cdot\overline{A}=0$　公式16：$A+\overline{A}=1$　公式17：$A+A=A$　公式18：$A\cdot A=A$

公式19：$\overline{\overline{A}}=A$　公式20：$A\cdot B+A\cdot\overline{B}=A$　公式21：$A+A\cdot B=A$

公式22：$A+\overline{A}\cdot B=A+B$　公式23：$A\cdot B+\overline{A}\cdot C+B\cdot C=A\cdot B+\overline{A}\cdot C$

(3) 逻辑代数的基本定律

0-1律：$A\cdot1=A$　　$A+0=A$

$A\cdot0=0$　　$A+1=1$

交换律：$A\cdot B=B\cdot A$　　$A+B=B+A$

结合律：$(A\cdot B)\cdot C=A\cdot(B\cdot C)$　　$(A+B)+C=A+(B+C)$

分配律：$A\cdot(B+C)=A\cdot B+A\cdot C$　　$A+B\cdot C=(A+B)\cdot(A+C)$

互补律：$A\cdot\overline{A}=0$　　$A+\overline{A}=1$

重叠律：$A\cdot A=A$　　$A+A=A$

反演律（德·摩根定理）：$\overline{A\cdot B}=\overline{A}+\overline{B}$　　$\overline{A+B}=\overline{A}\cdot\overline{B}$

吸收律：$A\cdot(A+B)=A$　　$A+A\cdot B=A$

$(A+B)\cdot(A+C)=A+BC$　　$A+\overline{A}\cdot B=A+B$

还原律：$\overline{\overline{A}}=A$

需要注意的是，上述基本公式只反映逻辑关系，而不是数量之间的关系，因此，初等代数中的移项规则不能使用。根据逻辑代数基本运算规则从上述定律中可以得到更多的公式，从而扩充基本定律的使用范围。

3. 逻辑代数的基本运算规则

(1) 代入规则　在任何逻辑等式中，如果等式两边所有出现某一变量的地方，都用一个函数替代，则等式仍然成立。这个规则称为代入规则。

利用代入规则可以扩展公式和证明恒等式，从而扩大了等式的应用范围。

例 6-7　证明：$\overline{A\cdot B\cdot C}=\overline{A}+\overline{B}+\overline{C}$

证： 因为 $\overline{A\cdot B}=\overline{A}+\overline{B}$，若用 $Y=B\cdot C$ 根据代入规则，则有 $\overline{A\cdot Y}=\overline{A}+\overline{Y}=\overline{A}+\overline{B\cdot C}=\overline{A}+\overline{B}+\overline{C}$

所以 $\overline{A\cdot B\cdot C}=\overline{A}+\overline{B}+\overline{C}$

(2) 反演规则　对于任何一个逻辑函数式 Y，若将式中所有的“·”换成“+”，“+”换成“·”，0 换成 1，1 换成 0，原变量换成反变量，反变量换成原变量，那么所得到的结果为 $\overline{Y}$。这一规则称为反演规则。利用反演规则可以很方便地求出一个逻辑函数的反函数。在使用反演规则时应保持原来的运算顺序，而且不属于单个变量上的非号保持不变。

在使用反演规则求反函数时，应需要注意的问题：

1）注意运算的顺序：先括号，再与，再或；

2）不是一个变量上的非号保持不变。

例 6-8　求 $Y=A\cdot\overline{B\cdot\overline{C}+\overline{B\cdot\overline{C\cdot\overline{D}}}}$ 的反函数。

解： $\overline{Y}=\overline{A}+\overline{(\overline{B}+C)\cdot\overline{(\overline{B}+\overline{\overline{C}+D})}}$

(3) 对偶规则　对于任何一个逻辑函数式 Y，若将式中所有的“·”换成“+”，“+”换成“·”，0 换成 1，1 换成 0，就可以得到一个新的逻辑式 Y'，则 Y 和 Y' 互为对偶式。如果两个逻辑式相等，那么它们的对偶式也一定相等，这就是对偶规则。利用对偶规则可以证明恒等式。

例 6-9　求 $Y=A\cdot\overline{B\cdot\overline{C}+\overline{B\cdot\overline{C\cdot\overline{D}}}}$ 的对偶式。

解： $Y'=A+\overline{(B+\overline{C})\cdot\overline{(B+\overline{C+\overline{D}})}}$

6.2.3　逻辑函数表示方法及相互转换

逻辑函数反映了输入逻辑变量与输出逻辑变量之间的逻辑关系，或称因果关系。设某一逻辑系统输入逻辑变量为 A_1、A_2、…、A_n，输出逻辑变量为 Y。当 A_1、A_2、…、A_n 取值确定后，Y 的值就唯一地被确定下来，则称 Y 是 A_1、A_2、…、A_n 的逻辑函数。函数式为 $Y=F(A_1, A_2, \cdots, A_n)$。

逻辑变量和逻辑函数都只有 0 和 1 两种取值，逻辑函数常用表示方法有逻辑函数表达式、真值表、逻辑图、卡诺图和波形图，并且可以相互任意转换。在使用时，可以根据具体情况选用最简捷或最适当的一种方法来表示所研究的逻辑函数。

1. 逻辑函数常用表示方法

(1) 逻辑函数表达式　将逻辑变量用与、或、非等逻辑运算组合起来就是逻辑函数表达式，例如：$Y=A\overline{B}+\overline{A}B$，用逻辑函数表达式表达的特点是直接反映各个逻辑变量间的运算关系，便于化简、运算、变换。但它不能直接反映变量取值的对应关系，而且一个逻辑函数通常有多种函数表达式，一般取两种表达形式：与或式和或非式。

（2）真值表　真值表是将输入逻辑变量各种可能的取值组合下分别对应的函数值全部排列在一起组成的表格，如：逻辑函数 $Y=A\cdot B$。因为每个逻辑变量都有两种取值 0 和 1，所以 A、B 有四种可能的组合，每种组合下可得到一个逻辑函数的值，结果见表 6-7，即为 $Y=A\cdot B$ 的真值表。

真值表能直观地反映变量取值和函数值的对应关系。给出逻辑问题后，很容易直接列出真值表，但对多个变量的函数，列表比较麻烦。

（3）逻辑图　逻辑图就是用规定的逻辑符号表示逻辑函数的运算关系。利用三种最基本的逻辑符号可以画出 $Y=A\overline{B}+\overline{A}B$ 的逻辑图，如图 6-7 所示。

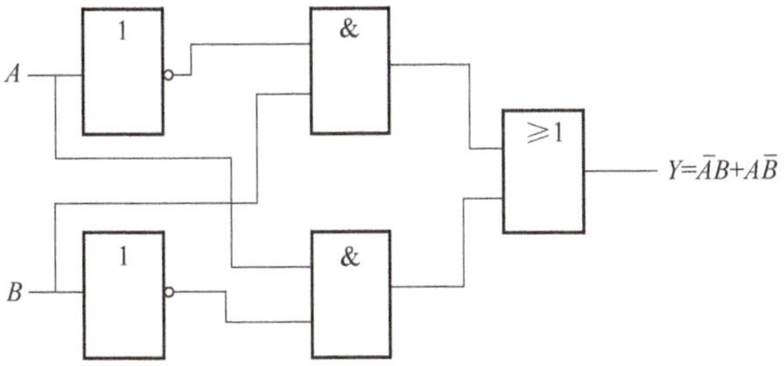

图 6-7　逻辑图

表 6-7　$Y=A\cdot B$ 真值表

变量		函数
A	B	Y
0	0	0
0	1	0
1	0	0
1	1	1

逻辑图与数字电路与门、或门、非门器件有直接对应关系，也可作为逻辑原理图，便于用器件实现，但同样不能运算和变换。

（4）波形图　波形图是根据逻辑变量与函数的逻辑关系，在给出输入变量随时间变化的波形后，用电平的高、低变化描述输出变量随时间变化的波形。它反映了输入与输出信号间的对应关系，又称**时序图**。图 6-8 所示为给出 A、B 波形后得到的 $Y=A\overline{B}+\overline{A}B$ 的对应波形图，可用于对电路的测试、动态分析，但不能直接表示变量间的逻辑关系。

（5）卡诺图　卡诺图是用图形表示逻辑函数的方法，又称**图形法**。卡诺图是对逻辑函数化简的主要方法之一，它可以直观、完整地描述函数的逻辑关系。

2. 逻辑函数表示方法的相互转换

逻辑函数的几种描述方法各有特点，它们之间可以相互转化，转换方法如下。

（1）由真值表写函数表达式　将函数值为 1 的项，各写一个与项，用 1 代表原变量，用 0 代表反变量。所有函数值为 1 的项之间用或的关系表示，写成与或表达式。例如由表 6-8可得：$Y=A\overline{B}+\overline{A}B$。

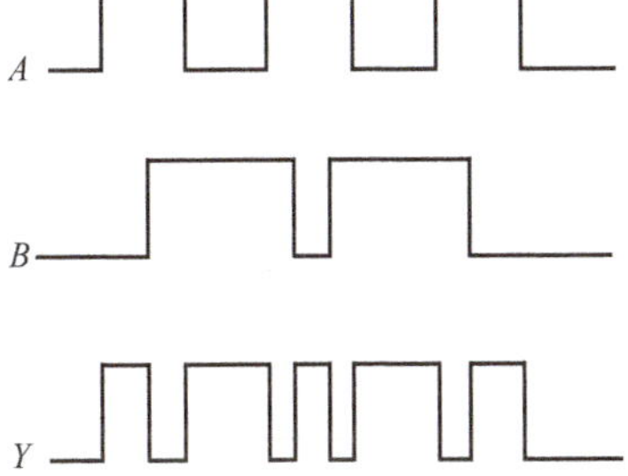

图 6-8　波形图

表 6-8　真值表

A	B	Y
0	0	0
0	1	1
1	0	1
1	1	0

（2）由函数表达式列真值表　将变量所有取值组合列于真值表中，原变量表示1，反变量表示0。根据函数表达式计算所有取值组合对应的函数值。例如：$Y=A\bar{B}+\bar{A}B$ 其中 A、B 所有组合为：00、01、10、11，在取值为01和10时，$Y=1$；而00和11取值时，$Y=0$。

（3）由函数表达式画逻辑图　用相应逻辑符号表示逻辑函数表达式可得到相应的逻辑图，如上例可得图6-9所示。

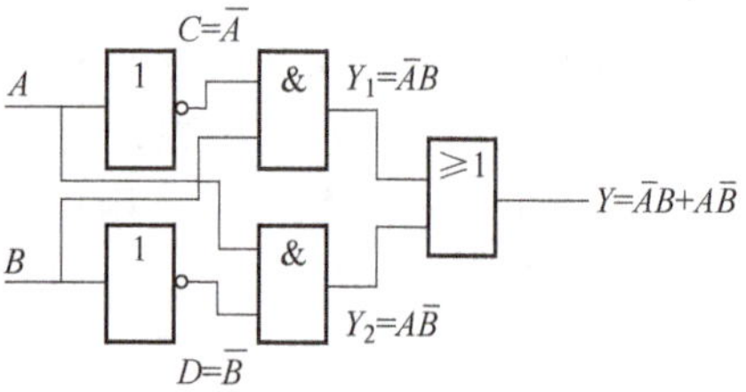

图6-9　函数表达式转换逻辑图

（4）由逻辑图写函数表达式　由逻辑图输入端逐级写出各逻辑符号输出端的表达式。

由图6-9可得：$C=\bar{A}$，$D=\bar{B}$，$Y_1=\bar{A}B$，$Y_2=A\bar{B}$，$Y=\bar{A}B+A\bar{B}$。

（5）由真值表或函数表达式画波形图　已知输入变量波形，根据真值表或函数表达式中输入输出的对应关系画出波形图。如图6-8所示。

6.2.4　逻辑函数的化简

1. 逻辑函数化简的意义及其最简形式

逻辑函数的化简是分析和设计数字系统的重要步骤。化简的目的是利用上述公式、规则和图形通过等价逻辑变换，使逻辑函数式成为最简式，从而使用最少的元器件实现设计的数字电路的逻辑功能。

不同条件下化简得到的结果有不同的形式。可以是最简与或式、或与式、与或非式、与非-与非式、或非-或非式等，但它们的逻辑功能是相同的。最常用的是最简与或式和或与式。

最简式的标准是指表达式中项数最少，而且每项内变量的个数也是最少。有了与或式可以通过变换，得到其他所需形式的表达式。

例如：$Y=AB+\bar{B}C$　　与或式

$=AB+\bar{B}C+AC=(B+C)(\bar{B}+A)$　　或与式

$=\overline{\overline{AB+\bar{B}C}}=\overline{\overline{AB}\cdot\overline{\bar{B}C}}$　　与非-与非式

$=\overline{\overline{(B+C)(\bar{B}+A)}}=\overline{\overline{B+C}+\overline{\bar{B}+A}}$　　或非-或非式

$=\overline{\bar{B}\cdot\bar{C}+\bar{A}\cdot B}$　　与或非式

由以上五种表达式可见，与或式最简单，实现起来所用元器件最少。

2. 逻辑函数的公式化简法

公式化简是利用逻辑函数的基本公式、定律、常用公式化简函数，消去函数式中多余的乘积项和每个乘积项中多余的因子，使之成为最简“与或”式。公式化简过程中常用以下几种方法。

（1）吸收法

利用公式：$A+AB=A$　　（消去多余的乘积项 AB）

例6-10　$Y=AB+ABCD$

$=AB(1+CD)$

$=AB$

（2）并项法

利用公式：$A+\overline{A}=1$　　（将两项合并为一项，消去一个变量）

例 6-11　$Y=ABC+A\overline{B}C+\overline{AC}$

$=AC(B+\overline{B})+\overline{AC}$

$=AC+\overline{AC}=1$

（3）消去冗余项法

利用公式：$AB+\overline{A}C+BC=AB+\overline{A}C$　　（将冗余项 BC 消去）

例 6-12　$Y=A\overline{B}+\overline{A}C+\overline{B}CD$　　（消去冗余项 BC）

$=A\overline{B}+\overline{A}C+\overline{B}C+\overline{B}CD$

$=A\overline{B}+\overline{A}C+\overline{B}C(1+D)$

$=A\overline{B}+\overline{A}C$

（4）配项法

利用公式：$A+\overline{A}=1$　　（某项乘以等于 1 的项配上所缺的因子）

利用公式：$A+A=A$　　（为使某项能合并）

利用公式：$A\cdot\overline{A}=0$　　（添加等于 0 的项便于合并）

例 6-13　$Y=A\overline{B}+B\overline{C}+\overline{B}C+\overline{A}B$

$=A\overline{B}+B\overline{C}+\overline{B}C(A+\overline{A})+\overline{A}B(C+\overline{C})$

$=A\overline{B}+B\overline{C}+A\overline{B}C+\overline{A}\,\overline{B}C+\overline{A}BC+\overline{A}B\overline{C}$

$=A\overline{B}(1+C)+B\overline{C}(1+\overline{A})+\overline{A}C(B+\overline{B})$

$=A\overline{B}+B\overline{C}+\overline{A}C$

例 6-14　$Y=ABC+AB\overline{C}+A\overline{B}C+\overline{A}BC$

$=ABC+ABC+ABC+AB\overline{C}+A\overline{B}C+\overline{A}BC$

$=AB(C+\overline{C})+AC(B+\overline{B})+BC(A+\overline{A})$

$=AB+AC+BC$

化简函数时，应将上述公式综合灵活应用，以得到较好的结果。这不仅要熟悉公式、定律，还要有一定的运算技巧，但是难以判断所得结果是否为最简式。因而在化简复杂函数时，更多地采用图形法化简。

3. 逻辑函数的卡诺图化简法

卡诺图化简法是将逻辑函数用卡诺图表示，在图上进行函数化简，它既简便又直观，是逻辑函数常用的化简方法。

（1）逻辑函数的最小项　逻辑函数最小项的定义：在 n 个变量组成的乘积项中，若每个变量都以原变量或反变量的形式作为一个因子出现一次，那么该乘积项称为 n 变量的一个最小项。根据最小项的定义，二变量 A、B 的最小项有 AB、$A\overline{B}$、$\overline{A}B$、$\overline{A}\,\overline{B}$，三变量的最小项有 ABC、$AB\overline{C}$、$A\overline{B}C$、$A\overline{B}\,\overline{C}$、$\overline{A}BC$、$\overline{A}B\overline{C}$、$\overline{A}\,\overline{B}C$、$\overline{A}\,\overline{B}\,\overline{C}$。$n$ 个变量的最小项有 2^n 个。

为了便于书写，通常用 m_i 对最小项编号。如把某最小项中原变量记为 1，反变量记 0，该最小项按确定的顺序排列成一个二进制数，则与该二进制数对应的十进制数就是下标 i 的值。如三变量最小项 $\overline{A}BC$ 的取值组合为 011，对应的十进制数为 3，则该项的编号为 m_3。按此原则，三变量的全部 8 个最小项的编号分别为 m_0、m_1、m_2、m_3、m_4、m_5、m_6、m_7。

表6-9为三变量A、B、C不同取值组合时的全部最小项真值表。

表6-9 三变量A、B、C不同取值组合时的全部最小项真值表

变量取值 $A\ B\ C$	m_0	m_1	m_2	m_3	m_4	m_5	m_6	m_7
	$\overline{A}\,\overline{B}\,\overline{C}$	$\overline{A}\,\overline{B}C$	$\overline{A}B\overline{C}$	$\overline{A}BC$	$A\overline{B}\,\overline{C}$	$A\overline{B}C$	$AB\overline{C}$	ABC
0 0 0	1	0	0	0	0	0	0	0
0 0 1	0	1	0	0	0	0	0	0
0 1 0	0	0	1	0	0	0	0	0
0 1 1	0	0	0	1	0	0	0	0
1 0 0	0	0	0	0	1	0	0	0
1 0 1	0	0	0	0	0	1	0	0
1 1 0	0	0	0	0	0	0	1	0
1 1 1	0	0	0	0	0	0	0	1

从表6-9中可得到最小项的三个重要性质：

1）任何一组变量取值下，只有一个最小项的对应值为1，其他最小项的值均为0。

2）任何两个不同的最小项的乘积为0。

3）任何一组变量取值下，全部最小项的和为1。

（2）逻辑函数最小项表达式　任何一个逻辑函数都可以表示为一组最小项的和的形式，称为最小项表达式或标准与或式。如果函数式中某些项不是最小项形式，可以化成最小项。方法是在不是最小项形式的乘积项中乘以（$X+\overline{X}$），补齐所缺因子，便可以得到最小项表达式，因而任何一个n变量的逻辑函数都有一个且仅有一个最小项表达式。

例6-15　将逻辑函数$Y=A\overline{B}+BC$化成最小项表达式。

解：

$$
\begin{aligned}
Y &= A\overline{B}+BC \\
&= A\overline{B}(C+\overline{C})+BC(A+\overline{A}) \\
&= A\overline{B}C+A\overline{B}\,\overline{C}+ABC+\overline{A}BC \\
&= m_3+m_4+m_5+m_7 \\
&= \sum m(3,4,5,7)
\end{aligned}
$$

（3）逻辑函数的卡诺图化简法　逻辑函数的卡诺图化简法也称为图形化简法，它是将逻辑函数用卡诺图表示，并在图上进行化简的方法。

1）卡诺图的构成。卡诺图是由美国工程师卡诺（Karnaugh）设计的，故称为卡诺图。它是最小项的方格图，每个小方格中填入一个最小项。n个变量的卡诺图有2^n个小方格组成矩形或正方形，图中横方向和纵方向的变量取值按照逻辑相邻性排列，具有几何对称的最小项也具有相邻性，这是构成卡诺图的关键。

所谓逻辑相邻性是指：由n个变量组成的2^n个最小项中，如果两个最小项仅有一个因子不同，其余因子均相同，则称这两个最小项为逻辑相邻项。如ABC和$\overline{A}BC$、$AB\overline{C}$和ABC等，图6-10a、b、c、d、e分别为二变量、三变量、四变量、五变量卡诺图。

A \ B	0	1
0	m_0	m_1
1	m_2	m_3

a)

A \ BC	00	01	11	10
0	m_0	m_1	m_3	m_2
1	m_4	m_5	m_7	m_6

b)

AB \ CD	00	01	11	10
00	m_0	m_1	m_3	m_2
01	m_4	m_5	m_7	m_6
11	m_{12}	m_{13}	m_{15}	m_{14}
10	m_8	m_9	m_{11}	m_{10}

c)

AB \ CDE	000	001	011	010	110	111	101	100
00	m_0	m_1	m_3	m_2	m_6	m_7	m_5	m_4
01	m_8	m_9	m_{11}	m_{10}	m_{14}	m_{15}	m_{13}	m_{12}
11	m_{24}	m_{25}	m_{27}	m_{26}	m_{30}	m_{31}	m_{29}	m_{28}
10	m_{16}	m_{17}	m_{19}	m_{18}	m_{22}	m_{23}	m_{21}	m_{20}

d)

BC \ DE	00	01	11	10
00	m_0	m_1	m_3	m_2
01	m_4	m_5	m_7	m_6
11	m_{12}	m_{13}	m_{15}	m_{14}
10	m_8	m_9	m_{11}	m_{10}

A=0

BC \ DE	00	01	11	10
00	m_{16}	m_{17}	m_{19}	m_{18}
01	m_{20}	m_{21}	m_{23}	m_{22}
11	m_{28}	m_{29}	m_{31}	m_{30}
10	m_{24}	m_{25}	m_{27}	m_{26}

A=1

e)

图 6-10 卡诺图

五变量卡诺图有两种画法，如图 6-10d 和图 6-10e 所示。五变量以上的逻辑函数卡诺图，可按同样原则绘制，但变量越多图形越复杂，并且函数中逻辑相邻性不易判断，所以较少采用卡诺图化简。

2）逻辑函数的卡诺图。

用卡诺图表示逻辑函数，通常有三种情况：

① 直接给出逻辑函数真值表：在卡诺图中对应于变量取值组合的每个小方格内，根据真值表中的函数值直接填入，是 1 的填 1，是 0 的填 0 或不填。

② 给出逻辑函数的最小项表达式：在对应于函数最小项的每个小方格中直接填 1，其他给定函数中不包含的最小项方格中填 0 或不填。

③ 给出的不是最小项表达式：首先将函数变换成最小项表达式（或者变换成与或式），在卡诺图中对应的最小项方格中填入 1（或把每个乘积项包含的最小项处都填入 1），剩下的填 0 或不填。

例 6-16 用卡诺图表示下列逻辑函数。

$$Y_1 = A\overline{B} + \overline{A}B$$

$$Y_2 = \sum(0,2,5,7)$$

$$Y_3 = \overline{A}B\overline{C} + ABC + A\overline{C}D + ABD$$

解：Y_1、Y_2、Y_3 的卡诺图如图 6-11 所示。

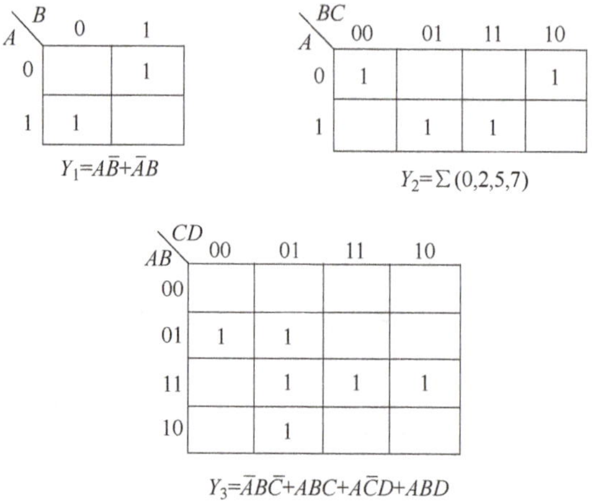

图 6-11 例题 6-16 图

3）逻辑函数的卡诺图化简法。

利用卡诺图能够直观地将逻辑相邻项中不同的因子，利用公式 $AB+A\overline{B}=A$，将其合并，消去不同因子，保留公因子，从而化简函数。

① 将卡诺图中两个填入 1 的相邻最小项合并为一项，消去一个变量，如图 6-12 所示。

② 将卡诺图中四个填入 1 的相邻最小项合并为一项，消去两个变量，如图 6-13 所示。

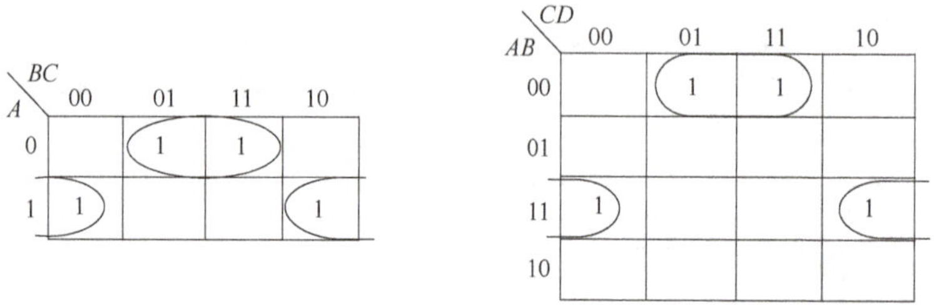

图 6-12

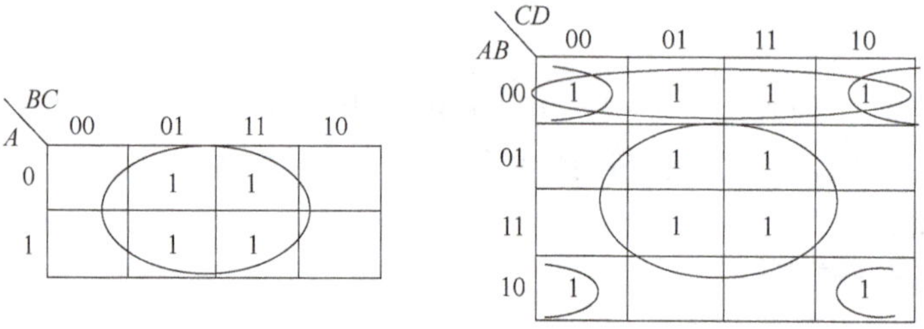

图 6-13

③ 将卡诺图中八个填入 1 的相邻最小项合并为一项，消去三个变量，如图 6-14 所示。

可见 2^i 个相邻最小项合并可以消去 i 个变量。

综合以上方法，用卡诺图化简逻辑函数步骤如下：

① 画卡诺图：根据函数中变量的个数，画出对应的函数卡诺图。

② 填最小项值：将函数中包含的变量取值组合填入相应的最小项方格中。

③ 画圈合并最小项：按照逻辑相邻性将可以合并的最小项圈起来消去不同因子。

④ 写逻辑函数表达式：由画圈合并后的结果写出逻辑

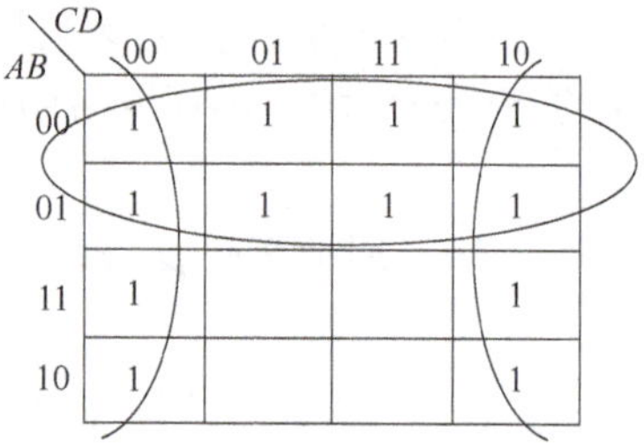

图 6-14

函数表达式，每个圈是一个乘积项。

利用逻辑函数卡诺图合并最小项应注意以下几个问题：

① 圈越大越好，圈中包含的最小项越多，消去的变量越多。

② 必须按 2^i 个最小项画圈。

③ 每个圈中至少包含一个新的最小项。

④ 必须把组成函数的所有最小项圈完。

4. 具有约束项的逻辑函数的化简

（1）约束项与约束条件

1）约束项。以上所讨论的逻辑函数，对于自变量的各种取值，都有一个确定的函数值0或1与之对应，而在实际的数字系统中，往往出现输入变量的某些取值组合，与输出函数无关，电路正常工作时它们不可能出现。这些不会出现的变量取值组合所对应的最小项称为**约束项**。而在另一些逻辑函数中，某些变量取值可以是任意的，既可以是1，也可以是0。具体取何值，应根据使函数尽量便于化简来确定，这样的最小项称为**任意项**。约束项和任意项统称为**无关项**，在函数中的取值可以取0，也可以取1。这个特殊的函数值在卡诺图上通常用 ϕ 或 × 来表示，填入相应的方格中。

2）约束条件。把所有约束项加起来构成的最小项表达式，成为约束条件。通常用等于0的条件等式表示，即 $\sum d(m_i)=0$。相当于约束项的加入不改变原最小项表达式所描述的逻辑功能。

（2）利用约束项化简逻辑函数　化简带有约束项的逻辑函数，应该充分利用约束项可以取1，也可以取0的特点，灵活地扩大卡诺圈，尽量消除变量个数和最小项的个数。但是不需要的约束项，不应单独或和全部已圈过的1作卡诺圈，避免增加多余项。

例 6-17　用卡诺图化简带约束项的函数，并写出最简与或式。

$$Y(A,B,C,D)=\sum m(0,2,7,8,13,15,)+\sum d(1,5,6,9,10,11,12)$$

解：

$$Y(A,B,C,D)=BD+\overline{B}\,\overline{D}$$

如图6-15所示。

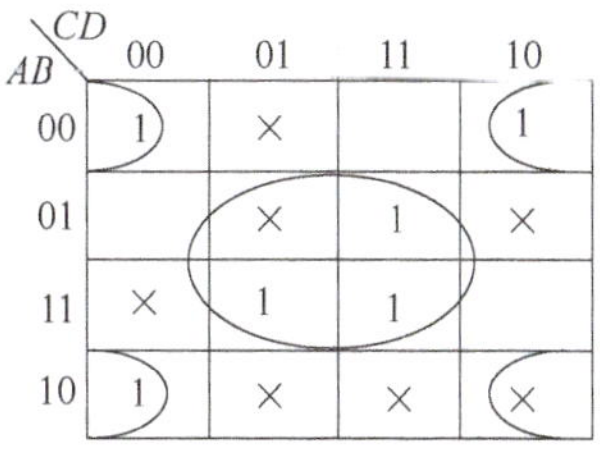

图6-15　例6-17图

例 6-18　已知函数 $Y=A\overline{B}\,\overline{C}+\overline{A}BC$，约束条件为 $AB+AC=0$，化简并写出最简与或式。

解：将已知条件变换为 $Y=\sum m(3,4)+\sum d(5,6,7)$ 填入卡诺图。

化简得

$$Y=A+BC$$

如图6-16所示。

6.2.5　TTL 集成门电路

1. 分立元器件门电路

分立元器件门电路是由分立的二极管、晶体管和MOS管以及电阻等元器件组成的门电路。如由两个二极管组成的与门、或门电路，由一个晶体管构成的非门电路，以及由它们构成的复合门，如与非门、或非门等，都属于分立元器件门电路。

（1）二极管与门电路　输入量与输出量之间能满足与逻辑关系的电路，称为与门电路。图6-17为由二极管组成的与门电路，图6-18为它的逻辑符号。图中A、B为输入端，Y为输出端。用电子电路来实现逻辑运算时，当$A=0\text{V}$，$B=0\text{V}$时，VD_1、VD_2都导通，输出的$Y=0.1\text{V}$；当$A=0\text{V}$，$B=5\text{V}$时，由于钳位作用，VD_1优先导通，VD_2反向截止，输出的$Y=0.1\text{V}$；当$A=5\text{V}$，$B=0\text{V}$时，由于钳位作用，VD_2优先导通，VD_1反向截止，输出的$Y=0.1\text{V}$；当$A=5\text{V}$，$B=5\text{V}$时，VD_1、VD_2都截止，输出的$Y=3.6\text{V}$。

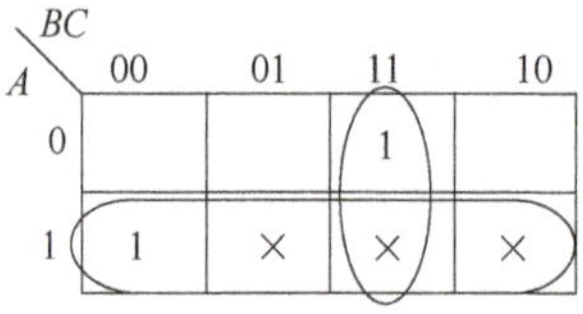

图6-16　例6-18图

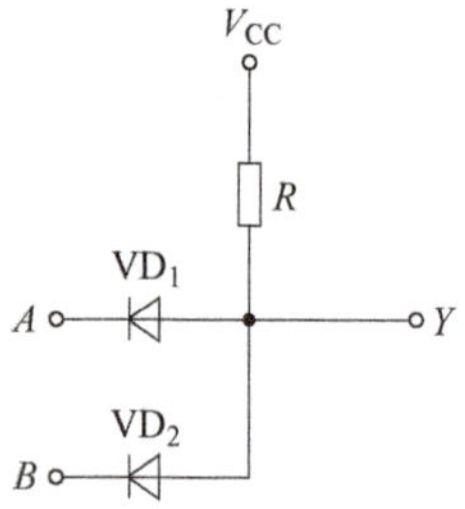

图6-17　二极管与门电路

如果高电平用逻辑“1”表示，低电平用逻辑“0”表示，利用表格描述电路输出和输入之间的逻辑关系，可得到对应的真值表，见表6-10。

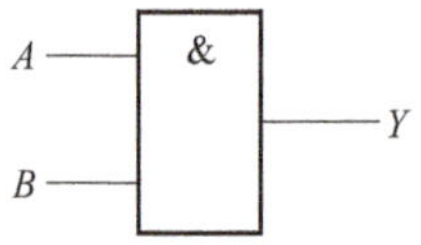

图6-18　与运算逻辑符号

表6-10　与运算真值表

A	B	$Y=A\cdot B$
0	0	0
0	1	0
1	0	0
1	1	1

由表6-10可以看出，当输入A、B中有低电平“0”时，输出Y为低电平“0”，只有当输入A、B都为高电平“1”时，输出Y才为高电平“1”。因此，图6-17电路实现了与运算，其输入输出之间的逻辑关系为$Y=A\cdot B$。

（2）二极管或门电路　输入量与输出量之间能满足或逻辑关系的电路，称为或门电路。图6-19表示由半导体二极管组成的或门电路，图6-20为它的逻辑符号。图中A、B为输入端，Y为输出端。用电子电路来实现逻辑运算时，当$A=0\text{V}$，$B=0\text{V}$时，VD_1、VD_2都截止，输出的$Y=0.1\text{V}$；当$A=0\text{V}$，$B=5\text{V}$时，由于钳位作用，VD_2优先导通，VD_1反向截止，输出的$Y=3.6\text{V}$；当$A=5\text{V}$，$B=0\text{V}$时，由于钳位作用，VD_1优先导通，VD_2反向截止，

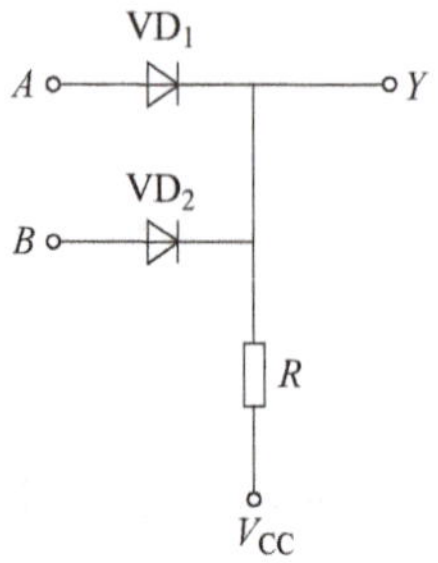

图6-19　二极管或门电路

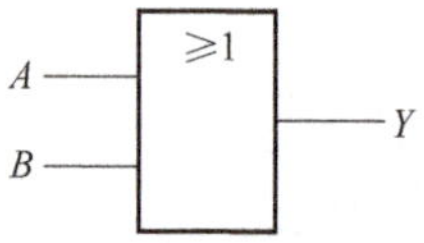

图6-20　或运算逻辑符号

输出的 $Y=3.6\mathrm{V}$；当 $A=5\mathrm{V}$，$B=5\mathrm{V}$ 时，VD_1、VD_2 都导通，输出的 $Y=3.6\mathrm{V}$。因而可以得到二极管或门电路的真值表，见表 6-11。

由表 6-11 可以看出，当输入 A、B 中全为低电平“0”时，输出 Y 为低电平“0”，只有当输入 A、B 为高电平“1”或全为高电平“1”时，输出 Y 才为高电平“1”。因此，图 6-19 电路实现了或运算，其输入输出之间的逻辑关系为 $Y=A+B$。

（3）晶体管非门电路　输入量与输出量之间能满足非逻辑关系的电路，称为非门电路。图 6-21a 表示由晶体管组成的非门电路，图 6-21b 为其逻辑符号。

表 6-11　或运算真值表

A	B	$Y=A+B$
0	0	0
0	1	1
1	0	1
1	1	1

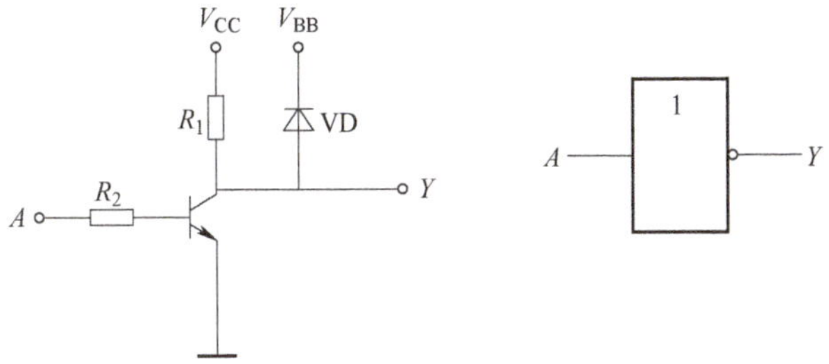

a) 非门电路　　b) 非运算逻辑符号

图 6-21　晶体管非门电路及非运算逻辑符号

通过合理设计该电路相关元器件参数，使晶体管能可靠地工作在饱和区和截止区。在理想情况下，当 $A=5\mathrm{V}$ 时，晶体管饱和导通，输出 $Y\approx0\mathrm{V}$；当 $A=0$ 时，晶体管截止，输出电压 $Y\approx5\mathrm{V}$。由此可以得到表 6-12所示的真值表。

由表 6-12 可以看出，当输入 A 为低电平“0”时，输出 Y 为高电平“1”，当输入 A 为高电平“1”时，输出 Y 才为低电平“0”。因此，图 6-21a 所示电路实现了非运算，其输入输出之间的逻辑关系为 $Y=\overline{A}$。

（4）复合门电路　将前面介绍的与门、或门和非门三种基本的逻辑电路进行适当的连接，就可以实现其他门电路逻辑功能，相应的电路统称为复合门电路。

1）与非门。将与门和非门串联便可以实现与非门电路，如图 6-22 所示，其逻辑符号如图 6-23 所示。A、B 为输入变量，Y 为输出变量，与门输出同时作为非门的输入变量。根据与门和非门的逻辑功能可得到与非门真值表，见表 6-13。

表 6-12　非运算真值表

A	$Y=\overline{A}$
0	1
1	0

表 6-13　与非运算真值表

A	B	$Y=\overline{A\cdot B}$
0	0	1
0	1	1
1	0	1
1	1	0

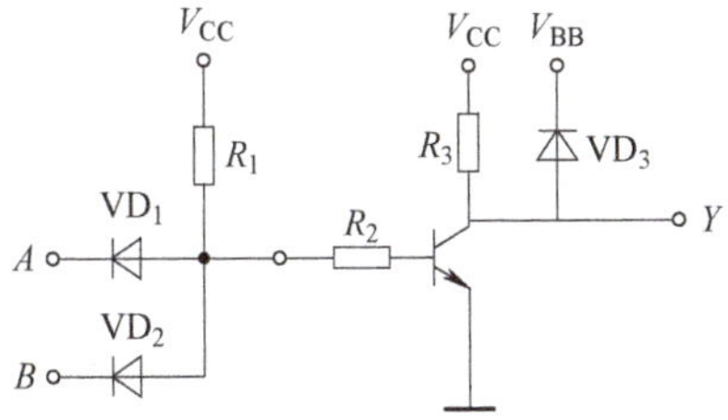

图 6-22　与非门电路

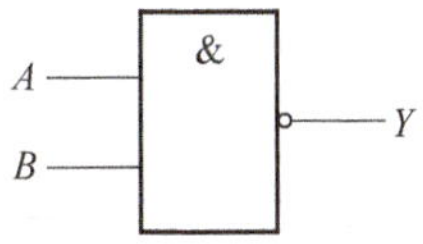

图 6-23　与非运算逻辑符号

2）或非门。将或门和非门串联便可以实现或非门电路，如图 6-24 所示，其逻辑符号如图 6-25 所示。A、B 为输入变量，Y 为输出变量，或门输出同时作为非门的输入变量。根据或门和非门的逻辑功能可得到或非门真值表，见表 6-14。

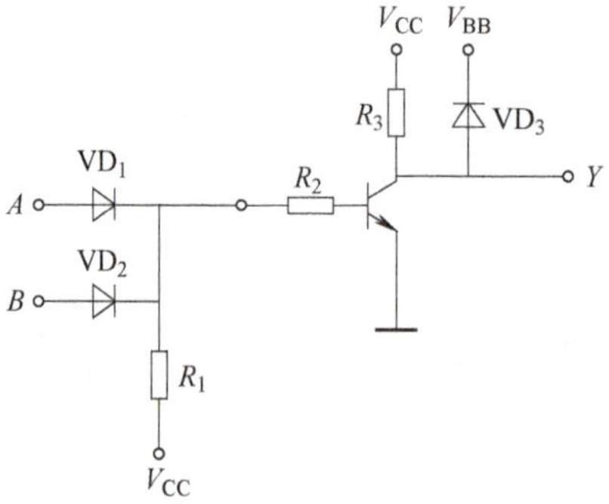

图 6-24 或非门电路

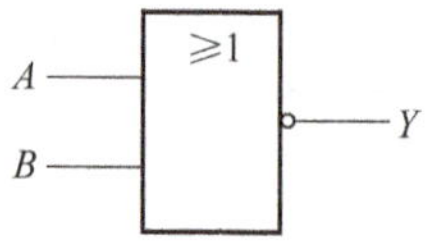

图 6-25 或非运算逻辑符号

2. TTL 集成门电路

标准 TTL 与非门电路原理如图 6-26 所示，电路由三部分组成。

表 6-14 或非运算真值表

A	B	$Y=\overline{A+B}$
0	0	1
0	1	0
1	0	0
1	1	0

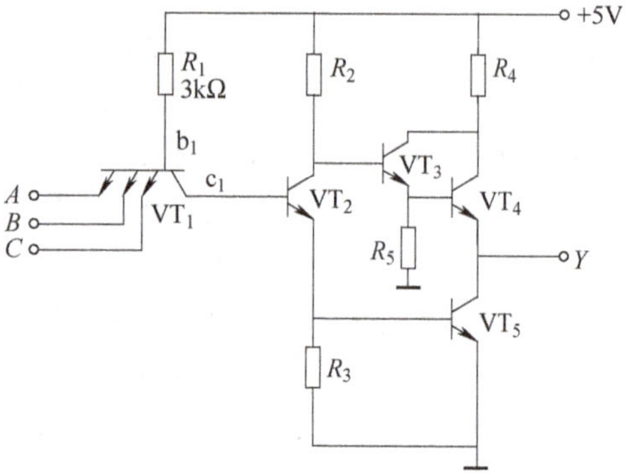

图 6-26 TTL 与非门电路图

输入级：由一个多发射极晶体管 VT_1 和电阻 R_1 构成，相当于一个与门。

中间级：由晶体管 VT_2 和电阻 R_2、R_3 组成，起反相作用，在 VT_2 的集电极和发射极各提供一个相位反相电压信号，驱动下一级电路。

输出级：它是由 VT_3、VT_4、VT_5 和 R_4、R_5 组成的。VT_3、VT_4 组成射极跟随器，同时与 VT_5 组成推挽电路，提高了电路的带负载能力。

工作原理：

1）当输入端 A、B、C 中有一个或数个低电平 $U_{IL}=0.3V$ 时，对应的发射结处于正偏导通状态，此时，VT_1 基极电位被固定在 1V 上，而 VT_1 集电结和 VT_2 发射结因正偏电压太小而工作在死区，VT_2 截止，VT_5 截止，VT_3 和 VT_4 导通，输出为高电平。

2）当输入端 A、B、C 全部为高电平 3.6V 时，电源经过 R_1 和 VT_1 的集电结向 VT_2 提供较大的基极电流，使 VT_3 和 VT_5 工作在饱和导通状态，输出为低电平。

当电路输入全部为高电平时，输出为低电平，也称电路处于开启状态；输入中有一个或一个以上为低电平时，电路输出为高电平，也称电路处于关闭状态。根据以上分析，输出与输入之间的逻辑关系为 $Y=\overline{ABC}$。

3. 常用 TTL 门电路芯片

（1）TTL 集成电路引脚识别方法　在数字电路中，常用的 TTL 集成门电路多采用双列直插式进行封装。有些软封装类集成电路采用四列扁平式封装结构。

如图 6-27 所示集成芯片引脚识别方法：将 TTL 集成门电路正面（印有集成门电路型号标记）正对自己，有缺口或有圆点的一端置向左方，左下方第一引脚即为引脚 1，按逆时针方向数，清点芯片引脚数，依次为 1、2、3、4…。

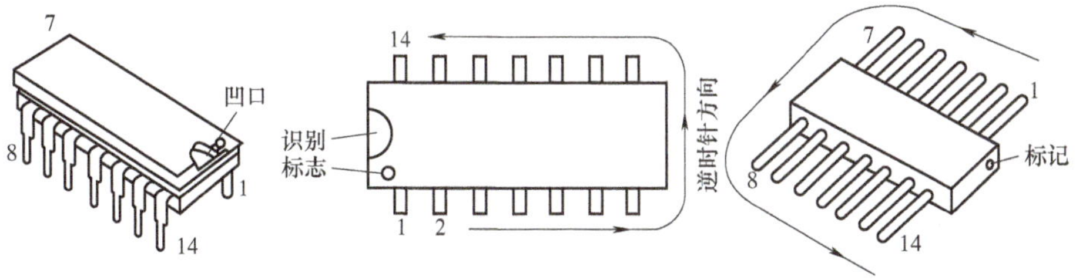

图 6-27　TTL 集成芯片引脚识别方法

（2）TTL 集成电路功能介绍

1）集成与门 74LS08。

实现与功能的集成门电路称为集成与门，例如 74LS08 是四 2 输入与门，其引脚排列及各引脚功能如图 6-28 所示。

2）集成或门 74LS32。

实现或功能的集成门电路称为集成或门，例如 74LS32 是四 2 输入或门，其引脚排列及各引脚功能如图 6-29 所示。

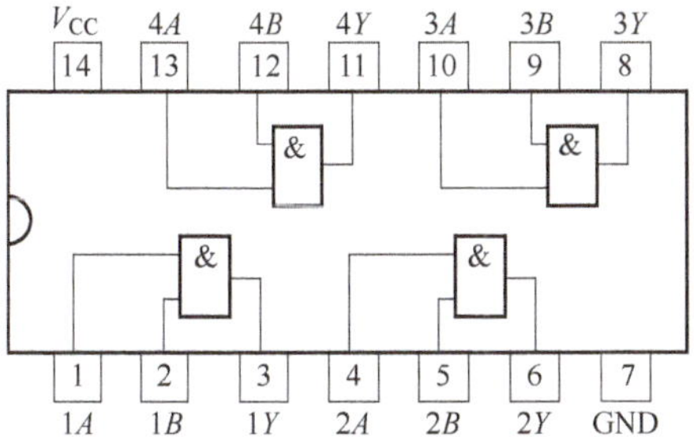

图 6-28　集成 74LS08 引脚排列及各引脚功能

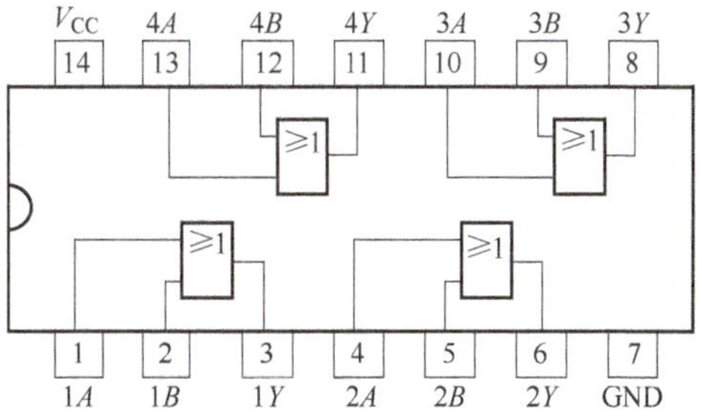

图 6-29　集成 74LS32 引脚排列及各引脚功能

3）集成非门 74LS04。

实现非功能的集成门电路称为集成非门，例如 74LS04 是六非门（六反相器），其引脚排列及各引脚功能如图 6-30 所示。

4）集成与非门 74LS00。

实现与非功能的集成门电路称为集成与非门，例如 74LS00 是四 2 输入与非门，其引脚排列及各引脚功能如图 6-31 所示。

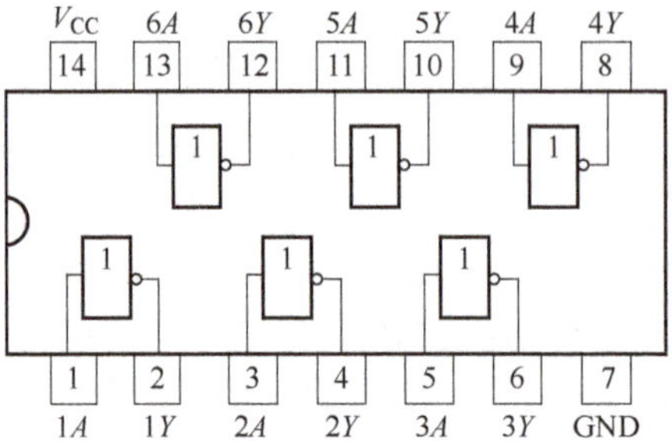

图 6-30 集成 74LS04 引脚排列及各引脚功能

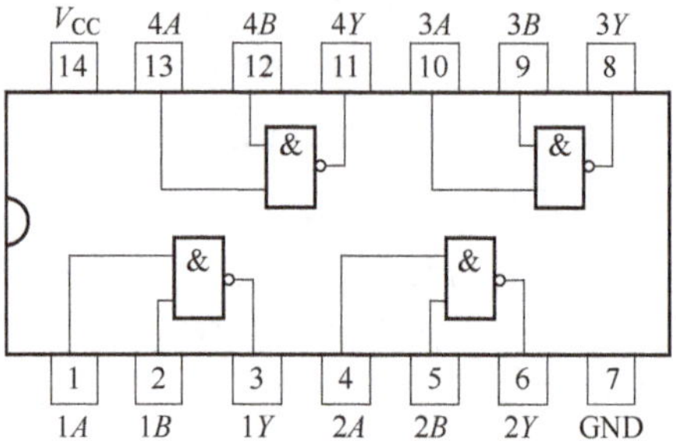

图 6-31 集成 74LS00 引脚排列及各引脚功能

另外常用的集成与非门电路还有 74LS10（三 3 输入与非门）、74LS20（二 4 输入与非门），其引脚排列及各引脚功能分别如图 6-32 和图 6-33 所示。

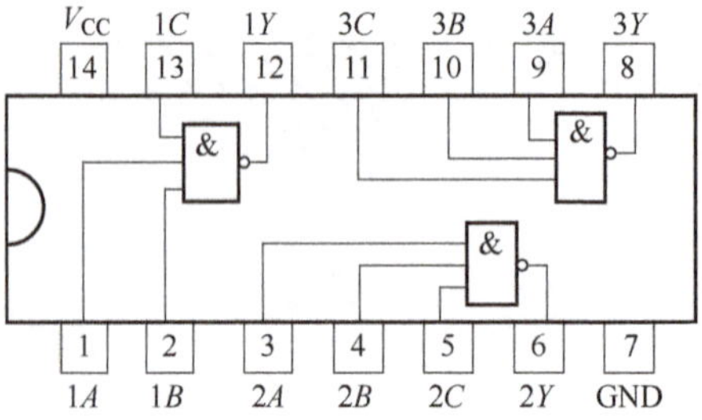

图 6-32 集成 74LS10 引脚排列及各引脚功能

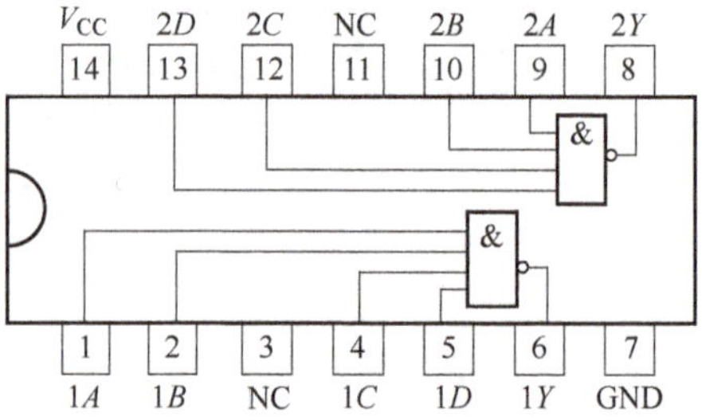

图 6-33 集成 74LS20 引脚排列及各引脚功能

5）集成或非门 74LS02。

实现或非功能的集成门电路称为集成或非门，例如 74LS02 是四 2 输入或非门，其引脚排列及各引脚功能如图 6-34 所示。

6）集成异或门 74LS86。

实现异或功能的集成门电路称为集成异或门，例如 74LS86 是四 2 输入异或门，其引脚排列及各引脚功能如图 6-35 所示。

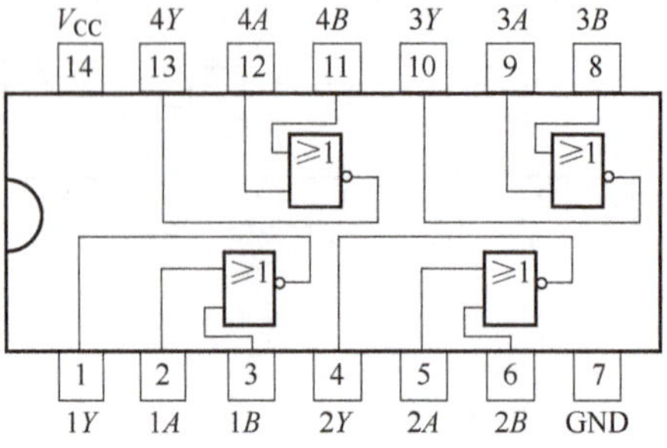

图 6-34 集成 74LS02 引脚排列及各引脚功能

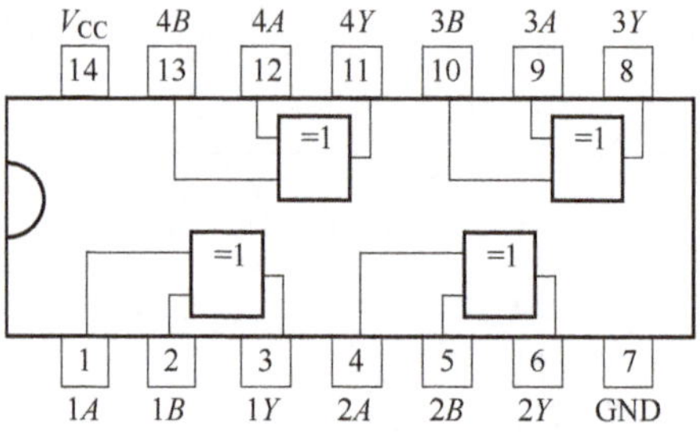

图 6-35 集成 74LS86 引脚排列及各引脚功能

6.2.6 CMOS 集成门电路

MOS 集成逻辑门是以 MOS 管作为开关器件的门电路，按所用 MOS 管的不同一般可分为三种类型：第一种是用P沟道增强型MOS管（PMOS管）构成的PMOS门电路，其工作速度较低；第二种是用N沟道增强型MOS管（NMOS管）构成的NMOS门电路，其工作速度比PMOS门电路要高，但比TTL门电路要低；第三种是由PMOS管和NMOS管按照互补对称形式连接起来构成的互补型MOS集成电路，称为CMOS电路。

MOS电路具有集成度高、制造工艺简单、电源电压使用范围宽、功耗低、抗干扰能力强、扇出系数大等优点。

1. 反相器类型

在MOS集成电路中，反相器是最基本的单元。按其结构和负载不同，大致可分为四种类型：

（1）电阻负载MOS反相器　在这种反相器中，输入器件是增强型MOS管，负载是线性电阻。这种反相器在集成电路中很少采用。

（2）E/EMOS反相器　在这种反相器中，输入器件和负载均采用增强型MOS管，所以叫增强型-增强型MOS反相器，简称E/EMOS反相器。

（3）E/DMOS反相器　在这种反相器中，输入器件是增强型MOS管，负载是耗尽型MOS管，所以叫增强型-耗尽型MOS反相器，简称E/DMOS反相器。

（4）CMOS反相器　在E/EMOS反相器和E/DMOS反相器中均采用同一沟道的MOS管。而CMOS反相器则由两种不同沟道类型的MOS管构成。如果输入器件是N沟道增强型MOS管，则负载就为P沟道增强型MOS管，反之亦然。这种反相器具有互补对称的结构，故简称CMOS反相器。

E/EMOS反相器、E/DMOS反相器和CMOS反相器都是用MOS管作为负载，所以通称为有源负载MOS反相器。CMOS反相器具有输出幅度高，抗干扰能力强，静、动态功耗低，工作速度高，应用较为广泛的特点，下面以此为例来进行分析。

2. CMOS反相器

（1）电路组成　CMOS反相器的组成如图6-36a所示。起开关作用的驱动管VF_N是增强型NMOS管，假设其阈值电压为$U_{TN(th)}=2V$；负载管VF_P是增强型PMOS管，假设其阈值电压为$U_{TP(th)}=-2V$，二者连成互补对称的结构。它们的栅极连接起来作为信号输入端，漏极连接起来作为信号输出端，VF_N的源极接地，VF_P的源极接电源V_{DD}。VF_N、VF_P特性对称，$U_{TN(th)}=U_{TP(th)}$，如果$U_{TN(th)}=2V$，则$U_{TP(th)}=-2V$。一般情况下都要求电源电压$V_{DD}>U_{TN(th)}+U_{TP(th)}$。实际应用中，$V_{DD}$通常取5V，以便与TTL电路兼容。

（2）工作原理

① 当$u_A=0V$时，$u_{GSN}=0V<U_{TN(th)}$，VF_N截止；$u_{GSN}=u_A-V_{DD}=(0-10)V=-10V<U_{TP(th)}$，$VF_P$导通。简化等效电路如图6-36b所示，输出电压$u_Y=V_{DD}=10V$。

② 当$u_A=10V$时，$u_{GSN}=10V>U_{TN(th)}$，VF_N导通；$u_{GSN}=u_A-V_{DD}=(10-10)V=0V>U_{TP(th)}$，$VF_P$截止。简化等效电路如图6-36c所示，输出电压$u_Y=0V$。

综上所述，当u_A为低电平时，u_Y为高电平，而当u_A为高电平时，u_Y为低电平，可见电路实现了非逻辑运算。若用A、Y分别表示u_A、u_Y，则可得$Y=\overline{A}$。

CMOS反相器在工作时，由于在静态下u_A无论是高电平还是低电平，VF_N和VF_P中总有一个截止，且截止时阻抗极高，流过VF_N和VF_P的静态电流很小，因此CMOS反相器的静态功耗非常低，这是CMOS电路最突出的优点。

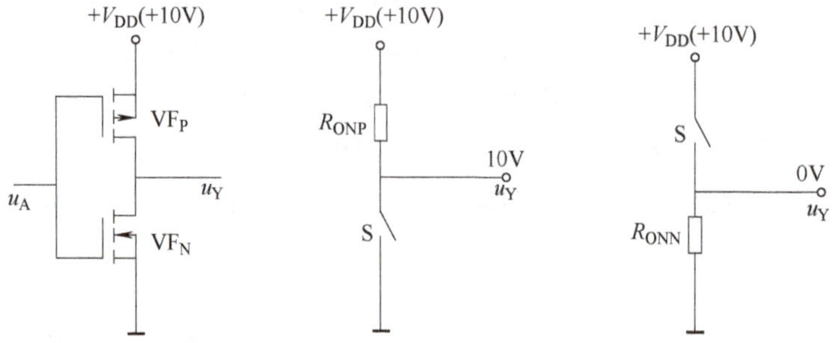

a) 电路　b) VF_N截止，VF_P导通　c) VF_N导通，VF_P截止

图 6-36　CMOS 反相器

3. CMOS 与非门

图 6-37 所示为 CMOS 与非门电路。两个增强型 NMOS 管 VF_2、VF_1 串联，两个增强型 PMOS 管 VF_3、VF_4 并联。VF_4 和 VF_2 的栅极连接起来作为信号输入端 A，VF_3 和 VF_1 的栅极连接起来作为信号输入端 B。当 A、B 中有一个或全为低电平时，VF_1、VF_2 中有一个或全部截止，VF_3、VF_4 中有一个或全部导通，输出 Y 为高电平。只有当输入 A、B 全为高电平时，VF_1、VF_2 才会都导通，VF_3、VF_4 才会都截止，输出 Y 才会为低电平。可见电路实现了与非逻辑功能，即 $Y=\overline{AB}$。

4. CMOS 或非门

图 6-38 所示为或非门的电路。两个增强型 NMOS 管 VF_1、VF_2 并联，两个增强型 PMOS 管 VF_3、VF_4 串联。VF_3 和 VF_2 的栅极连接起来作为信号输入端 A，VF_4 和 VF_1 的栅极连接起来作为信号输入端 B。当 A、B 中有一个或全为高电平时，VF_3、VF_4 中有一个或全部截止，VF_1、VF_2 中有一个或全部导通，输出 Y 低电平。只有当输入 A、B 全为低电平时，VF_3、VF_4 才会都导通，VF_1、VF_2 才会都截止，输出 Y 才会为高电平。可见电路实现了或非逻辑功能，即 $Y=\overline{A+B}$。

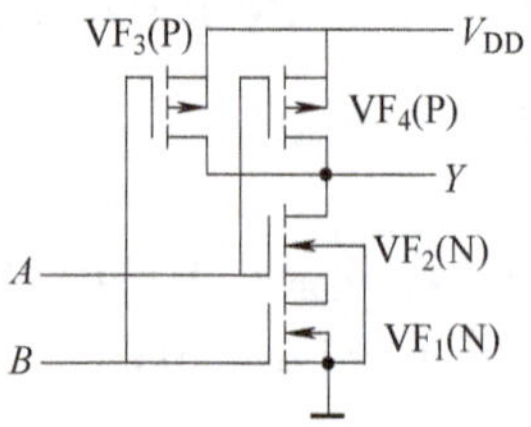

图 6-37　CMOS 与非门

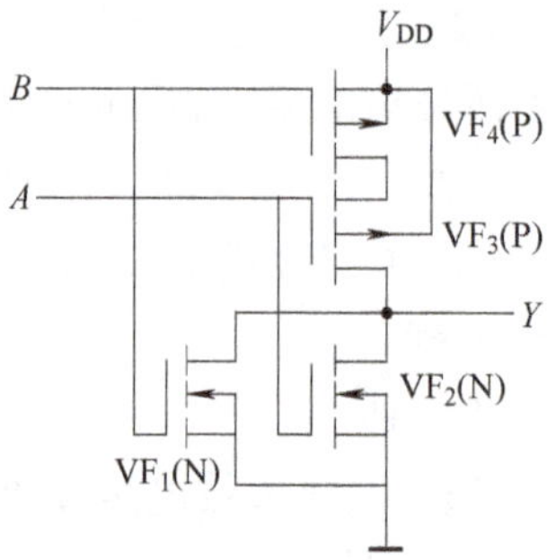

图 6-38　CMOS 或非门

5. 与门和或门

在 CMOS 与非门电路的输出端增加一个反相器，便构成了一个与门；而在 CMOS 或非门电路的输出端增加一个反相器，便构成了一个或门。

6. 与或非门

由 3 个与非门和一个反相器可构成与或非门，如图 6-39a 所示。由图可得：

$$Y=\overline{\overline{A\cdot B}\cdot\overline{C\cdot D}}=\overline{A\cdot B+C\cdot D}$$

CMOS 与或非门也可由两个与门和一个或非门构成，如图 6-39b 所示。图 6-39c 所示为与或非门的逻辑符号。

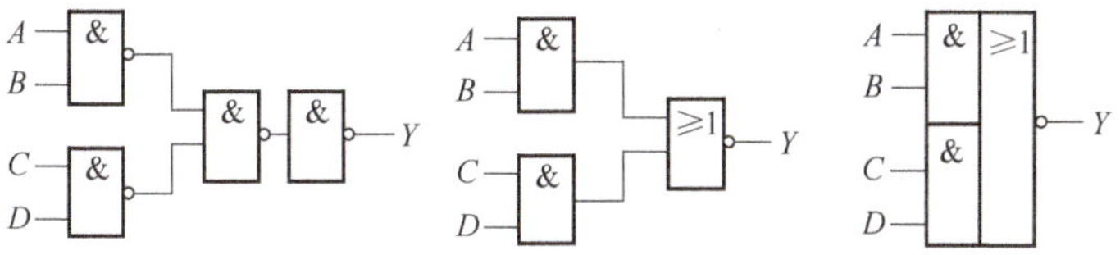

a) 由与非门构成　b) 由与门和或非门构成　c) 逻辑符号

图 6-39　CMOS 与或非门

7. 异或门

CMOS 异或门可由 4 个与非门构成，如图 6-40 所示。

由图 6-40 可得：

$$Y=\overline{\overline{A\cdot\overline{AB}}\cdot\overline{\overline{AB}\cdot B}}=A\overline{B}+\overline{A}B=A\oplus B$$

8. 三态门

图 6-41 为 CMOS 三态门电路图及其逻辑符号，A 是信号输入端，$\overline{EN}$是控制信号端，也叫作使能端，Y 是输出端。

由图 6-41a 可知：当$\overline{EN}=1$，即为高电平时，VF_{P2}、VF_{N2}均截止，Y 与地和电源都断开了，输出端呈现为高阻态。当$\overline{EN}=0$，即为低电平时，VF_{P2}、VF_{N2}均导通，VF_{P1}、VF_{N1}构成反相器，故 $Y=\overline{A}$，$A=0$ 时，$Y=1$，为高电平；$A=1$ 时，$Y=0$，为低电平。由此可知，该电路的输出有高阻态、高电平和低电平 3 种状态。

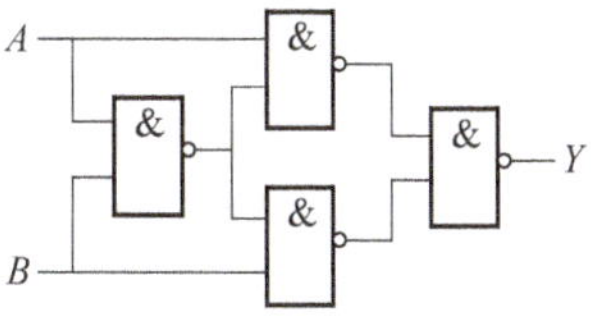

图 6-40　CMOS 异或非门

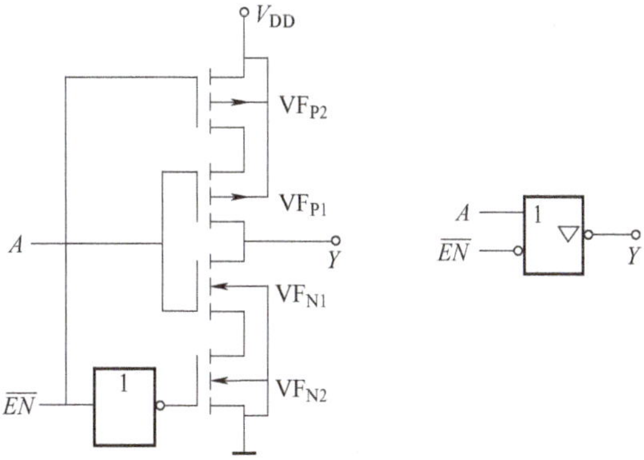

a) 电路图　b) 逻辑符号

图 6-41　CMOS 三态门电路图及其逻辑符号

9. 传输门

图 6-42 所示为 CMOS 传输门电路图及其逻辑符号，其中 N 沟道增强型 MOS 管 VF_N 的衬底接地，P 沟道增强型 MOS 管 VF_P 的衬底接电源 V_{DD}，两管的源极和漏极分别连在一起作为传输门的输入端和输出端，在两管的栅极上加上互补的控制信号 C 和$\overline{C}$。

传输门实际上是一种可以传送模拟信号或数字信号的压控开关，工作原理如下：

当 $C=0$、$\overline{C}=1$，即 C 端为低电平（0V）、$\overline{C}$端为高电平（$+V_{DD}$）时，VF_1 和 VF_2 都不具备开启条件而均截止，即传输门截止。此时无论输入 U_I 为何值，都无法通过传输门传输到输出端，输入和输出之间相当于开关断开一样。

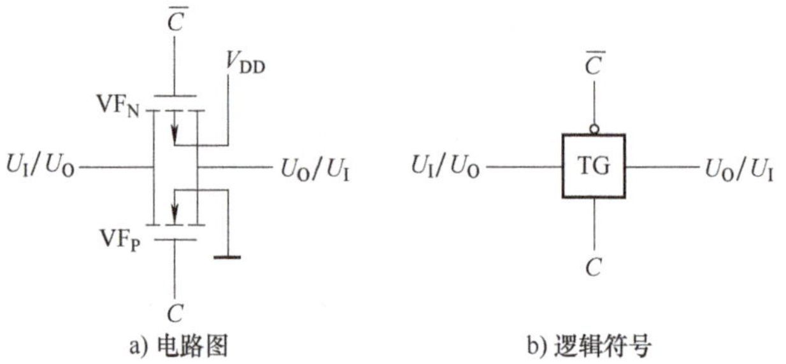

图 6-42 CMOS 传输门电路图及其逻辑符号

当 $C=1$、$\overline{C}=0$，即 C 端为高电平（$+V_{DD}$）、$\overline{C}$端为低电平（0V）时，VF_1 和 VF_2 都具备了导通条件。此时若输入 U_I 在 $0\sim V_{DD}$范围之内，VF_1 和 VF_2 中必定有一个导通，u_i 可通过传输门传输到输出端，输入和输出之间相当于开关接通，$u_o=u_i$。如果将 VF_1 的衬底由接地改为接 $-V_{DD}$，则 u_i 可以是 $-V_{DD}$至 $+V_{DD}$之间的任意电压。由于 MOS 管的结构是对称的，源极和漏极可互换使用，所以 CMOS 传输门对信号具有双向传输特性，故 CMOS 传输门又称为双向开关。同时它也可以当作模拟开关，用来传输模拟信号。

6.3 项目实施

6.3.1 任务一 集成门电路逻辑功能测试

1. 实验目的

1）验证常用门电路的逻辑功能。

2）了解集成门电路的引脚排列规律、逻辑符号及使用方法。

3）了解逻辑电平开关及逻辑电平显示的工作原理。

2. 实验原理

集成逻辑门电路是最简单、最基本的数字集成元件，任何复杂的组合逻辑电路和时序逻辑电路都是由逻辑门电路通过适当的逻辑组合而成的，目前已有种类齐全的集成门电路，例如：与非门、或门、非门等。虽然大规模集成电路相继问世，但组成某一系统时，仍少不了各种门电路，因此掌握门电路的工作原理，熟练、灵活地使用逻辑门电路是数字技术工作者所必须具备的基本功之一。

TTL 集成门电路的工作电压为“5V(1±10%)”，输出高电平“1”时 $U_{OH}\geqslant 2.4V$，低电压“0”时 $U_{OL}\leqslant 0.4V$。本实验中使用的 TTL 集成门电路是双列直插型的集成电路。如图 6-43 所示，具体的各个引脚的功能可通过查找相关手册得知。

3. 实验仪器设备

1）直流稳压电源（+5V）。

2）逻辑电平开关显示。

4. 实验器材

集成块：74LS00、74LS04、74LS08、74LS32。

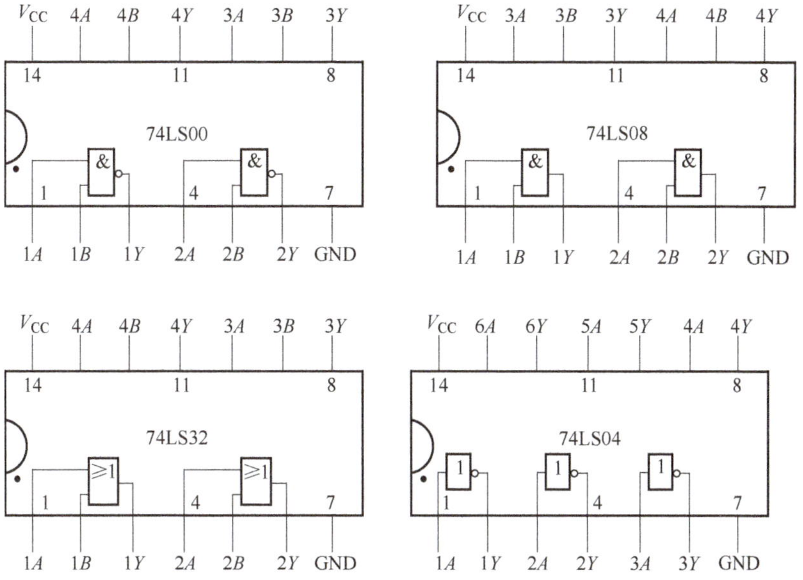

图 6-43

5. 实验内容与步骤

（1）熟悉集成电路 74LS00、74LS04、74LS08、74LS32 各引脚的功能，引脚如图 6-43 所示。注：图中只标明下半部分的门电路的输入和输出，其中 *A* 和 *B* 表示输入，*Y* 表示输出，集成块的上面的引脚和下面的功能一样。

（2）集成门电路逻辑功能测试

1）与非门（74LS00）逻辑功能测试。

a. 正确识别集成块的引脚功能，给集成块加上合适的工作电压（5V，不能加大）。其中第 14 脚接 5V 电源的正极，第 7 脚接 5V 电源的负极。

b. 从 74LS00 内部任选择一个与非门电路，将门电路输入端 *A*、*B* 接逻辑电平开关，输出端 *Y* 接逻辑电平显示。

c. 按表 6-15 改变输入 *A*、*B* 端状态组合，观察输出端 *Y* 的状态变化情况并与理论值对比后将实验结果记入表 6-15 中。*A*、*B* 代表输入，0 表示输入为低电平，1 表示输入为高电平。

表 6-15 74LS00、74LS08、74LS32 逻辑功能测试

输入状态		输出状态		
A	*B*	74LS00	74LS08	74LS32
0	0			
0	1			
1	0			
1	1			

2）用上述同样的方法验证 74LS08、74LS32 的逻辑功能，并把测试结果记入表 6-15 中。

3）非门（74LS04）逻辑功能测试。

a. 看懂集成块的引脚功能（*A* 表示输入，*Y* 表示输出），然后给集成块加上合适的工作

电压。其中第 14 脚接 5V 电源的正极，第 7 脚接 5V 电源的负极。

b. 从 74LS04 内部任意选取一个非门，将输入端 A 接逻辑电平开关，输出端 Y 接逻辑电平显示。

c. 按表 6-16 改变输入端 A 的状态组合，观察输出端 Y 的状态变化情况并与理论值对比后将实验结果记入表 6-16 中。

表 6-16　74LS04 的逻辑功能测试

输入状态	输出状态	输入状态	输出状态
A	74LS04	A	74LS04
1		0	

6. 实验报告要求

1）根据实验结果，整理各个测试结果填入表格中，并写出各个实验电路输出端的逻辑函数表达式。

2）根据实验结果，分别用一句简短的话来概括每一种门电路的逻辑功能。

6.3.2　任务二　常用门电路的应用

1. 实验目的

1）掌握集成门电路逻辑功能的转换。

2）学会连接简单的组合逻辑电路。

2. 实验原理

1）常用门电路的逻辑表达式：

$$Y=\overline{A}\qquad Y=A\cdot B\qquad Y=\overline{A\cdot B}$$

$$Y=A+B\qquad Y=\overline{A+B}\qquad Y=A\oplus B$$

2）逻辑代数基本定理：

$$\overline{A+B}=\overline{A}\cdot\overline{B}\qquad \overline{A\cdot B}=\overline{A}+\overline{B}$$

3）简单组合逻辑电路的连接方法：根据电路图找出相应的集成块，正确连接电源；然后从电路图的输入端到输出端采用分级分层的方式进行电路的连接；确认电路连接无误后接通电源。分级分层如图 6-44 所示。

3. 实验仪器设备

1）直流稳压电源（5V）。

2）逻辑电平开关显示。

4. 实验器材

集成块：74LS00、74LS04、74LS08。

5. 实验内容与步骤

（1）用与非门实现非门　图 6-45 是把与非门当非门使用的电路。由于选用的是两输入端与非门，对多余输入端的处理以不改变电路的工作状态为原则。图 6-45 是把与非门的输入端并联当成一个输入端使用，图 6-46 是将多余输入端接电源正极（若是 TTL 门电平也可悬空；若是 COM 门电路则不能悬空，只能接高电平）。可选用任一种电路测试非门的功能，将实验结果记入表 6-17 中。实验电路连接步骤和集成门电路逻辑功能测试步骤实现方式一样。

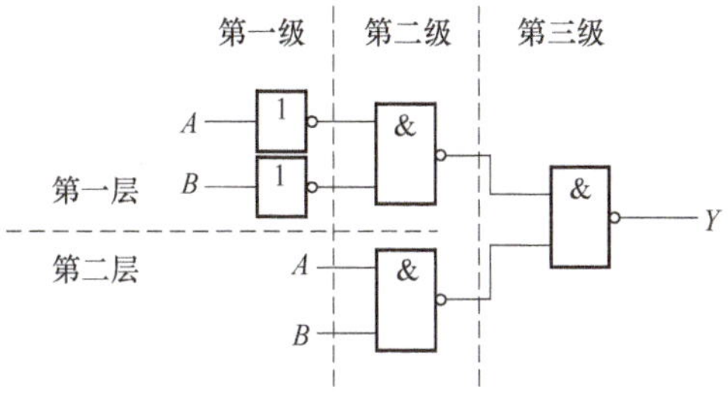

图 6-44

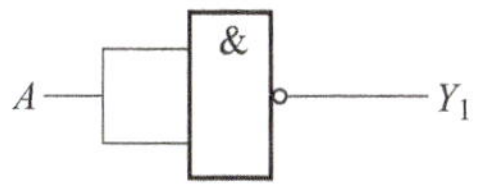

图 6-45

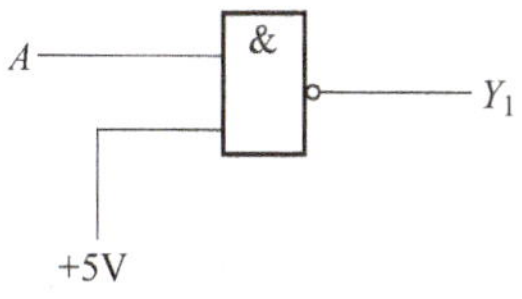

图 6-46

（2）用非门和与非门实现或门　实现电路如图 6-47 所示。

表 6-17　用与非门实现非门

输入状态	输出状态
A	Y_1
0	
1	

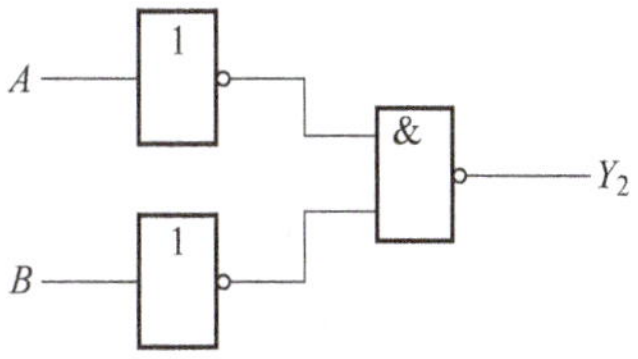

图 6-47

（3）用与非门实现异或门　实现电路如图 6-48 所示。

（4）用非门和与门实现或非门　实现电路如图 6-49 所示。

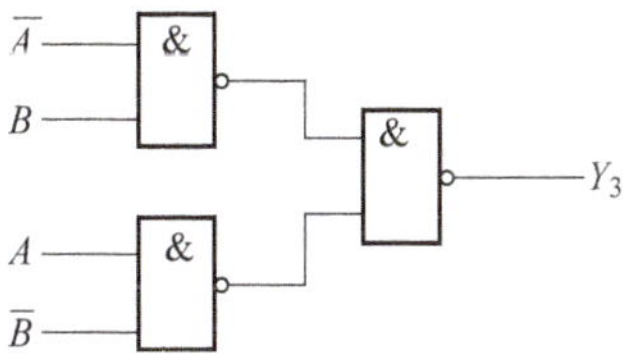

图 6-48

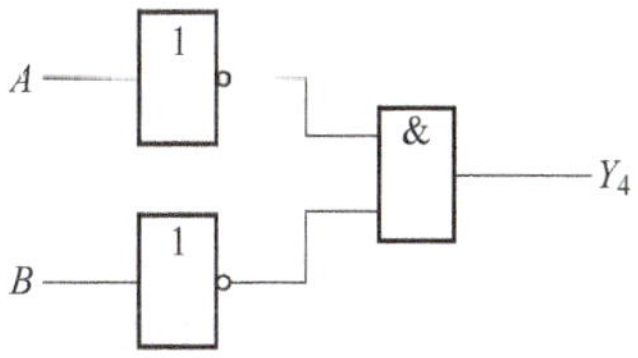

图 6-49

将上述实验结果记入表 6-18 中。

表 6-18　门电路的应用

输入状态		输出状态		
A	B	Y_2	Y_3	Y_4
0	0			
0	1			
1	0			
1	1			

6. 实验报告要求

1）写出本次实验中图 6-45 到图 6-49 的各输出端的逻辑函数表达式。

2）试画出实现非门、或门、异或门、或非门电路的其他方法。

3）若在图6-48所示电路输出 Y_3 上加一个非门，这样可以实现什么功能？

6.4 拓展知识

6.4.1 常用CMOS门电路简介

1. CMOS门电路型号系列介绍

CMOS集成电路的品种很多，目前国产CMOS逻辑门系列产品中，主要有相当于CD4000系列和MC14000系列的普通CMOS电路CC4000系列、相当于MC54HC/74HC系列的高速54HC/74HC系列。

CD4000系列产品的输入端和输出端都加了反相器作为缓冲器，具有对称的驱动能力和输出波形，高、低电平抗干扰能力相同。但该电路的工作速度较低，传输延迟时间在90ns左右，边沿时间在80ns左右，最高工作频率为8MHz，电源电压为3～18V。而带缓冲输出的、不带缓冲输出的以及能与TTL集成电路完全兼容的高速54HC/74HC系列的传输延迟时间已和TTL集成电路相当，为9ns左右，边沿时间在6ns左右，最高工作频率可达25MHz，电源电压却仅为2～6V。

2. MOS器件使用常识

MOS电路是一种高输入阻抗的微功耗电路（尤其是CMOS电路），在实际应用中必须注意正确合理使用及正确存放，否则极易造成元器件的损坏。

（1）输入电路的静电保护　MOS集成电路在制作时已设置了保护电路，但它所能承受的静电电压和脉冲功率均有一定限制。因此在存放和运输时最好使用金属屏蔽层作为包装材料，如用金属纸铝箔等将集成块引脚包起来。不能用易产生静电的化工材料、化纤织物等包装，如塑料袋、塑料盒等。在组装、调试时，仪器仪表、工作台面、使用的工具（如电烙铁）等均应有良好接地。不使用的多余输入端不能悬空，以免拾取脉冲干扰。应根据电路功能分别处理，通常做法是：与非门和与门的多余输入端接到高电平或电源上；或非门和或门的多余输入端应接到低电平或接地；在电路工作速度要求不高时，也可将多余输入端与某些使用端并联。

（2）输入端的过电流保护　在可能出现大输入电流的场合、在输入线较长或在输入端接有大电容时，均应采取过电流保护措施，在输入端接入保护电阻。

（3）安装、维修操作中的规则　集成块的安装位置应远离发热元器件。不允许在电源接通的情况下装、拆电路板或集成块等元器件。

（4）电源通、断的顺序　如果一个系统中由几个电源分别供电，则各电源开关顺序必须合理：启动时，应先接通MOS集成电路的电源，再接入信号源或负载电路；关闭时，应切断信号源或负载电路，再切断MOS集成电路的电源。

6.4.2 集成逻辑电路的接口电路

在实际的数字电路系统中总是将一定数量的集成逻辑电路按需要前后连接起来。这时，前级电路的输出将与后级电路的输入相连并驱动后级电路工作。这就存在着电平的配合和负载能力这两个需要妥善解决的问题。

1. TTL 与 TTL 的连接

TTL 集成逻辑电路的所有系列，由于电路结构形式相同，所以它们电平配合比较方便，不需要外接元器件即可直接连接，不足之处是输出为低电平时负载能力有一定限制。

2. CMOS 与 CMOS 的连接

CMOS 电路之间的连接十分方便，不需另加外接元器件。对直流参数来讲，一个 CMOS 电路可带动的 CMOS 电路数量是不受限制，但在实际使用时，应当考虑后级门电路输入电容对前级门电路的传输速度的影响，电容太大时，传输速度要下降，因此在高速使用时要从负载电容来考虑，例如 CC4000T 系列。CMOS 电路在 10MHz 以上速度运用时应限制在 20 个门以下。

3. TTL 电路驱动 CMOS 电路

TTL 电路驱动 CMOS 电路时，若 CMOS 电路的电源也为 5V，由于输出高电平通常低于 CMOS 电路对输入高电平的要求，因此在 TTL 电路的输出端接上一个上拉电阻至电源正极来提高 TTL 电路的输出高电平，确保与 CMOS 输入高电平实现电平的匹配，如图 6-50 所示。图中 R 的取值为 2 ~6. 2kΩ 较合适，这时 TTL 后级的 CMOS 电路数目可以不受限制。

针对 TTL 驱动 CMOS 电路解决电平匹配的问题，还有一种解决方法是使用带电平偏移的 CMOS 门电路实现电平转换，如图 6-51 所示。例如 CC40109 就是这种带电平偏移的门电路实现电平转换，它有两种直流电源 V_{CC} 和 V_{DD} 供电，电平移动器输入 TTL 电平，调制成 CMOS 电平输出送到下一级。

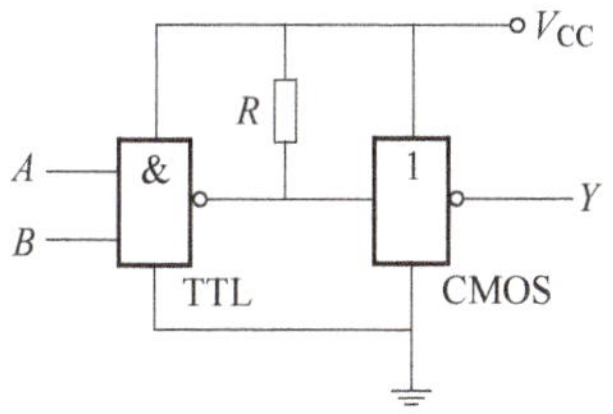

图 6-50　接入上拉电阻提高 TTL 电路的输出高电平

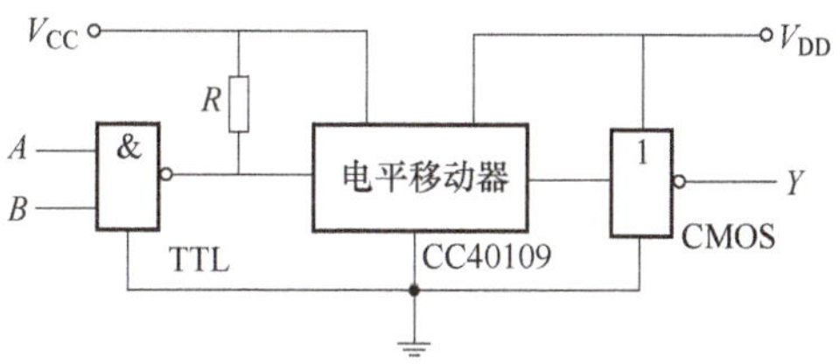

图 6-51　带电平偏移的 CMOS 门电路实现电平转换

另外，CC74HCT 系列 CMOS 电路在实现门电路级联时，可以直接连接。因为 CC74HCT 系列属于高速 CMOS 电路，通过制造工艺和设计的改进，满足门电路对输入高、低电平的要求，因此，无需外加任何元器件。

4. CMOS 电路驱动 TTL 电路

用 CMOS 电路驱动 TTL 电路时，CMOS 电路的输出电平能满足 TTL 对输入电平的要求，而驱动电流将受限制，主要问题是 CMOS 电路不能提供足够大的驱动电流。为了解决上述问题，常用的方法有以下几种。

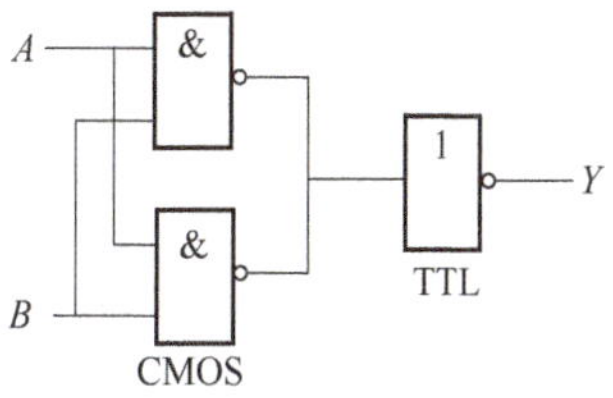

图 6-52　并联 CMOS 门电路以提高带负载能力

方法一：图 6-52 所示电路是把几个相同功能的 CMOS 电路并联使用，即将其输入端并联，输出端并联，这可以增大 CMOS 电路输出为低电平时的电流值，以提高带负载能力。

方法二：图6-53所示电路采用CMOS驱动器，如CC4049、CC4050，是专为给出较大驱动能力而设计的CMOS电路。

方法三：图6-54所示电路用由NPN型晶体管构成的单管放大器作为接口电路，利用晶体管的电流放大作用，通过集电极为TTL输入端接口提供足够大的驱动电流。

图6-53　用CMOS驱动器驱动TTL电路

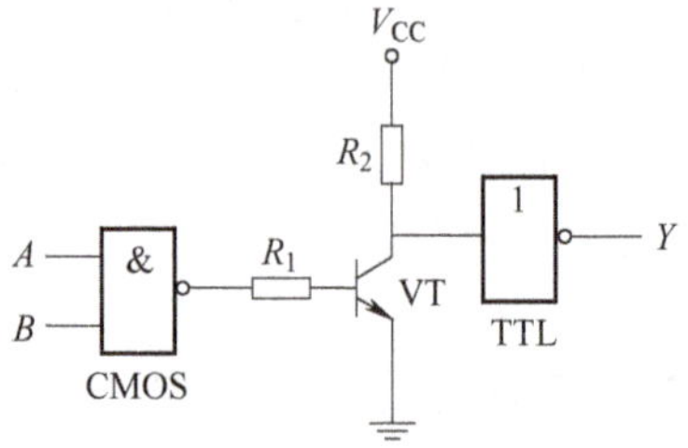

图6-54　用电流放大器驱动TTL电路

项目小结

1. 数字电路的输入变量和输出变量之间的关系可以用逻辑代数来描述。最基本的逻辑运算是与逻辑运算、或逻辑运算、非逻辑运算，由它们可以构成逻辑函数。

2. 逻辑函数有五种表示方法：真值表、逻辑图、函数表达式、波形图和卡诺图，五种方法之间可以互相转换。

3. 逻辑代数三种基本逻辑运算、基本公式、规则及常用公式是化简逻辑函数的数学工具，其中有的公式与普通代数公式类似，但也有逻辑代数独有的特殊公式，如反演规则等。

4. 逻辑函数化简主要有两种方法：公式法、图形法。公式法简捷，但要熟记方法。卡诺图法直观、易操作，但对五变量以上的逻辑函数不宜采用，而且采用不同的方法和圈法，所得化简结果不同。

5. 卡诺图是一种按一定规则排列起来的最小项方格图，卡诺图化简法的基本原理是两个逻辑相邻的最小项可以合并为一项，并消去一个因子。2^n个相邻最小项合并，可以消去n个因子。

6. 具有约束项的逻辑函数的化简，应合理利用约束项，可以把某些约束项当作1，以使卡诺圈尽可能大。圈数越少，会得到更加简化的逻辑函数式。

7. 数字电路的基本单元为逻辑门电路，而晶体管又是逻辑门的基本器件。利用晶体管的开关特性可以构成与门、或门、非门、与非门、或非门、与或非门、异或门等各种逻辑门电路，也可以构成在电路结构和特性两方面都别具特色的三态门、OC门、传输门。随着集成电路技术的飞速发展，分立元器件的数字电路正逐渐被TTL等集成电路所取代。

8. TTL电路的优点是开关速度较高，抗干扰能力较强，带负载能力也比较强，缺点是功耗较大。

9. CMOS电路具有制造工艺简单、集成度高、输入阻抗高、功耗小、电源电压范围宽等优点。其主要缺点是工作速度稍低，但随着集成工艺的不断改进，CMOS电路的工作速度已有了大幅度的提高。

习题与提高

6-1 将下列各数转换为二进制数。

$(48)_{10}$ $(798)_{10}$ $(3DF)_{16}$ $(F3B)_{16}$ $(506)_{8}$ $(467)_{8}$

6-2 将下列二进制数转换为八进制数、十进制数、十六进制数。

$(11011001)_{2}$ $(1011011)_{2}$

6-3 将下列十进制数转换为二进制、八进制、十六进制。

$(3493)_{10}$ $(467)_{10}$

6-4 将下列各数按权展开。

$(536.25)_{10}$ $(1101)_{2}$ $(27.6)_{8}$ $(ED.F5)_{16}$

6-5 将下列各数转换为二进制数。

$(146)_{8}$ $(741.06)_{8}$ $(30E.AD)_{16}$ $(B65)_{16}$

6-6 将下列 8421BCD 码转换为十进制数和二进制数。

011010000011 01000101.1001

6-7 写出如图 6-55 所示逻辑图的逻辑函数表达式并化简。

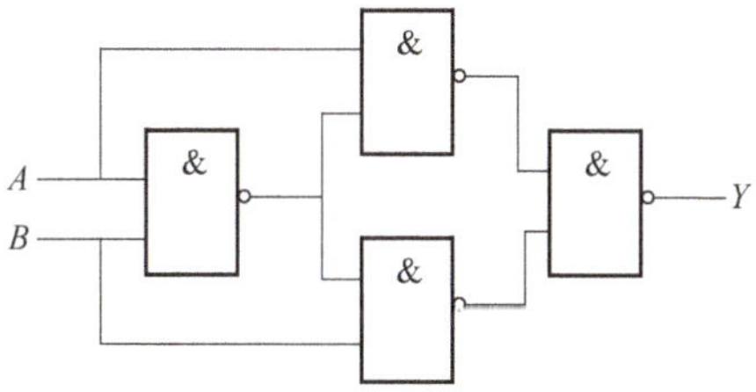

图 6-55 题 6-7 图

6-8 利用公式和运算规则证明下列等式。

(1) $\overline{A+BC+D}=\overline{A}\ (\overline{B}+\overline{C})\ \overline{D}$

(2) $A\overline{B}+BD+CDE+\overline{A}D=A\overline{B}+D$

(3) $AB(C+D)+D+\overline{D}(A+B)(\overline{B}+\overline{C})=A+B\overline{C}+D$

(4) $ABCD+\overline{A}\,\overline{B}\,\overline{C}\,\overline{D}=\overline{A\overline{B}+B\overline{C}+C\overline{D}+D\overline{A}}$

6-9 用公式法化简下列逻辑函数表达式为最简与或式。

(1) $Y=A(\overline{A}+B)+B(B+C)+B$

(2) $Y=(A\overline{B}+\overline{A}B)(AB+\overline{A}\,\overline{B})$

(3) $Y=A+\overline{\overline{B}+\overline{CD}}+\overline{\overline{AD}\,\overline{B}}$

(4) $Y=AD+BC\overline{D}+(\overline{A}+\overline{B})+C$

(5) $Y=\overline{A}\,\overline{B}+AC+\overline{B}C$

(6) $Y=(A+B)(\overline{A}+C)+(\overline{B}+\overline{C})(A+\overline{B})$

(7) $Y=A+ABC+A\overline{BC}+BC+\overline{B}C$

(8) $Y=\overline{A}\,\overline{B}+B\overline{C}+\overline{A}+\overline{B}+ABC$

(9) $Y=ABC+ABD+\overline{C}\,\overline{D}+A\overline{B}C+\overline{A}C\overline{D}+A\overline{C}D$

（10） $Y=\overline{\overline{(AB+\overline{A}\,\overline{B})}\,\overline{(BC+\overline{B}\,\overline{C})}}$

（11） $Y=A\overline{B}CD+A\overline{C}D+ABC$

（12） $Y=A\overline{B}(\overline{A}CD+AD+\overline{B}\,\overline{C})(\overline{A}+\overline{B})$

6-10　用卡诺图法化简下列函数。

（1） $Y=B\overline{C}+\overline{A}\,\overline{B}\,\overline{C}+A\overline{C}+A\overline{B}C$

（2） $Y=ABC+\overline{A}B+\overline{B}C$

（3） $Y=A\overline{B}\,\overline{C}+AC+\overline{A}BC+B\overline{C}\,\overline{D}$

（4） $Y=A\overline{C}+\overline{A}C+B\overline{C}+\overline{B}C$

（5） $Y=ABC+ABD+\overline{C}\,\overline{D}+A\overline{B}C+AC\overline{D}$

（6） $Y=\overline{\overline{A}+ABD}\ (B+\overline{C}D)$

（7） $Y=\overline{A}B+B\overline{C}+\overline{A}\,\overline{C}+A\overline{B}C+D$

（8） $Y=\overline{B}+ACD+BC+\overline{C}$

（9） $Y(ABC)=\sum m(0,2,4,5,6)$

（10） $Y(ABC)=\sum m(1,3,5,7)$

（11） $Y(ABCD)=\sum m(0,1,2,3,4,5,8,10,11,12)$

（12） $Y(ABCD)=\sum m(0,2,4,5,6,7,10,12,14)$

（13） $Y(ABCD)=\sum m(2,3,6,7,8,10,11,13,14,15)$

6-11　在逻辑电路中有哪三种基本逻辑门？有哪三种基本逻辑运算？

6-12　什么是TTL与非门的开门电平和关门电平？它们的大小对电路的抗干扰能力有何影响？

6-13　逻辑门有多少种？试画出各种逻辑门电路的逻辑符号，并写出其逻辑函数表达式。

6-14　CMOS门电路和其他逻辑门比较，有哪些主要优点？

6-15　TTL和MOS逻辑门电路，在使用中有哪些注意事项？

6-16　二极管电路及输入电压 u_i 的波形如图6-56所示，试对应画出各输出电压的波形。

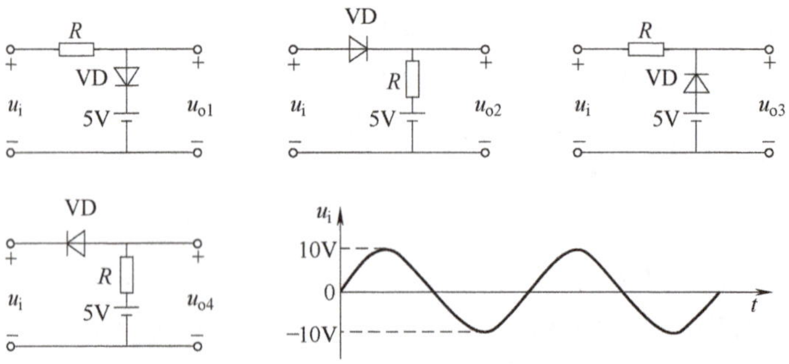

图6-56　题6-16图

6-17　二极管门电路如图6-57a、b所示。

（1）分析输出信号 Y_1、Y_2 和输入信号 A、B、C 之间的逻辑关系。

（2）根据图6-57c给出的 A、B、C 的波形，对应画出 Y_1、Y_2 的波形。

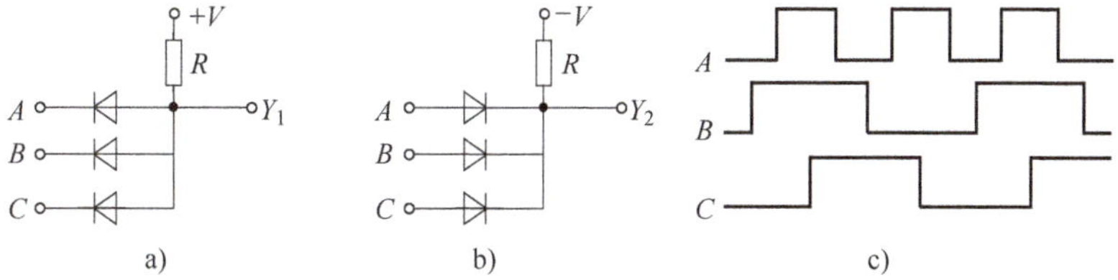

图 6-57 题 6-17 图

6-18 分立元器件门电路如图 6-58 所示，试分析各电路，分别列出真值表、写出输出逻辑函数表达式。

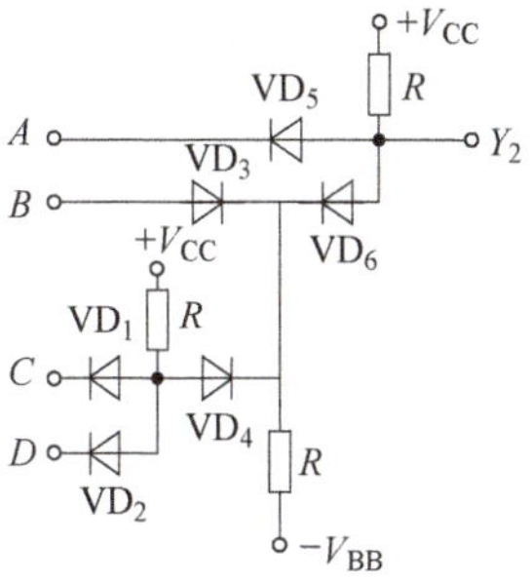

图 6-58 题 6-18 图

6-19 试画出用 CMOS 门实现下述逻辑功能的逻辑图。

（1）$Y=\overline{ABC}$ （2）$Y=\overline{A+B+C}$

项目7

组合逻辑电路的设计

7.1 项目分析

数字电路分为两类：组合逻辑电路和时序逻辑电路。组合逻辑电路的特点是不具有记忆功能，即输出变量的状态只取决于该时刻输入变量的状态，与电路原来的输出状态无关。

1. 项目内容

本项目将讨论由逻辑门电路构成的组合逻辑电路的分析和设计方法。

2. 知识点

1）组合逻辑电路概述。

2）组合逻辑电路的分析。

3）组合逻辑电路的设计。

4）组合逻辑电路中的竞争冒险。

3. 能力要求

1）会对逻辑电路进行分析。

2）会对组合逻辑电路进行设计。

7.2 相关知识

7.2.1 组合逻辑电路概述

逻辑电路按照其功能的不同，可以把数字电路分成两大类，一类是组合逻辑电路，简称组合电路；另一类是时序逻辑电路，简称时序电路。

什么叫组合逻辑电路呢？在 $t=a$ 时刻有输入 X_1、X_2、…、X_n，那么在 $t=a$ 时刻就有输出 Y_1、Y_2、…、Y_m，每个输出都是输入 X_1、X_2、…、X_n的函数，如图 7-1 所示。

在图 7-1 中，输出信号与输入信号之间有一定的逻辑关系，可以表示为

$$
\begin{aligned}
Y_1 &= f_1(X_1、X_2、\cdots、X_n)\\
Y_2 &= f_2(X_1、X_2、\cdots、X_n)\\
&\vdots\\
Y_m &= f_m(X_1、X_2、\cdots、X_n)
\end{aligned}
$$

图 7-1　组合逻辑电路框图

从以上概念可以知道，组合逻辑电路的特点是电路在任意时刻的输出状态只取决于该时刻的输入状态，而与该时刻之前的电路状态无关，可总结为：**即刻输入，即刻输出**。

任何组合逻辑电路可由逻辑函数表达式、真值表、逻辑图和卡诺图等四种方法中的任一种来表示其逻辑功能。

7.2.2　组合逻辑电路的分析

1. 组合逻辑电路的分析步骤

分析组合逻辑电路的目的，就是要找出电路输入和输出之间的逻辑关系，分析步骤如下：

1）根据给定的逻辑电路，逐级写出逻辑函数表达式，最后写出该电路的输出与输入之间的逻辑函数表达式。

2）对写出的逻辑函数表达式进行化简，一般采用公式法或卡诺图法。

3）由简化的逻辑函数表达式列出真值表。

4）根据真值表和逻辑函数表达式对逻辑电路进行分析，判断该电路所能完成的逻辑功能，作出简要的文字描述，或进行改进设计。

2. 组合逻辑电路的分析举例

下面举例说明对组合逻辑电路的分析，掌握其基本思路及方法。

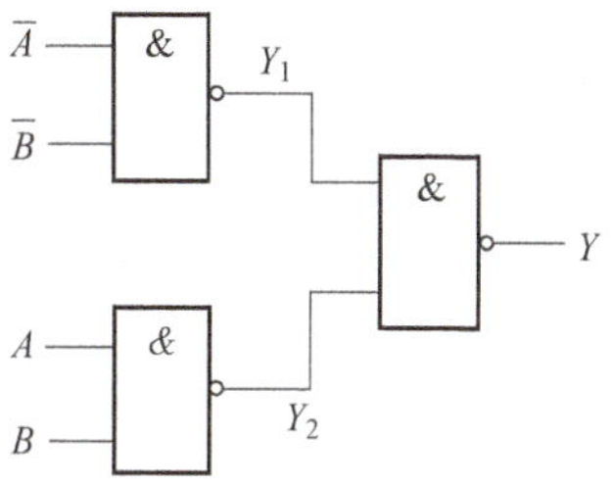

图 7-2　例 7-1 逻辑电路图

例 7-1　分析图 7-2 所示组合逻辑电路的逻辑功能。

解： 1）写出逻辑函数表达式：

$Y_1=\overline{\overline{A}\cdot\overline{B}}$　　$Y_2=\overline{A\cdot B}$　　$Y=\overline{Y_1\cdot Y_2}=\overline{\overline{\overline{A}\,\overline{B}}\cdot\overline{AB}}$

2）化简函数表达式：

$Y=\overline{\overline{\overline{A}\,\overline{B}}\cdot\overline{AB}}=\overline{A}\,\overline{B}+AB$

3）根据表达式列出真值表，见表 7-1。

表 7-1　例 7-1 真值表

A	B	Y	A	B	Y
0	0	1	1	0	0
0	1	0	1	1	1

4）根据真值表描述电路逻辑功能。

由表 7-1 可知，当输入 $A=B$ 时，输出 Y 为 1，当输入 $A\neq B$ 时，输出 Y 为 0。该电路实质上是一个同或门电路。

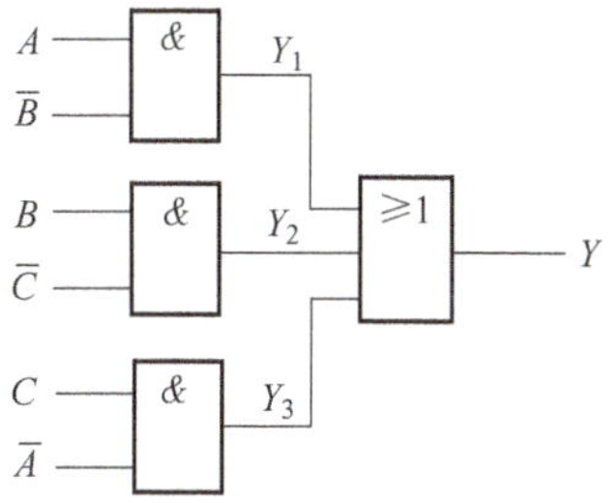

图 7-3　组合逻辑电路分析例题图

例 7-2　分析图 7-3 所示组合逻辑电路的逻辑功能。

解： 1）写出逻辑函数表达式：

$$Y_1=A\cdot\overline{B}\quad Y_2=B\cdot\overline{C}\quad Y_3=C\cdot\overline{A}$$

$$Y=Y_1+Y_2+Y_3=A\overline{B}+B\overline{C}+\overline{A}C$$

2）化简逻辑函数表达式：由卡诺图证实该表达式已为最简式，无需化简。

3）根据逻辑函数表达式列出真值表，见表 7-2。

表 7-2 例 7-2 真值表

A	B	C	Y
0	0	0	0
0	0	1	1
0	1	0	1
0	1	1	1
1	0	0	1
1	0	1	1
1	1	0	1
1	1	1	0

4）根据真值表描述电路逻辑功能。由表 7-2 可知，当输入 $A=B=C$ 时，输出 Y 为 0，否则输出 Y 为 1。该电路实质上是一种输入不一致鉴别器。

7.2.3 组合逻辑电路的设计

1. 组合逻辑电路的设计步骤

所谓组合逻辑电路的设计，就是根据给定逻辑功能的要求，设计逻辑电路图的过程。而组合逻辑电路的设计步骤正好与分析步骤相反，可以归纳成五步。

1）对命题要求的逻辑功能进行分析，确定逻辑变量，并进行逻辑赋值。

实际设计要求可能是一段文字说明，或是一个具体的逻辑问题。命题分析就是要确定命题隐含的因果关系，找出原因和结果相关的因素，并分别作为输入和输出变量。逻辑赋值是指针对不同逻辑信号的不同状态分别用哪个逻辑信号来表示的过程。

2）根据设计的逻辑要求列真值表。

真值表是用表格的形式来描述输出变量和输入变量之间的逻辑关系。根据因果关系，把变量的各种取值和相应的函数值，一一在表格中体现出来，而变量取值顺序则常按二进制数递增排列。

值得注意的是，对同一个命题，状态赋值不同，得到的真值表是不一样的，即输出和输入之间的逻辑变化关系也就不一样。

3）根据真值表写出逻辑函数表达式。

4）化简逻辑函数表达式或作适当形式的变换。

用公式法或者卡诺图法化简得到最简与或表达式。如果变量较少，则常用卡诺图法；如果变量较多，可用公式法进行化简。设计时如果要求用特定的门电路实现命题要求的功能，此时需对表达式作适当形式的变换。例如，若采用与非门，则应变换成与非表达式；若采用或非门，则应变换成或非表达式；若采用与或非门，则应变换成与或非表达式。

5）画出逻辑图，进行实验验证。

值得注意的是，这些步骤并不是固定不变的，实际设计时，应根据具体情况和问题难易程度进行，有的步骤也是可省略的。

通常情况下的逻辑电路设计都是在理想情况下进行的，但是由于半导体参数的离散性以及电路存在过渡过程，造成信号在传输过程中通过传输线或器件都需要一个响应时间——延迟。所以，在理想情况下设计出的电路有时在实际应用中会出现一些错误，这就是组合逻辑电路中的**竞争与冒险**，在逻辑设计中要特别注意。当设计出一个组合逻辑电路后，首先应进行静态测试，即先按真值表依次改变输入变量，测得相应的输出逻辑值，检验逻辑功能是否正确。然后再进行动态测试，观察有否存在竞争冒险。对于不影响电路功能的冒险可以不必消除，而对于影响电路工作的冒险，在分析属于何种类型的冒险后，应设法消除。

总之，组合逻辑电路设计的最佳方案，应是在级数允许的条件下，使用元器件少，电路简单，而且随着科学技术的发展，各种规模的集成电路不断出现，给逻辑设计提供了多种可能的选择，所以在设计中应在条件许可和满足经济效益的前提下尽可能采用性能好的元器件。

2. 组合逻辑电路的设计举例

现通过一些具体例子来阐明组合逻辑电路的设计方法。

例7-3　设计一个三变量多数表决电路，执行的功能是：少数服从多数，多数赞成时决议生效。要求用与非门实现。

解： 1）分析命题，设三变量 A、B、C 作为输入，输出函数为 Y，对逻辑变量赋值，A、B、C 同意为1，不同意为0，输出函数 $Y=1$ 表示表决通过，$Y=0$ 表示不通过。

2）根据设计的逻辑要求列出真值表，见表7-3。

表7-3　例7-3真值表

A	B	C	Y
0	0	0	0
0	0	1	0
0	1	0	0
0	1	1	1
1	0	0	0
1	0	1	1
1	1	0	1
1	1	1	1

3）根据真值表写出函数表达式。

$$Y=\overline{A}BC+A\overline{B}C+AB\overline{C}+ABC$$

4）化简函数表达式，并作适当形式的变换。

$$\begin{aligned}Y&=\overline{A}BC+A\overline{B}C+AB\overline{C}+ABC\\&=(\overline{A}BC+ABC)+(A\overline{B}C+ABC)+(AB\overline{C}+ABC)\\&=BC(\overline{A}+A)+AC(B+\overline{B})+AB(C+\overline{C})=BC+AC+AB\end{aligned}$$

$$Y=BC+AC+AB=\overline{\overline{BC+AC+AB}}=\overline{\overline{BC}\cdot\overline{AC}\cdot\overline{AB}}$$

5）画出电路图，如图7-4所示。

例7-4　某设备有开关 A、B、C，要求仅在开关 A 接通的条件下，开关 B 才能接通；开关 C 仅在开关 B 接通的条件下才能接通，违反这一规程，则发出报警信号。设计一个由与非门组成的能实现这一功能的报警控制电路。

解： 1）分析命题，确定逻辑变量，进行逻辑赋值。

根据题意，三个开关 A、B、C 的状态应作为输入变量，报警控制电路发出报警信号应作为输出变量，用 Y 表示。设开关接通用“1”表示，断开用“0”表示；报警用“1”表示，不报警用“0”表示。

2）列真值表。根据命题表明的逻辑关系和上述假设，可列出表 7-4 所示的真值表。

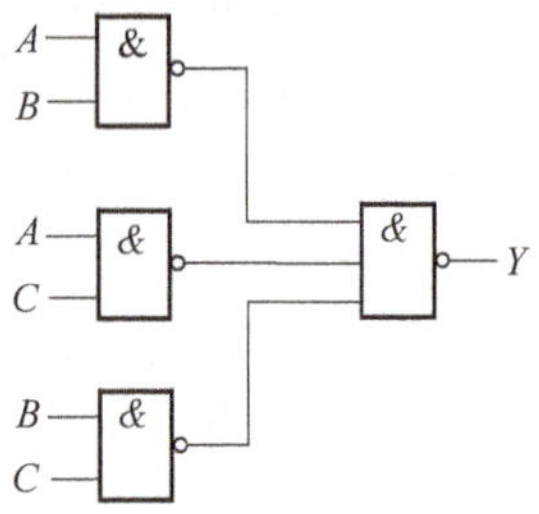

图 7-4 例 7-3 逻辑电路图

表 7-4 真值表

A	B	C	Y
0	0	0	0
0	0	1	1
0	1	0	1
0	1	1	1
1	0	0	0
1	0	1	1
1	1	0	0
1	1	1	0

3）根据真值表写出逻辑函数表达式，并化简。

$$Y=\bar{A}\bar{B}C+\bar{A}B\bar{C}+\bar{A}BC+A\bar{B}C=\bar{A}B+\bar{B}C$$

4）全部用与非门实现表达式，作与非表达式的变换。

$$Y=\overline{\overline{\bar{A}B+\bar{B}C}}=\overline{\overline{\bar{A}B}\cdot\overline{\bar{B}C}}$$

5）画出电路图，如图 7-5 所示。

如果全部用或非门实现上述逻辑函数表达式，则可根据已知的真值表，采用合并 0 再求反的方法写出逻辑函数表达式，然后再进行化简。

$$\bar{Y}=\bar{A}\bar{B}\bar{C}+A\bar{B}\bar{C}+AB\bar{C}+ABC=AB+\bar{B}\bar{C}$$

即：

$$Y=\overline{AB+\bar{B}\bar{C}}=(\bar{A}+\bar{B})(B+C)$$

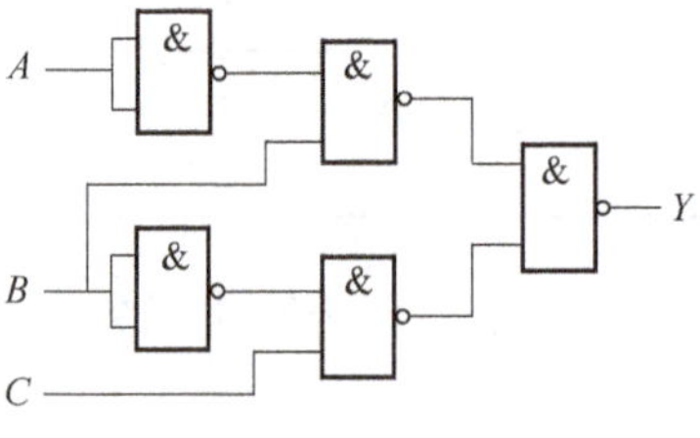

图 7-5 例 7-4 电路图（一）

再将逻辑函数表达式利用还原律和摩根定律进行适当形式的变换，即可得到或非表达式。

$$Y=\overline{\overline{(\bar{A}+\bar{B})(B+C)}}=\overline{\overline{\bar{A}+\bar{B}}+\overline{B+C}}$$

根据逻辑函数表达式画出电路图，如图 7-6 所示。

利用还原律将所得的与或式 $Y=\bar{A}B+\bar{B}C$ 作适当形式的变换，即

$$Y=\overline{\overline{\bar{A}B+\bar{B}C}}$$

由上式可得到由一个与或非门和一个非门构成的逻辑电路，如图 7-7 所示。

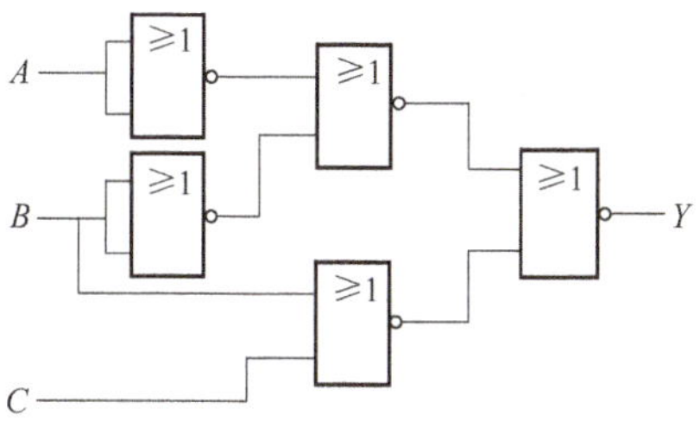

图 7-6　例 7-4 电路图（二）

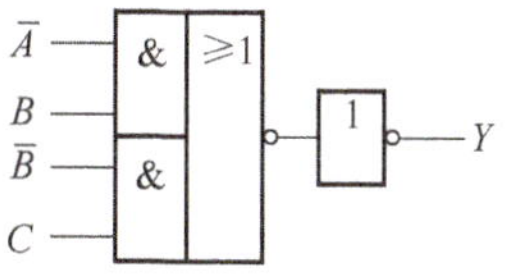

图 7-7　例 7-4 电路图（三）

例 7-5　用门电路设计一个将 8421 BCD 码转换为余 3 码的变换电路。

解： 1）分析题意，列真值表。

该电路输入为 8421 BCD 码，输出为余 3 码，因此它是一个四输入、四输出的码制变换电路，其框图如图 7-8a 所示。根据两种 BCD 码的编码关系，列出真值表，见表 7-5。由于 8421 BCD 码不会出现 1010 ~ 1111 这六种状态，因此把它视为无关项。

2）选择器件，写出输出函数表达式。

题目没有具体指定用哪一种门电路，因此可以从门电路的数量、种类、速度等方面综合考虑，选择最佳方案。该电路的化简过程如图 7-8b 所示，首先得出最简与或式，然后进行函数式变换。变换时一方面应尽量利用公共项以减少门的数量，另一方面减少门的级数，以减少传输延迟时间，因而得到输出函数式为

$$Y_3 = A + BC + BD = \overline{\overline{A} \cdot \overline{BC} \cdot \overline{BD}}$$

$$Y_2 = B\overline{C}\,\overline{D} + \overline{B}C + \overline{B}D = B(\overline{C + D}) + \overline{B}(C + D) = B \oplus (C + D)$$

$$Y_1 = \overline{C}\,\overline{D} + CD = C \otimes D = C \oplus \overline{D}$$

$$Y_0 = \overline{D}$$

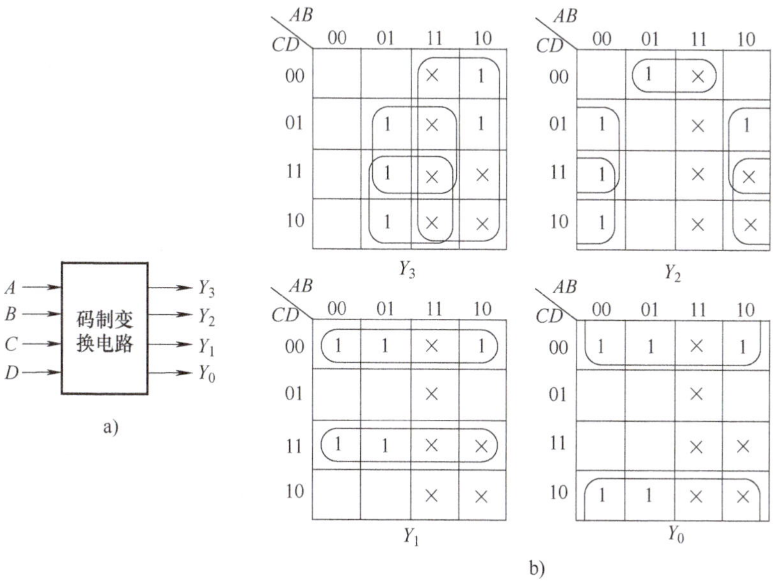

图 7-8　例 7-5 图

表 7-5 例 7-5 真值表

A	B	C	D	Y_3	Y_2	Y_1	Y_0
0	0	0	0	0	0	1	1
0	0	0	1	0	1	0	0
0	0	1	0	0	1	0	1
0	0	1	1	0	1	1	0
0	1	0	0	0	1	1	1
0	1	0	1	1	0	0	0
0	1	1	0	1	0	0	1
0	1	1	1	1	0	1	0
1	0	0	0	1	0	1	1
1	0	0	1	1	1	0	0
1	0	1	0	×	×	×	×
1	0	1	1	×	×	×	×
1	1	0	0	×	×	×	×
1	1	0	1	×	×	×	×
1	1	1	0	×	×	×	×
1	1	1	1	×	×	×	×

3）画逻辑电路。

该电路采用了三种门电路，速度较快，逻辑图如图 7-9 所示。

7.2.4 组合逻辑电路中的竞争冒险

1. 产生竞争冒险的原因

在图 7-10a 所示组合电路中，当忽略门电路 D_1 的延迟时间对电路产生的影响时，由于加在 D_2 的输入信号为互补信号，所以，Y 始终为“0”电平。但任何一个门电路对信号传输都有一定的延迟时间，信号从输入到输出的过程中，由于不同途径上的门的级数不同，或者每个门平均传输时间的差异，可能会产生逻辑错误。例如图中由于 D_1 的延迟，A 和$\overline{A}$两个信号到达 D_2 输入端的时间不同，$\overline{A}$的下降沿滞后 A 的上升沿有一定时间，在很短的时间内，D_2 输出为高电平（干扰脉冲）如图 7-10b 图所示。按照逻辑要求这个干扰脉冲是不应该出现的。由于干扰脉冲，很可能使负载电路发生错误动作，这种现象被称为**竞争冒险**。到达 D_2 的两个输入信号有先有后的现象称为**竞争**，由此产生的干扰脉冲的现象被称为**冒险**。

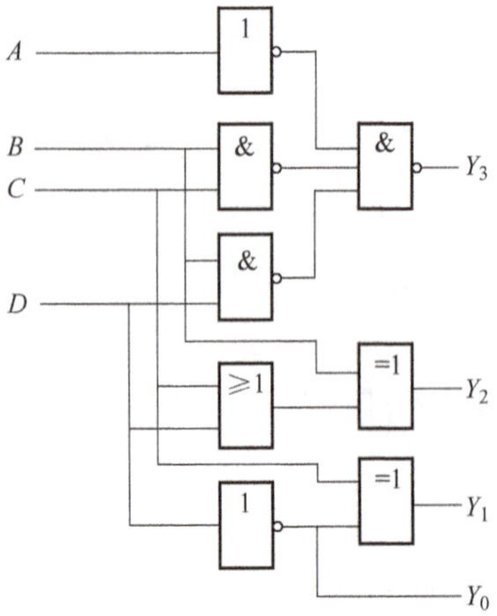

图 7-9 8421 BCD 码转换为余 3 码的电路

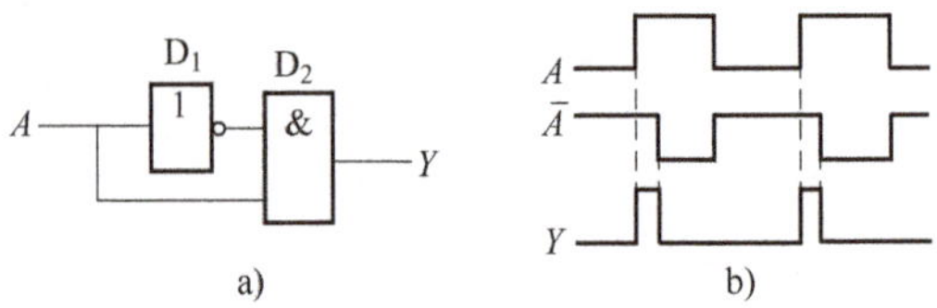

图 7-10 产生竞争冒险

2. 竞争与冒险的识别

（1）代数法　当逻辑函数表达式在一定条件下可以简化成 $Y=X+\overline{X}$ 或 $Y=X\cdot\overline{X}$ 的形式时，X 的变化可能引起冒险现象。

例 7-6　试判断如图 7-11 所示电路是否存在竞争冒险。已知输入变量每次只有一个改变状态。

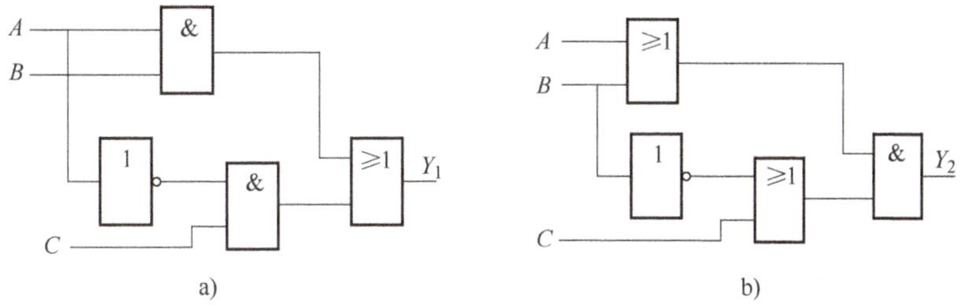

图 7-11　例 7-6 电路

解： 在图 7-11a 电路中，当 $B=C=1$ 时，输出逻辑函数式为

$$Y_1=AB+\overline{A}C=A+\overline{A}$$

所以图 7-11a 电路中存在竞争冒险。

在图 7-11b 电路中，当 $A=C=0$ 时，输出逻辑函数式为

$$Y_2=(A+B)(C+\overline{B})=B\cdot\overline{B}$$

所以图 7-11b 电路中存在竞争冒险。

（2）用卡诺图法判断　如果两卡诺圈相切，而相切处又未被其他卡诺圈包围，则可能发生冒险现象。图 7-11 所示电路的卡诺图如图 7-12a 所示，该图上两卡诺圈相切，当输入变量 ABC 由 111 变为 110 时，Y 从一个卡诺圈进入另一个卡诺圈，若把圈外函数值视为 0，则函数值可能按 1-0-1 变化，从而出现毛刺。

（3）实验法　两个以上的输入变量同时变化引起的功能冒险难以用上述方法判断。因而发现冒险现象最有效的方法是实验。利用示波器仔细观察在输入信号各种变化情况下的输出信号，发现毛刺则分析原因并加以消除，这是经常采用的办法。

3. 消除竞争冒险的方法

（1）增加冗余项法　例如给定逻辑函数 $Y=AB+\overline{A}C$，画出逻辑图如图 7-13 所示，当 $B=C=1$ 时，$Y=A+\overline{A}$，若 A 从 1 变为 0（或从 0 变为 1），则在 D_4 的输入端发生竞争现象。

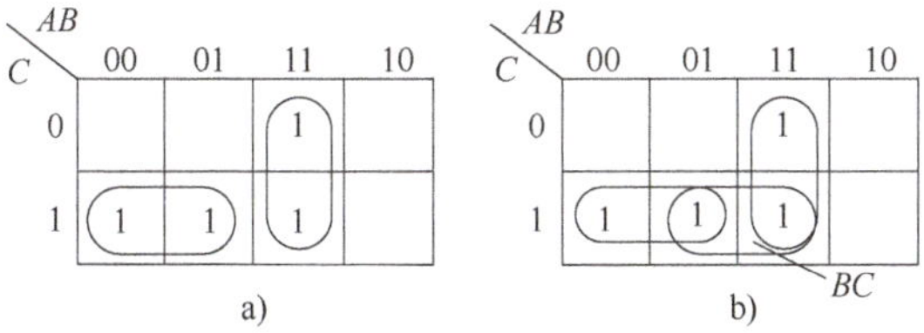

图 7-12　卡诺图法判断

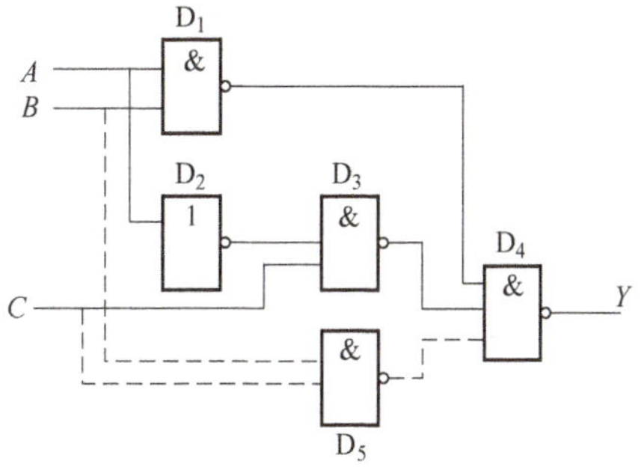

图 7-13　增加冗余项消除竞争冒险

如果对逻辑函数表达式进行修改，在式中增加一个乘积项 BC（冗余项），即 $Y=AB+\overline{A}C+BC$，其逻辑功能仍不变，但电路中多了一个 D_5，如图 7-13 所示。当 A 改变状态时，由于 D_5 输出的低电平封锁了 D_4，故不产生竞争冒险。

（2）引入封锁脉冲　为了消除因竞争产生的干扰脉冲，可以引入一个负脉冲，在输入信号发生竞争的时间内，把可能产生干扰脉冲的门锁住，如图 7-14a 中 P_1 负脉冲。P_1 宽度应大于电路状态的过渡时间 Δt，如图 7-14b 所示。

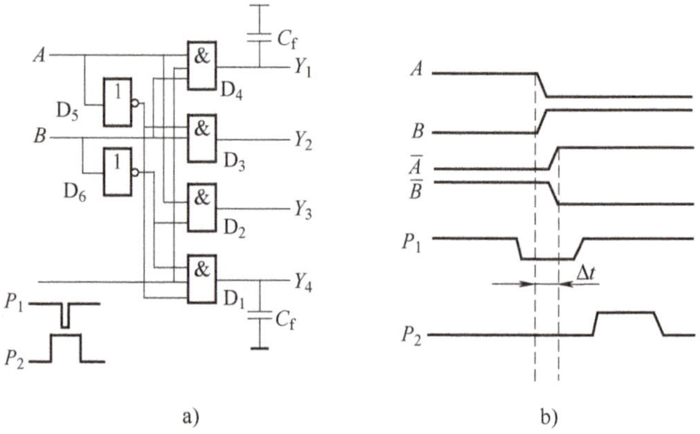

图 7-14　消除竞争冒险的方法

（3）输出端接入滤波电容　电容对干扰脉冲起到平波作用，使输出端不出现逻辑错误，如图 7-14a 中 C_f，电容对于很窄的干扰脉冲起到滤波的作用，其结果使干扰脉冲的幅度减小到可以忽略的程度。C_f 的容量一般为几～几十皮发，不能太大，否则将使输出波形的边沿变差，影响电路的工作速度。

7.2.5　常用组合逻辑电路

1. 编码器

编码是将含有特定意义的数字或符号信息转换成相应的若干位二进制代码的过程，它是译码的逆过程。具有编码功能的组合电路称为编码器。在数字设备中，任何数据和信息都是用代码来表示的，根据所用的编码方式不同，编码器可以分为二进制编码器、二-十进制编码器和字符编码器。

（1）二进制优先编码器　二进制编码器是指用 n 位二进制代码对 $N=2^n$ 个信号进行编码的电路。现以图 7-15 所示的 8-3 线编码器为例介绍其工作原理。

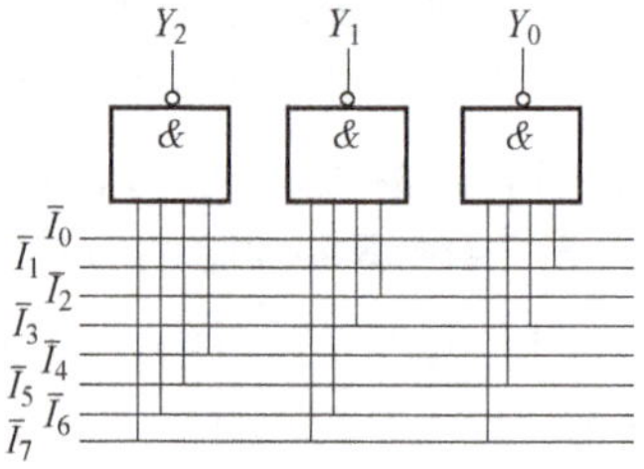

图 7-15　8-3 线编码器电路图

该编码器有 8 个输入端分别为$\overline{I}_0$～$\overline{I}_7$，低电平为有效输入信号，输出是 Y_2、Y_1、Y_0，组成三位二进制代码。

上述 8-3 线编码器虽然电路结构简单，但当两个或两个以上输入信号同时有效时其输出将是混乱的。为了克服上述编码器的弊端，可以采用另外一种编码器，在同一时刻它允许多个有效信号输入，但其输出只能对优先级别最高的信号进行编码，这一类编码器称为优先编码器。目前常用的中规模集成电路编码器都是优先编码器，下面以 74LS148 集成编码器为例介绍二进制优先编码器，如图 7-16 所示，表 7-6 为其真值表。

由表 7-6 可以分析 74LS148 集成编码器的逻辑功能有如下特征：

1）$\overline{I}_0$～$\overline{I}_7$代表输入端，分别代表十进制的 8 个数字信号 0～7，输入端有效驱动信号为低电平，$\overline{I}_7$优先级最高，依次降低，$\overline{I}_0$优先级最低。

2）$\overline{Y}_2$～$\overline{Y}_0$代表输出端，低电平为有效输出信号，也被称为反码形式输出数字信号，其

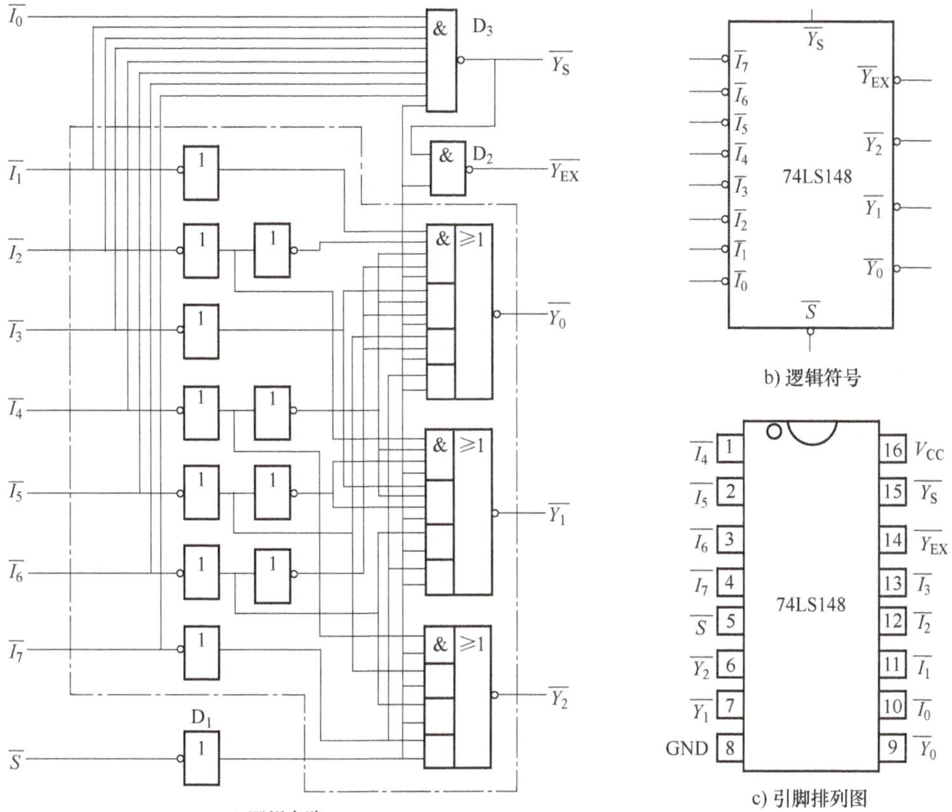

a) 逻辑电路　b) 逻辑符号　c) 引脚排列图

图 7-16　8-3 线优先编码器 74LS148

中$\overline{Y_2}$为高位输出，依次降低，$\overline{Y_0}$为最低位，构成三位二进制代码。当$\overline{I_6}=0$，$\overline{I_7}=1$ 时，输出 $\overline{Y_2}\,\overline{Y_1}\,\overline{Y_0}=001$，是 110 的反码。

3）$\overline{S}$为选通输入端，也称使能端，低电平为有效驱动信号，当$\overline{S}=1$ 时，编码器停止工作；当$\overline{S}=0$ 时，编码器才能进行编码。

4）$\overline{Y_S}$为使能输出端，也称选通输出端；$\overline{Y_{EX}}$为扩展输出端，用于编码器功能扩展时使用。利用两片 74LS148 进行级联可构成 16-4 线优先编码。若$\overline{Y_S}=0$，则表示无有效输入信号，此时$\overline{Y_{EX}}=1$。若$\overline{Y_S}=1$，则表示有有效输入信号，即有编码输出，此时$\overline{Y_{EX}}=0$。

表 7-6　74LS148 的真值表

输入									输出				
$\overline{S}$	$\overline{I_0}$	$\overline{I_1}$	$\overline{I_2}$	$\overline{I_3}$	$\overline{I_4}$	$\overline{I_5}$	$\overline{I_6}$	$\overline{I_7}$	$\overline{Y_2}$	$\overline{Y_1}$	$\overline{Y_0}$	$\overline{Y_{EX}}$	$\overline{Y_S}$
1	×	×	×	×	×	×	×	×	1	1	1	1	1
0	1	1	1	1	1	1	1	1	1	1	1	1	0
0	×	×	×	×	×	×	×	0	0	0	0	0	1
0	×	×	×	×	×	×	0	1	0	0	1	0	1

（续）

输入									输出				
$\overline{S}$	$\overline{I_0}$	$\overline{I_1}$	$\overline{I_2}$	$\overline{I_3}$	$\overline{I_4}$	$\overline{I_5}$	$\overline{I_6}$	$\overline{I_7}$	$\overline{Y_2}$	$\overline{Y_1}$	$\overline{Y_0}$	$\overline{Y_{EX}}$	$\overline{Y_S}$
0	×	×	×	×	×	0	1	1	0	1	0	0	1
0	×	×	×	×	0	1	1	1	0	1	1	0	1
0	×	×	×	0	1	1	1	1	1	0	0	0	1
0	×	×	0	1	1	1	1	1	1	0	1	0	1
0	×	0	1	1	1	1	1	1	1	1	0	0	1
0	0	1	1	1	1	1	1	1	1	1	1	0	1

（2）二-十进制优先编码器　下面以74LS147集成编码器为例介绍二-十进制优先编码器，如图7-17所示。

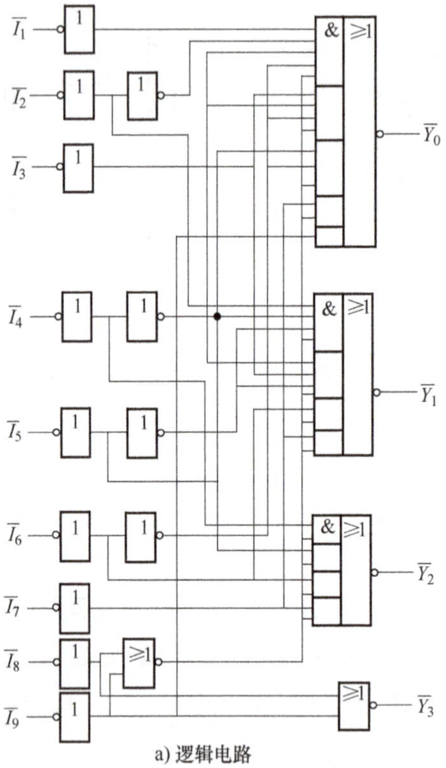

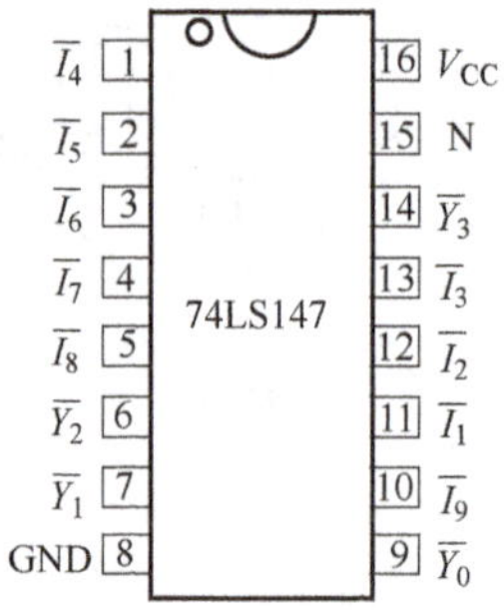

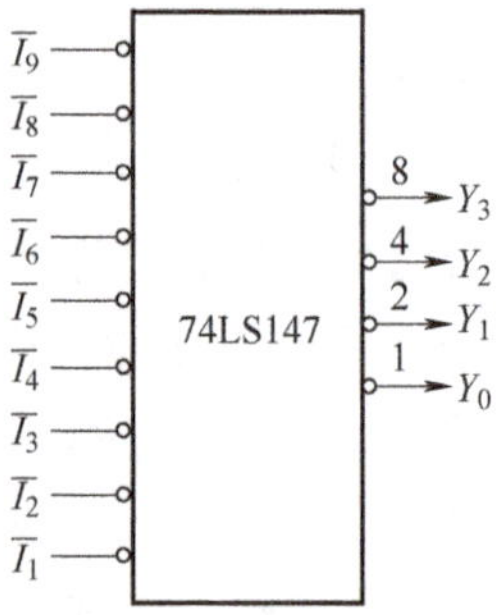

图7-17　二-十进制优先编码器74LS147

根据真值表表7-7可知，其有$\overline{I_1}$ ~ $\overline{I_9}$共9个输入端，分别代表十进制的1 ~ 9，$\overline{I_9}$优先级最高，$\overline{I_0}$最低，输入是以低电平有效。$\overline{Y_3}$ ~ $\overline{Y_0}$表示输出端，其中$\overline{Y_3}$为最高位，$\overline{Y_0}$为最低位，输出端以反码输出，或理解成以低电平有效输出。

由表7-7可以看出，这种编码器中没有$\overline{I_0}$线，这是因为$\overline{I_0}$信号的编码，同其他各输入线均为无效信号输入是等效的，故在电路中省去了$\overline{I_0}$编码电路。

表 7-7　74LS147 的真值表

输入									输出			
$\overline{I_1}$	$\overline{I_2}$	$\overline{I_3}$	$\overline{I_4}$	$\overline{I_5}$	$\overline{I_6}$	$\overline{I_7}$	$\overline{I_8}$	$\overline{I_9}$	$\overline{Y_3}$	$\overline{Y_2}$	$\overline{Y_1}$	$\overline{Y_0}$
1	1	1	1	1	1	1	1	1	1	1	1	1
×	×	×	×	×	×	×	×	0	0	1	1	0
×	×	×	×	×	×	×	0	1	0	1	1	1
×	×	×	×	×	×	0	1	1	1	0	0	0
×	×	×	×	×	0	1	1	1	1	0	0	1
×	×	×	×	0	1	1	1	1	1	0	1	0
×	×	×	0	1	1	1	1	1	1	0	1	1
×	×	0	1	1	1	1	1	1	1	1	0	0
×	0	1	1	1	1	1	1	1	1	1	0	1
0	1	1	1	1	1	1	1	1	1	1	1	0

（3）字符编码器　字符是各种文字和符号的总称，包括各国家文字、标点符号、图形符号及数字等。字符集是多个字符的集合，字符集种类较多，每个字符集包含的字符个数不同，常用字符集有 ASCII 字符集、GB2312 字符集、BIG5 字符集、GB18030 字符集、Unicode 字符集等。计算机要准确处理各种字符集文字，需要进行字符编码，以便计算机能够识别和存储各种文字。

字符编码就是以二进制的数字来对应字符集的字符，字符编码器的种类很多，用途不同，其电路形式各异，是一种用途十分广泛的编码器。例如，计算机键盘，内部就有一个采用 ASCII 码的字符编码器；计算机的显示器和打印机也都使用专用的字符编码器。

（4）编码器的应用

1）用两片 8-3 线编码器 74LS148 构成一个 16-4 线编码器。

将两片 8-3 线优先编码器级联可以构成 16-4 线优先编码器。要求将$\overline{I_0}$ ~ $\overline{I_{15}}$十六个低电平输入信号编为输出$\overline{Y_3}$ ~ $\overline{Y_0}$ = 1111 ~ 0000 十六个对应的四位二进制反码，其中$\overline{I_{15}}$的优先级最高，$\overline{I_0}$最低。图 7-18 所示是电路连线图。

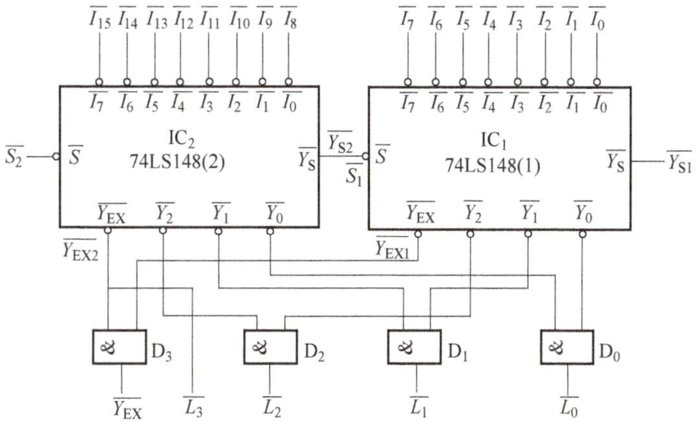

图 7-18　16-4 线优先编码器

由图7-18可知，$\overline{I_{15}}$ ~ $\overline{I_8}$八个优先级高的输入端接到片（2）上，将$\overline{I_7}$ ~ $\overline{I_0}$八个优先级低的输入端接到片（1）上。当$\overline{I_{15}}$ ~ $\overline{I_8}$中任一输入端为低电平时，例如$\overline{I_{11}}=0$，则片（2）的$\overline{Y_{EX}}=0$，$\overline{L_3}=1$，$\overline{Y_2}\,\overline{Y_1}\,\overline{Y_0}=100$，同时片（2）的$\overline{Y_S}=1$，将片（1）封锁，使它的输出$\overline{Y_2}\,\overline{Y_1}\,\overline{Y_0}=111$，于是在最后的输出端得到$\overline{L_3}\,\overline{L_2}\,\overline{L_1}\,\overline{L_0}=1011$。

当$\overline{I_{15}}$ ~ $\overline{I_8}$全部为高电平时，片（2）的$\overline{Y_S}=0$，故片（1）的$\overline{S}=0$，处于编码工作状态，对$\overline{I_7}$ ~ $\overline{I_0}$输入的低电平信号中优先权最高的一个进行编码。对十进制数的编码可参考上述分析。

2）用74LS147和适当的门电路构成输出为8421BCD码并具有编码输出标志的编码器。

由表7-6可知，74LS147输出是8421BCD码的反码，因此只要在74147的输出端增加反相器就可以获得题中所要求的输出码。在输入端均为高电平时GS为1，而有低电平信号输入时GS为0，可由非门实现此功能，题中所要求的编码器的逻辑电路如图7-19所示。

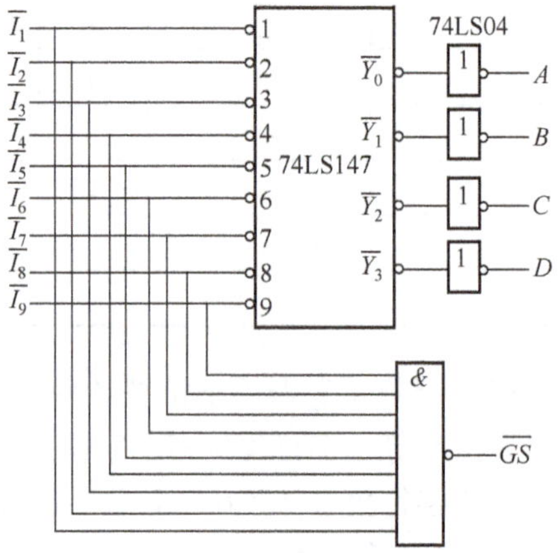

图7-19 用74LS147和适当的门电路构成输出为8421BCD码的编码器

2. 译码器

译码是编码的逆过程，在编码时，每一种二进制代码，都赋予了特定的含义，即都表示了一个确定的信号或者对象。把代码状态的特定含义"翻译"出来的过程叫作译码，实现译码操作的电路称为译码器。或者说，译码器是可以将输入二进制代码的状态翻译成输出信号，以表示其原来含义的电路。根据需要，输出信号可以是脉冲，也可以是高电平或者低电平。按照功能不同，一般把译码器分为三类：二进制译码器、二-十进制译码器和显示译码器。

（1）二进制译码器 二进制译码器有n个输入端（即n位二进制码），2^n个输出线。常见的中规模集成译码器有2-4线译码器、3-8线译码器和4-16线译码器。下面以图7-20为例介绍常用的74LS138二进制译码器。

根据图7-20所示逻辑图可写出各输出表达式为

$$Y_0=\overline{S\cdot\overline{A_2}\,\overline{A_1}\,\overline{A_0}}\qquad Y_1=\overline{S\cdot\overline{A_2}\,\overline{A_1}A_0}\qquad Y_2=\overline{S\cdot\overline{A_2}A_1\overline{A_0}}\qquad Y_3=\overline{S\cdot\overline{A_2}A_1A_0}$$

$$Y_4=\overline{S\cdot A_2\overline{A_1}\,\overline{A_0}}\qquad Y_5=\overline{S\cdot A_2\overline{A_1}A_0}\qquad Y_6=\overline{S\cdot A_2A_1\overline{A_0}}\qquad Y_7=\overline{S\cdot A_2A_1A_0}$$

当$S=1$时，根据上述表达式可得到真值表，见表7-8。

表7-8 74LS138集成3-8线译码器真值表

S_1	$\overline{S_2}+\overline{S_3}$	A_2	A_1	A_0	$\overline{Y_0}$	$\overline{Y_1}$	$\overline{Y_2}$	$\overline{Y_3}$	$\overline{Y_4}$	$\overline{Y_5}$	$\overline{Y_6}$	$\overline{Y_7}$
1	0	0	0	0	0	1	1	1	1	1	1	1
1	0	0	0	1	1	0	1	1	1	1	1	1
1	0	0	1	0	1	1	0	1	1	1	1	1
1	0	0	1	1	1	1	1	0	1	1	1	1
1	0	1	0	0	1	1	1	1	0	1	1	1

（续）

S_1	$\overline{S_2}+\overline{S_3}$	A_2	A_1	A_0	$\overline{Y_0}$	$\overline{Y_1}$	$\overline{Y_2}$	$\overline{Y_3}$	$\overline{Y_4}$	$\overline{Y_5}$	$\overline{Y_6}$	$\overline{Y_7}$
1	0	1	0	1	1	1	1	1	1	0	1	1
1	0	1	1	0	1	1	1	1	1	1	0	1
1	0	1	1	1	1	1	1	1	1	1	1	0
0	×	×	×	×	1	1	1	1	1	1	1	1
×	1	×	×	×	1	1	1	1	1	1	1	1

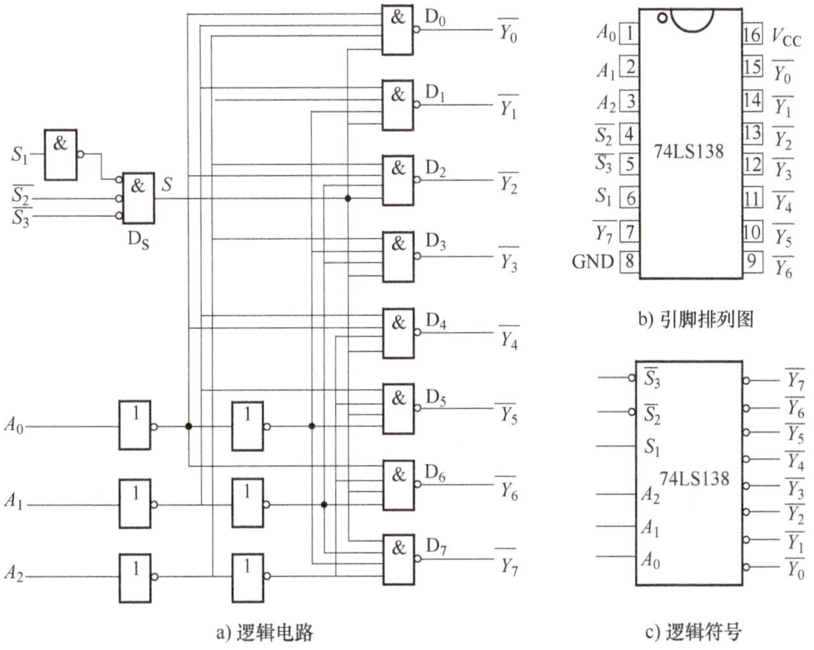

图 7-20　二进制译码器 74LS138

由表 7-8 可以分析 74LS138 集成译码器的逻辑功能，有如下特点：

1）其中 A_2 ~ A_0 代表输入端，输入三位二进制代码且高电平为有效输入信号。

2）$\overline{Y_7}$ ~ $\overline{Y_0}$代表 8 个输出端，分别表示十进制 8 个数字信号 7 ~ 0，低电平为有效输出信号，也被称为反码形式输出数字信号。

3）S_1、$\overline{S_2}$、$\overline{S_3}$为使能端，当 $S_1=1$，$\overline{S_2}+\overline{S_3}=0$ 时，译码器才能进行译码；否则，译码器停止译码。

4）二进制译码器的应用很广，典型应用有：①实现存储系统的地址译码；②实现逻辑函数；③带使能端的译码器可用作数据分配器或脉冲分配器。

（2）二-十进制译码器　二-十进制译码器常用于同一个数据的不同代码之间的相互变换，又被称为码制变换译码器。例如，将 8421BCD 码转换为十进制码或将余 3 码转换为格雷码的译码器等。74LS42 是 4-10 线译码器典型代表，它的功能是将 8421BCD 码译为 10 个对象，如图 7-21 所示。

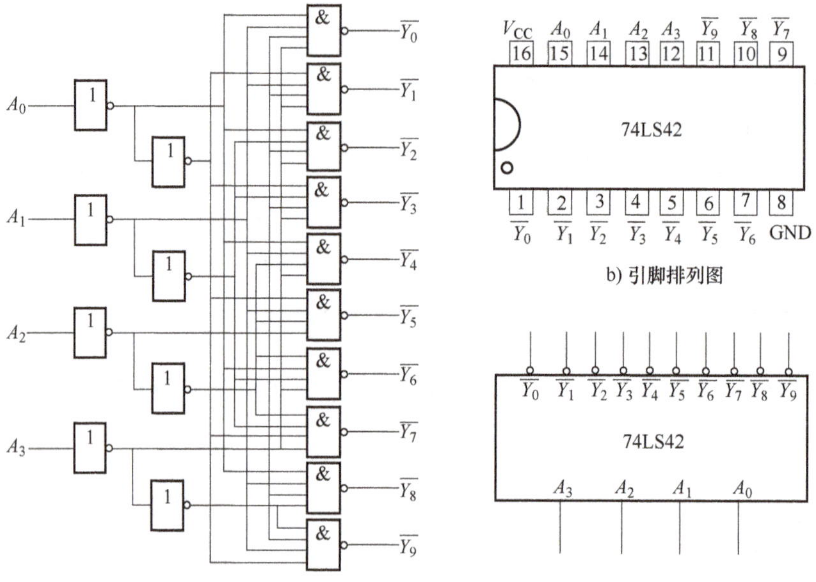

a) 逻辑电路　　b) 引脚排列图　　c) 逻辑符号

图 7-21　二-十进制译码器 74LS42

由图 7-21 写出各输出端表达式为

$Y_0=\overline{\overline{A_3}\,\overline{A_2}\,\overline{A_1}\,\overline{A_0}}$　$Y_1=\overline{\overline{A_3}\,\overline{A_2}\,\overline{A_1}A_0}$　$Y_2=\overline{\overline{A_3}\,\overline{A_2}A_1\overline{A_0}}$　$Y_3=\overline{\overline{A_3}\,\overline{A_2}A_1A_0}$　$Y_4=\overline{\overline{A_4}A_2\overline{A_1}\,\overline{A_0}}$

$Y_5=\overline{\overline{A_3}A_2\overline{A_1}A_0}$　$Y_6=\overline{\overline{A_3}A_2A_1\overline{A_0}}$　$Y_7=\overline{\overline{A_3}A_2A_1A_0}$　$Y_8=\overline{A_3\overline{A_2}\,\overline{A_1}\,\overline{A_0}}$　$Y_9=\overline{A_3\overline{A_2}\,\overline{A_1}A_0}$

根据上述表达式可得 74LS42 真值表，见表 7-9。

表 7-9　二-十进制译码器 74LS42 的真值表

A_3	A_2	A_1	A_0	$\overline{Y_0}$	$\overline{Y_1}$	$\overline{Y_2}$	$\overline{Y_3}$	$\overline{Y_4}$	$\overline{Y_5}$	$\overline{Y_6}$	$\overline{Y_7}$	$\overline{Y_8}$	$\overline{Y_9}$
0	0	0	0	0	1	1	1	1	1	1	1	1	1
0	0	0	1	1	0	1	1	1	1	1	1	1	1
0	0	1	0	1	1	0	1	1	1	1	1	1	1
0	0	1	1	1	1	1	0	1	1	1	1	1	1
0	1	0	0	1	1	1	1	0	1	1	1	1	1
0	1	0	1	1	1	1	1	1	0	1	1	1	1
0	1	1	0	1	1	1	1	1	1	0	1	1	1
0	1	1	1	1	1	1	1	1	1	1	0	1	1
1	0	0	0	1	1	1	1	1	1	1	1	0	1
1	0	0	1	1	1	1	1	1	1	1	1	1	0

其原理与 74LS138 译码器类同，只不过它有 4 个输入端，10 个输出端，输入端的 4 位输入代码有 0000～1111 共 16 种状态组合，当输入 $A_3A_2A_1A_0$ =“0000” 时，只有 Y_0 =“0”，其余均为 1，即 Y_0 输出低电平，它对应十进制数 0，当 $A_3A_2A_1A_0$ =“0001” 时，Y_1 =“0” 时，其余均为 1，它对于十进制数 1，其余依此类推。其中有 1010～1111 这 6 个没有与其对应的

输出端，当输入端 $A_3A_2A_1A_0$ 的状态一旦为“1010”~“1111”，这 6 种状态中任何一种时，$Y_0 \sim Y_9$ 的所有输出均为“1”，说明这六种代码对电路无效，我们称它为“伪码”。当伪码输入时，10 个输出端均为“1”即输出为无效状态。

（3）显示译码器　显示译码器由显示器件和译码驱动器组成，它在数字系统中应用非常广泛。

1）LED 显示器件。数字显示器是用来显示数字、文字和符号的器件，常用的有发光二极管（LED）显示器、荧光数码管，这里介绍 LED 显示器，LED 显示器是由七个发光二极管封装而成，有共阴极和共阳极两种接法。图 7-22a 是 LED 显示器的外形图，图 7-22b 为共阴极接法，图 7-22c 为共阳极接法。通过 LED 显示器的不同发光段进行组合，可以显示 0 ~9 十进制数字信号。

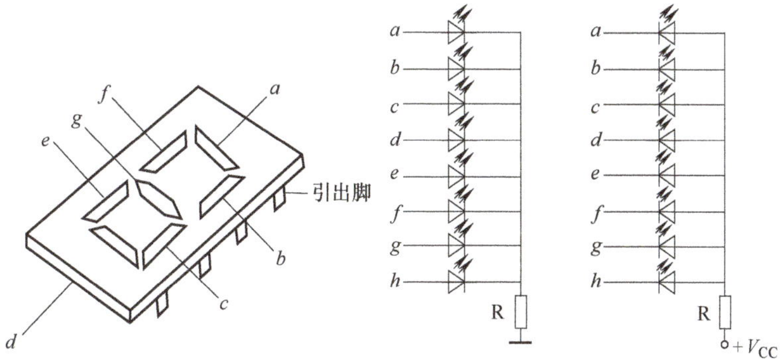

a) LED显示器外形图　　b) 共阴极接法　　c) 共阳极接法

图 7-22　LED 显示器

2）4 线-7 段译码驱动器。

采用共阴极 LED 显示器时，应将高电平接至显示器各段 LED 的阳极；采用共阳极 LED 显示器时，应将低电平接至显示器各段 LED 的阴极。LED 显示器件采用共阴极连接方式，常选用 74LS48 作为 7 段发光二极管译码驱动器，如图 7-23 所示。可知其有 4 个输入 A_3、A_2、A_1、A_0，采用 8421 码，根据数码管的显示原理，可列出表 7-10 所示的真值表。

输出 $a \sim g$ 是驱动 7 段数码管相应显示段的信号，由于驱动共阴极数码管，故应为高电平有效，即高电平时显示段数码管亮。如果设计驱动共阳极的 7 段发光二极管的二-十进制译码器，则输出状态与之相反。

74LS48 输出高电平有效，内部有上拉电阻，可以直接驱动共阴极的发光二极管。74LS48 还有一些辅助控制端，$\overline{LT}$是灯测试输入端，用来检测显示管是否正常工作，如烧坏、管座接触不良等。当$\overline{LT}=0$ 时，不论输入何种数码，显示管各段应全亮，否则说明显示管有故障。正常运用时，$\overline{LT}$应处于高电平或悬空。

$\overline{RBI}$是灭零输入端，目的是把数据中不希望显示的零灭掉。当$\overline{RBI}=0$，$\overline{LT}=1$ 时，输出端将灭掉高位或小数点后多余的零，使显示的数据简洁、醒目。

$\overline{BI}/\overline{RBO}$是灭零输出端，是控制低位灭零信号的，当$\overline{RBO}=0$ 时，将此信号作用于低位的$\overline{RBI}$，如低位为 0 时，亦将灭零。反之，若$\overline{RBO}=1$ 说明本位处于显示状态，不允许低位灭零。

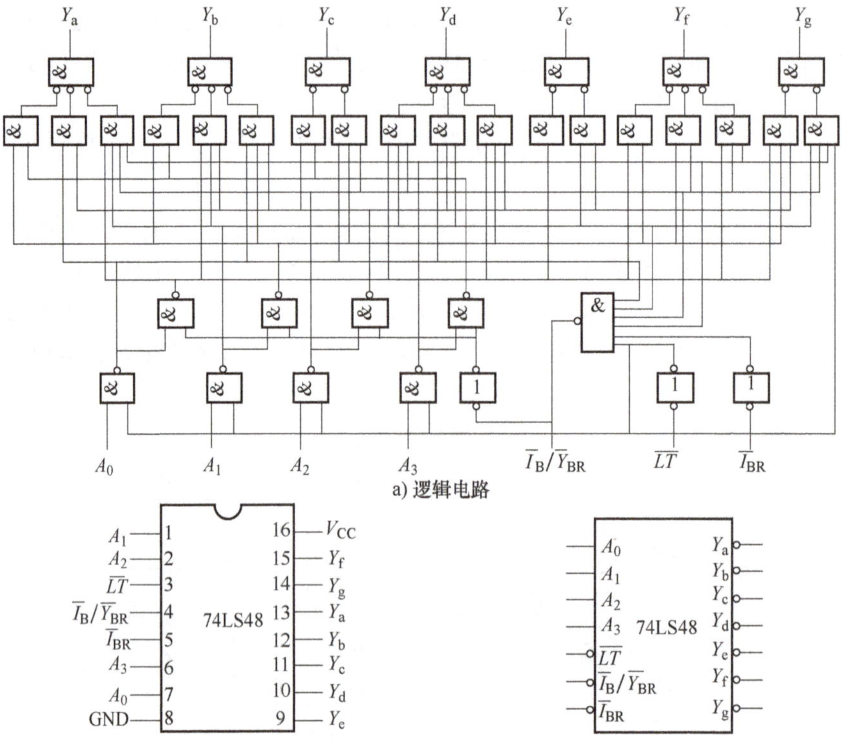

a) 逻辑电路

b) 引脚排列图

c) 逻辑符号

图 7-23 4 线-7 段译码驱动器 74LS48

根据所显示的十进制数字 0 ~ 9 的字形，可以列出四个输入 $A_3A_2A_1A_0$ 和 7 段输出 $a \sim g$ 间的真值表，见表 7-10。由于 74LS48 驱动共阴极数码管，各显示段 $a \sim g$ 为高电平时二极管导通发光。对于二进制代码 1010 ~ 1111 译码显示 5 个不正常的符号，或完全不发光，以表示输入错误的 BCD 码，因而该译码器具有识别伪码的能力。

3）LED 7 段显示器译码驱动电路图。

显示译码器由译码驱动器和数码管两部分构成，电路如图 7-24 所示。

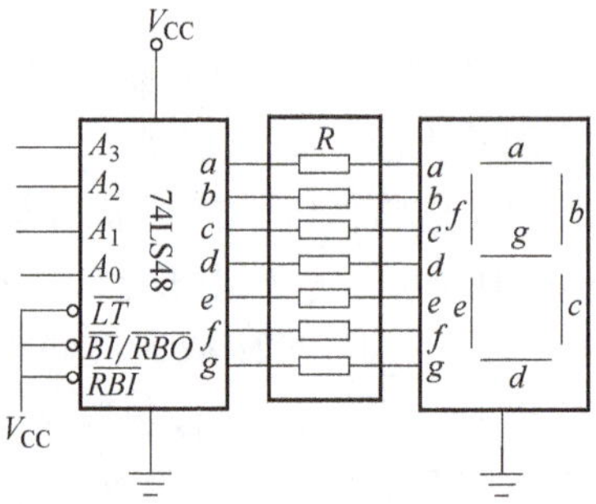

图 7-24 LED 7 段显示器译码驱动电路图

表 7-10 7 段译码驱动器真值表

输入				输出							显示十进制
A_3	A_2	A_1	A_0	a	b	c	d	e	f	g	
0	0	0	0	1	1	1	1	1	1	0	0
0	0	0	1	0	1	1	0	0	0	0	1
0	0	1	0	1	1	0	1	1	0	1	2
0	0	1	1	1	1	1	1	0	0	1	3

（续）

输　入				输　出							显示十进制
A_3	A_2	A_1	A_0	a	b	c	d	e	f	g	
0	1	0	0	0	1	1	0	0	1	1	4
0	1	0	1	1	0	1	1	0	1	1	5
0	1	1	0	1	0	1	1	1	1	1	6
0	1	1	1	1	1	1	0	0	0	0	7
1	0	0	0	1	1	1	1	1	1	1	8
1	0	0	1	1	1	1	1	0	1	1	9

（4）译码器的应用

1）用两片3-8线译码器74LS138构成一个4-16线译码器。

图7-25中$D=0$时，74LS138（低位）工作而74LS138（高位）不工作；$D=1$时，情况刚好相反。对应到输出，74LS138（低位）输出为Y_0 ~ Y_7，74LS138（高位）输出为Y_8 ~ Y_{15}，从而实现了4-16线的译码器。

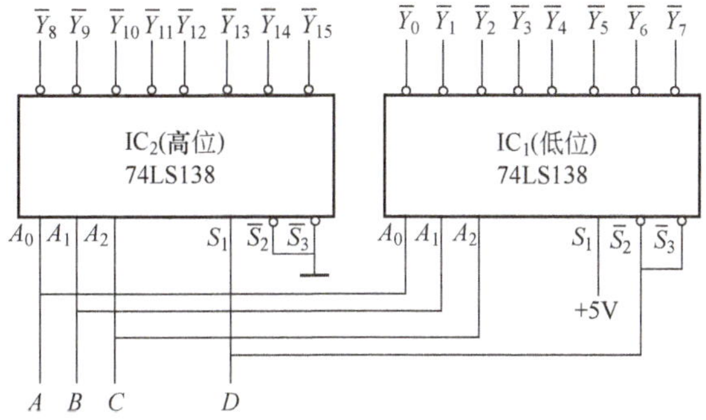

图7-25　用两片3-8线译码器74LS138构成一个4-16线译码器

2）用3-8线译码器74LS138和门电路设计组合逻辑电路。

用译码器加上门电路的方法，来实现较复杂的组合逻辑电路的设计，简单方便。对于译码器的选择以变量译码器和码制变换译码器居多，74LS138和74LS42是常用的译码器。对于门电路的选择以与非门和或非门居多，用译码器设计组合逻辑电路的方法和用门电路实现步骤相似，下面举例介绍其设计步骤。

例7-7　某工厂有A、B、C三台设备，A、B的功率均为10W，C的功率为20W，这些设备由和两台发电机供电，两台发电机的最大输出功率分别为10W和30W，要求设计一个逻辑电路以最节约能源的方式起、停发电机，来控制三台设备的运转、停止。要求用译码器和与非门实现。

解：①分析命题，确定逻辑变量，进行逻辑赋值。

三台设备应为输入变量，分别用A_2、A_1、A_0表示A、B、C三台设备，当设备运转时用1表示，否则用0表示。两台发电机为输出变量，用F_2表示30W的发电机，用F_1表示10W发电机，当发电机起动时用1表示，否则用0表示。

②根据题意列出真值表，见表7-11。

表 7-11 例 7-7 的真值表

A_2	A_1	A_0	F_2	F_1
0	0	0	0	0
0	0	1	0	1
0	1	0	1	0
0	1	1	0	1
1	0	0	1	0
1	0	1	0	1
1	1	0	0	1
1	1	1	1	1

③ 根据真值表写出逻辑表达式。

$$F_2=\overline{A_2}A_1\overline{A_0}+A_2\overline{A_1}\,\overline{A_0}+A_2A_1A_0$$

$$F_1=\overline{A_2}\,\overline{A_1}A_0+\overline{A_2}A_1A_0+A_2\overline{A_1}A_0+A_2A_1\overline{A_0}+A_2A_1A_0$$

④ 转换成与非表达式，与 74LS138 输出表达式对比进行等效代换，得

$$F_2=\overline{\overline{\overline{A_2}A_1\overline{A_0}+A_2\overline{A_1}\,\overline{A_0}+A_2A_1A_0}}=\overline{\overline{\overline{A_2}A_1\overline{A_0}}\cdot\overline{A_2\overline{A_1}\,\overline{A_0}}\cdot\overline{A_2A_1A_0}}$$

$$=\overline{\overline{Y_2}\cdot\overline{Y_4}\cdot\overline{Y_7}}$$

$$F_1=\overline{\overline{\overline{A_2}\,\overline{A_1}A_0+\overline{A_2}A_1A_0+A_2\overline{A_1}A_0+A_2A_1\overline{A_0}+A_2A_1A_0}}$$

$$=\overline{\overline{\overline{A_2}\,\overline{A_1}A_0}\cdot\overline{\overline{A_2}A_1A_0}\cdot\overline{A_2\overline{A_1}A_0}\cdot\overline{A_2A_1\overline{A_0}}\cdot\overline{A_2A_1A_0}}$$

$$=\overline{\overline{Y_1}\cdot\overline{Y_3}\cdot\overline{Y_5}\cdot\overline{Y_6}\cdot\overline{Y_7}}$$

⑤ 画出逻辑电路图，如图 7-26 所示。

3. 数据选择器

数据选择器又叫多路选择器或多路开关，它是多输入单输出的组合逻辑电路，数据选择器在地址控制端（或叫选择控制）的控制下，从多个数据输入通道中选择其中一通道的数据传输至输出端。其功能类似于一个单刀多掷开关，如图 7-27 所示。至于选择哪一路数据输出，则完全由当时的地址控制端选择控制信号决定。

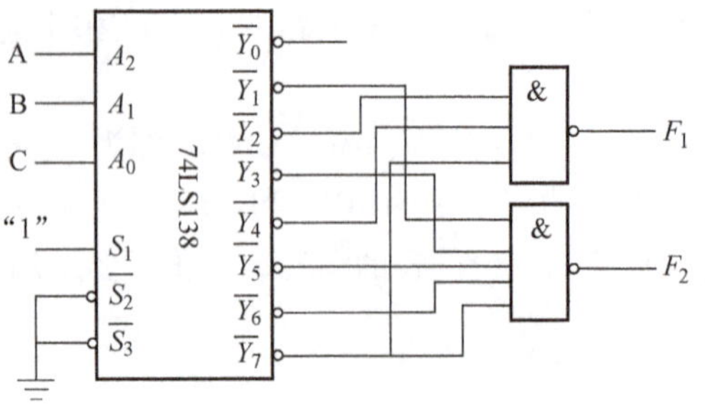

图 7-26 例 7-7 电路图

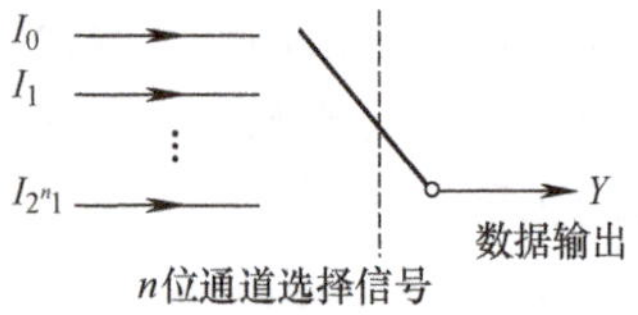

图 7-27 数据选择器示意图

（1）集成双 4 选 1 数据选择器 集成双 4 选 1 数据选择器 74LS153 如图 7-28 示，该集成电路包括两个相同的 4 选 1 数据选择器，其中地址码 A_1、A_0 是公共的，其他组成部分都

是单独设置，如 $D_0 \sim D_3$ 是数据输入端，Y 是原码输出端，设 A_1、A_0 取值分别为00、01、10、11时，输出端分别依次选择数据 D_0、D_1、D_2、D_3通道的数据输出。此外，为了对选择器工作与否进行控制和扩展功能的需要，还设置了附加使能端$\overline{S}$。当$\overline{S}=0$时，选择器工作；当$\overline{S}=1$时，选择器输入的数据被封锁，输出为0。

根据逻辑电路图很容易得到输出 Y 的逻辑表达式为

$$Y=(\overline{A_1}\,\overline{A_0}D_0+\overline{A_1}A_0D_1+A_1\overline{A_0}D_2+A_1A_0D_3)\cdot\overline{\overline{S}}$$

根据输出 Y 逻辑表达式列出74LS153真值表，见表7-12。

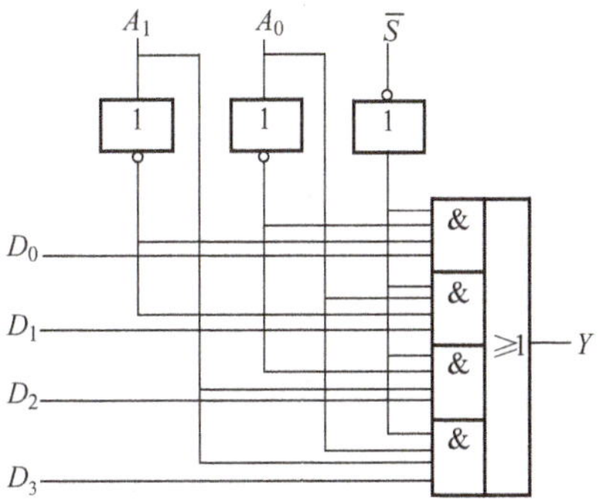

图7-28　4选1数据选择器（74LS153）逻辑图

表7-12　4选1数据选择器真值表

使能控制	通道选择		输　出
$\overline{S}$	A_1	A_0	Y
1	×	×	0
0	0	0	D_0
0	0	1	D_1
0	1	0	D_2
0	1	1	D_3

（2）集成8选1数据选择器　另一种常用的中规模集成8选1数据选择器为74LS151，如图7-29所示，它有8路数据输入端；有3个地址输入端，用于选择 $D_0 \sim D_7$ 数据；有两个互补输出端，以方便用户使用。该芯片同样设置了选通控制端$\overline{S}$，利用$\overline{S}$端也能实现选择器通道的扩展。

根据逻辑电路图很容易得到输出 Y 的逻辑表达式为

$$Y=\overline{S}(\overline{A_2}\,\overline{A_1}\,\overline{A_0}D_0+\overline{A_2}\,\overline{A_1}A_0D_1+\overline{A_2}A_1\overline{A_0}D_2+\overline{A_2}A_1A_0D_3+A_2\overline{A_1}\,\overline{A_0}D_4+A_2\overline{A_1}A_0D_5+A_2A_1\overline{A_0}D_6+A_2A_1A_0D_7)$$

根据输出 Y 逻辑表达式列出74LS151真值表，见表7-13。

表7-13　8选1数据选择器74LS151的真值表

使能控制	通道选择			输　出	
$\overline{S}$	A_2	A_1	A_0	Y	$\overline{Y}$
1	×	×	×	0	1
0	0	0	0	D_0	$\overline{D_0}$
0	0	0	1	D_1	$\overline{D_1}$
0	0	1	0	D_2	$\overline{D_2}$
0	0	1	1	D_3	$\overline{D_3}$

（续）

使能控制	通道选择			输　出	
$\overline{S}$	A_2	A_1	A_0	Y	$\overline{Y}$
0	1	0	0	D_4	$\overline{D}_4$
0	1	0	1	D_5	$\overline{D}_5$
0	1	1	0	D_6	$\overline{D}_6$
0	1	1	1	D_7	$\overline{D}_7$

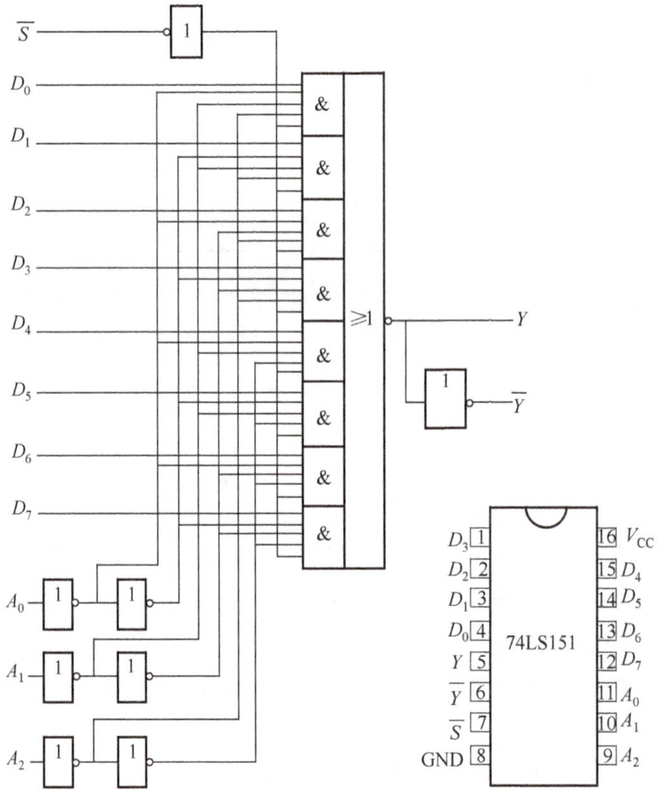

a) 逻辑图　　b) 引脚图

图 7-29　8 选 1 数据选择器（74LS151）逻辑图

（3）数据选择器的应用

1）用两片 8 选 1 数据选择器 74LS151 构成一个 16 选 1 数据选择器。

上面所讨论的是 1 位数据选择器，如需要选择多位数据时，可由几个 1 位数据选择器并联组成，即将它们的使能端连在一起，相应的选择输入端连在一起。2 位 8 选 1 数据选择器的连接方法如图 7-30 所示。当需要进一步扩充位数时，只需相应地增加器件的数目即可。

2）用数据选择器和门电路设计组合逻辑电路。

例 7-8　用数据选择器 74LS153 实现逻辑函数 $Y = AB + \overline{A}\,\overline{B}$。

解： 因为 74LS153 地址码输入端有 2 个，与函数 Y 输入变量的个数相同，实现函数表达式的步骤如下。

① 作出 74LS153 的卡诺图，如图 7-31 所示。

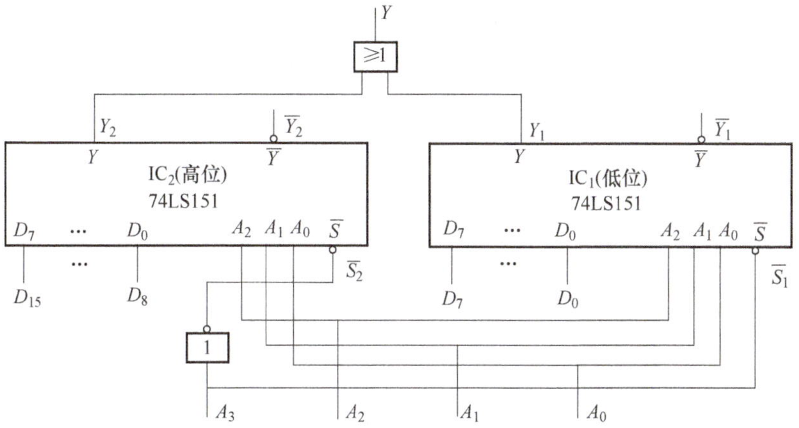

图 7-30　用两片 8 选 1 数据选择器构成一个 16 选 1 数据选择器

② 作出函数 Y 的卡诺图，如图 7-32 所示。

③ 将上述两个卡诺图对比，设 $A_1=A$，$A_0=B$，则得出。

$$D_0=D_3=1 \quad D_1=D_2=0$$

④ 画出电路图如图 7-33 所示。

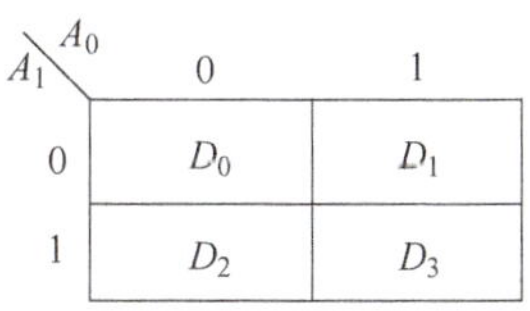

图 7-31　74LS153 的卡诺图

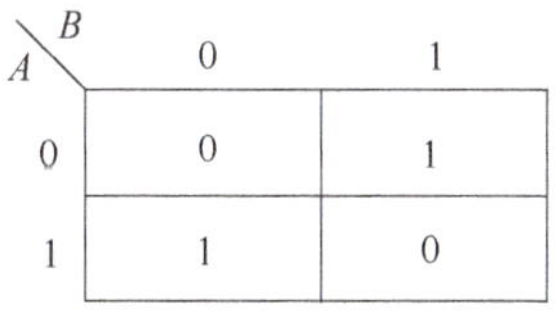

图 7-32　Y 的卡诺图

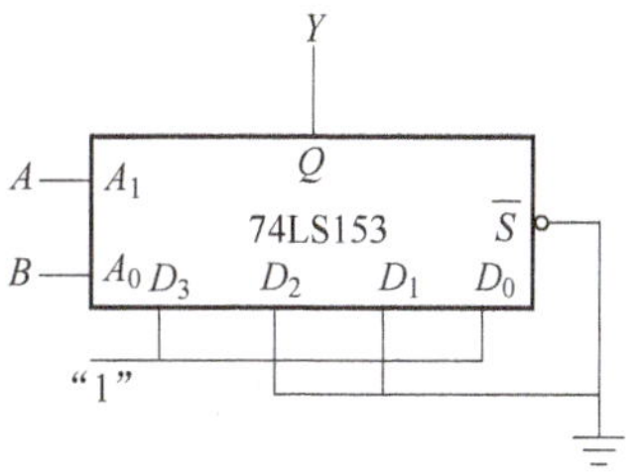

图 7-33　逻辑电路图

例 7-9　用 4 选 1 数据选择器 74LS153 实现逻辑函数 $Y=A\overline{B}+\overline{A}C+B\overline{C}$。

解： 对于该例题，函数表达式输入变量个数多于选择控制端的个数，则可以进行变量的分离，使得变量的个数和控制端的变量个数相同，多余的变量作为数据的输入接到相应的数据输入端。

① 作出 74LS153 的卡诺图，如图 7-34a 所示。

② 作出分离变量 C 后函数 Y 的卡诺图，如图 7-34b 所示。

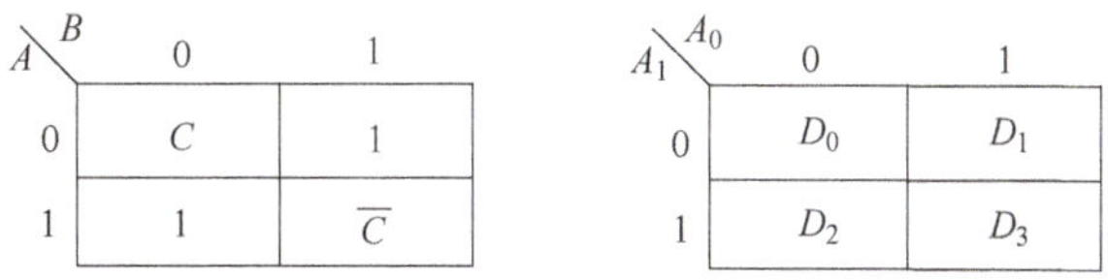

a) 74LS153的卡诺图　　b) 分离变量C后Y的卡诺图

图 7-34　例 7-9 图

③ 将上述两个卡诺图对比，设 $A_1=A$，$A_0=B$，则得出。

$$D_0=C \qquad D_1=D_2=1 \qquad D_3=\overline{C}$$

④ 画出电路图如图 7-35 所示。

例 7-10 用 8 选 1 数据选择器 74LS151 实现函数发生器。

以 74LS151 实现函数表达式 $Y=\overline{A}\,\overline{B}\,\overline{C}+AC+\overline{A}BC$ 来完成函数发生器的设计。根据上述设计方法，得数据输入端 $D_0=D_3=D_5=D_7=1$，$D_1=D_2=D_4=D_6=0$，即可得出电路图，如图 7-36 所示。

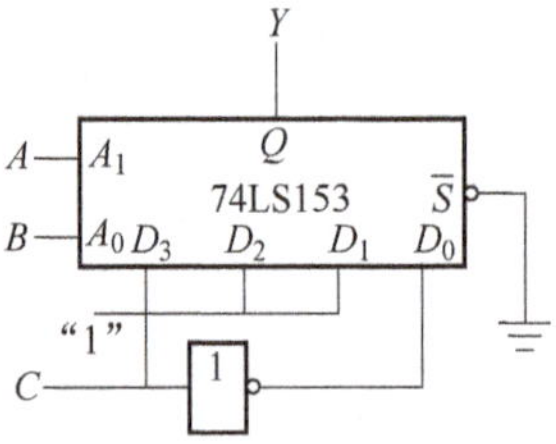

图 7-35 逻辑电路图

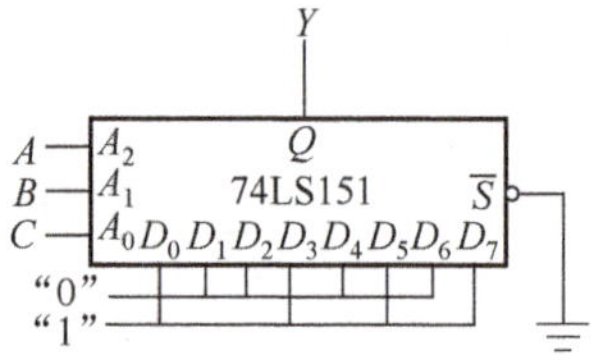

图 7-36 用 74LS151 构成的函数发生器

4. 数据分配器

数据分配器又叫多路分配器，其功能与数据选择器相反，是将 1 个输入通道中的数据传送到多个输出端中的 1 个，具体传送到哪一个输出端，也是由一组选择控制信号确定。通常数据分配器有 1 根数据输入线，n 根选择控制线和 2^n 根输出线，称为 1 路—2^n 数据分配器。

数据分配器和译码器有着相同的基本电路结构形式，和数据分配器对比，在译码器中与 D 相应的是选通控制信号端，A_1、A_0 输入的是二进制代码，其实集成数据分配器就是带选通控制端也叫使能端的二进制集成译码器。只要在使用时，把二进制集成译码器的选通控制端当作数据输入端、二进制代码输入端当作选择控制端就可以了。例如，74LS139 是集成 2-4 线译码器，也就是集成 1-4 路数据分配器。74LS138 是集成 3-8 线译码器，也就是集成 1-8 路数据分配器且型号相同。

（1）集成 1-4 路数据分配器 数据分配器是数据选择器的逆过程，它是一个能将一路数据分配到按地址要求的输出端的电路，是单输入-多输出的组合电路，图 7-37 是 1-4 路数据分配器的逻辑图，D 为被传送的数据输入端，A、B 是地址控制端，Y_0 ~ Y_3 为数据输出端。

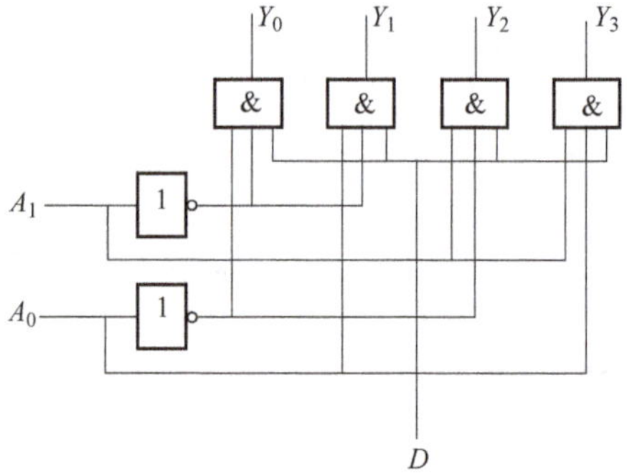

图 7-37 1-4 路数据分配器

根据逻辑图写出逻辑表达式为

$$Y_0=\overline{A_1}\,\overline{A_0}D \qquad Y_1=\overline{A_1}A_0D \qquad Y_2=A_1\overline{A_0}D \qquad Y_3=A_1A_0D$$

由逻辑表达式得出其真值表，见表 7-14。

表 7-14 1-4 路数据分配器真值表

A	B	Y_0	Y_1	Y_2	Y_3
0	0	D	0	0	0
0	1	0	D	0	0
1	0	0	0	D	0
1	1	0	0	0	D

（2）集成1-8路数据分配器　目前多采用中规模集成译码器来实现多路数据分配，常用的集成数据分配器有1-4路数据分配器（74LS139），1-8路数据分配器（74LS138），1-16路数据分配器（74LS154）等。

下面以74LS138为例说明数据分配器的基本原理。74LS138构成1-8路数据分配器电路图如图7-38所示，译码器输出$\overline{Y_0}\sim\overline{Y_7}$改作8路数据输出，译码输入$A_2A_1A_0$改作为3个选择输入端，用于决定数据输入$D$。当数据从$S_1$输入时，输出端以反码形式输出数据；当数据$D$从$\overline{S_2}$或$\overline{S_3}$输入时，输出端以原码形式输出数据。如$\overline{S_3}$已作为数据输入$D$，当$A_2A_1A_0=000$时，使能端$S_1\overline{S_2}\ \overline{S_3}$（即$D$）为1、0、0，译码器才能正常工作，则$\overline{Y_0}$为0，与$\overline{S_3}$（即$D$）相同；若使能端$S_1\overline{S_2}\ \overline{S_3}$（即D）为1、0、1，译码器不能正常工作，则$\overline{Y_0}$为1，与$\overline{S_3}$（即$D$）相同，满足了数据分配器的逻辑功能。

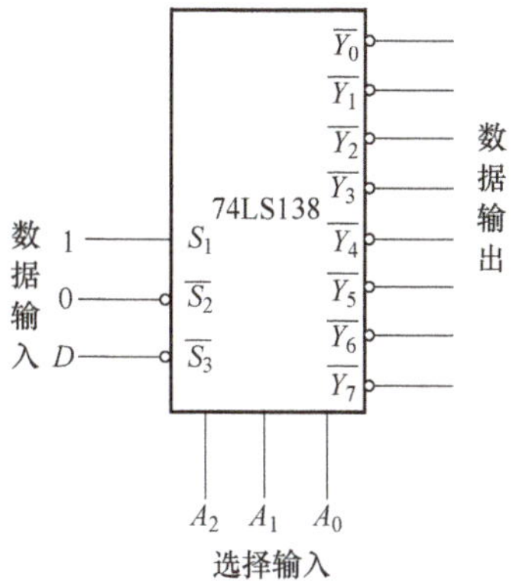

图7-38　1-8路数据分配器

（3）数据分配器的应用　数据选择器与数据分配器结合起来，可以实现多路数据的分时传送，以减少传输线的根数。8路数据分时传送的示意图如图7-39所示。按照常规，若将8根数据从发送端同时传送到接收端，则需要9根线（包括1根地线）。若采用多路数据分时传送，除地线外，仅用3根数据选择线和1根数据线，传输线从9根减少到了5根，当路数增多时，节省更为明显。

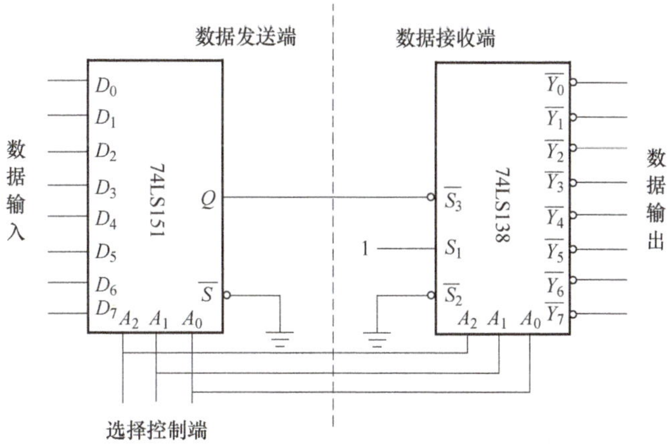

图7-39　8路数据分时传送的示意图

7.3　项目实施

7.3.1　任务一　组合逻辑电路功能分析

1. 实验目的

1）掌握组合逻辑电路的特点。

2）学会通过实验分析组合逻辑电路功能的方法。

2. 实验原理

根据逻辑功能的不同特点，常把数字电路分成组合逻辑电路和时序逻辑电路两大类。

组合逻辑电路是一种重要的数字逻辑电路，其特点是在任何时刻输出信号的稳态值，仅取决于该时刻各个输入信号的取值组合的电路，简称为**组合电路**。在组合电路中，输入信号作用以前电路所处的状态对输出信号没有影响。

所谓组合逻辑电路的分析方法，就是根据给定的逻辑电路图，确定其逻辑功能的步骤，即求出描述该电路的逻辑功能的函数表达式或者真值表的过程。组合逻辑电路的一般分析方法可以归纳为两种。

第一种适用于比较简单的电路，分析步骤为：

1）根据给定的电路图，写出逻辑函数表达式。

2）化简逻辑函数表达式或列出真值表。

3）根据最简逻辑函数表达式或真值表，描述电路的逻辑功能。

第二种适用于比较复杂的电路或无法得到逻辑图的电路，分析步骤为：

1）根据给定逻辑电路图，搭接电路。若已给定实际电路，则不需这一步。

2）测试输出与输入变量各种变化组合之间的电平变化关系，并将其列成表格，得到真值表（或功能表）。

3）根据真值表或功能表描述电路的逻辑功能。

3. 实验仪器设备

直流稳压电源。

4. 实验器材

集成块：74LS00、74LS04、74LS08、74LS32。

5. 实验步骤及内容

（1）分析图 7-40 所示电路的逻辑功能

1）根据图 7-40 所给的电路选取合适的集成块并正确连线。

2）通电，输入不同的信号组合，测出对应的输出状态。

3）根据实验结果分析电路的逻辑功能。

4）将实验分析结果与理论分析结果进行比较。

（2）分析图 7-41 所示电路的逻辑功能

1）根据图 7-41 所给的电路选取合适的集成块并正确连线。注意在连线时，要灵活使用集成电路。

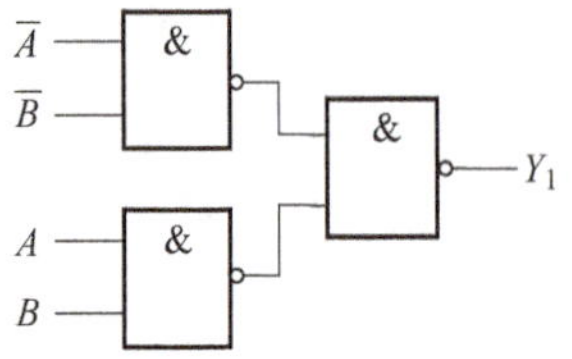

图 7-40

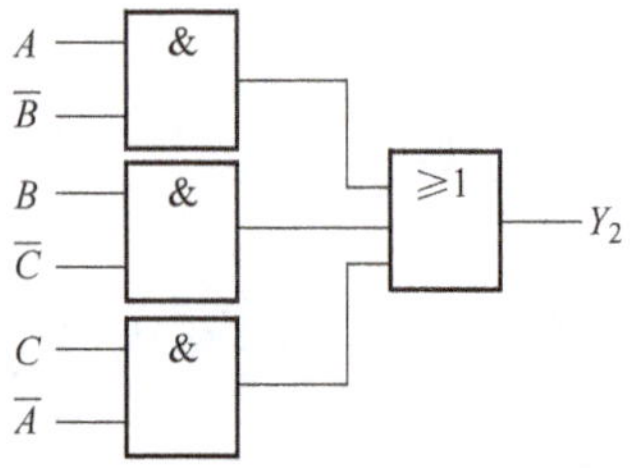

图 7-41

2）通电，输入不同的信号组合，测出对应的输出状态。

3）根据实验结果分析电路的逻辑功能。

4）将实验分析结果与理论分析结果进行比较。

6. 实验报告要求

按组合逻辑电路的分析方法分别写出各个电路的分析步骤。

7.3.2 任务二　组合逻辑电路设计

1. 实验目的

1）掌握组合逻辑电路的设计方法。

2）使用实验室给定的集成块来验证其设计。

2. 实验原理

组合逻辑电路的设计就是根据给定的逻辑要求设计逻辑电路图的过程。其设计步骤与分析步骤相反，它是根据给定的逻辑功能的要求，尽量用最少逻辑门来实现该逻辑功能的电路。一般可分为以下几个步骤：

1）分析要求。首先根据给定的设计要求，分析其逻辑关系，确定哪些是输入变量，哪些是输出函数，以及它们之间的相互关系，并进行逻辑赋值。

2）根据设计的逻辑要求列真值表。

3）根据真值表写出逻辑函数表达式。

4）化简逻辑函数表达式或作适当形式的变换。

5）画出逻辑图。

以上所述是组合逻辑电路设计的一般方法，它并不是惟一方法，对某一些组合电路来说它也不一定是最好的设计方法，但它是一种采用最普遍、较有规律性的方法。

3. 实验仪器与设备

直流稳压电源。

4. 实验器材

集成块：74LS00、74LS04。

5. 实验步骤及内容

1）设计一个组合逻辑电路，要求有两个输入端，当输入信号同时为高电平或同时为低电平时，输出为高电平，否则输出为低电平。用与非门来实现。

2）设计一个举重裁判表决器。设举重比赛有三个裁判，一个主裁判和两个副裁判。杠铃完全举上的裁决由每一个裁判按一下自己面前的按钮来确定。只有当两个或两个以上裁判（其中必须有主裁判）判明成功时，表示“成功”的灯才亮。要求用与非门实现。

3）某设备有开关 A、B、C，要求仅在开关 A 接通的条件下，开关 B 才能接通；开关 C 仅在开关 B 接通的条件下才能接通。违反这一规程，则发出报警信号。设计一个由与非门组成的能实现这一功能的报警控制电路。

4）设计一半加器，要求用与非门实现。

6. 实验报告要求

根据组合逻辑电路的设计步骤，分别写出以上各组合逻辑电路的设计步骤。

7.4　拓展知识

7.4.1　简易密码锁电路的设计

1. 简易密码锁参考原理图

利用门电路构成的简易密码锁是一种简单的密码锁电路，输出信号有两路 Y_3、Y_4，分别表示锁的状态和报警器输出状态。参考电路如图 7-42 所示。其中，利用 4 只单刀双掷开关 S_1、S_2、S_3、S_4 设置密码；利用 Y_3 表示密码锁输出状态，当 $Y_3=1$ 表示可以正常开锁，否则无法开锁；利用 Y_4 表示报警器输出状态，当 $Y_4=1$ 表示发出报警信号；开关 S 在钥匙插入时闭合，若密码设置正确，则 $Y_3=1$，$Y_4=0$，锁正常开启。否则电路报警。

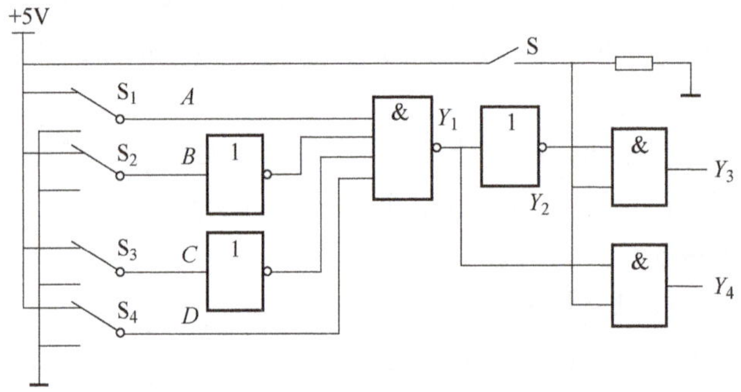

图 7-42　简易密码锁电路

2. 电路原理分析

该电路的正确开启密码为 $ABCD=1001$，当输入“1001”时，通过图可知 $Y_1=0$，$Y_2=1$，此时一旦 S 闭合，则有 $Y_3=1$，$Y_4=0$，可以开锁。如果 $ABCD\neq 1001$，通过图可知 $Y_1=1$，$Y_2=0$，一旦 S 闭合，则有 $Y_3=0$，$Y_4=1$，此时锁打不开而电路发出报警信号。

3. 电路元器件

集成电路：74LS08-1 片，74LS04-1 片，74LS20-1 片。

电阻：510Ω　1 只。

其他：单刀单掷开关-1 只，单刀双掷开关 4 只。

7.4.2　数字逻辑信号测试笔的设计

1. 数字逻辑信号测试笔电路参考原理图

数字逻辑信号测试笔简称逻辑笔，图 7-43 所示为用 CMOS 六非门 CD4069、发光二极管和电阻等构成的逻辑信号测试笔电路。使用红、绿、黄来表示逻辑信号。当探针悬空或测试点为高阻状态时，黄色指示灯 LED_3 亮，其余两个指示灯灭；当探针接触高电平时，红色指示灯 LED_1 亮，其余两个指示灯灭；当探针接触低电平时，绿色指示灯 LED_2 亮，其余两个指示灯灭。

2. 电路原理分析

电路具体工作原理如下：

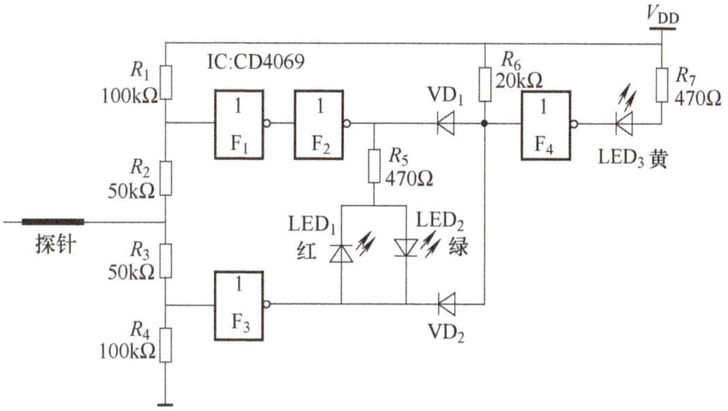

图 7-43 逻辑笔参考原理图

电路中 CMOS 非门作为检测判别器件，已知 CMOS 非门电路的翻转阈值电压为 $1/2V_{DD}$，非门 F_1、F_2 和 F_3 的输入端接至由电阻 $R_1 \sim R_4$ 组成的分压器。

（1）探针悬空或接高阻：由电路可知，F_1 的输入端电压为 $2/3V_{DD}$，被视作高电平，则 F_2 输出高电平；F_3 的输入端电压为 $1/3V_{DD}$，被视作低电平，因此 F_3 的输出也为高电平，LED_1 和 LED_2 均不亮；但 F_4 的输入端为高电平，故其输出为低电平，LED_3 亮。

（2）探针接触高电平：由电路可知，F_1 的输入端为高电平，则 F_2 的输出高电平；由于 R_3 和 R_4 的分压关系可知，F_3 的输入端电压为 $2/3V_{DD}$，被视作高电平，因此 F_3 的输出也为低电平，故绿色指示灯 LED_2 均亮；F_4 的输入端通过二极管 VD_2 被 F_3 输出的低电平拉低，故 F_4 的输出为高电平，黄色指示灯 LED_3 不亮。

（3）探针接触低电平：由电路可知，F_3 的输入端为低电平，因此 F_3 的输出为高电平；由电阻 R_1 和 R_2 的分压关系可知，F_1 的输入端电压为 $1/3V_{DD}$，被视作低电平，因此 F_2 的输出为低电平，故红色指示灯 LED_1 点亮；此时 F_4 的输入端通过二极管 VD_2 被 F_2 输出的低电平拉低，故 F4 输出为高电平，黄色指示灯 LED_3 也不亮。

3. 电路元器件

集成电路：CD4069-1 片。

电阻：100kΩ-2 只，50kΩ-2 只，20kΩ-1 只，470Ω-1 只。

其他：发光二极管 LED-3 只，探针-1 只。

项目小结

1. 组合逻辑电路的特点：任何时刻的输出稳态值仅与当时的输入状态有关，而与电路原来的状态无关。

2. 组合逻辑电路的分析方法：由已知逻辑图列真值表或写出逻辑函数表达式，最后进行电路功能分析。

3. 组合逻辑电路的设计方法：由给出的逻辑要求画出实现该要求的逻辑图。如果所用的门电路不同，则实现同一逻辑要求的逻辑图也不同。

4. 组合逻辑电路的竞争冒险：当电路中任何一个门电路的两个输入信号同时向相反方

向变化时，该门电路输出端可能出现的干扰脉冲。

5. 消除竞争冒险的方法：(1) 加封锁脉冲或选通脉冲；(2) 在存在竞争冒险的门电路输出端并接滤波电容；(3) 适当修改组合逻辑电路的设计。

6. 常用的组合电路都已经实现了集成化，所以要求读者必须掌握一些常用集成组合电路的逻辑功能及使用方法。

7. 应用中规模集成组合逻辑器件进行组合逻辑电路的设计时，有以下特点：

(1) 对逻辑函数式变换与化简的目的是尽可能与给定的组合逻辑器件的形式一致；

(2) 设计时应考虑合理充分应用组合器件的功能。同类的组合电路器件有不同的型号，应尽量选用比较简单的器件。

习题与提高

7-1 组合逻辑电路有什么特点？分析组合逻辑电路的目的及分析方法是什么？

7-2 组合逻辑电路设计的基本任务是什么？设计的基本步骤是哪些？

7-3 什么是组合逻辑电路中的竞争冒险？如何判断是否存在冒险？消除冒险的方法有哪几种？

7-4 电路如图7-44所示，写出Y的逻辑函数表达式并化简，分析电路的逻辑功能。

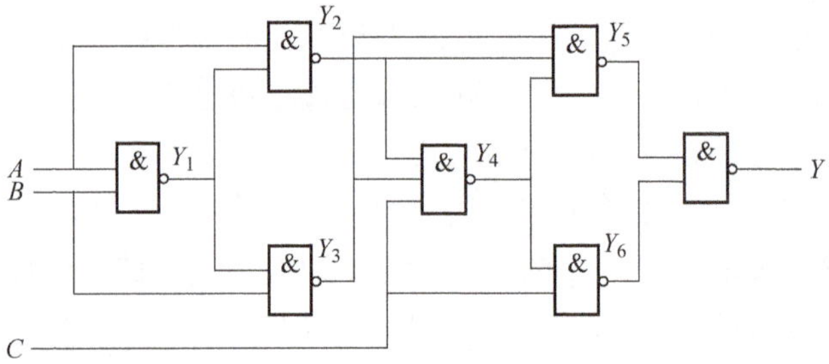

图7-44 题7-4图

7-5 写出图7-45电路的逻辑函数表达式，并分析电路的逻辑功能。

7-6 试分析图7-46所示组合逻辑电路的逻辑功能，列出其真值表。

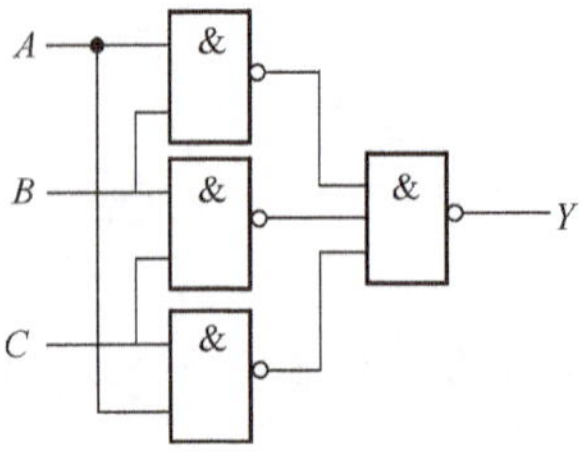

图7-45 题7-5图

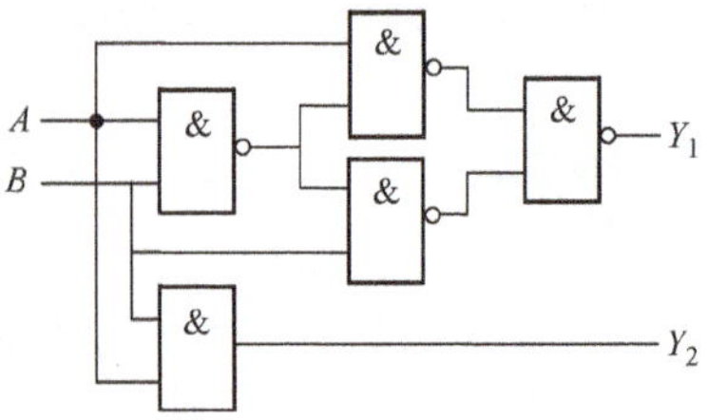

图7-46 题7-6图

7-7 分析图7-47所示组合逻辑电路，列出其真值表。

7-8 试分析图7-48所示组合逻辑电路，列出其真值表。

7-9 指出图7-49a、b使输出Y为0的输入状态。

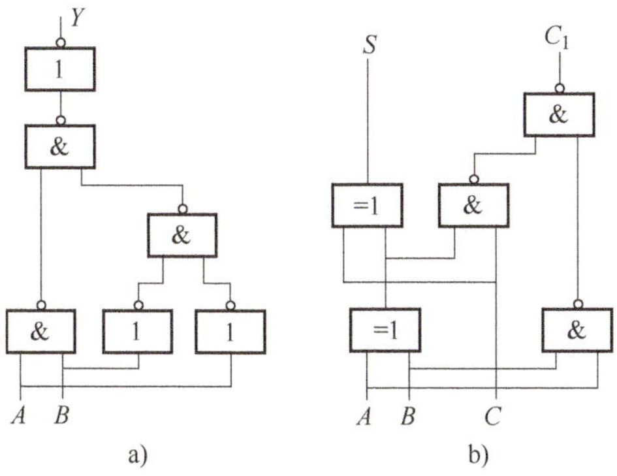

图 7-47 题 7-7 图

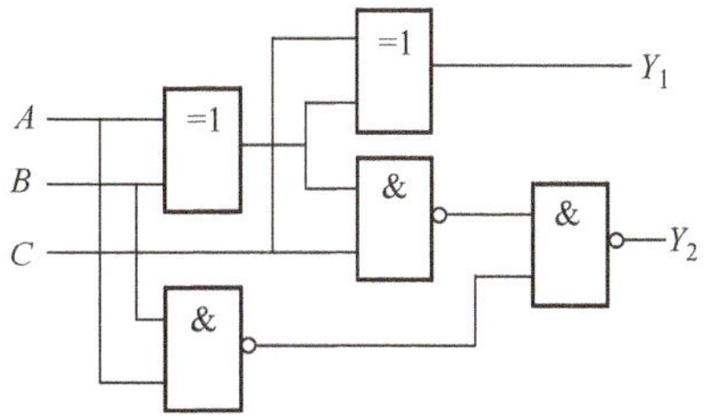

图 7-48 题 7-8 图

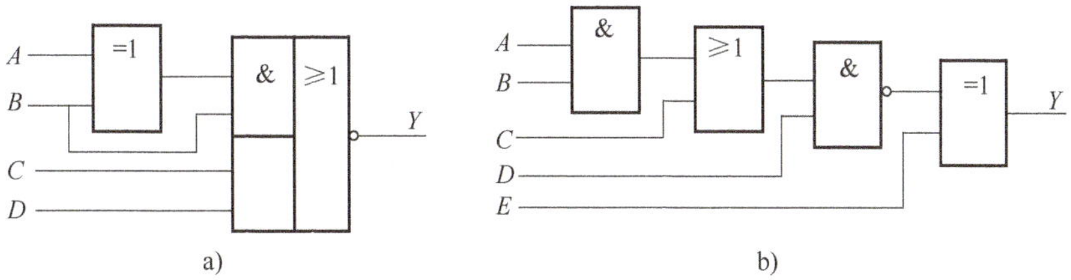

图 7-49 题 7-9 图

7-10 图 7-50a、b 所示组合逻辑电路中，输入哪些状态时函数取值为 1？

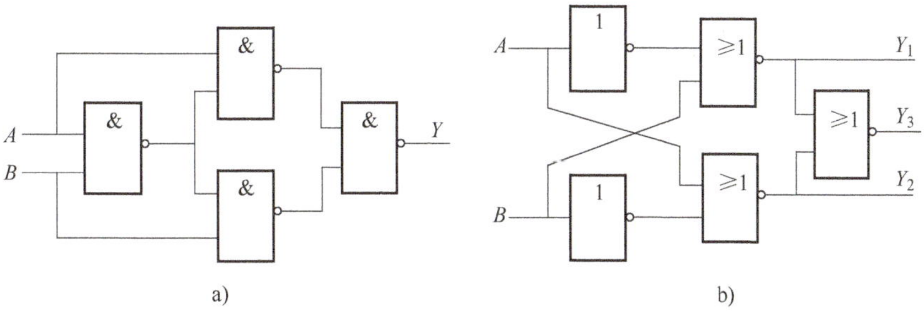

图 7-50 题 7-10 图

7-11 试分析图 7-51 所示组合逻辑电路，列出其真值表。

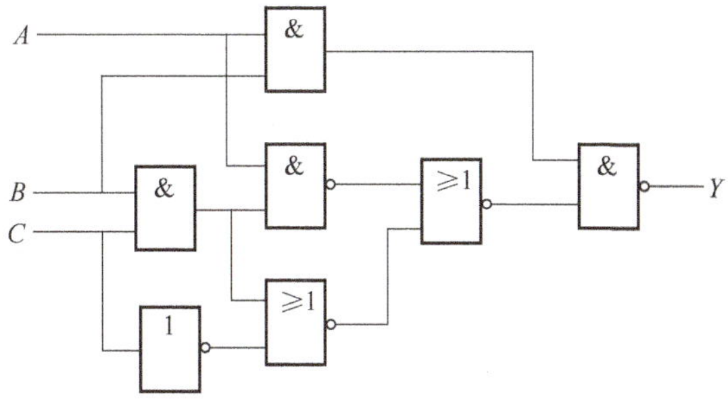

图 7-51 题 7-11 图

7-12 试设计一组合逻辑电路，它有三个输入端和一个输出端，任意两个输入为“1”时输出为“1”，否则输出为“0”。

7-13 设计一个“三变量不一致电路”，要求：(1) 全部用与非门实现；(2) 全部用或非门实现；(3) 全部用与非门实现，且输入仅给出原变量。

7-14 设计一个全减器，其输入是减数、被减数和低位的借位，输出是差数和向高位的借位信号。

7-15 甲、乙、丙、丁四人欲承接某项工程设计任务，它们的依赖关系是：(1) 若甲承接，就能独自完成该项设计工作；(2) 乙只有丙参加时才能完成；(3) 丁只有甲参加时才能完成。试写出这项工程设计任务无人承接的逻辑表达式。

7-16 已知某工厂电源允许功率容量为100kW，厂内有3台大功率设备，分别为30kW、50kW和65kW，其余用电设备可忽略不计，它们投入运行为随机组合，试求工厂的安全用电运行组合逻辑电路。(要求用译码器和与非门实现)

7-17 用八选一数据选择器实现下列函数。

① $Y_1(X_1,X_2,X_3,X_4)=\sum m(1,2,3,4,5,6,8,9,12)$

② $Y_2(X_1,X_2,X_3,X_4)=\sum m(1,3,4,5,6,7,9,10,12,13)$

7-18 试用74LS138和门电路实现下列逻辑函数。

① $Y_1=ABC+\overline{A}BC+A\overline{B}C$

② $Y_2=\overline{A}\,\overline{B}\,\overline{C}+A\overline{B}\,\overline{C}+A\overline{B}C+ABC$

③ $Y_3=\overline{B}\,\overline{C}+AB\overline{C}$

7-19 试用74LS138和门电路实现多输出逻辑函数。

$$Y_1=A\overline{B}+C$$
$$Y_2=\overline{A}\,\overline{B}+\overline{A}C+AB\overline{C}$$

项目8

时序逻辑电路的设计

8.1 项目分析

前面讨论的组合逻辑电路的输出没有记忆功能，其输出状态只取决于输入信号是否存在，当去掉输入信号后，相应的输出也随之消失。如果在组合逻辑电路中加入具有记忆功能的电路——双稳态触发器，电路的输出就不仅和当时的输入有关，而且与电路原来的状态有关，这样的电路称为**时序逻辑电路**。

1. 项目内容

本项目将讨论触发器、计数器、寄存器、555 定时器的应用，以及时序逻辑电路的分析与设计方法。

2. 知识点

1）掌握触发器的构成、逻辑功能和工作波形。

2）掌握计数器的构成和逻辑功能。

3）掌握寄存器的构成和逻辑功能。

4）掌握时序逻辑电路的分析方法。

3. 能力要求

1）具有分析时序逻辑电路的能力。

2）具有设计时序逻辑电路的能力。

3）具有检查和排除数字系统一般故障的能力。

8.2 相关知识

8.2.1 触发器

1. 基本 RS 触发器

（1）基本 RS 触发器的组成　基本 RS 触发器是集成触发器的基本单元电路，可以用两个与非门或两个或非门交叉反馈组成。由与非门构成的基本 RS 触发器电路和其逻辑符号如图 8-1 所示。

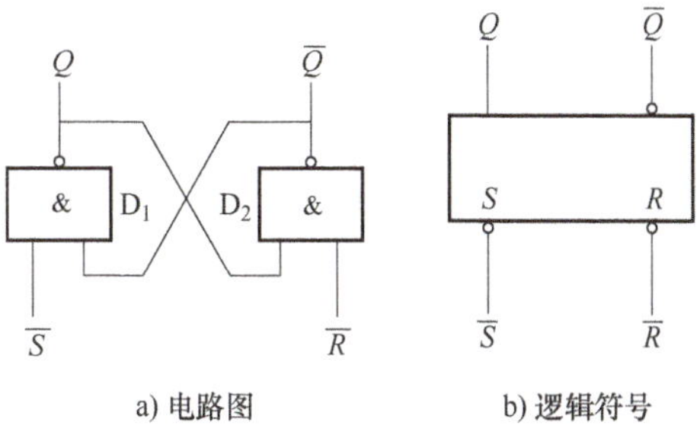

图 8-1　基本 RS 触发器

图 8-1 中$\overline{S}$、$\overline{R}$为触发器的异步输入端，Q、$\overline{Q}$为触发器的输出端，正常情况下，这两个输出端信号必须互补，否则会出现

逻辑错误。通常规定 Q 端的状态称为触发器的状态。即 $Q=1$（$\overline{Q}=0$）称触发器为 1 状态，简称 1 态；$Q=0$（$\overline{Q}=1$）称触发器为 0 状态，简称 0 态。当 $\overline{S}=0$，$\overline{R}=1$ 时，$Q=1$，所以 $\overline{S}$ 称为置 1 端（或置位端）；当 $\overline{R}=0$，$\overline{S}=1$ 时，$Q=0$，所以 $\overline{R}$ 称为置 0 端（或复位端）。

其中 $\overline{R}$、$\overline{S}$ 上面的非号及逻辑符号上输入端的小圆圈表示输入端是以低电平为有效触发信号的，即仅当低电平有效作用于适当的输入端，触发器才会翻转。根据上述分析结果，可以列出用与非门实现的基本 RS 触发器的真值表，见表 8-1。

（2）基本 RS 触发器的工作过程　一般原状态用 Q^n 表示，新状态用 Q^{n+1} 表示，因为基本触发器有两个输入信号，因此有四种不同的组合作为输入，下面分别讨论。

1）$\overline{R}=\overline{S}=1$。

a. 设原状态 $Q^n=0$（$\overline{Q}^n=1$）

当输入 $\overline{R}=\overline{S}=1$ 时，$Q^n=0$ 把 D_2 封锁，使 $\overline{Q}^{n+1}=1$；而 $\overline{Q}^{n+1}=1$ 和 $\overline{S}=1$ 作为 D_1 输入，使 D_1 打开输出为 0，即 $Q^{n+1}=0$。

b. 设原状态 $Q^n=1$（$\overline{Q}^n=0$）

当输入 $\overline{R}=\overline{S}=1$ 时，$\overline{Q}^n=0$ 把 D_1 封锁，使 $Q^{n+1}=1$；而 Q^{n+1} 和 $\overline{R}=1$ 使 D_2 输出为 0，即 $\overline{Q}^{n+1}=1$。

综上所述可知：在 $\overline{R}=\overline{S}=1$ 作用下，新状态总是和原状态保持一致，这种触发器逻辑功能称为保持功能。

2）$\overline{R}=1$，$\overline{S}=0$。

a. 设原状态 $Q^n=0$（$\overline{Q}^n=1$）

在 $\overline{R}=1$，$\overline{S}=0$ 作用下，$\overline{S}=0$ 仍把 D_1 封锁，输出 $Q^{n+1}=1$，$Q^{n+1}=1$ 和 $\overline{R}=1$ 共同作用使 D_2 输出 $\overline{Q}^{n+1}=0$。

b. 设原状态 $Q^n=1$（$\overline{Q}^n=0$）

在 $\overline{R}=1$，$\overline{S}=0$ 作用下，$\overline{S}=0$ 仍把 D_1 封锁，输出 $Q^{n+1}=1$，$\overline{Q}^{n+1}=0$。

综上所述，无论原状态如何，只要在 $\overline{R}=1$，$\overline{S}=0$ 作用下，新状态都变成 1 态，这种逻辑称为**置 1 功能**。

3）$\overline{R}=0$，$\overline{S}=1$。

由于电路的对称性，与 $\overline{R}=1$，$\overline{S}=0$ 这种输入分析相反，无论原状态是 1 还是 0，在 $\overline{R}=0$，$\overline{S}=1$ 作用下，新状态都变为 0 态，这种功能称为**置 0 功能**。

4）$\overline{R}=0$，$\overline{S}=0$。

当 $\overline{R}=\overline{S}=0$ 输入下，D_1、D_2 均被封锁，Q^{n+1} 和 $\overline{Q}^{n+1}$ 均置成 1，破坏了正常的互补逻辑关系。尤其是当 $\overline{S}$ 和 $\overline{R}$ 同时由 0 跳到 1 时，输出状态到底 1 态还是 0 态就不能确定，因此这种输入情况是不允许出现的。

（3）基本 RS 触发器的功能描述方法　以上分析了基本 RS 触发器的工作过程，现总结如下：

1）状态真值表及简明真值表。

状态真值表是反映在输入信号作用下输出状态如何改变的一种表格。基本 RS 触发器的状态真值表见表 8-1，有时把表 8-1 改写成简明真值表，见表 8-2。

表 8-1　基本 RS 触发器的状态真值表

Q^n	$\overline{R}$	$\overline{S}$	Q^{n+1}
0	0	0	—
1	0	0	—
0	0	1	0
1	0	1	0
0	1	0	1
1	1	0	1
0	1	1	0
1	1	1	1

2）特征方程。

特征方程是表 8-1 的数学表达方式，考虑$\overline{R}=\overline{S}=0$输入时会带来输出状态不定的影响，故由表 8-1 写出 Q^{n+1}的表达式时，应该严禁这种输入，即

$$\begin{cases} Q^{n+1}=S+\overline{R}Q^n \\ \overline{S}+\overline{R}=1 \end{cases}$$

3）激励表及激励图。

如果要求从一种状态转移到另外一种状态，那么应该有什么样的输入组合才能做到呢？激励表（图）解决了这个问题，基本 RS 触发器的激励表见表 8-3，图 8-2 是直观的激励图。

表 8-2　基本 RS 触发器的简明真值表

$\overline{R}$	$\overline{S}$	Q^{n+1}
0	0	—
0	1	0
1	0	1
1	1	Q^n

注：表中的“—”表示状态不定。

表 8-3　基本 RS 触发器激励表

$Q^n \to Q^{n+1}$	$\overline{R}$	$\overline{S}$
0　0	×	1
0　1	1	0
1　0	0	1
1　1	1	×

4）时序图。

时序图是用高低电平反映触发器的逻辑功能的波形图，它比较直观，而且可以用示波器验证。图 8-3 列出了基本 RS 触发器的时序图。从图中可以看出，当$\overline{R}=\overline{S}=0$时，$Q$ 与$\overline{Q}$功能紊乱，但电平仍然存在；当$\overline{R}$和$\overline{S}$同时由 0 跳到 1 时，状态出现不定。

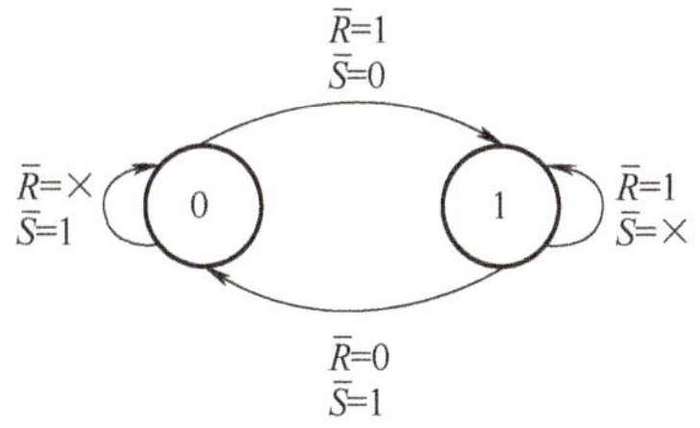

图 8-2　基本 RS 触发器激励图

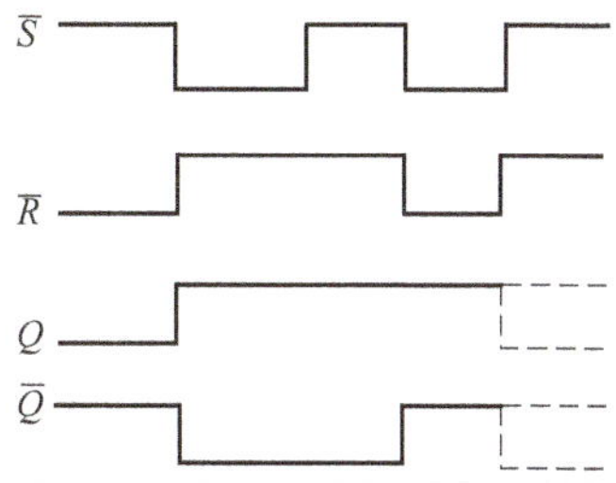

图 8-3　基本 RS 触发器时序图

2. 同步 RS 触发器

在基本 RS 触发器中，只要有$\overline{S}$、$\overline{R}$输入，输出就有动作，其输出状态也随之改变。因而它在实际应用中受到一定限制。因此人们想到了利用传输门控制输入信号，只有当打开传输门的控制信号到来后，输入信号才能加到触发器输入端；否则，输入信号不能加在触发器输入端。这种结构的触发器称为**同步触发器**，也称作**钟控触发器**。

（1）同步 RS 触发器的结构　图 8-4a 所示是同步 RS 触发器的逻辑图。D_1 和 D_2 构成基本 RS 触发器，D_3 和 D_4 构成导引门，导引门打开与否取决于同步控制信号 CP（简称脉冲信号）。当 $CP=0$ 时，导引门关闭；当 $CP=1$ 时，S 和 R 作用于触发器，输出状态将随输入信号而变化。图 8-4b 所示是同步 RS 触发器符号。符号中“∧”表示上升沿触发时钟 CP 输入端，$\overline{S}$、$\overline{R}$是异步输入端，不受 CP 影响。

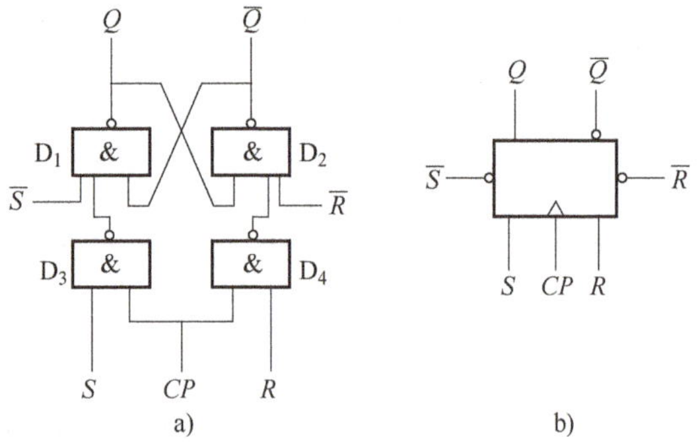

图 8-4　同步 RS 触发器的电路结构及逻辑符号

（2）同步 RS 触发器的工作过程　同步 RS 触发器的动作受 CP 脉冲信号控制，由图 8-4a 可知：

当 $CP=0$，D_3、D_4 关闭，输入信号 S、R 不能通过导引门，导引门输出均为 1，由基本 RS 触发器原理可知，输出应保持原状态，即：$Q^{n+1}=Q^n$。

当 $CP=1$ 时，D_3、D_4 开启，输入信号 S、R 可以通过 D_3、D_4 送入 D_1、D_2 构成的基本 RS 触发器的输入端，控制其输出状态。下面分析当$\overline{R}=\overline{S}=1$ 时，改变同步 RS 触发器输入状态时的输出状态。

a. 当 $S=0$，$R=0$ 时，D_1、D_2 输入端均为高电平，基本 RS 触发器的状态保持不变。

b. 当 $S=0$，$R=1$ 时，D_1 输入端为高电平，D_2 输入端为低电平，基本 RS 触发器的状态为 0 状态，即同步 RS 触发器置 0。

c. 当 $S=1$，$R=0$ 时，D_1 输入端为低电平，D_2 输入端为高电平，基本 RS 触发器的状态为 1 状态，即同步 RS 触发器置 1。

d. 当 $S=1$，$R=1$ 时，D_1、D_2 输入端均为低电平，基本 RS 触发器的状态为不定状态，即同步 RS 触发器输入端不能同时为高电平，必须确保 $RS=0$ 的约束条件。

（3）同步 RS 触发器的功能描述方法

1）状态真值表及简明真值表。同步 RS 触发器的状态真值表见表 8-4，表 8-5 是其简明真值表。

表 8-4　同步 RS 触发器的状态真值表

Q^n	R	S	Q^{n+1}	功能
0	0	0	0	保持
1	0	0	1	
0	0	1	1	置“1”
1	0	1	1	

（续）

Q^n	R	S	Q^{n+1}	功能
0	1	0	0	置“0”
1	1	0	0	
0	1	1	—	不定
0	1	1	—	

2）特征方程。由表8-4求出同步RS触发器特征方程，考虑输入 $R=S=1$ 时，会带来输出状态紊乱，故应该严禁这种输入，即

$$\begin{cases}Q^{n+1}=S+\overline{R}Q^n\\ S\cdot R=0（约束条件）\end{cases}$$

3）激励表及激励图。同步RS触发器的激励表见表8-6，激励图如图8-5所示。

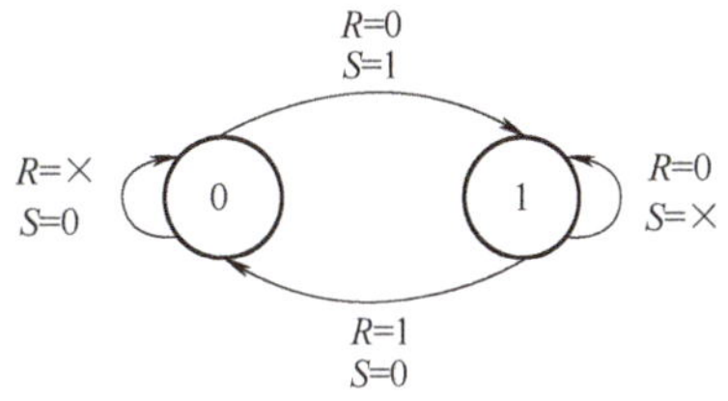

图8-5　激励图

表8-5　简明真值表

R	S	Q^{n+1}
0	0	Q^n
0	1	1
1	0	0
1	1	—

表8-6　同步RS触发器的激励表

$Q^n \to Q^{n+1}$	$\overline{R}$	$\overline{S}$
0　0	×	1
0　1	1	0
1　0	0	1
1　1	1	×

4）时序图。同步RS触发器的时序图如图8-6所示。

3. 主从触发器

主从触发器是克服空翻现象的一种电路，它的示意图如图8-7所示。主触发器接收外加信号，它的输出作为从触发器的输入，而从触发器的输出则作为整个触发器的最终输出。主从触发器均是钟控触发器，因此它们工作与否取决于 CP 信号。

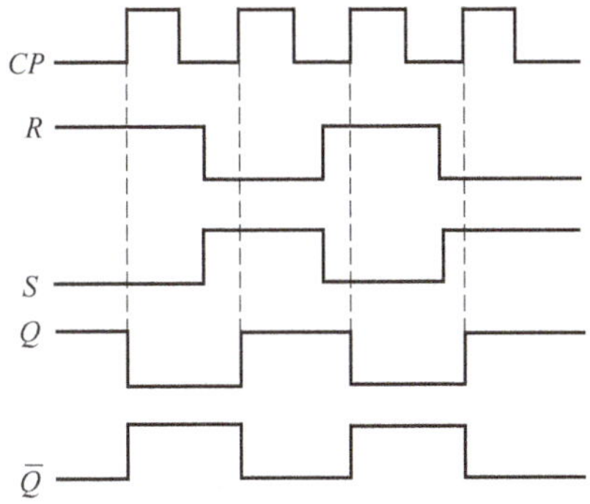

图8-6　同步RS触发器的时序图

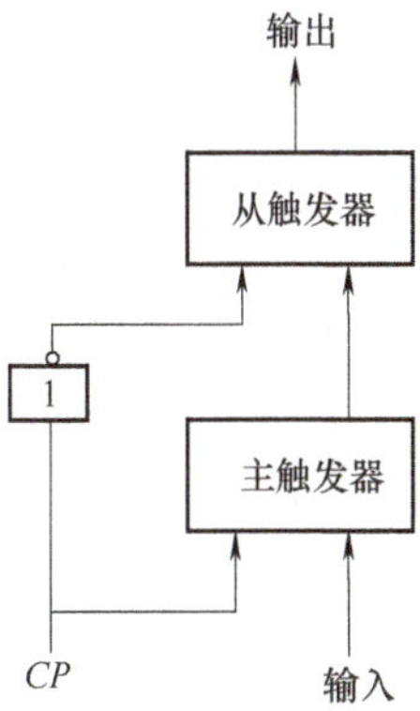

图8-7　主从触发器示意图

当 CP 由0跳变到1期间，打开主触发器的导引门，同时关闭从触发器导引门。主触发器接收外加信号，它的输出只能在从触发器门口等待。由于从触发器此时被关闭，故输出没

有变化。

当 CP 由 1 跳变到 0 期间，关闭主触发器的导引门，拒绝接收外加信号，主触发器的输出不变。但此时从触发器的导引门却被打开，原等在门口的信号（主触发器的输出）确定了从触发器的输出，即整个触发器输出状态只在 CP 的下降沿时才能确定。

综上所述，在一个完整的 CP 作用下，整个触发器状态只翻转了一次，克服了空翻现象。

（1）主从 RS 触发器

1）电路组成。图 8-8a 所示电路是由两个钟控 RS 触发器和一个非门组成的主从 RS 触发器，其中 $D_5 \sim D_8$ 组成了主触发器，$D_1 \sim D_4$ 组成了从触发器，CP 信号除直接加到主触发器外，还经过 D_9 反相后加到从触发器。图 8-8b 是主从 RS 触发器的逻辑符号，符号中 CP 端小圈的含义表示下降沿触发。

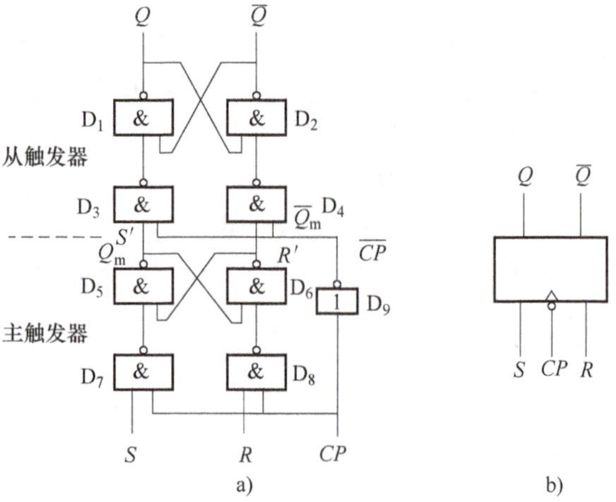

图 8-8 主从 RS 触发器

2）主从 RS 触发器的工作过程。

a. 当 CP 由 0 跳变到 1 时（$CP=1$），$\overline{CP}=0$，打开主触发器导引门，D_7、D_8 接收输入信号，主触发器输出信号。

$$\begin{cases} Q_m^{n+1} = S + \overline{R}Q_m^n \\ R \cdot S = 0 \end{cases}$$

信号只能在从触发器门口等待。由于从触发器被关闭，输出端仍保持原状态。

b. CP 由 1 跳回 0 时（$CP=0$），$\overline{CP}=1$，主触发器关闭，从触发器打开，开始接收在 $CP=1$ 期间等待在从触发器门口的信号，从而更新了从触发器的状态，即有

$$\begin{cases} Q^{n+1} = S + \overline{R}Q^n \\ S \cdot R = 0 \end{cases}$$

主从 RS 触发器的状态真值表、简明真值表、特征方程与激励表（激励图）与同步 RS 触发器相同。

通过以上分析，主从 RS 触发器显然在 $CP=1$ 期间接收了外加信号，但输出端并不改变状态；只有当 CP 下降沿到来时，状态才发生翻转，在一个 CP 期间克服了空翻现象。但主从 RS 触发器在 $CP=1$ 时，S、R 之间仍然有约束，可能出现输出状态不定现象。

（2）主从 JK 触发器

1）电路组成。主从 JK 触发器如图 8-9a 所示，它与主从 RS 触发器比较，只要将主从 RS 触发器的 Q 和 $\overline{Q}$ 反引到 D_7、D_8 的输入端，并将 S 端改称 J 端，R 端改为 K 端，即变成主

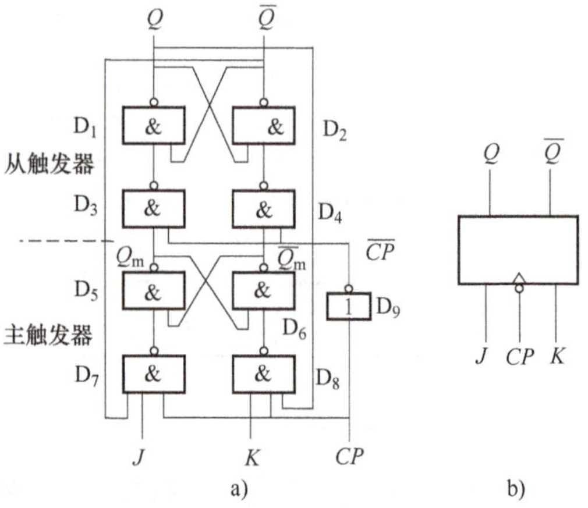

图 8-9 主从 JK 触发器

从 JK 触发器。

大家知道，主从 RS 触发器的 R、S 不能同时为 1，否则输出状态可能会出现不定现象。如果采用了 Q 和$\overline{Q}$互补特点，把 Q 与$\overline{Q}$信号反引到输入端，那么主触发器导引门的输出在 $CP=1$期间就不可能同时输出 1，避免了输出状态的不定。图 8-9b 是主从 JK 触发器的逻辑符号。

2）工作原理。

当 $CP=0$ 时：主触发器始终关闭，根本不接收外加信号，故输出状态肯定不会改变，即：$Q^{n+1}=Q^{n}$。

当 $CP=1$ 时：

a. 当 $J=K=0$ 时，它和 $CP=0$ 作用完全一样，输出状态不会改变，即具有保持功能。

b. 当 $J=0$，$K=1$ 时，设原状态 $Q^{n}=1$（$\overline{Q^{n}}=0$），当 CP 上跳到 1 时，打开主触发器，接收 $J=0$，$K=1$ 信号，使 $Q_{m}^{n+1}=0$（$\overline{Q_{m}^{n+1}}=1$），在从触发器门口等待；当 CP 由 1 下降到 0 时，打开从触发器接收 Q_{m}^{n+1}、$\overline{Q_{m}^{n+1}}$信号，使 $Q^{n+1}=Q_{m}^{n+1}=0$，$\overline{Q^{n+1}}=\overline{Q_{m}^{n+1}}=1$。又设原状态 $Q^{n}=0$（$\overline{Q^{n}}=1$），由于主触发器的导引门始终被封锁（$J=0$ 锁住 D_7，$Q^{n}=0$ 封锁 D_8），故触发器状态不变 $Q^{n+1}=0$。通过以上分析可知，不论原状态是 1 还是 0，当输入 J＝0，K＝1 时，在 CP 作用下，最终状态总是为 0 态，具有置 0 功能。

c. 当 $J=1$，$K=0$ 时，与 $J=0$，$K=1$ 正好相反，无论原状态如何，当 $J=1$，$K=0$ 输入时，在 CP 作用后，最终的状态为 1，具有置 1 功能。

d. 当 $J=1$，$K=1$ 时，设原状态 $Q^{n}=0$（$\overline{Q^{n}}=1$），当 $CP=1$ 期间，D_8 被 $Q^{n}=0$ 锁住，$R=1$，D_7 打开，$S=0$，主触发器状态为 $Q_{m}^{n+1}=1$，$\overline{Q_{m}^{n+1}}=0$，在从触发器门口等待，当 CP 下跳时，打开从触发器，接收 $Q_{m}^{n+1}=1$，$\overline{Q_{m}^{n+1}}=0$，使从触发器状态 $Q^{n+1}=1$。又设原状态 $Q^{n}=1$（$\overline{Q^{n}}=0$），当 $CP=1$ 期间，D_7 被 $Q^{n}=0$ 锁住，$S=1$，而 D_8 打开，$R=0$，主触发器状态 $Q_{m}^{n+1}=0$，$\overline{Q_{m}^{n+1}}=1$，待在从触发器门口；当 CP 下跳时，打开从触发器，接收 $Q_{m}^{n+1}=0$，$\overline{Q_{m}^{n+1}}=1$，信号，使从触发器状态 $Q^{n+1}=0$。

综上分析可知道，当输入 $J=K=1$ 时，在 CP 作用下，新状态总是和原状态相反，这种功能称为**计数功能**。

3）功能总结。

a. 状态真值表及简明真值表。主从 JK 触发器的状态真值表见表 8-7，其简明真值表见表 8-8。

表 8-7　主从 JK 触发器的状态真值表

Q^{n}	J	K	Q^{n+1}	功能
0	0	0	0	保持
1	0	0	1	
0	0	1	0	置 0
1	0	1	0	
0	1	0	1	置 1
1	1	0	1	
0	1	1	1	计数
1	1	1	0	

b. 特征方程。由表 8-7 写出主从 JK 触发器的特征方程为

$$Q^{n+1}=J\overline{Q^n}+\overline{K}Q^n$$

c. 激励表及激励图。激励表见表 8-9，图 8-10 所示为主从 JK 触发器的激励图。

表 8-8 主从 JK 触发器的简明真值表

J	K	Q^{n+1}
0	0	Q^n
0	1	0
1	0	1
1	1	$\overline{Q^n}$

表 8-9 JK 触发器激励表

$Q^n \to Q^{n+1}$	J	K
0 0	0	×
0 1	1	×
1 0	×	1
1 1	×	0

d. 时序图。图 8-11 是主从 JK 触发器的时序图。

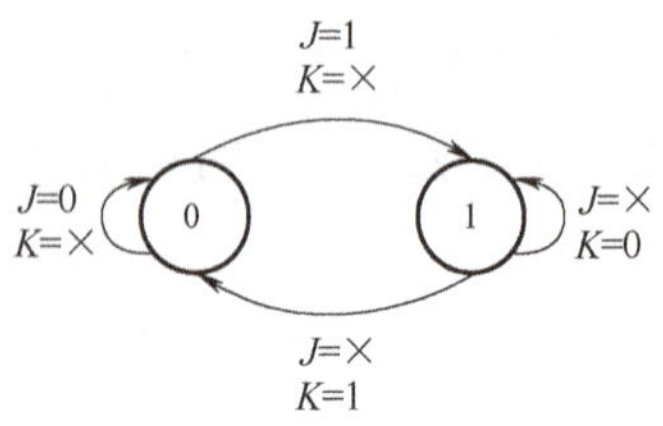

图 8-10 主从 JK 触发器激励图

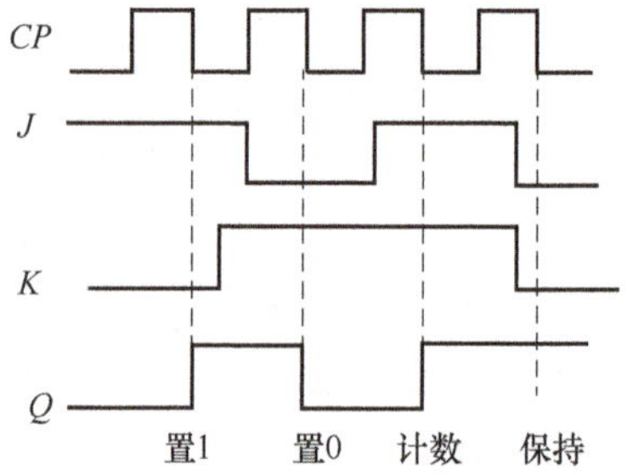

图 8-11 主从 JK 触发器时序图

4. 边沿触发器

边沿触发器只在时钟脉冲信号 CP 边沿到来时刻接收输入信号，其次态仅取决于 CP 的上升沿或下降沿到来时刻输入信号的状态，而在 CP 变化前后，输入信号状态变化对触发器的次态都不产生影响，从而提高了触发器工作的可靠性和抗干扰能力。边沿触发器有上升沿触发和下降沿触发。

（1）边沿型 JK 触发器

1）电路组成。边沿型 JK 触发器的逻辑电路如图 8-12a 所示，它由两个与或非门（D_1、D_2）构成基本 RS 触发器，D_3 和 D_4 是基本 RS 触发器的导引门。$\overline{S}_D$、$\overline{R}_D$ 为异步输入端，不受 CP 状态的限制。图 8-12b 是边沿型 JK 触发器的逻辑符号。$\overline{S}_D$、$\overline{R}_D$ 端的小圈表示低电平有效，CP 端小圈表示 CP 下降沿触发。

2）工作原理。正常时，$\overline{S}_D$、$\overline{R}_D$ 均为 1，在 $CP=1$ 期间，$Q^{n+1}=\overline{\overline{Q^n}+\overline{Q^n}\,\overline{S}}=Q^n$，$\overline{Q^{n+1}}=\overline{Q^n+Q^n\overline{R}}=\overline{Q^n}$，故状态保持不变。其中，$\overline{S}=\overline{J\overline{Q^n}}$，$\overline{R}=\overline{KQ^n}$。

当 CP 下降沿到达时，由于 D_3、D_4 的平均延迟时间比基本 RS 触发器的平均延迟时间长，在触发器状态转换完成之前，D_3、D_4 的输出 S、R 将保持不变。$CP=0$ 时，基本 RS 触发器的特征方程为

$$Q^{n+1}=S+\overline{R}Q^n=J\overline{Q^n}+\overline{K}Q^n$$

同时 D_3、D_4 被 $CP=0$ 封锁，J、K 的变化不会再引起触发器状态改变。

通过上述分析，在 $CP=1$ 期间，无论 J、K 取值怎样变化，它只能影响导引电路的输

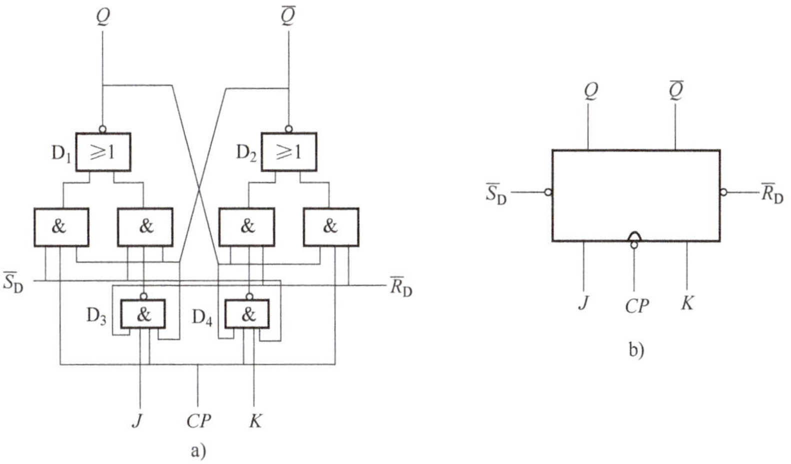

图 8-12　边沿型 JK 触发器（74LS112）的逻辑电路及其逻辑符号

出，不能改变触发器的状态，只有当 CP 下降沿到达时，触发器状态才会根据 J、K、Q^n 的取值进行状态更新，获得新状态。

边沿 JK 触发器的功能和主从 JK 触发器功能一样。

（2）维持阻塞 D 触发器

1）电路组成。维持阻塞 D 触发器的逻辑电路如图 8-13a 所示，图 8-13b 是维持阻塞 D 触发器的符号。

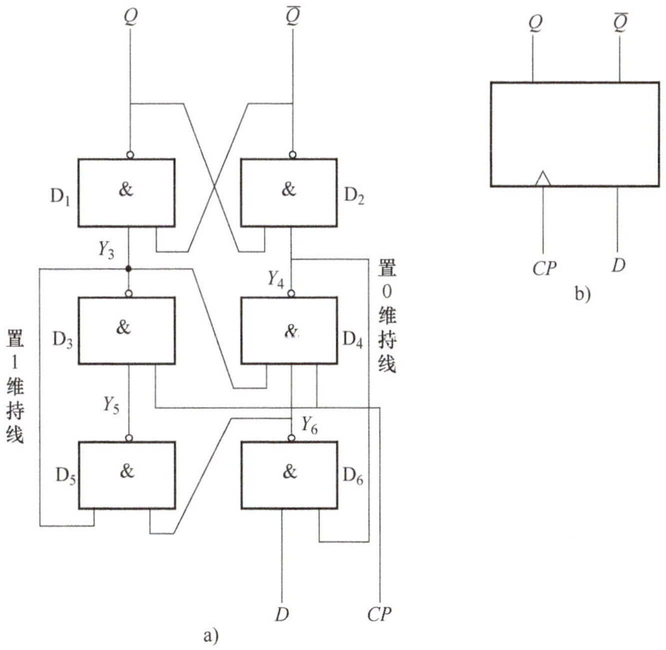

图 8-13　维持阻塞 D 触发器（74LS74）的逻辑电路及其逻辑符号

2）工作原理。

a. $D=0$ 时：

当 $CP=0$ 期间，D_3 和 D_4 均关闭，因为 $D=0$，D_6 被封锁，$Y_6=1$，D_5 在 $Y_6=Y_3=1$ 的作用下被打开，$Y_5=0$；当 CP 由 0 跳变到 1 时，D_4 输出 $Y_4=\overline{Y_3Y_6CP}=\overline{111}=0$。

$Y_4=0$ 有两个作用：其一，使触发器置 0；其二，$Y_4=0$ 通过置 0 维持线封锁 D_6，使 $Y_6=1$，那么任凭 D 信号发生变化，Y_6 始终为 1，这样在 $CP=1$ 期间，保证了 $Y_4=0$，即维持了 0 状态。另外，$Y_6=1$ 使 $Y_5=0$，维持 $Y_3=1$。

b. 当 $D=1$ 时：

当 $CP=1$ 期间，$Y_3=Y_4=1$，因为 $D=1$，$Y_6=1$，$Y_5=1$，当 CP 由 0 跳到 1 时，$Y_4=1$，$Y_3=\overline{Y_5\cdot CP}=\overline{1\cdot 1}=0$。

$Y_3=0$ 有三个作用：其一，使触发器置 1；其二，保证 $Y_4=1$；其三，通过置 1 维持线锁住 D_5，这样 D 的变化不会影响 $Y_6=1$ 的结果。

综上所述：在 CP 上升沿到来时，若 $D=0$，触发器状态为 0；若 $D=1$，触发器状态为 1，故有时称 D 触发器为数字跟随器。即 D 触发器的特征方程：$Q^{n+1}=D$。

3）功能总结。

a. 状态真值表及其简明真值表。

表 8-10 是 D 触发器的状态真值表，表 8-11 为 D 触发器的简明真值表。

表 8-10 D 触发器状态真值表

Q^n	D	Q^{n+1}
0	0	0
1	1	1
1	1	1
1	0	0

表 8-11 D 触发器简明真值表

D	Q^{n+1}
0	0
1	1

b. 激励表及激励图。D 触发器的激励表见表 8-12，激励图如图 8-14 所示。

表 8-12 D 触发器的激励表

$Q^n \to Q^{n+1}$	D	$Q^n \to Q^{n+1}$	D
0　0	0	1　0	0
0　1	1	1　1	1

c. 时序图。D 触发器的时序图如图 8-15 所示。

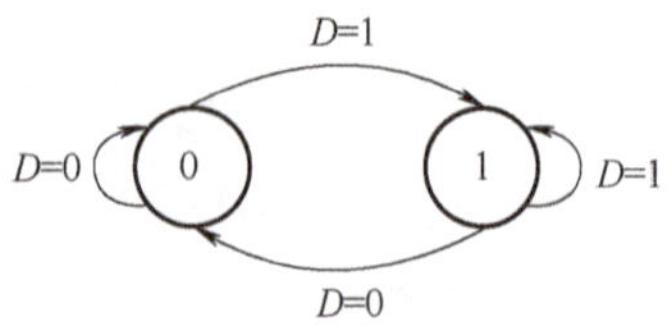

图 8-14 D 触发器激励图

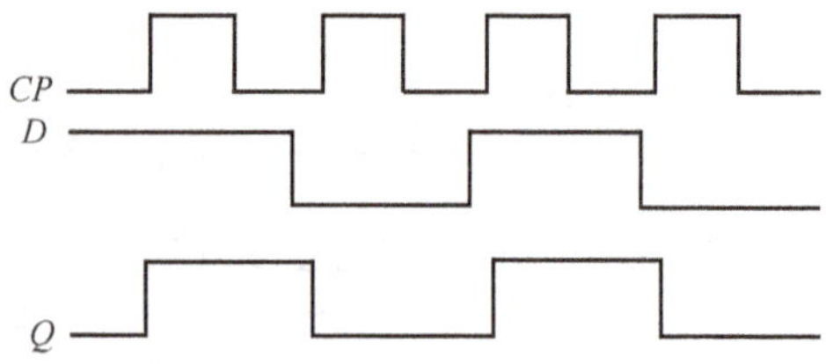

图 8-15 D 触发器的时序图

（3）T 触发器 如果将 JK 触发器的 J、K 两端连接，连接后的输入端称为 T 端，就构成了 T 触发器，因此可根据 JK 触发器的工作过程，写出其逻辑功能。

1）特征方程：

$$Q^{n+1}==J\overline{Q}^n+\overline{K}Q^n=T\overline{Q}^n+\overline{T}Q^n$$

2）状态真值表及简明真值表。表8-13为T触发器的状态真值表，表8-14为其简明真值表。

表8-13　T触发器的状态真值表

Q^n	T	Q^{n+1}
0	0	0
0	1	1
1	0	1
1	1	0

表8-14　T触发器的简明真值表

T	Q^{n+1}
0	Q^n
1	$\overline{Q}^n$

3）激励表及激励图。表8-15为T触发器的激励表，图8-16所示为T触发器激励图。

表8-15　T触发器激励表

$Q^n \to Q^{n+1}$		T	$Q^n \to Q^{n+1}$		T
0	0	0	1	0	1
0	1	1	1	1	0

4）时序图。T触发器的时序图如图8-17所示。

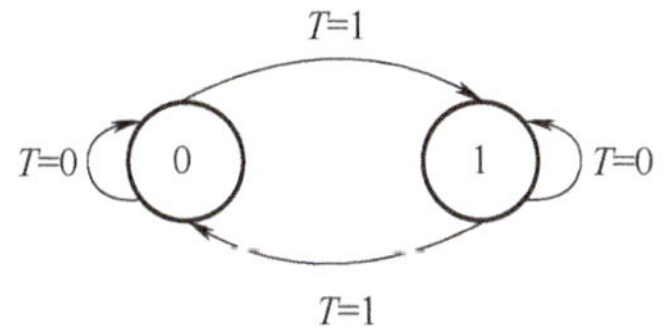

图8-16　激励图

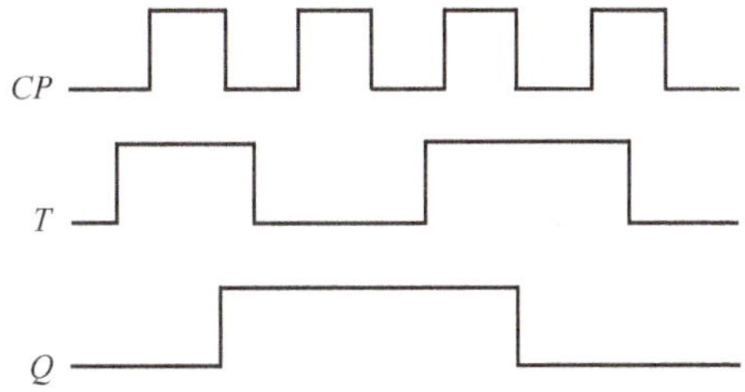

图8-17　时序图

8.2.2　计数器

能够实现计数功能的电路称为**计数器**。它是应用最为广泛的典型时序电路，是现代数字系统中不可缺少的组成部分。它不仅用于对脉冲计数，还可用于定时、分频及数字运算等工作。

计数器种类很多，按对脉冲计数值增减分为：加法计数器、减法计数器和可逆计数器。

按照计数器中各触发器计数脉冲引入时刻分为：同步计数器及异步计数器。若各触发器受同一时钟脉冲控制，其状态更新是在同一时刻完成，则为**同步计数器**；反之，则为**异步计数器**。

按照计数器循环长度可分为：二进制计数器、八进制计数器、十进制计数器、十六进制计数器、N进制计数器等。

1. 同步计数器

由于同步计数器的时钟脉冲同时触发计数器中所有触发器，各触发器状态更新是同步的，所以工作速度快，工作频率高。

（1）同步二进制计数器　同步二进制计数器一般由JK触发器转换成T触发器构成。因为T触发器只有两个功能：当$T=1$时，具有计数功能；当$T=0$时，具有保持功能，满足脉冲计数的要求。

1）同步二进制加法计数器。同步二进制加法计数器一般由 T 触发器组成，图 8-18 所示是四位同步二进制加法计数器的逻辑图，由四个 T 触发器和与门组成，CP 是输入计数脉冲，电路靠触发器的状态来表示输出脉冲个数，C 为进位输出端。

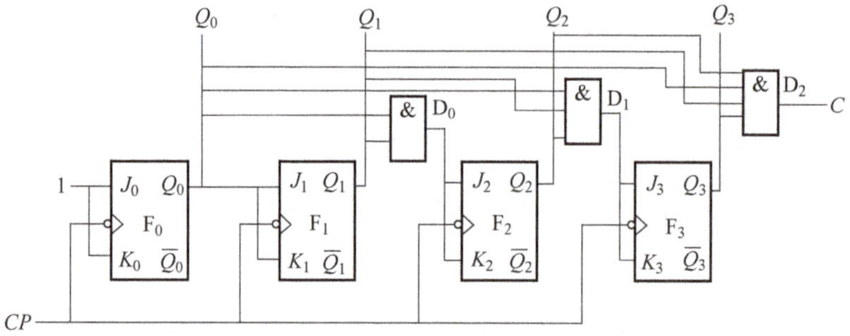

图 8-18 四位同步二进制加法计数器的逻辑图

首先根据电路图写出各触发器的驱动方程和输出方程，即

$$J_0 = K_0 = T_0 = 1$$

$$J_1 = K_1 = T_1 = Q_0^n$$

$$J_2 = K_2 = T_2 = Q_1^n Q_0^n$$

$$J_3 = K_3 = T_3 = Q_2^n Q_1^n Q_0^n$$

$$C = Q_3^n Q_2^n Q_1^n Q_0^n$$

将状态方程代入 JK 触发器的特征方程中即可得到电路的驱动方程，即

$$Q_0^{n+1} = \overline{Q_0^n}$$

$$Q_1^{n+1} = Q_0^n \overline{Q_1^n} + \overline{Q_0^n} Q_1^n = Q_0^n \oplus Q_1^n$$

$$Q_2^{n+1} = Q_0^n Q_1^n \overline{Q_2^n} + \overline{Q_0^n Q_1^n} Q_2^n = (Q_0^n Q_1^n) \oplus Q_2^n$$

$$Q_3^{n+1} = Q_0^n Q_1^n Q_2^n \overline{Q_3^n} + \overline{Q_0^n Q_1^n Q_2^n} Q_3^n = (Q_0^n Q_1^n Q_2^n) \oplus Q_3^n$$

根据状态方程与输出方程，可以计算出本电路的状态表，见表 8-16。

表 8-16 四位同步二进制加法计数器的状态表

输入 CP 脉冲个数	计数器状态				进位
	Q_3^n	Q_2^n	Q_1^n	Q_0^n	C
0	0	0	0	0	0
1	0	0	0	1	0
2	0	0	1	0	0
3	0	0	1	1	0
4	0	1	0	0	0
5	0	1	0	1	0
6	0	1	1	0	0
7	0	1	1	1	0
8	1	0	0	0	0

（续）

输入 *CP* 脉冲个数	计数器状态 Q_3^n Q_2^n Q_1^n Q_0^n	进位 *C*
9	1 0 0 1	0
10	1 0 1 0	0
11	1 0 1 1	0
12	1 1 0 0	0
13	1 1 0 1	0
14	1 1 1 0	0
15	1 1 1 1	1
16	0 0 0 0	0

设计数器电路初始状态为“0000”，根据状态表所列状态变化，可以得到如图 8-19 所示的状态图。根据状态表，可以画出电路的工作时序图，如图 8-20 所示。

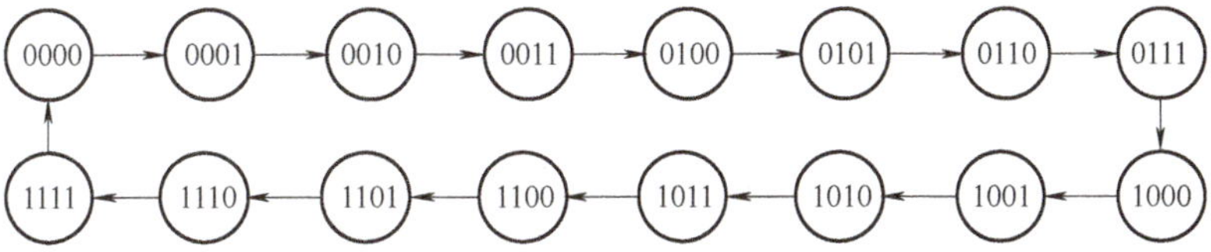

图 8-19 四位同步二进制加法计数器的状态图

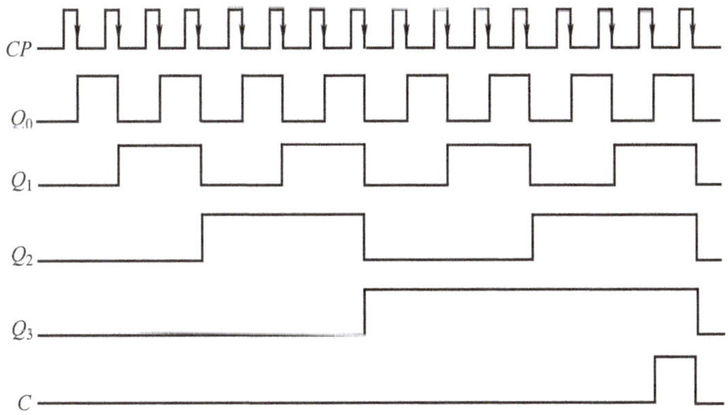

图 8-20 四位同步二进制加法计数器的时序图

由图 8-19 所示状态图可见，图 8-18 电路中每一位均以二进制加法对脉冲计数，因此是四位二进制加法计数器。每来一个脉冲，计数器自动加 1，按 0000→0001→0010→0011→…→1111→0000 规律循环。该计数器 $n=4$，$N=2^4=16$，可记录 $(N-1)=15$ 个脉冲。在第 16 个脉冲到来时，计数器返回至初态 0000，且 $C=Q_3^nQ_2^nQ_1^nQ_0^n=1$，产生一个进位脉冲 n 位计数器的计数长度为 2^n。

由图 8-20 不难看出，第一级触发器 F_0 来一个 *CP* 脉冲，状态翻转一次，输出 Q_0 的频率为 *CP* 脉冲的 1/2，第二级触发器 F_1 来两个 *CP* 脉冲，状态翻转一次，输出 Q_1 的频率为 *CP*

脉冲的1/4……，依此类推，第 $n+1$ 级触发器输出信号频率为 CP 脉冲 $1/2^n$，也就是说，每经过一级触发器，输出信号频率降低1/2，这就是计数器的分频作用。

2）同步二进制减法计数器。图8-21所示为四位同步二进制减法计数器的逻辑图。

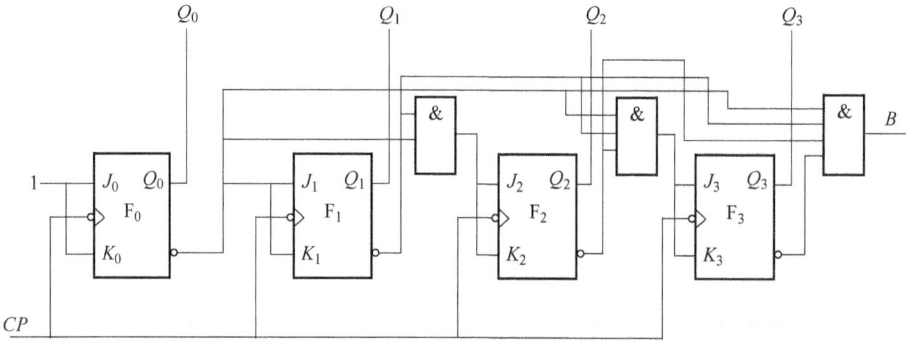

图8-21　四位同步二进制减法计数器的逻辑图

它与加法计数器相似，除最低位外，其余各触发器的输入端均取自低位触发器的 $\overline{Q}$ 端，借位输出 B 为各触发器 $\overline{Q}$ 端输出相与的结果，从而构成减法计数器电路。

根据电路图写出各触发器的驱动方程和输出方程，得到各触发器的特征方程。表8-17、图8-22和图8-23分别为四位同步二进制减法计数器的状态表、状态图和时序图。

表8-17　四位同步二进制减法计数器的状态表

输入 CP 脉冲个数	计数器状态 Q_3^n	Q_2^n	Q_1^n	Q_0^n	借位 B
0	0	0	0	0	1
1	1	1	1	1	0
2	1	1	1	0	0
3	1	1	0	1	0
4	1	1	0	0	0
5	1	0	1	1	0
6	1	0	1	0	0
7	1	0	0	1	0
8	1	0	0	0	0
9	0	1	1	1	0
10	0	1	1	0	0
11	0	1	0	1	0
12	0	1	0	0	0
13	0	0	1	1	0
14	0	0	1	0	0
15	0	0	0	1	0
16	0	0	0	0	1

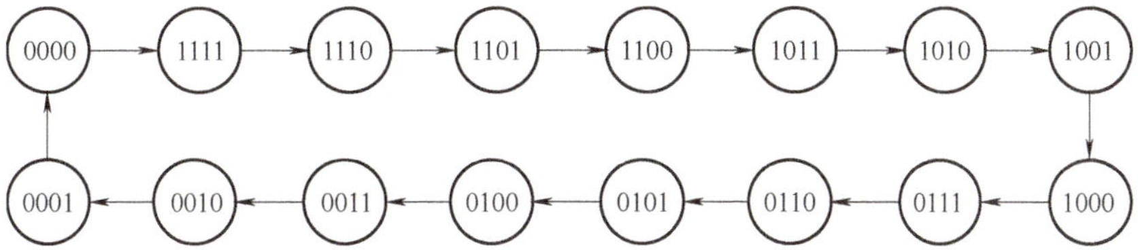

图 8-22　四位同步二进制减法计数器的状态图

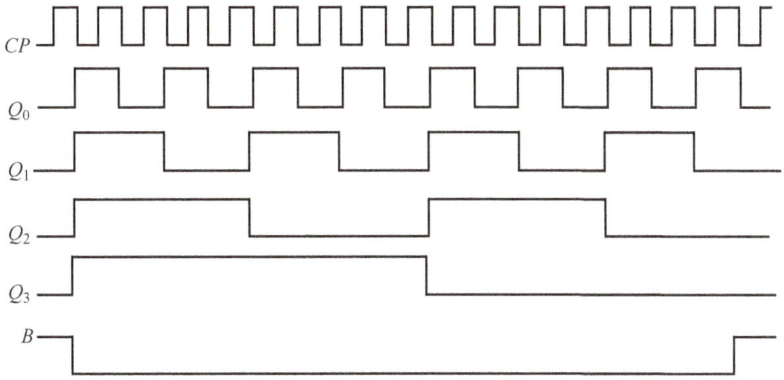

图 8-23　四位同步二进制减法计数器的时序图

（2）同步十进制计数器　我们把二-十进制计数器叫作十进制计数器。二-十进制有多种编码，这里介绍常用的 8421 编码的十进制计数器。

1）同步十进制加法计数器。图 8-24 是由四个 JK 触发器和一个与门构成的同步十进制加法计数器，CP 是输入计数脉冲，C 是进位输出信号。

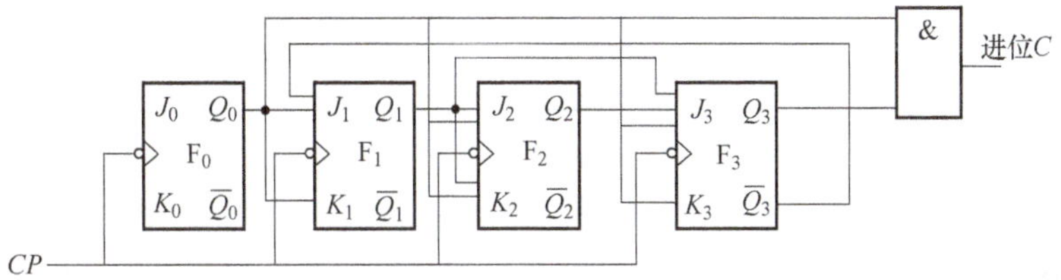

图 8-24　同步十进制加法计数器的逻辑图

首先根据电路图写出各触发器的时钟方程、驱动方程和输出方程，即

$$CP = CP_0 = CP_1 = CP_2 = CP_3$$

$$J_0 = K_0 = 1$$

$$J_1 = \overline{Q_3^n} Q_0^n \qquad K_1 = Q_0^n$$

$$J_2 = K_2 = Q_1^n Q_0^n$$

$$J_3 = Q_2^n Q_1^n Q_0^n \qquad K_3 = Q_0^n$$

$$C = Q_3^n Q_0^n$$

将状态方程代入 JK 触发器的特征方程中即可得到电路的驱动方程，即

$$Q_0^{n+1} = J_0\overline{Q_0^n} + \overline{K_0}Q_0^n = \overline{Q_0^n}$$

$$Q_1^{n+1} = J_1\overline{Q_1^n} + \overline{K_1}Q_1^n = \overline{Q_3^n}Q_0^n\overline{Q_1^n} + \overline{Q_0^n}Q_1^n$$

$$Q_2^{n+1} = J_2\overline{Q_2^n} + \overline{K_2}Q_2^n = Q_1^nQ_0^n\overline{Q_2^n} + \overline{Q_0^nQ_1^n}Q_2^n$$

$$Q_3^{n+1} = J_3\overline{Q_3^n} + \overline{K_3}Q_3^n = Q_2^nQ_1^nQ_0^n\overline{Q_3^n} + \overline{Q_0^n}Q_3^n$$

设 $Q_3^nQ_2^nQ_1^nQ_0^n = 0000$，根据状态方程与输出方程，可以计算出本电路的状态表，见表 8-18。

表 8-18 同步十进制加法计数器的状态表

Q_3^n	Q_2^n	Q_1^n	Q_0^n	Q_3^{n+1}	Q_2^{n+1}	Q_1^{n+1}	Q_0^{n+1}	C
0	0	0	0	0	0	0	1	0
0	0	0	1	0	0	1	0	0
0	0	1	0	0	0	1	1	0
0	0	1	1	0	1	0	0	0
0	1	0	0	0	1	0	1	0
0	1	0	1	0	1	1	0	0
0	1	1	0	0	1	1	1	0
0	1	1	1	1	0	0	0	0
1	0	0	0	1	0	0	1	0
1	0	0	1	0	0	0	0	1
1	0	1	0	1	0	1	1	0
1	0	1	1	0	1	0	0	1
1	1	0	0	1	1	0	1	0
1	1	0	1	0	1	0	0	1
1	1	1	0	1	1	1	1	0
1	1	1	1	0	0	0	0	1

根据表 8-18 状态转换表画出电路状态图和时序图，分别如图 8-25 和图 8-26 所示。

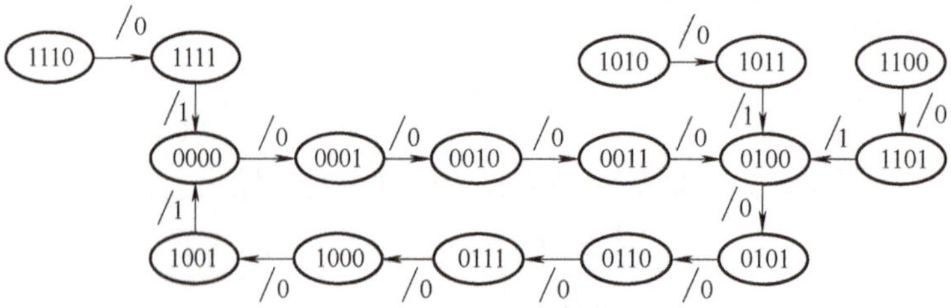

图 8-25 同步十进制加法计数器的状态图

2）同步十进制减法计数器。

图 8-27 所示为同步十进制减法计数器，分析方法同上，不再重复。

2. 异步计数器

（1）异步二进制计数器

1）异步二进制加法计数器。在 T 触发器中，$T=1$ 时为只有翻转功能的 T′触发器，只要

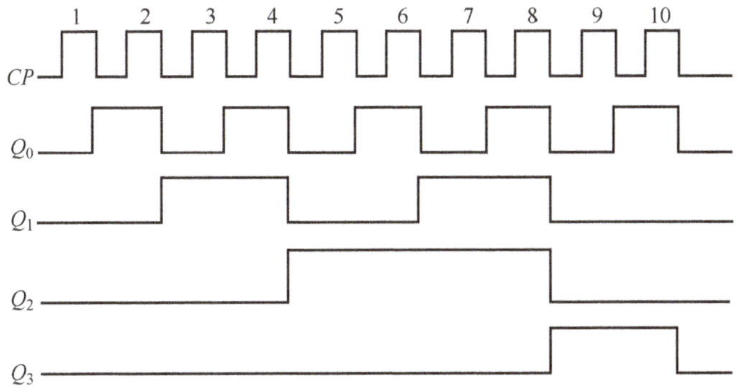

图 8-26　8421 码十进制加法计数器的时序图

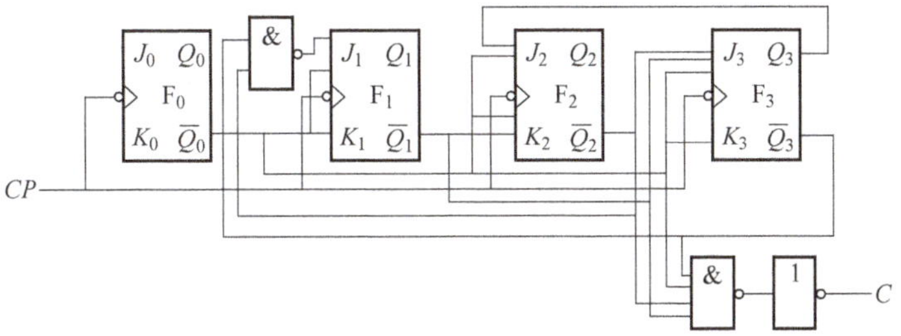

图 8-27　同步十进制减法计数器的逻辑图

有效时钟脉冲到来就翻转，把 T′触发器串接起来，便可构成 n 位二进制异步计数器。

图 8-28 所示为三位异步二进制加法计数器逻辑图，由三级 T′触发器组成。Q 为各触发器的输出端，C 为进位输出。

根据 T′触发器的翻转规律即可画出一系列 CP 脉冲信号作用下各输出端时序图，如图 8-29 所示。

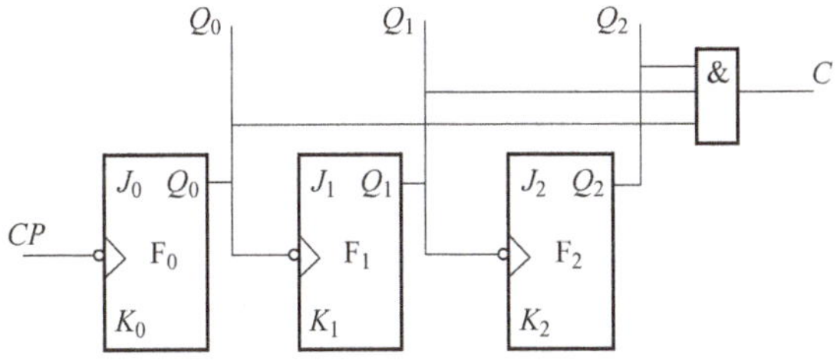

图 8-28　三位异步二进制加法计数器的逻辑图

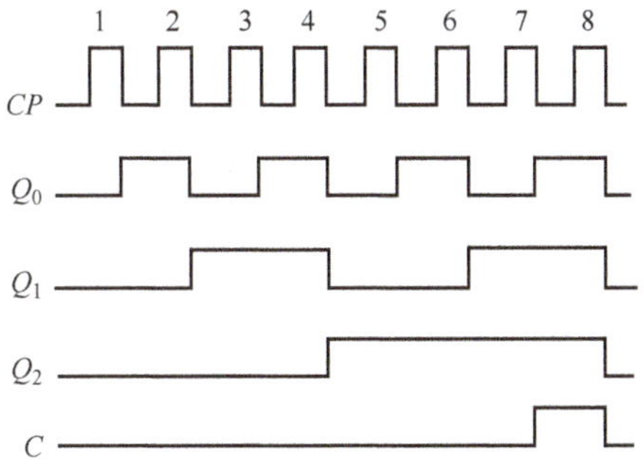

图 8-29　三位异步二进制加法计数器的时序图

根据时序图可以列出电路的状态转换表，画出状态图，如图 8-30 所示。

2）异步二进制减法计数器。

图 8-31 所示是由 T′触发器构成的三位异步二进制减法计数器逻辑图。与加法计数器比较，它们在结构上很相似，都是将低位触发器的输出端接到高位触发器的 CP 端；不同的是，加法计数器的 Q 端接高位触发器的 CP 端，而减法计数器是以低位触发器的$\overline{Q}$端接高位

触发器的 CP 端。

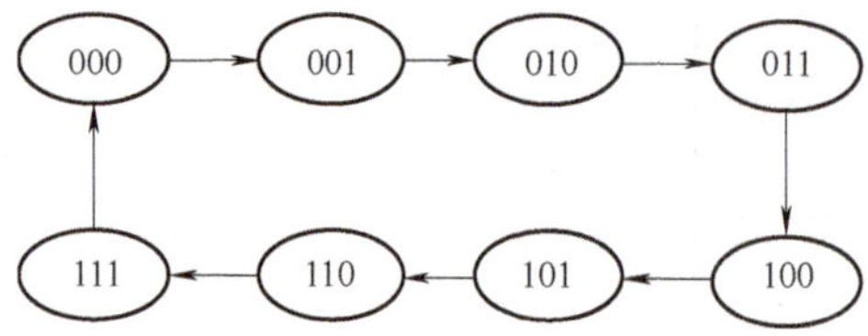

图 8-30 三位异步二进制加法计数器的状态图

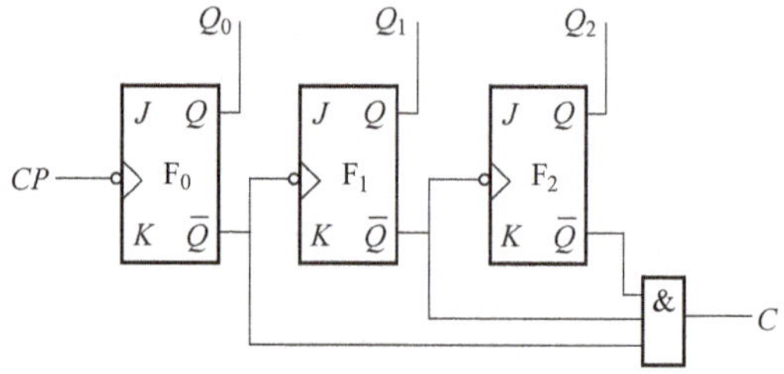

图 8-31 三位异步二进制减法计数器的逻辑图

异步二进制减法计数器的分析方法不作赘述。表 8-19 为图 8-31 的功能表，图 8-32 为图 8-31 的状态图和波形图。

表 8-19 三位异步二进制减法计数器功能表

输入 CP 脉冲个数	Q_0^{n+1} Q_1^{n+1} Q_2^{n+1}	借位 B
0	0 0 0	1
1	1 1 1	0
2	1 1 0	0
3	1 0 1	0
4	1 0 0	0
5	0 1 1	0
6	0 1 0	0
7	0 0 1	0
8	0 0 0	1

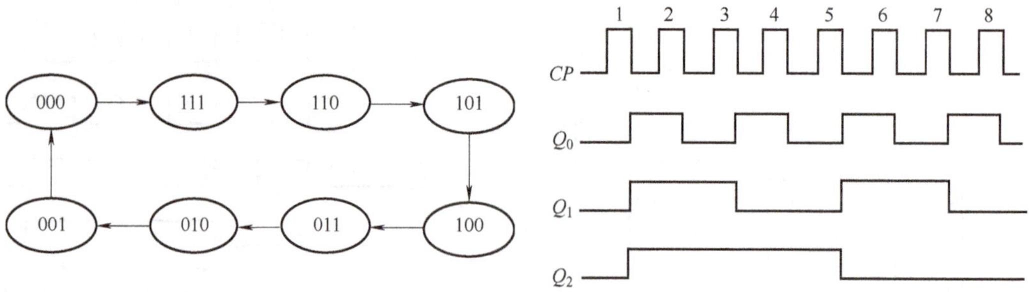

a) 状态图 b) 时序图

图 8-32 三位异步二进制减法计数器的状态图和时序图

(2) 异步十进制计数器

1) 异步十进制加法计数器。图 8-33 所示为异步十进制加法计数器的逻辑图。它由四个 JK 触发器和两个与非门构成，CP 是输入计数脉冲，C 是进位信号，$\overline{R}$是复位端。

首先根据电路图写出各触发器的时钟方程、驱动方程和输出方程：

时钟方程为　$CP_0 = CP$

$CP_1 = CP_3 = Q_0$

$CP_2 = Q_1$

驱动方程为　$J_0 = K_0 = 1$

$J_1 = \overline{Q_3^n}$　　$K_1 = 1$

$J_2 = K_2 = 1$

$J_3 = Q_2^n Q_1^n$　　$K_3 = 1$

输出方程为　$C = Q_3^n Q_0^n$

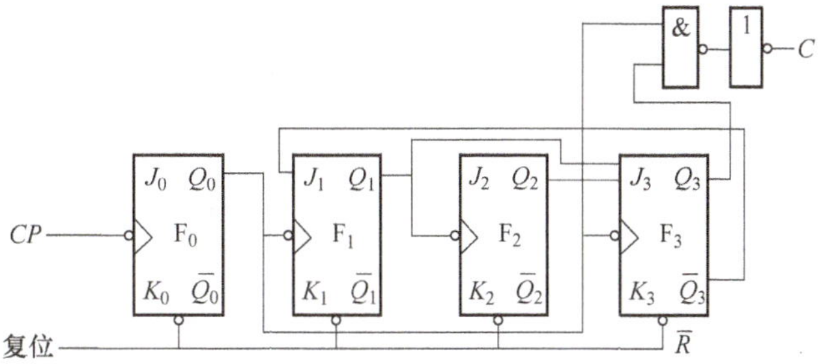

图 8-33　异步十进制加法计数器的逻辑图

将状态方程代入 JK 触发器的特征方程中即可得到电路的驱动方程，即

$$Q_0^{n+1} = J_0\overline{Q_0^n} + \overline{K_0}Q_0^n = \overline{Q_0^n} \qquad CP\text{ 下降沿有效}$$

$$Q_1^{n+1} = J_1\overline{Q_1^n} + \overline{K_1}Q_1^n = \overline{Q_3^n}\,\overline{Q_1^n} \qquad Q_0\text{下降沿有效}$$

$$Q_2^{n+1} = J_2\overline{Q_2^n} + \overline{K_2}Q_2^n = \overline{Q_2^n} \qquad Q_1\text{下降沿有效}$$

$$Q_3^{n+1} = J_3\overline{Q_3^n} + \overline{K_3}Q_3^n = Q_2^nQ_1^n\overline{Q_3^n} \qquad Q_0\text{下降沿有效}$$

设 $Q_3^nQ_2^nQ_1^nQ_0^n = 0000$，依次代入状态方程和输出方程，计算结果列于表 8-20，计算时要注意状态方程组中每个方程式的有效时钟条件。

表 8-20　异步十进制加法计数器的状态表

输入 CP 脉冲个数	计数器状态				对应的十进制数	时钟脉冲				进位 C
	Q_3^n	Q_2^n	Q_1^n	Q_0^n		CP_3	CP_2	CP_1	CP_0	
0	0	0	0	0	0	0	0	0	0	0
1	0	0	0	1	1	0	0	0	1	0
2	0	0	1	0	2	1	0	1	1	0
3	0	0	1	1	3	0	0	0	1	0
4	0	1	0	0	4	1	1	1	1	0
5	0	1	0	1	5	0	0	0	1	0
6	0	1	1	0	6	1	0	1	1	0
7	0	1	1	1	7	0	0	0	1	0
8	1	0	0	0	8	1	1	1	1	0
9	1	0	0	1	9	0	0	0	1	1
10	0	0	0	0	0	1	0	1	1	0

根据状态表画出状态图和时序图，状态图如图 8-34 所示，时序图如图 8-35 所示。

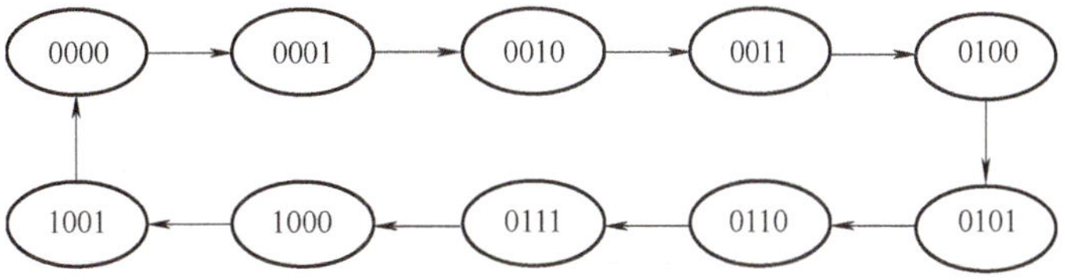

图 8-34　异步十进制加法计数器的状态图

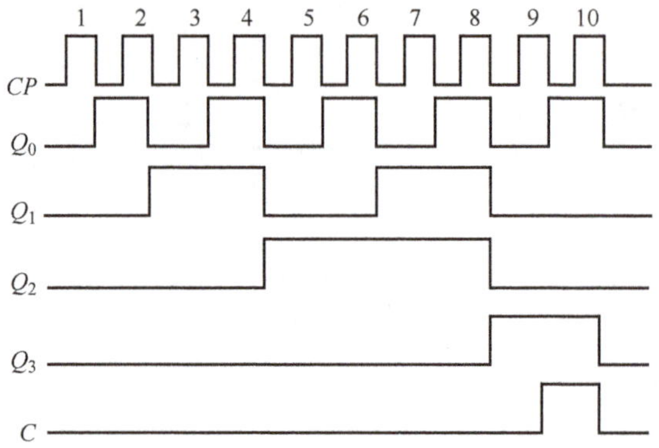

图 8-35 异步十进制加法计数器的时序图

2）异步十进制减法计数器。图 8-36 为异步十进制减法计数器的逻辑图，异步十进制减法计数器的分析方法与异步十进制加法计数器相同。

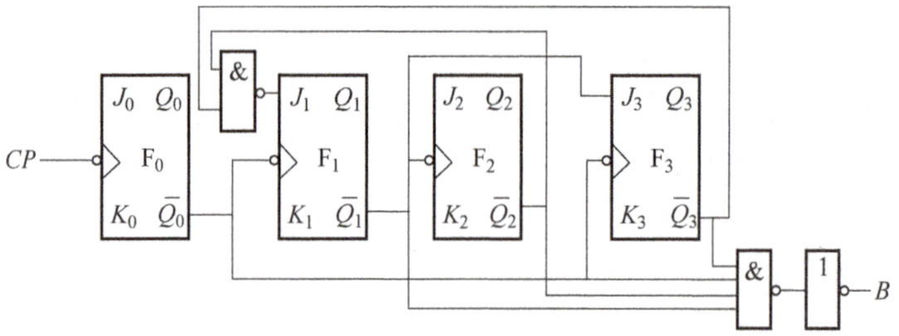

图 8-36 异步十进制减法计数器的逻辑图

3. 常用集成计数器

计数器的应用非常广泛，可应用于各种数字运算、测量、控制及信号产生电路中。目前，各种不同功能的计数器已经做成中规模集成电路，并逐步取代了由触发器等组成的计数器。中规模集成计数器常用的定型产品有 4 位二进制计数器、十进制计数器等。

（1）同步二进制加法计数器 74LS161　74LS161 为可预置同步二进制加法计数器，下面以 74LS161 为例介绍。图 8-37 所示为集成 4 位同步二进制计数器 74LS161 相关电路图，其具有异步清零、同步并行置数、同步二进制加法计数、保持的功能。图中 CP 是输入计数脉冲，也就是加到各个触发器时钟输入端的时钟脉冲；$\overline{CR}$是清零端；$\overline{LD}$是置数端；CT_P和 CT_T 是计数器工作状态控制端；$D_0 \sim D_3$是并行输入数据端；CO 是进位信号输出端；$Q_3 \sim Q_0$是计数器状态输出端。

74LS161 具有下列功能如下：

1）异步清零功能。当 $\overline{CR}=0$ 时，不管其他输入信号为何状态，计数器直接清零，与 CP 脉冲无关。

2）同步并行置数功能。当$\overline{CR}=1$、$\overline{LD}=0$ 时，在 CP 上升沿到达时，不管其他输入信号为何状态，并行输入数据 $D_0 \sim D_3$进入计数器，使 $Q_3Q_2Q_1Q_0=D_3D_2D_1D_0$，即完全成了并行置数功能。而如果没有 CP 上升沿到达，尽管$\overline{LD}=0$，也不能使预置数据进入计数器。

3）同步二进制加法计数功能。当$\overline{CR}=\overline{LD}=1$ 时，若 $CT_P=CT_T=1$，则计数器对 CP 脉

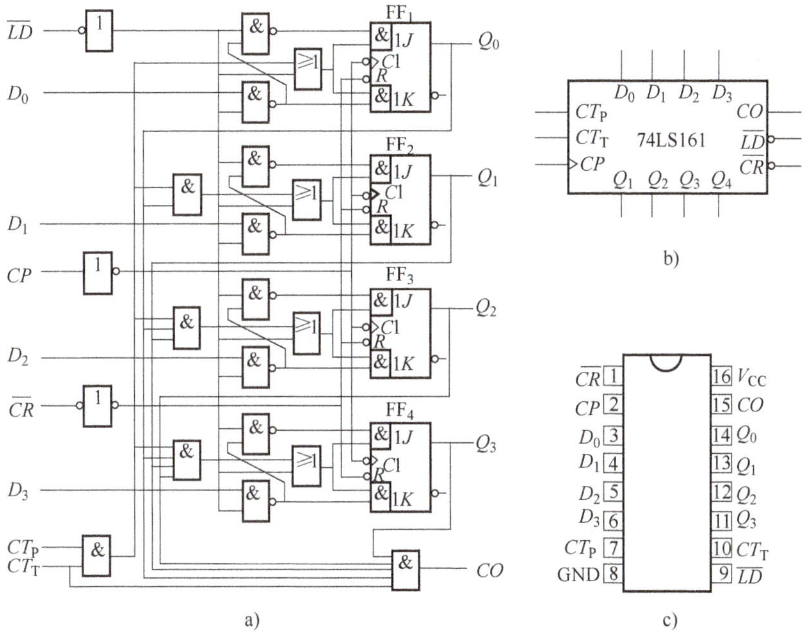

图 8-37　同步二进制加法计数器 74LS161

冲按照自然二进制码循环计数（CP 上升沿翻转）。当计数状态达到 1111 时，$CO=1$，产生进位信号。

4）保持功能。当 $\overline{CR}=\overline{LD}=1$，若 $CT_PCT_T=0$，则计数器将保持原来状态不变。对于进位输出信号有两种情况：若 $CT_T=0$，则 $CO=0$；若 $CT_T=1$，则 $CO=Q_3Q_2Q_1Q_0$。

集成计数器 74LS163 除了采用同步清零方式外，即当$\overline{CR}=0$ 时，只有在 CP 脉冲上升沿到来时计数器才清零。其逻辑功能、计数工作原理和引出端排列与 74LS161 没有区别。

（2）集成 4 位同步十进制计数器 74LS160　74LS160 与 74LS161 引脚排列图完全一样，但是 74LS160 为 4 位同步十进制计数器，引脚功能参考 74LS161 使用即可。利用异步清零端$\overline{CR}$和同步置数端$\overline{LD}$也可以设计小于 10 的任意进制计数器，请读者自行分析，设计。

（3）异步二-五-十进制计数器 74LS90　图 8-38 是异步二-五-十进制计数器 74LS90 的引脚图。由图可知，该电路有两个脉冲信号输入端 CP_0、CP_1，R_{01}、R_{02} 为清零控制端，S_{91}、S_{92}为置 9 控制端，均为高电平有效，其中置 9 功能的优先级高于清零控制端。$Q_3Q_2Q_1Q_0$为输出端，高低位的区分由芯片外围电路决定的。

该电路的逻辑功能如下：

1）直接清零：当 $R_{01}=R_{02}=1$，S_{91}与 S_{92}中有一个为 0 时，各触发器同时清零，计数器实现异步清零功能。

2）异步置 9：当 $S_{91}=S_{92}=1$，R_{01}与 R_{02}中有一个为 0 时，可使计数器实现异步置 9 的功能，根据芯片外围电路连接不同，又有 8421 和 5421 之分。

3）计数：当 $R_{01}=R_{02}=0$，$S_{91}=S_{92}=0$，根据 CP_0、CP_1 不同的接法对输入计数脉冲可进行二-五-十进制计数。

若在 CP_0 端输入计数脉冲，Q_0作为输出，可实现一位二进制计数（即模 2 计数）功能。

若在 CP_1 端输入计数脉冲，$Q_3Q_2Q_1$作为输出，即可实现五进制计数的功能。

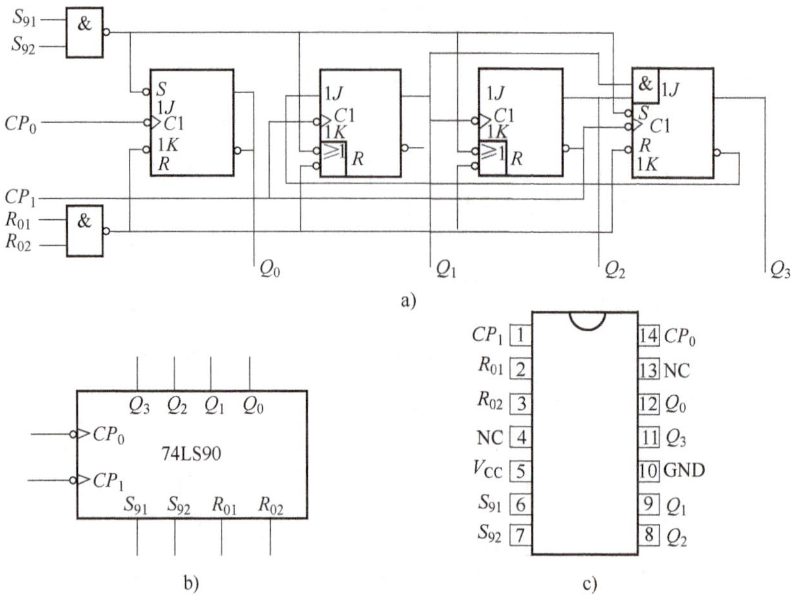

图 8-38 74LS90 异步二-五-十进制计数器引脚图

若在 CP_0 端输入计数脉冲，并将 Q_0和 CP_1 连接，$Q_3Q_2Q_1Q_0$输出，其中 Q_3作为最高位，Q_0作为最低位，则可实现 8421BCD 码计数器的功能。8421BCD 码十进制加法计数器见图 8-39a 所示。若在 CP_1 端输入计数脉冲，并将 Q_3 和 CP_0 连接，$Q_0Q_3Q_2Q_1$输出，其中 Q_0作为最高位，Q_1作为最低位，则可实现 5421BCD 码计数器的功能。5421BCD 码十进制加法计数器见图 8-39b 所示。

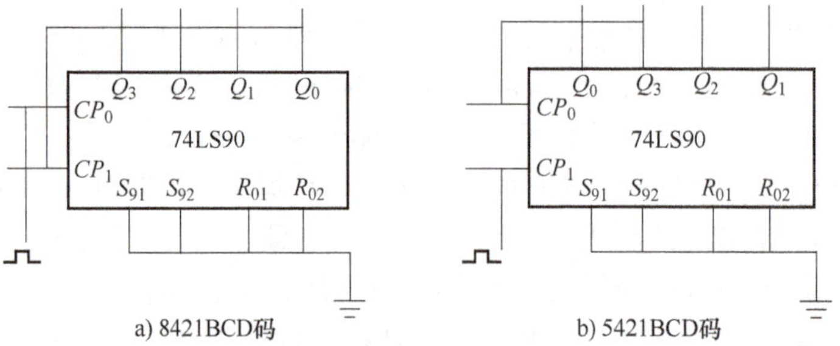

a) 8421BCD码　　b) 5421BCD码

图 8-39 用 74LS90 构成的十进制加法计数器

4. 集成计数器构成 *N* 进制计数器方法

集成计数器功能全，除上述用于计数外，还设有异步清零、预置数和保持等功能，因而广泛应用。同时，中规模集成电路设置多个输入端，主要用于功能扩展。

常见的集成计数器一般为二进制（多位二进制）和十进制计数器，若要构成任意进制，即 N 进制，如五进制、七进制、十二进制等模数（进制数）不等于 2^n 的计数器，通常采用以下几种方法。

（1）反馈清零法　反馈清零法是将原为 M 进制的计数器，利用计数器的异步置零端。当计数器从初始置零状态计入 N 个计数脉冲后，将 N 的二进制状态反馈至置 0 端，使计数器强制清零、复位，再开始下一计数循环。计数器跳过（$M-N$）个状态，得到 N 进制计数器（$M>N$）。

例 8-1　采用反馈清零法利用 74LS161 构成十进制计数器。

由于 $M=10$，所以电路应该实现第 10 个脉冲到来时，计数器要结束一次有效循环，又考虑到 74LS161 异步清零端$\overline{CR}$为低电平有效，且是异步清零，故反馈电路的输出简化表达式为$\overline{CR}=\overline{Q_3Q_1}$，由此可得到十进制计数器的连线图如图 8-40 所示。

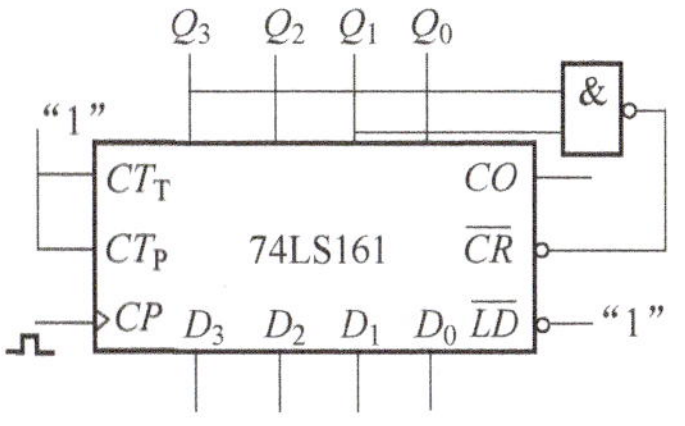

图 8-40　利用异步清零端构成的十进制计数器

例 8-2　采用反馈清零法利用 74LS90 构成六进制计数器。

用反馈清零法设计 8421BCD 码六进制和 5421BCD 码六进制计数器，由于 74LS90 可实现异步清零的功能，且 R_{01}、R_{02}高电平为有效逻辑信号，所以要实现 8421BCD 码六进制应在构成 8421BCD 码十进制电路的基础上，选择 Q_2Q_1经过与门接到清零控制端上即可，如图 8-41a 所示。同样，要实现 5421BCD 码六进制应在构成 5421BCD 码十进制电路的基础上，选择 Q_0Q_1经过与门接到清零控制端上即可，如图 8-41b 所示。

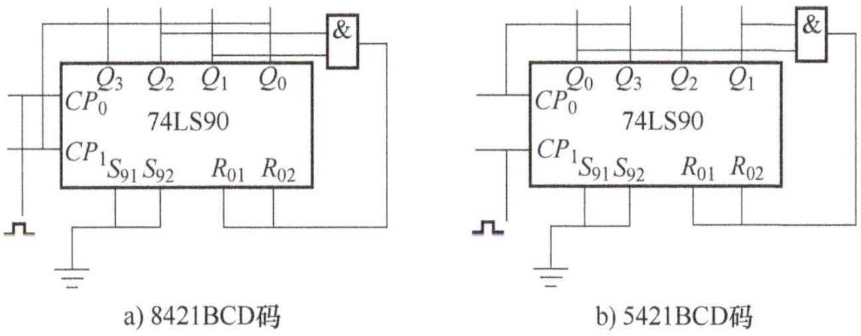

图 8-41　用 74LS90 构成的六进制加法计数器

（2）反馈置数法　采用反馈置数法构成 N 进制计数器电路，计数器必须具有预置数功能。其方法是：利用预置数功能端，使计数过程中，跳过（$M-N$）个状态，强行置入某一设置数，当下一个计数脉冲输入时，电路从该状态开始下一循环。

例 8-3　采用反馈置数法利用 74LS161 构成十进制计数器。

图 8-42 是用反馈置数法构成的十进制计数器，由于 74LS161 的置数端$\overline{LD}$为低电平有效，且是同步置数。故应选择 Q_3Q_0通过与非门反馈到$\overline{LD}$端以实现十进制计数器。

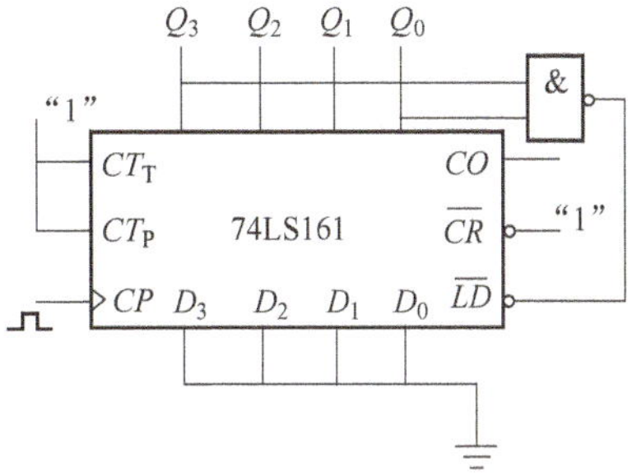

图 8-42　利用反馈置数法构成的十进制计数器

例 8-4　采用反馈置数法利用 74LS191 构成十进制计数器。

74LS190 和 74LS191 是单脉冲 4 位同步加/减可逆计数器，其中 74LS190 为 8421BCD 码十进制计数器，74LS191 为 BCD 码十六进制计数器，两者的引脚排列图和引脚功能完全一样。

需要指出的是，正脉冲输出端 CO/BO 及负脉冲输出端 $\overline{RC}$，二者在加计数到最大计数值时或减到零时，都发出脉冲信号；不同之处是，CO/BO 端发出一个与输入时钟相等且同步的正脉冲，$\overline{RC}$ 端发出一个与脉冲信号低电平时间相等且同步的负脉冲。

用 74LS191 的 CO/BO 输出端通过门电路反馈到 $\overline{LD}$ 端，改变预置输入数据，就可以改变计数器的模 M（分频数）。用一片 74LS191 和门电路构成的十进制加法计数器如图 8-43 所示。预置数 $N = 1111 - 1010 = 0101$。当计数器计数到暂态 1111 瞬间，$CO/BO = 1$，$\overline{LD} = 0$，计数器立即再次装入 0101，计数器这样在 0101 ~ 1110 之间循环计数。

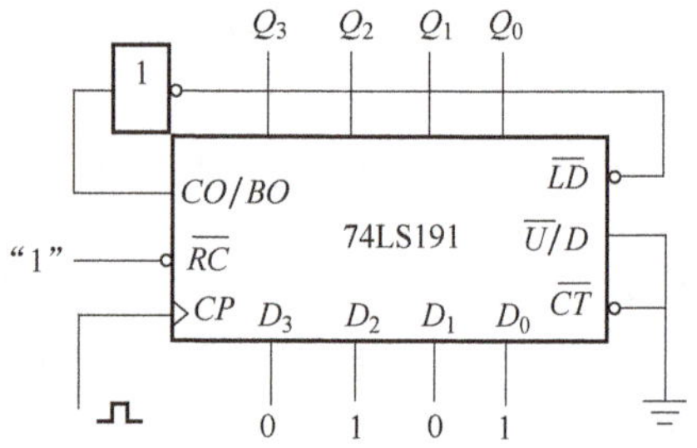

图 8-43 $M = 10$ 的加法计数器

（3）级联法 把集成计数器级联起来扩展容量，一般都设置有级联用的输入端和输出端，只要把它们正确连接起来，便可得到容量更大的计数器。例如，如果把一个 N_1 进制和一个 N_2 进制计数器级联起来，便可构成 $N = N_1N_2$ 进制计数器。多片集成计数器级联方式有串联进位式和并联进位式两种。

例 8-5 数字钟的分、秒都是 60 进制计数器构成，试用两片 74LS161 构成 60 进制加法计数器。

下面分别采用串联进位式（图 8-44）和并联进位式（图 8-45），采用反馈清零法，设计出 60 进制计数器。如果将计数器输出端 $Q_3Q_2Q_1Q_0$ 依次从高到低位与显示译码器的输入端 $A_3A_2A_1A_0$ 相连，即可实现计数显示器。

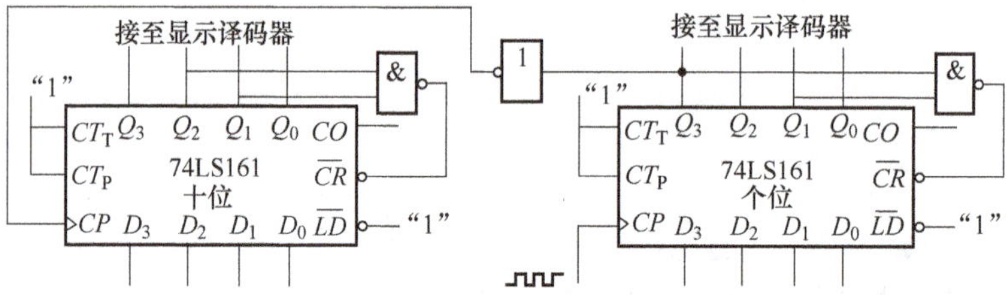

图 8-44 串联进位式 2 位十进制计数器接线图

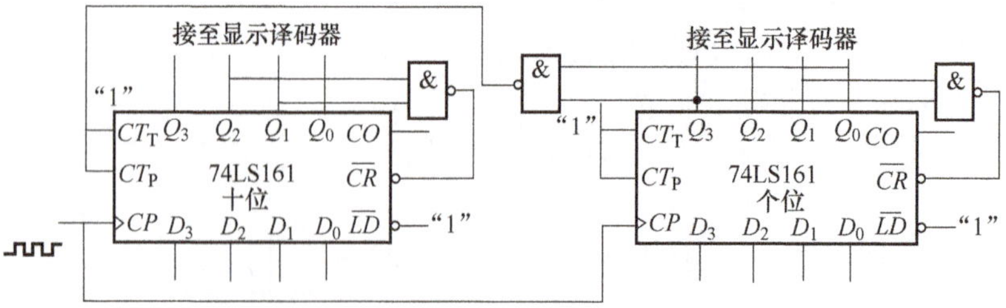

图 8-45 并联进位式 2 位十进制计数器接线图

例 8-6 用 2 片 74LS190 附加门电路构成 8421BCD 码六十进制的同步加法计数器。

电路如图 8-46 所示，其中个位计数器 74LS190 的 $\overline{LD} = 1$ 处于无效状态，$\overline{CT} = \overline{U}/D = 0$ 处于加计数状态，故个位计数器可以完成十进制加法计数；十位计数器 74LS190 的 $\overline{U}/D = 0$，

$\overline{LD}=\overline{Q_2Q_1}$，只要计数状态不处于 0110，$\overline{LD}$都等于 1，十位计数器能否计数，要看$\overline{CR}$的状态。当个位计数器计数到 1001 时，$\overline{RC}=0$，十位计数器的$\overline{CT}=0$ 处于有效状态，因此在下一个时钟脉冲作用下，个位归零，十位计数器加 1 计数。当计数器计数到十进制的 60 的瞬间，十位计数器的$\overline{LD}=0$，于是十位计数器置零，整个计数器复位。计数器的运行状态为十进制数（0~59）。

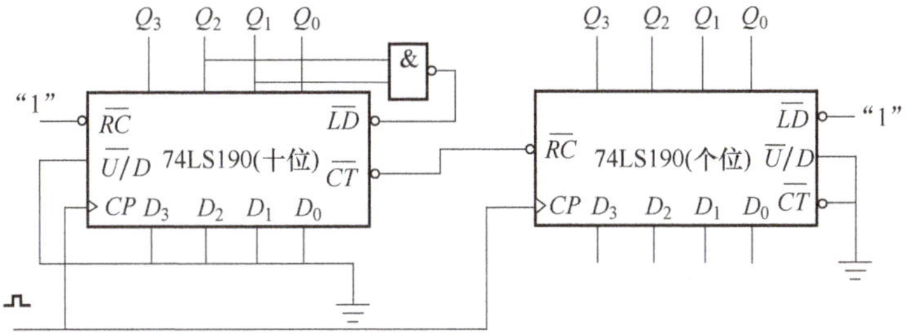

图 8-46　$M=60$ 的同步加法计数器

对于 74LS191 也可利用输出端的不同组合通过门电路反馈到$\overline{LD}$端，从而构成从零开始的加法计数器，构成方法与 74LS190 大致相同。

8.2.3　寄存器

寄存器是数字系统中常见的主要部件，寄存器是用来存入二进制数码或信息的电路，由两部分组成：一部分为具有记忆功能的触发器；另一部分是由门电路组成的控制电路。按照功能的不同，可将寄存器分为数据寄存器和移位寄存器两大类。数据寄存器只能并行送入数据，需要时也只能并行输出。移位寄存器中的数据可以在移位脉冲作用下依次逐位右移或左移，数据既可以并行输入、并行输出，也可以串行输入、串行输出，还可以并行输入、串行输出，串行输入、并行输出，十分灵活，用途也很广。

寄存器是利用触发器置 0、置 1 和不变的功能，把数据 0 和 1 存入触发器中，以 Q 端的状态代表存入的数据，例如存入 1，$Q=1$；存入 0，$Q=0$。每个触发器能存放一位二进制代码，存放 N 位数据就应具有 N 个触发器。控制电路的作用是保证寄存器能正常存放数据。

1. 基本寄存器

图 8-47 所示为用 D 触发器构成的 4 位二进制基本寄存器，当接收脉冲 CP 有效时只要一拍就完成接收代码的功能，即能将输入数据 $D_3D_2D_1D_0$ 直接存入触发器，变为：$Q_3^{n+1}Q_2^{n+1}Q_1^{n+1}Q_0^{n+1}=D_3D_2D_1D_0$。此后这一状态将保持下去，一直到 CP 的下一个上升沿到来为止。这就相当于将 $D_3D_2D_1D_0$ 4 个数据暂时寄存在这一基本寄存器中。

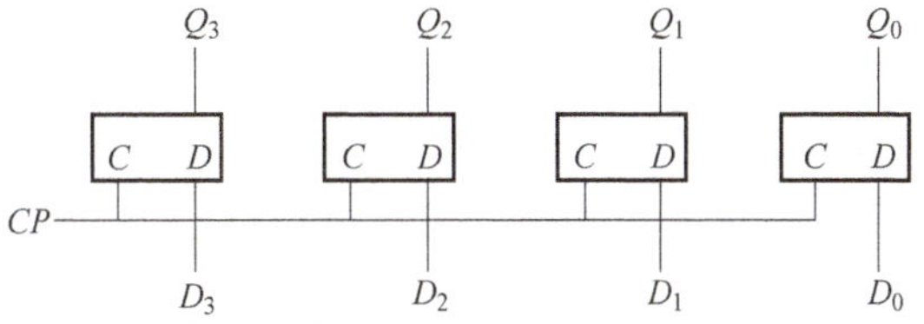

图 8-47　用 D 触发器构成的 4 位二进制基本寄存器

由于这一电路只需一步操作就能完成数据寄存的全过程，所以称这种方式为**单拍工作方式**。而双拍工作方式是在数据存入寄存器之前，必须先进行清零工作，把以前存储的数据清除之后，才能进行置数操作。目前应用较多的是单拍工作方式。

目前常用的中规模集成4位基本寄存器主要是由多个边沿D触发器组成的触发型寄存器，如74LS171（4D）、74LS174（6D）、74LS175（4D）、74LS273（8D）等。图8-48分别给出集成基本寄存器74LS175的逻辑电路图和引脚排列图。

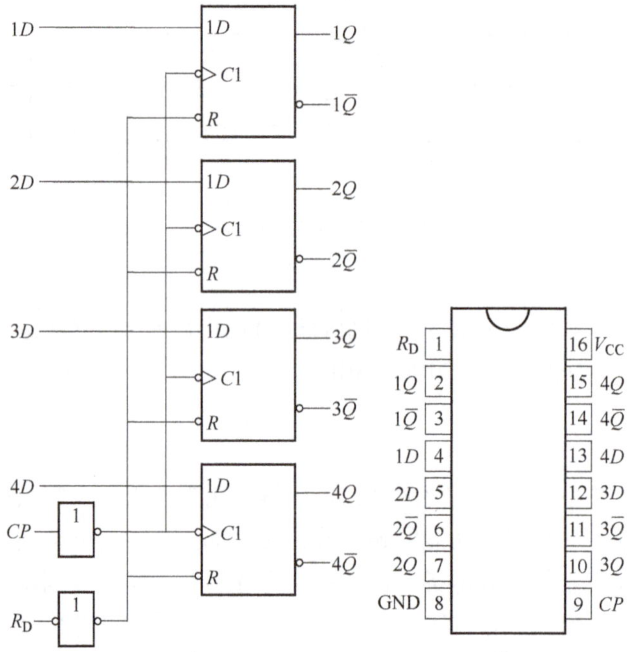

a) b)

图8-48 集成基本寄存器74LS175逻辑电路图和引脚排列图

其中R_D是异步清零控制端。在往寄存器中寄存数据或代码之前，必须先将寄存器清零，否则有可能出错。$1D \sim 4D$是数据输入端，在CP脉冲上升沿作用下，$1D \sim 4D$端的数据被并行地存入寄存器。输出数据可以并行从$1Q \sim 4Q$端引出，也可以并行从$1\overline{Q} \sim 4\overline{Q}$端引出反码输出。

上面介绍的寄存器只有寄存数据或代码的功能。有时为了处理数据，需要将寄存器中的各位数据在移位控制信号作用下，依次向高位或向低位移动1位。具有移位功能的寄存器称为**移位寄存器**。

2. 移位寄存器

移位寄存器和基本寄存器不同，移位寄存器不仅能存储数据，而且具有移位的功能。照数据移动的方向，可分为单向移位和双向移位。而单向移位又有左移和右移之分。移位寄存器除了接收、存储、输出数据外，同时还能将其中寄存器的数据按一定方向进行移动。移位寄存器有单向移位寄位器和双向移位寄存器之分。

（1）单向移位寄存器　单向移位寄存器只能将寄存的数据在相邻位之间单方向移动。按移动方向分为左移位寄存器和右移位寄存器两种类型。图8-49所示是用边沿D触发器构成的单向移位寄存器，其特征为移位寄存器的个数决定了存储单元的个数；各个存储单元受同一个时钟信号的控制，即电路工作是同步的，属于同步时序电路。

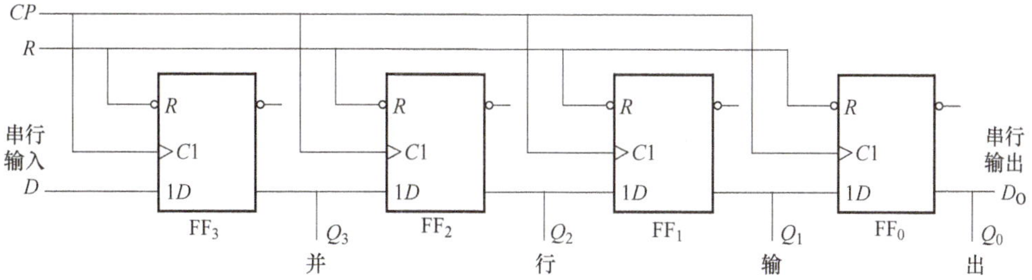

图 8-49 用边沿 D 触发器构成的单向移位寄存器

假设各触发器的起始状态均为 0，根据时序逻辑电路功能分析的步骤得：

时钟方程为 $CP = CP_0 = CP_1 = CP_2 = CP_3$

驱动方程为 $D_0 = Q_1^n$ $\quad D_1 = Q_2^n$

$D_2 = Q_3^n$ $\quad D_3 = D$

触发器特征方程为 $Q^{n+1} = D$

将对应驱动方程分别代入 D 触发器特征方程，进行化简变换可得状态方程，即

$Q_0^{n+1} = Q_1^n$ $\quad Q_1^{n+1} = Q_2^n$

$Q_2^{n+1} = Q_3^n$ $\quad Q_3^{n+1} = D$

根据假定电路初态，在某一时刻电路输入数据 D 在第一、二、三、四个 CP 脉冲时依次为 1、0、1、1，根据状态方程可得到对应的电路输出 $D_3D_2D_1D_0$ 的变化情况，见表 8-21。

表 8-21 右移移位寄存器输出变化

CP	输入数据 D	右移移位寄存器输出			
		Q_3	Q_2	Q_1	Q_0
0	0	0	0	0	0
1	1	1	0	0	0
2	0	0	1	0	0
3	1	1	0	1	0
4	1	1	1	0	1

在确定该时序电路的逻辑电路功能时，由时钟方程可知该电路是同步电路。

从表 8-21 可知，在右移移位寄存器电路中，随着 CP 脉冲的递增，触发器输入端依次输入数据 D，称为**串行输入**，输入一个 CP 脉冲，数据向右移位一位。输出有两种方式：数据从最右端 Q_0 依次输出，称为**串行输出**；由 $Q_3Q_2Q_1Q_0$ 端同时输出，称为**并行输出**。串行输出需要经过八个 CP 脉冲才能将输入的四个数据全部输出，而并行输出只需四个 CP 脉冲。时序图如图 8-50 所示。

（2）双向移位寄存器　以图 8-51 中触发器 FF_0、FF_1 为例，其数据输入端 D 的逻辑表达式分别为

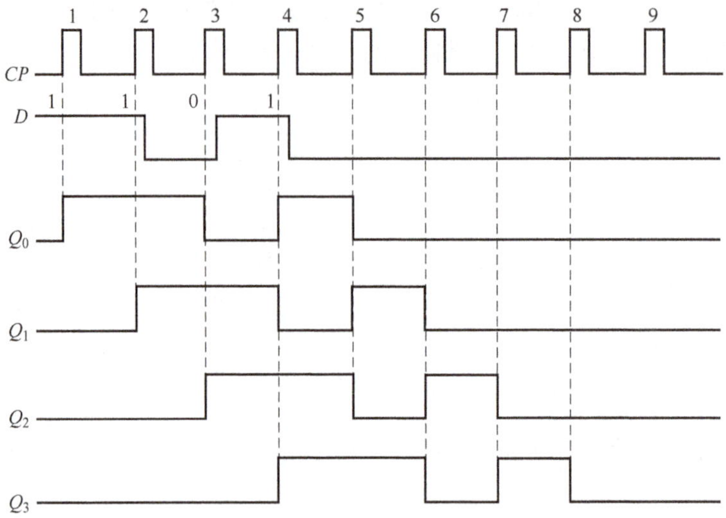

图 8-50　时序图

$$D_0=\overline{S\,\overline{D_{SR}}+\overline{S}\,\overline{Q_1}}$$

$$D_1=\overline{S\,\overline{Q_0}+\overline{S}\,\overline{Q_2}}$$

当 $S=1$ 时，$D_0=D_{SR}$，$D_1=Q_0$，即 FF_0 的 D_0 端与右移串行输入端 D_{SR} 接通，FF_1 的 D_1 端与 Q_0 接通，在时钟脉冲 CP 作用下，由 D_{SR} 端输入的数据将作右向移位；反之，当 $S=0$ 时，$D_0=Q_1$，$D_1=Q_2$，在时钟脉冲 CP 作用下，Q_2、Q_1 的状态将作左向移位。同理，可以分析其他两位触发器间的移位情况。由此可见，图 8-51 所示寄存器可作双向移位。当 $S=1$ 时，数据作右向移位；当 $S=0$ 时，数据作左向移位。可实现串行输入-串行输出（由 D_{OR} 或 D_{OL} 输出）、串行输入-并行输出工作方式（由 $Q_3\sim Q_0$ 输出）。

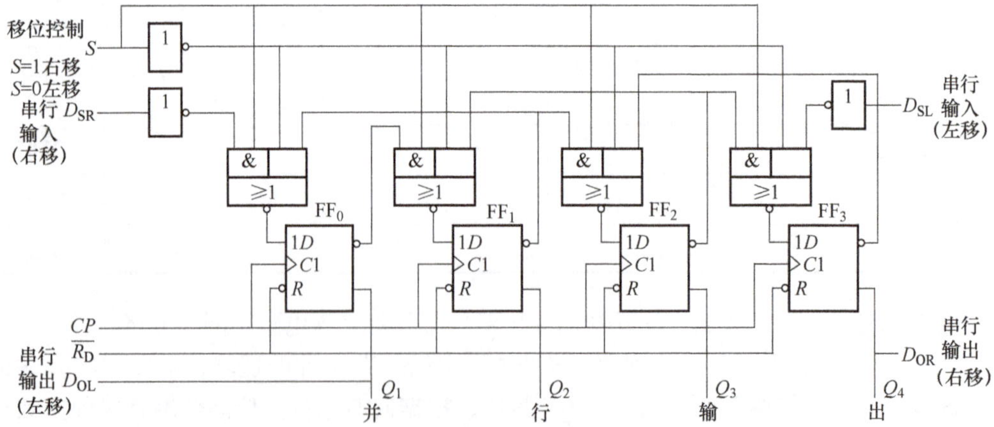

图 8-51　D 触发器构成的双向移位寄存器

3. 集成移位寄存器的应用

（1）实现数据传输方式的转换　在数字电路中，数据的传送方式有串行和并行两种，而移位寄存器可实现数据传送方式的转换。如图 8-52 所示，寄存器 74LS194 既可将串行输入转换为并行输出，也可将串行输入转换为串行输出。

（2）构成移位型计数器

1）环形计数器。环形计数器是将单向移位寄存器的串行输入端和串行输出端相连，构成一个闭合的环，如图 8-53a 所示。实现环形计数器时，必须设置适当的初态，假设电路初态为 0100 且输出 $Q_3Q_2Q_1Q_0$ 端初始状态不能完全一致（即不能完全为“1”或“0”），这样电路才能实现计数，状态变化如图 8-53b 所示。

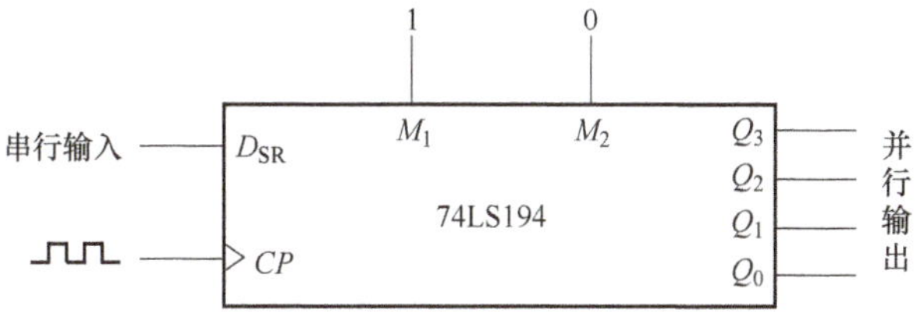

图 8-52　串并转换

2）扭环形计数器。扭环形计数器是将单向移位寄存器的串行输入端和串行反相输出端相连，构成一个闭合的环。如图 8-54a 所示，实现扭环形计数器时，不必设置初态。状态变化如图 8-54b 所示，设初态为 0000，电路状态循环变化，循环过程包括 8 个状态，可实现 8 进制计数。此电路可用于彩灯控制电路。

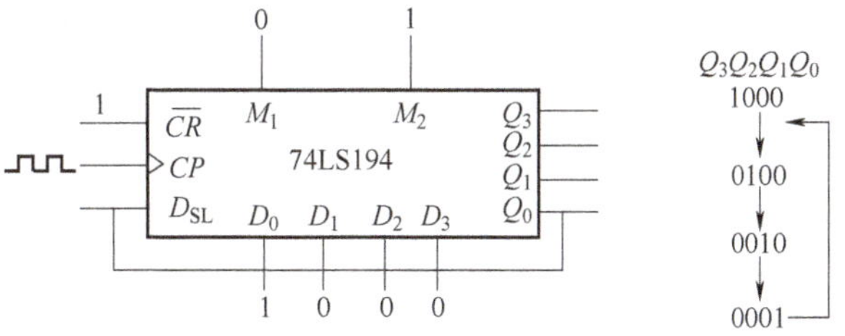

a) 逻辑电路图　　b) 状态图

图 8-53　环形计数器

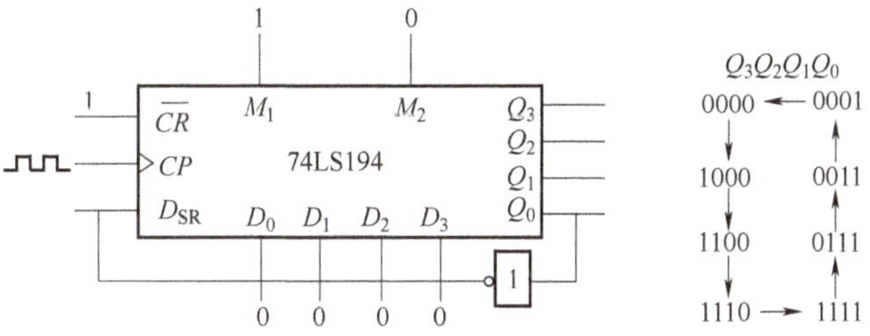

a) 逻辑电路图　　b) 状态图

图 8-54　扭环形计数器

8.2.4　555 定时器

555 定时器是一种数字、模拟混合型的中规模集成电路，功能灵活，使用方便，只要外接少量元器件，就可以构成多谐振荡器、单稳态触发器或施密特触发器等电路，因而在定时、检测、控制及报警等方面都有广泛应用。由于内部电压标准使用了三个 5kΩ 电阻，故取名 555 电路。其电路类型较多，常用的分类有双极型（5G555）和 CMOS（CC7555）型两种，二者的结构与工作原理类似，逻辑功能和引脚排列完全相同，易于互换。双极型的电源电压 V_{CC} = +5 ~ +15V，输出的最大电流可达 200mA，CMOS 型的电源电压为 +3 ~ +18V。

1. 555 定时器的结构

555 定时器主要是与电阻、电容构成充放电电路，并由两个比较器来检测电容器上的电压，以确定输出电平的高低和放电晶体管的通断。这就很方便地构成从微秒到数十分钟的延时电路，可方便地构成单稳态触发器、多谐振荡器、施密特触发器等脉冲产生或波形变换电路。

555 定时器的内部结构和引脚排列如图 8-55 所示。

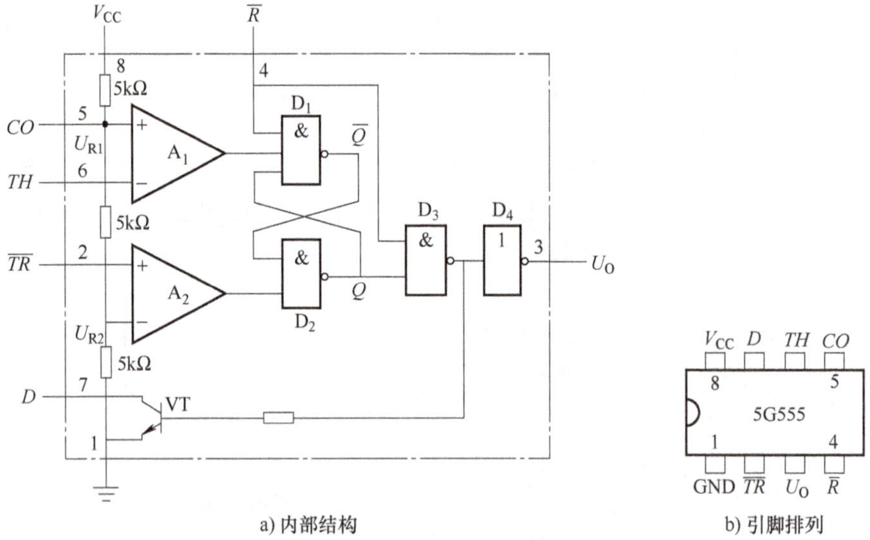

图 8-55　555 定时器的内部结构和引脚排列

(1) 集成 555 定时器内部构成

1) 分压器。由三个阻值均为 5kΩ 的电阻串联构成的分压器，为电压比较器 A_1 和 A_2 提供参考电压。若控制电压输入端（*CO* 端，引脚 5）外加控制电压 U_{CO}，则比较器 A_1 和 A_2 的参考电压分别为 $U_{R1}=U_{CO}$，$U_{R2}=\frac{1}{2}U_{CO}$；不加控制电压时，该引出端不可悬空，一般要通过一个小电容接地，以旁路高频干扰，这时两个参考电压分别为 $U_{R1}=\frac{2}{3}V_{CC}$，$U_{R2}=\frac{1}{3}V_{CC}$。

2) 比较器。A_1 和 A_2 是两个结构完全相同的高精度电压比较器，分别由高增益运算放大器构成。比较器 A_1 的信号输入端为运放反相输入端（*TH* 端，引脚 6），A_1 的同相端接参考电压 U_{R1}；比较器 A_2 的信号输入端为运放的同相输入端（$\overline{TR}$端，引脚 2），A_2 的反相输入端接参考电压 U_{R2}。

3) 基本 RS 触发器。两个与非门构成的基本 RS 触发器，低电平触发，比较器 A_1 和 A_2 的输出控制基本 RS 触发器的状态，也即决定了电路的输出状态，$\overline{R}$是基本 RS 触发器的外部复位端，低电平有效。当$\overline{R}=0$ 时，$\overline{Q}=1$，使电路输出（U_O端，引脚 3）为 0。正常工作时$\overline{R}$端应接高电平。

4) 放电晶体管 VT。晶体管 VT 构成放电开关，其状态受 RS 触发器$\overline{Q}$端的控制，当$\overline{Q}=0$ 时，VT 截止；当$\overline{Q}=1$ 时，VT 饱和导通。此时，放电端（*D* 端，引脚 7）如有外接电容，则通过 VT 放电。由于放电端的逻辑状态与输出 U_O是相同的，故放电端也可以作为集电极开路输出 U_O。

5）输出缓冲器。由反相器 D_4 构成，其作用是提高定时器的带负载能力，并隔离负载对定时器的影响。

（2）集成 555 定时器各引线端的用途

引脚 1：GND 为接地端。

引脚 2：$\overline{TR}$为低电平触发端，也称为**触发输入端**，由此输入触发脉冲。当 2 端的输入电压高于 $1/3V_{CC}$时，A_2 的输出为 1；当输入电压低于 $1/3V_{CC}$时，A_2 的输出为 0，使基本 RS 触发器置 1，即 $Q=1$、$\overline{Q}=0$。这时定时器输出 $U_O=1$。

引脚 3：U_O 为输出端，输出电流可达 200mA，因此可直接驱动继电器、发光二极管、扬声器、指示灯等。输出高电压约低于电源电压 1～3V。

引脚 4：$\overline{R}$是复位端，当$\overline{R}=0$ 时，基本 RS 触发器直接置 0，使 $Q=0$、$\overline{Q}=1$。

引脚 5：CO 端为电压控制端，如果在 CO 端另加控制电压，则可改变 A_1、A_2 的参考电压。工作中不使用 CO 端时，一般都通过一个 0.01μF 的电容接地，以旁路高频干扰。

引脚 6：TH 为高电平触发端，又叫作阈值输入端，由此输入触发脉冲。当输入电压低于 $2/3V_{CC}$时，A_1 的输出为 1；当输入电压高于 $2/3V_{CC}$时，A_1的输出为 0，使基本 RS 触发器置 0，即 $Q=0$、$\overline{Q}=1$。这时定时器输出 $U_O=0$。

引脚 7：D 为放电端。当基本 RS 触发器的$\overline{Q}=1$ 时，放电晶体管 VT 导通，外接电容元件通过 VT 放电。555 定时器在使用中大多与电容器的充放电有关，为了使充放电能够反复进行，电路特别设计了一个放电端 D。

引脚 8：V_{CC}为电源端，可在 4.5～16V 内使用，若为 CMOS 电路，则 $V_{CC}=3\sim18V$。

2. 555 定时器的工作原理

集成 555 定时器的功能取决于在两个比较器所加信号的输入电平。

当 $U_{TH}>\frac{2}{3}V_{CC}$，$U_{TR}>\frac{1}{3}V_{CC}$时，比较器 A_1 输出为 0，A_2 输出为 1，基本 RS 触发器被置 1，VT 饱和导通，U_o 输出为低电平；

当 $U_{TH}<\frac{2}{3}V_{CC}$，$U_{TR}<\frac{1}{3}V_{CC}$时，比较器 A_1 输出为 1，A_2 输出为 0，基本 RS 触发器被置 0，VT 截止，U_o 输出为高电平；

当 $U_{TH}<\frac{2}{3}V_{CC}$，$U_{TR}>\frac{1}{3}V_{CC}$时，比较器 A_1 输出为 1，A_2 输出为 1，基本 RS 触发器保持不变，VT 和 U_o 输出状态也保持不变。

综上所述，列出 555 定时器的功能表，见表 8-22。

表 8-22　555 定时器的逻辑功能表

阈值输入$\overline{TH}$⑥		触发输入$\overline{TR}$②		直接复位$\overline{R_D}$④	输出 U_o③	放电晶体管 VT⑦
×		×		0	0	导通
$>\frac{2}{3}V_{CC}$	1	$>\frac{1}{3}V_{CC}$	1	1	0	导通
$<\frac{2}{3}V_{CC}$	0	$<\frac{1}{3}V_{CC}$	0	1	1	截止

（续）

阈值输入$\overline{TH}$⑥		触发输入$\overline{TR}$②		直接复位$\overline{R}_D$④	输出 U_o③	放电晶体管 VT⑦
$<\frac{2}{3}V_{CC}$	0	$>\frac{1}{3}V_{CC}$	1	1	不变	不变
$>\frac{2}{3}V_{CC}$	1	$<\frac{1}{3}V_{CC}$	0	1	不允许	

555 定时器不但本身可以组成定时电路，而且只要外接少量的阻容元件，就可以很方便地构成多谐振荡器、单稳态触发器以及施密特触发器等脉冲的产生与整形电路。555 定时器还可输出一定功率，可驱动微型电动机、指示灯及扬声器等。它在脉冲波形的产生与变换、仪器与仪表、测量与控制、家用电器与电子玩具等领域都有着广泛的应用。

8.3 项目实施

8.3.1 任务一 触发器及其应用

1. 实验目的

1）掌握基本 RS、JK、D 触发器的逻辑功能。

2）了解基本 RS 触发器输入信号 R_D 和 S_D 的控制作用。

3）学会基本 RS 触发器的逻辑功能测试。

2. 实验原理

触发器是具有记忆功能的二进制信息存储器件，是时序电路中的核心器件之一。

触发器具有两个能自行保持的稳定状态，用来表示逻辑“1”和“0”。在不同的输入信号作用下其输出可以置成 1 态和 0 态，且当输入信号消失后，触发器获得的新状态能保持下来。

根据触发器逻辑功能的不同，又可分为 RS 触发器、JK 触发器、D 触发器、T 触发器、T′触发器等。

1）基本 RS 触发器。图 8-56 是由两个与非门互为交叉反馈构成的基本 RS 触发器，它是无时钟控制低电平直接触发的触发器，具有置 0、置 1 和保持的功能。基本 RS 触发器也可以用两个或非门组成，此时为高电平触发有效。

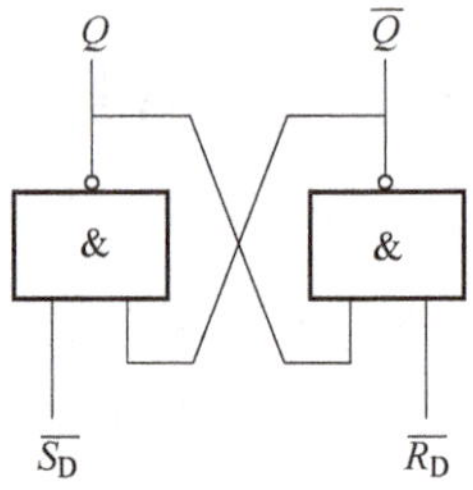

图 8-56 基本 RS 触发器

2）JK 触发器。JK 触发器是一种逻辑功能完善、使用灵活、通用性强的集成触发器。J、K 输入端是触发器的数据输入端，根据这两个输入端的四种不同二进制组合，在同步时钟控制下，触发器可以完成置 0、置 1、保持和计数四种逻辑功能。

本实验采用 74LS112 双下降沿触发的 JK 触发器，具有各自独立的直接清零、置 1、计数、保持的功能。引脚功能如图 8-57 所示。JK 触发器广泛用于计数、分频、时钟脉冲发生等电路中，它的特征方程是，

$$Q^{n+1}=J\overline{Q^n}+\overline{K}Q^n$$

3）D 触发器。D 触发器是一种使用广泛的集成触发器，其状态变更的时刻由同步时钟 *CP* 控制，状态变更的去向由输入 *D* 端的输入信号决定，它在采用单线输入信号的同时，解决了基本 RS 触发器的输入约束问题，消除了输出状态的不定现象。在输入信号为单端的情况下，D 触发器用起来最为方便，广泛应用于数据锁存、移位寄存、分频和波形发生等。本实验使用的是 74LS74，图 8-58 所示为双上升沿触发的边沿触发器，触发器的状态只取决于时钟到来前输入端的状态。它的状态方程为

$$Q^{n+1}=D$$

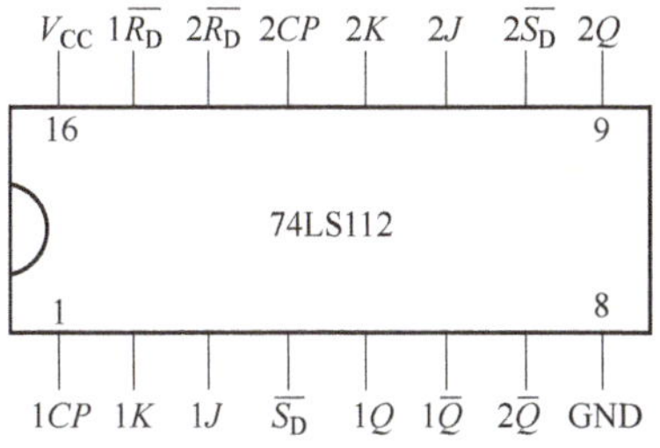

图 8-57　74LS112 引脚排列图

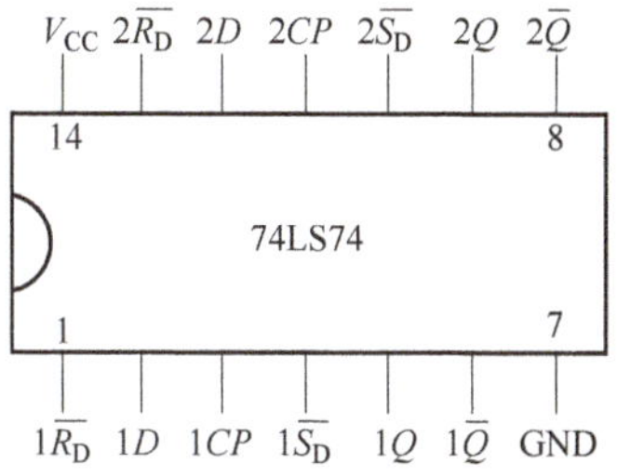

图 8-58　74LS74 引脚排列图

4）不同类型时钟触发器间的转换。在实验过程中，大多使用的为 JK 触发器和 D 触发器，往往各种触发器都会有需求，可以利用转换的方法获得具有其他功能的触发器。图 8-59 为 JK 触发器转换为 D、T、T′触发器的转换电路。图 8-60 为 D 触发器转换为 JK、T、T′触发器的转换电路。

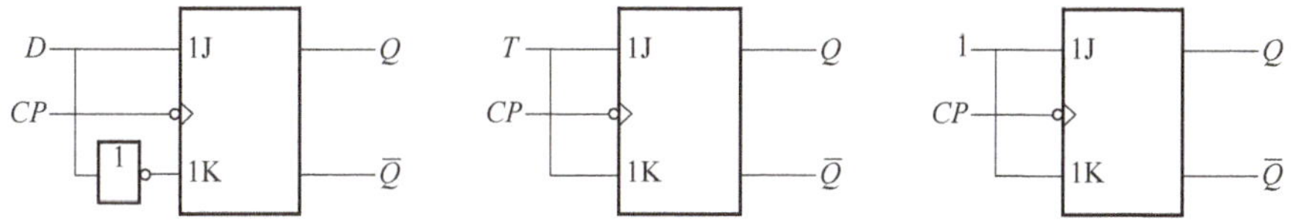

a) D触发器　b) T触发器　c) T′触发器

图 8-59　JK 触发器转换为 D、T、T′触发器的转换电路

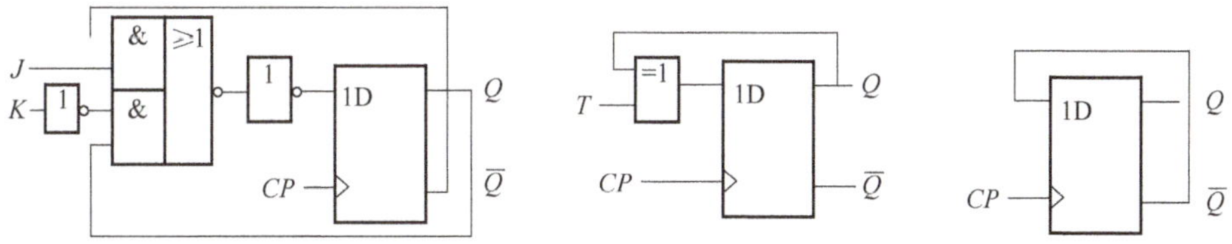

a) JK触发器　b) T触发器　c) T′触发器

图 8-60　D 触发器转换为 JK、T、T′触发器的转换电路

3. 实验仪器设备

1）直流稳压电源。

2）单次脉冲源。

4. 实验器材

集成块：74LS112、74LS74、74LS00。

5. 实验内容与步骤

（1）基本 RS 触发器逻辑功能的测试　按图 8-56 用两个与非门组成基本 RS 触发器，异步输入端$\overline{R}_D$、$\overline{S}_D$接逻辑电平开关，输出端 Q 接逻辑电平显示，改变输入端的状态组合，观察输出端记录实验结果。

（2）JK 触发器逻辑功能测试

1）异步输入端$\overline{R}_D$、$\overline{S}_D$功能测试。从集成块 74LS112 中任选一个 JK 触发器，将$\overline{R}_D$、$\overline{S}_D$、J、K 端分别接逻辑电平开关，CP 端接单次脉冲源（下降沿），Q 端接逻辑电平显示。按表 8-23的要求改变$\overline{R}_D$、$\overline{S}_D$（J、K、CP 处于任意状态）的状态组合，观察输出端 Q 并记录实验结果。

表　8-23

CP	J	K	$\overline{S}_D$	$\overline{R}_D$	Q
×	×	×	0	1	
×	×	×	1	0	

2）JK 触发器逻辑功能测试。按表 8-24 的要求改变 J、K、CP 端状态，并用$\overline{R}_D$、$\overline{S}_D$端对触发器进行异步置位或复位，观察 Q 端状态变化，将实验结果记录表中。

表　8-24

CP	J	K	$\overline{S}_D$ $\overline{R}_D$	Q^n	Q^{n+1}
↓	0	0	1 1	0	
				1	
↓	0	1	1 1	0	
				1	
↓	1	0	1 1	0	
				1	
↓	1	1	1 1	0	
				1	

（3）D 触发器逻辑功能测试

1）异步输入端$\overline{R}_D$、$\overline{S}_D$功能测试。测试方法同上，将实验结果记入表 8-25 中。

表　8-25

D	CP	$\overline{S}_D$	$\overline{R}_D$	Q
×	×	0	1	
×	×	1	0	

2）D 触发器逻辑功能测试。按表 8-26 的要求改变 D、CP 端状态，并用$\overline{R}_D$、$\overline{S}_D$端对触发器进行异步置位或复位，观察 Q 端状态变化，将实验结果记入表中

表　8-26

D	CP	$\overline{S_D}$　$\overline{R_D}$	Q^n	Q^{n+1}
0	↑	1　1	0	
			1	
1	↑	1　1	0	
			1	

6. 实验报告要求

1）根据实验结果，写出各个触发器的真值表。

2）试比较各个触发器有何不同。

3）写出不同类型时钟触发器间的转换过程。

8.3.2　任务二　计数器及其应用

1. 实验目的

1）学习用集成触发器构成计数器的方法。

2）掌握中规模集成计数器的使用及功能测试方法。

3）学会构成十以内的 N 进制计数器。

2. 实验原理

74LS90 是异步二-五-十进制计数器，具有清零、置 9、计数的功能，当置 9 端、置 0 端均为低电平时。

74LS90 引脚排列如图 8-61 所示。其中 CP_0、Q_0 构成二进制计数器，CP_0 是二进制计数的时钟端，Q_1、Q_2、Q_3 和 CP_1 构成异步五进制加法计数器，CP_1 是五进制计数器的时钟输入端。

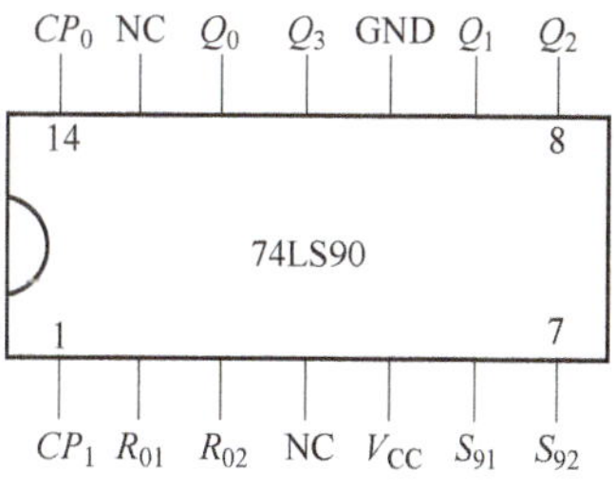

图 8-61　74LS90 引脚排列图

根据不同的接法，利用集成块 74LS90 可以构成 8421 异步十进制加法计数器和 5421 异步十进制加法计数器。同样利用反馈归零法可以使 74LS90 实现十以内的 N 进制计数器。

3. 实验仪器设备

1）直流稳压电源。

2）逻辑电平开关与显示。

3）单次脉冲源。

4. 实验器材

集成块：74LS90。

5. 实验内容与步骤

1）测试 74LS90 异步二-五-十进制计数器的逻辑功能。

计数脉冲由单次脉冲源提供，置 9 端、置 0 端分别接逻辑电平开关，四个输出端接逻辑电平显示。按如下逐项测试并判断该集成块的功能是否正常。

当 $S_9 = S_{91} \cdot S_{92} = 0$ 时，若 $R_0 = R_{01} \cdot R_{02} = 1$，则计数器清零，与 CP 无关，这说明清零是异步的；当 $S_9 = S_{91} \cdot S_{92} = 1$ 时计数器置“9”，即被置成 1001 状态；若将 CP 接 CP_0 端，

而 Q_0 与 CP_1 不连接起来，可构成一位二进制计数器；若只把 CP 接 CP_1 端，可构成异步五进制加法计数器；若把 CP 接 CP_0 端，且把 Q_0 与 CP_1 从外部连接起来，则电路将对 CP 按照 8421BCD 码进行异步十进制加法计数；若把 CP 接 CP_1 端，且把 Q_3 与 CP_0 从外部连接起来，则电路将对 CP 按照 5421BCD 码进行异步十进制加法计数。

根据实验原理，将中规模集成计数器 74LS90 置于十进制计数状态，输出接逻辑电平显示，在 CP 脉冲信号作用下，完成一次循环。根据实验现象，记入表 8-27 中。

表 8-27

CP	Q_3 Q_2 Q_1 Q_0	Q_0 Q_3 Q_2 Q_1
1		
2		
3		
4		
5		
6		
7		
8		
9		
10		

2）用 74LS90 实现 8421 码或 5421 码六进制计数器。

要求：利用反馈归零法设计电路，验证并记录实验结果。

3）用 74LS90 实现 8421 码或 5421 码十以内的任意进制计数器。

要求：利用反馈归零法设计电路，验证并记录实验结果。

6. 实验报告要求

1）画出各实验电路图，设计各实验内容所需的测试记录表格，整理实验结果。

2）总结使用计数器的体会。

8.3.3 任务三 计数器逻辑功能测试及应用

1. 实验目的

1）掌握中规模集成计数器的使用及功能测试方法。

2）学会构成 N 进制计数器的方法。

2. 实验原理

74LS161 是 4 位同步二进制加法计数器，具有异步清零、同步并行置数、同步二进制加法计数、保持的功能。利用反馈归零法或反馈置数法可以使 74LS161 实现 N 进制计数器。反馈归零法就是利用计数器清零作用，截取计数过程中的某一个中间状态控制清零端，使计数器由此状态返回到零重新开始计数。而反馈置数法就是利用具有置数功能的计数器（如 74LS161），截取其中一计数中间状态反馈到置数端，而将数据输入端 $D_3D_2D_1D_0$ 全部接 0，就会使计数器的状态在 0000 到这一中间状态之间循环，这种方法类似于反馈归零法。另一种方法是利用计数器到达 1111 这个状态时产生进位信号，将进位信号反馈到置数端，而数据输入端 $D_3D_2D_1D_0$ 置成某一最小数 $d_3d_2d_1d_0$，则计数器就可重新从这一最小数开始计数，整个计数器将在

$d_3d_2d_1d_0$ ~1111 等 N 个状态下循环。这些方法的关键是要弄清楚计数器是同步清零（置数）还是异步清零（置数），如果是同步的实现 N 进制计数器时要反馈 $N-1$ 项，异步的要反馈 N 项。74LS161 引脚排列如图 8-62 所示。

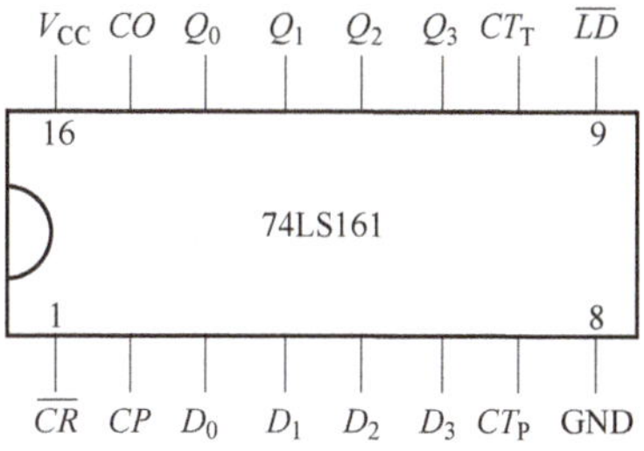

图 8-62　74LS161 引脚排列图

3. 实验仪器设备

1）直流稳压电源。

2）逻辑电平开关与显示。

3）单次脉冲源。

4. 实验器材

集成块：74LS161。

5. 实验步骤与内容

1）测试 74LS161 同步二进制加法计数器的逻辑功能。

计数脉冲由单次脉冲源提供，清零端$\overline{CR}$、置数控制端$\overline{LD}$、工作状态控制端 CT_P、CT_T 和并行数据输入端 D_3 ~ D_0 分别接逻辑电平开关，进位信号输出端 CO、计数器状态输出端 Q_3 ~ Q_0 均接逻辑电平显示设备。按如下逐项测试并判断该集成块的功能是否正常。

① 异步清零功能：当$\overline{CR}=0$ 时，这时 $Q_3Q_2Q_1Q_0=0000$，计数器清零。其他输入信号都不起作用，与 CP 无关，故称为异步清零。

② 同步并行置数功能：当$\overline{CR}=1$，$\overline{LD}=0$ 时，在 CP 上升沿操作下，并行输入数据 $d_3d_2d_1d_0$ 置入计数器。

③ 同步二进制加法计数功能：当$\overline{CR}=1$，若 $CT_P=CT_T=1$，则计数器对 CP 信号按照 8421 码进行加法计数。

④ 保持功能：当时，若 $CT_P \cdot CT_T=0$，则计数器将保持原来状态不变。对于进位输出信号有两种情况，如 $CT_T=0$，那么 $CO=0$；若是 $CT_T=1$，那么 $CO=CT_TQ_3Q_2Q_1Q_0$。

2）利用反馈归零法用 74LS161 实现十二进制计数器。

要求：写出设计步骤，画出设计电路，验证并记录实验结果。

3）利用反馈置数法用 74LS161 实现十二进制计数器。

要求：写出设计步骤，画出设计电路，验证并记录实验结果。

4）用 74LS161 构成 N 进制计数器，设计电路，验证并记录实验结果。

6. 实验报告要求

1）根据实验要求写出设计步骤，并画出各实验电路图，设计各实验内容所需的测试记录表格，整理实验结果，并对实验结果进行分析。

2）总结使用计数器的体会。

8.4　拓展知识

8.4.1　电子密码锁电路设计

1. 电子密码锁电路设计要求

1）电路能按设定的密码开锁；密码可以更换。

2）兼有电子门铃功能。

2. 电子密码锁参考电路图

电子密码锁，一般是使用预先设定的密码，利用每个码位去控制触发器翻转，若码位按错则码位触发器不能翻转。电子密码锁一般还兼有电子门铃的功能。

用密码去控制各位 D 触发器的翻转，达到开锁的目的；用按钮去控制电子门铃的触发信号，达到按响电子门铃的目的。按此构思，可得参考电路如图 8-63 所示。

现在已有专用的电子密码锁集成器件可供选用。

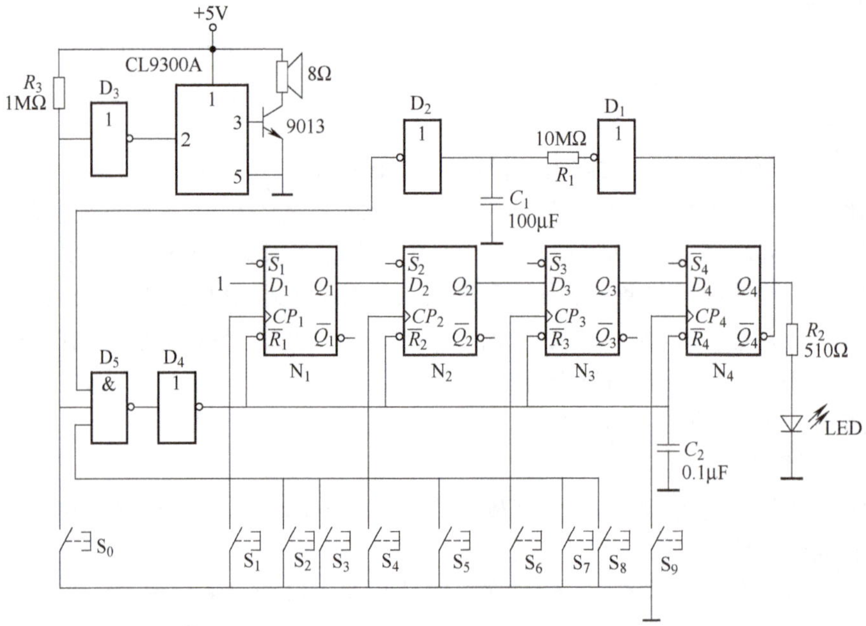

图 8-63 电子密码锁参考电路图

3. 电路设计原理分析

（1）四位电子密码锁主体电路 在图 8-63 中，四个 D 触发器 N_1 ~ N_4 构成四位密码电路，本电路密码设定为 1469，S_1、S_4、S_6、S_9 分别是 1、4、6、9 四位密码的按钮端；平时四个 D 触发器的 CP 端皆悬空相当于 1 状态，触发器保持原状态不变。

当按下 S_1 时，CP_1 为低电平，松手后 S_1 自动恢复高电平，CP_1 获上升沿，此时 $Q_1 = D_1 = 1$；

再按下 S_4 时，CP_2 为低电平，松手后 S_4 自动恢复高电平，CP_2 获上升沿，此时 $Q_2 = D_2 = Q_1 = 1$；

同理，按下 S_6 并松手后，$Q_3 = D_3 = Q_2 = 1$；按下 S_9 并松手后，$Q_4 = D_4 = Q_3 = 1$，用此 $Q_4 = 1$ 去控制开锁机构即可。此处用 R_2 和 LED 显示来代替开锁机构开锁。

（2）置零与电子门铃控制电路 图 8-63 中，因 C_2 电压不能突变，在接通电源瞬间 C_2 电压为零使 N_1 ~ N_4 各位皆为零。S_0 既用于四个 D 触发器直接置零，又用于控制电子门铃 CL9300A 的触发端。当 $S_0 = 0$ 时，通过 D_5、D_4 使 N_1 ~ N_4 直接置零；同时，通过 D_3 使 CL9300A 的触发端获高电平而起振，发出门铃声。

(3) 延时电路 开锁时，$\overline{Q}_4=0$，D_1 输出为1，经 R_1、C_1 延时后，D_2 输出为0，D_5 输出为1，D_4 输出为0，使 $N_1 \sim N_4$ 为零，结束开锁状态。

4. 电路调试

(1) 电子门铃调试 电路搭接好后，先按下 S_0 并立即松手，电子门铃应正常工作。

(2) 开锁调试 依 S_1、S_4、S_6、S_9 的顺序去按密码，按完后 LED 应发亮，发亮时间长短可通过改变 R_1C_1 参数来调整。

(3) 改变密码 将 $N_1 \sim N_4$ 的 $CP_1 \sim CP_4$ 端改接到重新设置的码位端，即可实现改变开锁密码。

5. 电路元器件

集成电路：74LS74-2 片，74LS04-1 片，74LS10-1 片。

电阻：510Ω-1 只，1MΩ-1 只，10MΩ-1 只。

电容：0.1μF-1 只，100μF-1 只。

晶体管：9013 晶体管 1 只。

其他：发光二极管 1 只，开关 10 个，扬声器（8Ω）。

8.4.2 八路智力竞赛抢答器

1. 八路智力竞赛抢答器的功能要求及框图

功能要求：

1）抢答器同时供 8 名选手或 8 个代表队比赛，分别用 8 个按钮 $S_0 \sim S_7$ 表示。

2）设置一个系统清除和抢答控制开关 S，该开关由主持人控制。

3）抢答器具有锁存与显示功能。即选手按动按钮，锁存相应的编号，并在 LED 数码管上显示，同时扬声器发出报警声响提示。选手抢答实行优先锁存，优先抢答选手的编号一直保持到主持人将系统清除为止。

4）抢答器具有定时抢答功能，且一次抢答的时间由主持人设定（如 30s）。当主持人启动“开始”键后，定时器进行减计时，同时扬声器发出短暂的声响，声响持续的时间 0.5s 左右。

5）参赛选手在设定的时间内进行抢答，抢答有效，定时器停止工作，显示器上显示选手的编号和抢答的时间，并保持到主持人将系统清除为止。

6）如果定时时间已到，无人抢答，本次抢答无效，系统报警并禁止抢答，定时显示器上显示 00。

抢答器的组成框图如图 8-64 所示，它由主体电路和扩展电路两部分组成。主体电路完成基本的抢答功能，即开始抢答后，当选手按动抢答按钮时，能显示选手的编号，同时能封锁输入电路，禁止其他选手抢答。扩展电路完成定时抢答功能。

图 8-64 所示抢答器的工作过程是：接通电源时，节目主持人将开关置于“清除”位置，抢答器处于禁止工作状态，编号显示器灭灯，定时显示器上显示设定的时间，当节目主持人宣布抢答题目后，说一声“抢答开始”，同时将控制开关拨到“开始”位置，扬声器给出声响提示，抢答器处于工作状态，定时器倒计时。当定时时间到，却没有选手抢答时，系统报警，并封锁输入电路，禁止选手超时后抢答。当选手在定时时间内按动抢答按钮时，抢答器要完成以下四项任务：

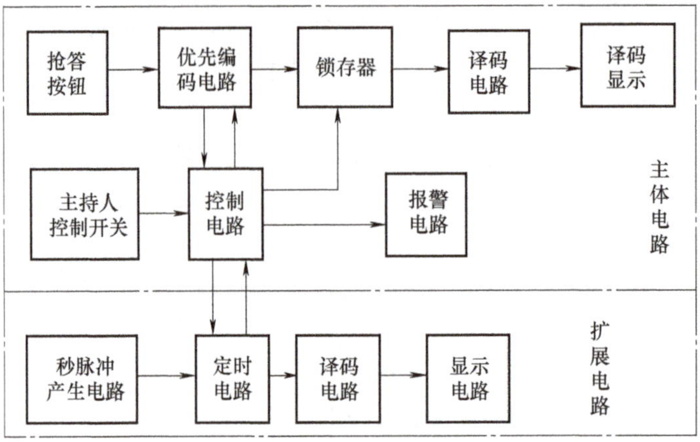

图 8-64 抢答器的组成框图

任务一：优先编码电路立即分辨出抢答者的编号，并由锁存器进行锁存，然后由译码显示电路显示编号；

任务二：扬声器发出短暂声响，提醒节目主持人注意；

任务三：控制电路要对输入编码电路进行封锁，避免其他选手再次进行抢答；

任务四：控制电路要使定时器停止工作，时间显示器上显示剩余的抢答时间，并保持到主持人将系统清零为止。当选手将问题回答完毕时，主持人操作控制开关，使系统恢复到禁止工作状态，以便进行下一轮抢答。

2. 智力竞赛抢答器主体电路图

八路智力竞赛抢答器主体电路参考电路如图 8-65 所示。

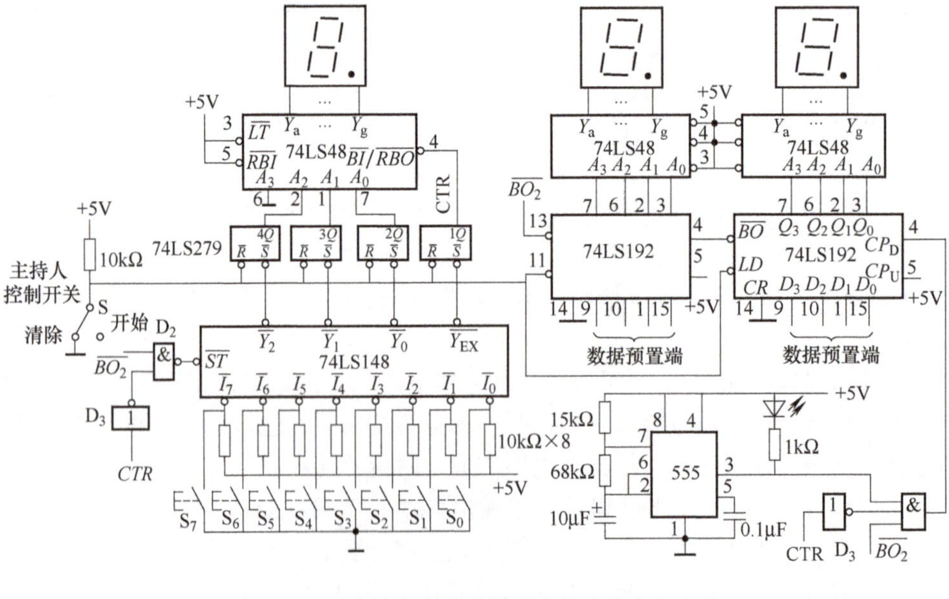

图 8-65 八路智力竞赛抢答器主体电路参考电路

3. 电路设计原理分析

（1）抢答电路设计 抢答电路的功能有两个：一是能分辨出选手按按钮的先后，并锁存优先抢答者的编号，供译码显示电路用；二是要使其他选手的按钮操作无效。选用优先译码器 74LS148 和锁存器 74LS279 可以完成上述功能，其电路组成如图 8-66 所示。

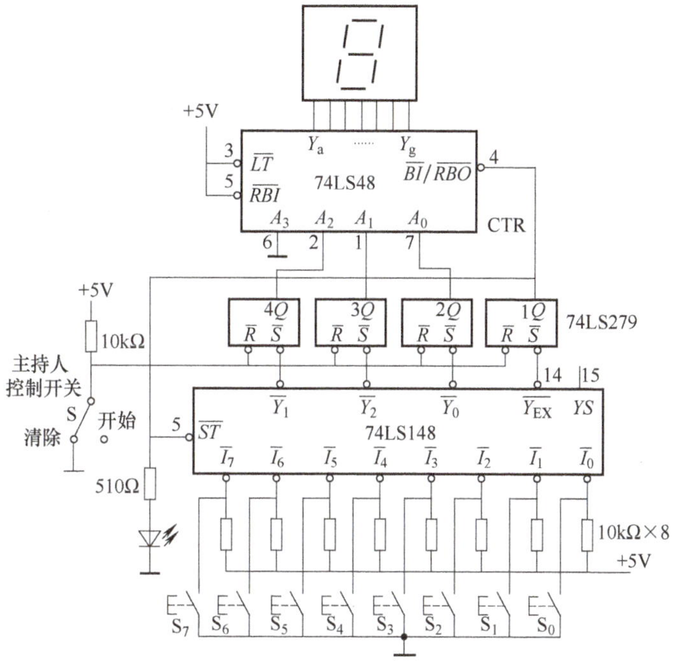

图 8-66 抢答电路

工作原理是：当主持人控制开关处于“清除”位置时，RS 触发器的$\overline{R}$端为低电平，输出端（$4Q \sim 1Q$）全部为低电平。于是 74LS48 的$\overline{BI}=0$，显示器灭灯；74LS148 的选通输出端$\overline{ST}=0$，74LS148 处于工作状态，此时锁存电路不工作。当主持人开关拨到“开始”位置时，优先编码电路和锁存电路同时处于工作状态，即抢答器处于等待工作状态，等待输入端$\overline{I_0} \sim \overline{I_7}$输入信号，当有选手将按钮按下时（如按下 S5），74LS148 的输出$\overline{Y_2}\,\overline{Y_1}\,\overline{Y_0}=010$，$\overline{Y_{EX}}=0$ 经 RS 锁存器后，CTR = 1，$\overline{BI}=1$，74LS279 处于工作状态，$4Q3Q2Q=101$，经 74LS48 译码后，显示器上显示出“5”。此外，CTR = 1，使 74LS148 的$\overline{ST}$端为高电平，74LS148 处于禁止工作状态，封锁其他按钮的输入。当按下的按钮松开后，74LS148 的$\overline{Y_{EX}}$为高电平，但由于 CTR 维持高电平不变，所以 74LS148 仍处于禁止工作状态，其他按钮的输入信号不会被接收。这就保证了抢答者的优先性以及抢答电路的准确性。当优先抢答者回答完问题后。由主持人操作控制开关 S，使抢答电路复位，以便进行下一轮抢答。

（2）定时电路设计　该部分主要由 555 定时器秒脉冲产生电路、74LS192 十进制同步加减计数器、74LS48 译码电路和两个 7 段数码管及相关电路组成。具体电路如图 8-67 所示。

两块 74LS192 实现减法计数，通过译码电路 74LS48 显示到数码管上，其时钟信号由时钟产生电路提供。74LS192 的数据预置端实现预置数，由节目主持人根据抢答题的难易程度，设定一次抢答的时间，通过预置时间电路对计数器进行预置，计数器的时钟脉冲由秒脉冲电路提供。按键弹起后，计数器开始减法计数工作，并将时间显示在共阴极七段数码显示管 DPY-7-SEG 上，当有人抢答时，停止计数并显示此时的倒计时时间；如果没有人抢答，且倒计时时间到时，$\overline{BO_2}$ 输出低电平到时序控制电路，控制报警电路报警，同时以后选手抢

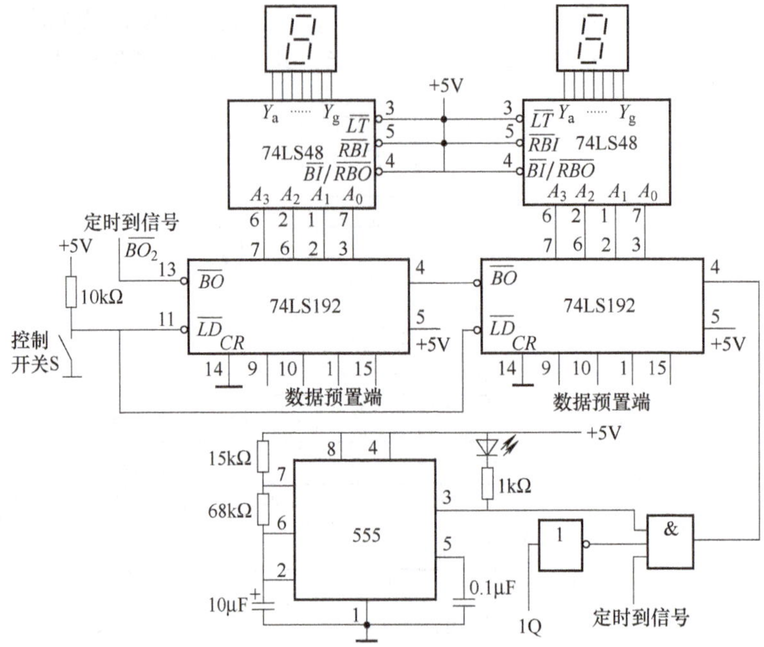

图 8-67 可预置时间的定时电路

答无效。

下面结合图 8-67 具体讲一下标准秒脉冲产生电路的原理。图中电容 C 的放电时间和充电时间分别为

$$t_1 \approx 0.7R_2C$$

$$t_2 = (R_1 + R_2)C\ln 2 \approx 0.7(R_1 + R_2)C$$

于是从 NE555 的 3 端输出的脉冲的频率为

$$f = \frac{1}{t_1 + t_2} \approx \frac{1.43}{(R_1 + 2R_2)C}$$

结合实际并考虑元器件的成本，选择的元件参数为 $R_1 = 15\text{k}\Omega$，$R_2 = 68\text{k}\Omega$，$C = 10\mu\text{F}$，代入到上式中即得 $f \approx 1\text{Hz}$，即秒脉冲。

（3）声音电路设计 由 555 定时器和晶体管构成的报警电路如图 8-68 所示。其中，555 构成多谐振荡器，其输出信号经晶体管推动扬声器。PR 为控制信号，当 PR 为高电平时，多谐振荡器工作；反之，电路停振。

（4）时序控制电路设计 时序控制电路是抢答器设计的关键，它主要完成以下三项功能。

功能一：主持人将控制开关拨到“开始”位置时，抢答电路和定时电路进入正常抢答工作状态。

功能二：当参赛选手按动抢答键时，抢答电路和定时电路停止工作。

功能三：当设定的抢答时间到，无人抢答时，扬声器发声，同时抢答电路和定时电路停止工作。

时序控制电路如图 8-69 所示。图中，门 D_1 的

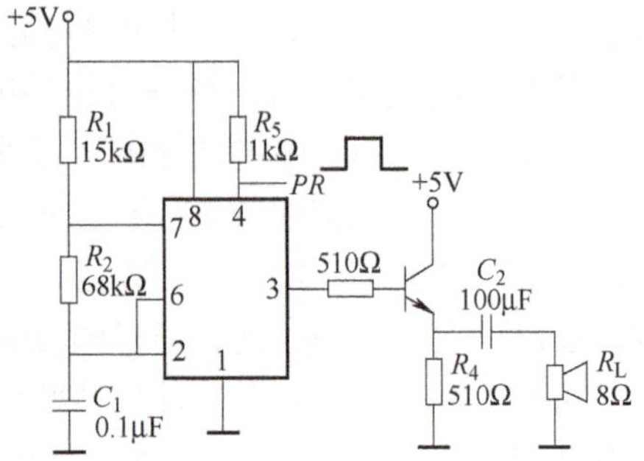

图 8-68 报警电路

作用是控制时钟信号 CP 的放行和禁止，门 D_2 的作用是控制 74LS148 的输入使能端 $\overline{ST}$。图 8-69a 所示电路的工作原理是：主持人控制开关从“清除”位置拨到“开始”位置时，来自图 8-66 的 74LS279 的输出 CTR = 0，经 D_3 反相，$A=1$，这时从 555 输出端来的时钟信号 CP 就能够加到 74LS192 的 CP_D 时钟输入端，定时电路进行递减。同时，在定时时间未到时，来自图 8-67 所示 74LS192 的借位输出端 $\overline{BO_2}=1$，门 D_2 的输出 $\overline{ST}=0$，使 74LS148 处于正常工作状态，从而实现功能一的要求。当选手在定时时间内按动抢答按钮时，CTR = 1，经 D_3 反相，$A=0$，封锁 CP 信号，定时器处于保持工作状态；同时，门 D_2 的输出 $\overline{ST}=1$，74LS148 处于禁止工作状态，从而实现功能二的要求。当定时时间到，来自 74LS192 的 $\overline{BO_2}=1$，$\overline{ST}=1$，74LS148 处于禁止工作状态，禁止选手进行抢答。同时，门 D_1 处于关门状态，封锁 CP 信号，使定时电路保持 00 状态不变，从而实现功能三的要求。74LS121 用于控制报警电路及发声的时间。

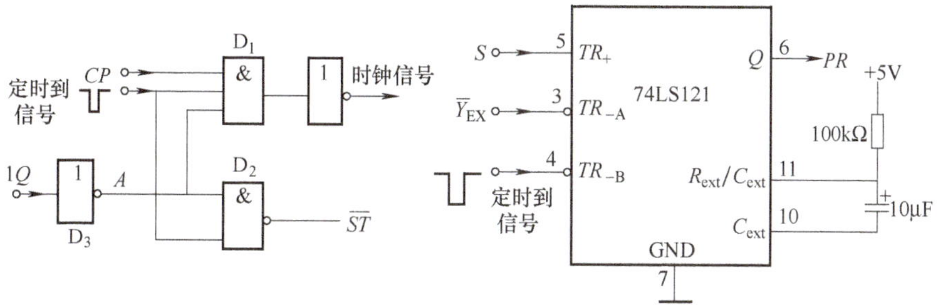

a) 抢答与定时电路的时序控制电路　　b) 报警电路的时序控制电路

图 8-69　时序控制电路

4. 电路元器件

集成电路：74LS148-1 片，74LS279-1 片，74LS48-2 片，74LS192-2 片，NE555-2 片，74LS00-1 片，74LS121-1 片。

电阻：510Ω-2 只，1kΩ-9 只，4.7kΩ-1 只，5.1kΩ-1 只，100kΩ-1 只，10kΩ-1 只，15kΩ-1 只，68kΩ-1 只。

电容：0.1μF-1 只，10μF-2 只，100μF-1 只。

晶体管：3DG12-1 只。

其他：发光二极管-2 只，共阴极显示器-2 只。

项目小结

1. 触发器按逻辑功能划分为四种类型：RS、D、JK、T。它们的特性方程式表示了各种触发器的次态与现态及输入信号之间的逻辑关系。其中，RS 触发器的输入信号 R、S 之间存在约束条件 $RS=0$。

2. 触发器 CP 触发（作用）时间取决于触发器的结构形式。触发器的结构形式不同，触发器的状态和对输入信号的要求也不同。

3. 通过比较已有触发器和待求触发器的特性方程，利用逻辑代数的公式和定理实现两个特性方程的变换，便可完成触发器之间的转换。

4. 能够实现计数功能的电路称为计数器，是应用最为广泛的典型时序电路。它不仅用于对脉冲计数，还可用于定时、分频及数字运算等工作。计数器按照对脉冲计数值增减分为：加法计数器、减法计数器和可逆计数器；按照各触发器计数脉冲引入时刻分为：同步计数器、异步计数器。

5. 寄存器是数字系统中常用的主要部件，寄存器是用来存储二进制数码或信息的电路，由两部分组成，一部分为具有记忆功能的触发器，另一部分是由门电路组成的控制电路。按照功能的不同，可将寄存器分为数据寄存器和移位寄存器两大类。

6. 555 定时器是一种用途很广的集成电路，使用方便灵活，具有较强的带负载能力和较高的触发灵敏度，因而在自动控制、仪器仪表及家用电器等许多领域都有着广泛应用。

习题与提高

8-1 设由与非门组成的 RS 触发器，当$\overline{R}$和$\overline{S}$端加有图 8-70 所示的波形时，分别画出 Q 及$\overline{Q}$端的输出波形（触发器的初态可任意设定）。

8-2 设同步 RS 触发器的初始状态为 0，R、S 及 CP 端所加的波形如图 8-71 所示，画出 Q 端的输出波形。

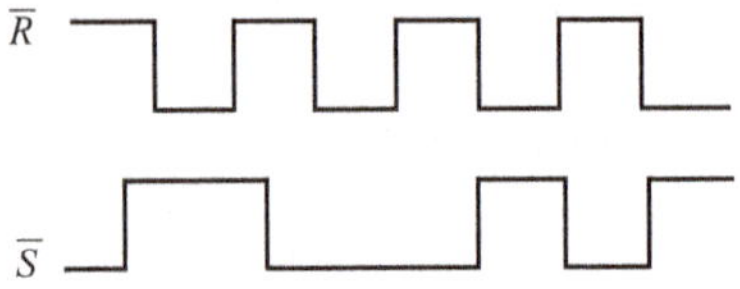

图 8-70 题 8-1 图

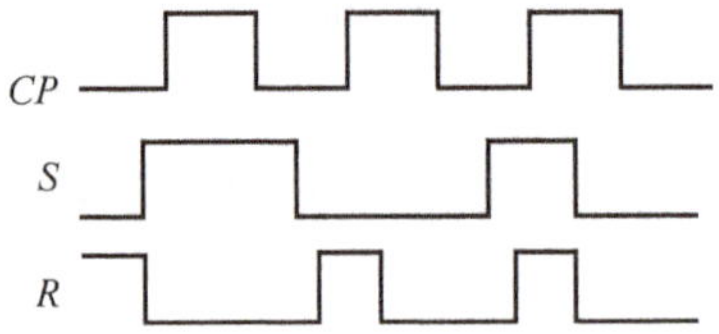

图 8-71 题 8-2 图

8-3 设主从型 JK 触发器的初始状态为 0，CP、J、K 端的波形如图 8-72 所示，试画出 Q、$\overline{Q}$的输出波形。

8-4 设维持阻塞 D 触发器的初始状态为 0，当加入图 8-73 所示的 CP 波形时，画出输出端的波形。

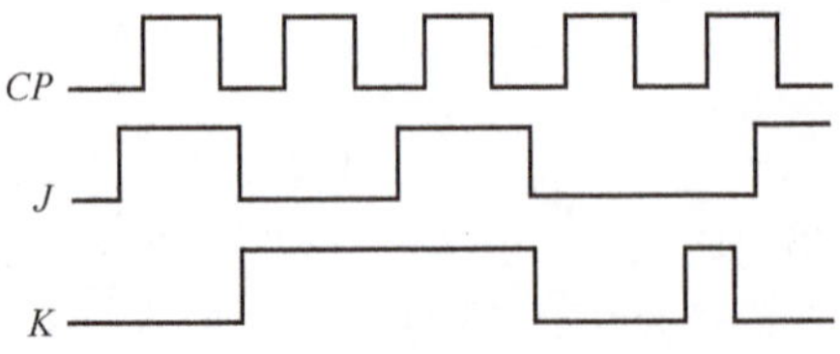

图 8-72 题 8-3 图

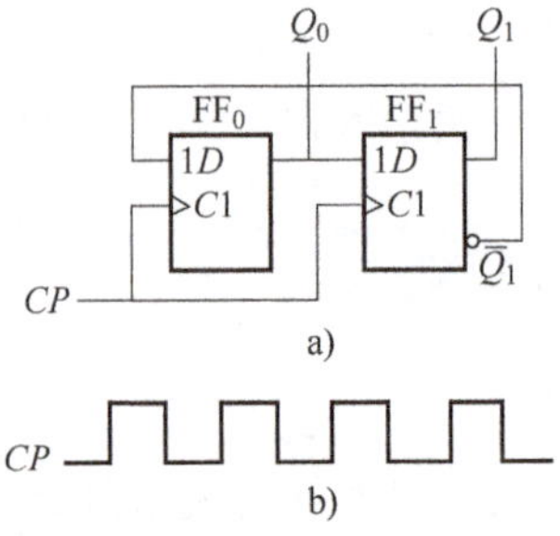

图 8-73 题 8-4 图

8-5 图 8-74a 所示电路中，设电路输入 CP、A、B 的波形如图 8-74b 所示，试画出 Q、$\overline{Q}$的输出波形。

8-6 图 8-75a 所示电路中，设触发器的初始状态为 0，A、CP 波形如图 8-75b 所示，试

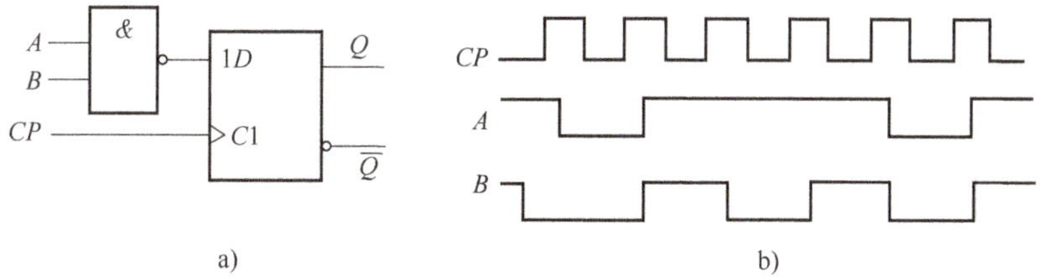

图 8-74 题 8-5 图

画出各输出端的波形。

8-7 图 8-76 所示电路是一个用 TTL 边沿双 JK 触发器组成的单脉冲发生器，*CP* 为连续脉冲，试分析其工作原理，并画出输出端波形。

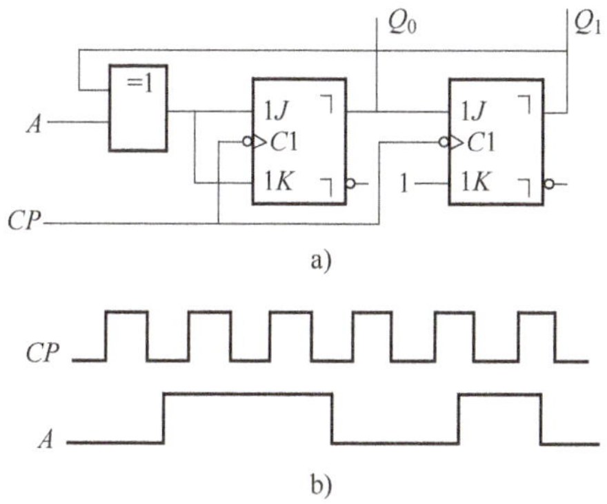

图 8-75 题 8-6 图

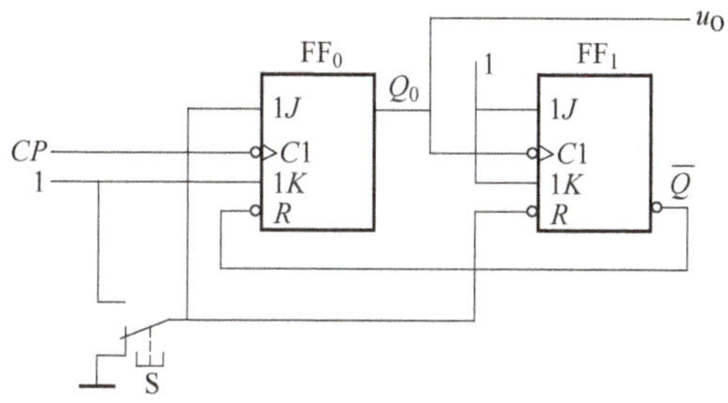

图 8-76 题 8-7 图

8-8 图 8-77 所示电路是一个用 TTL 边沿双 *D* 触发器组成的同步单脉冲发生器，*CP* 为连续脉冲，试分析其工作原理，并画出 *CP*、Q_0、Q_1 和 u_o 输出端波形。

8-9 分析图 8-78 所示计数器的功能，画出电路状态转换图，并说明电路是多少进制计数器。

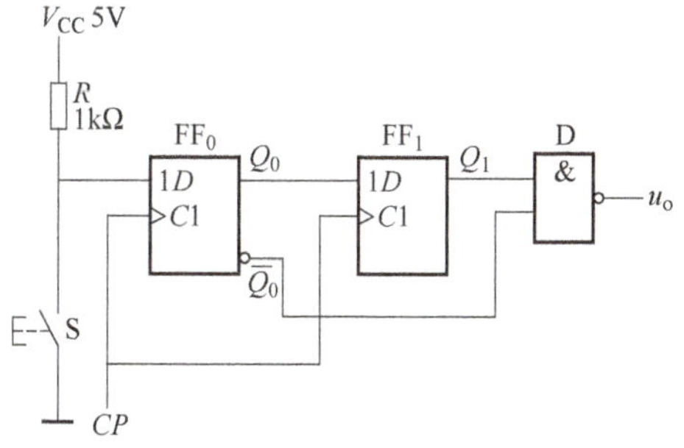

图 8-77 题 8-8 图

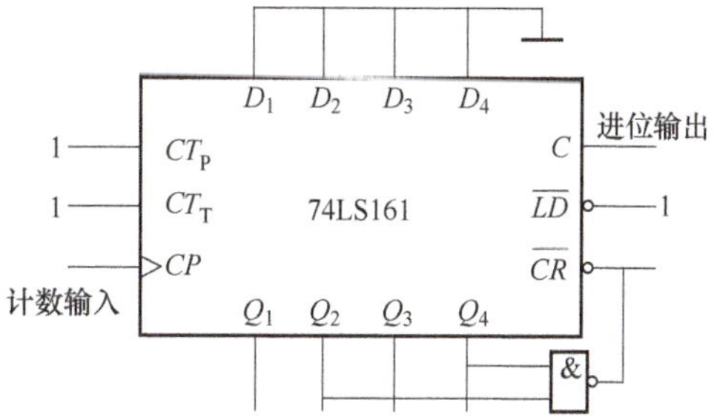

图 8-78 题 8-9 图

8-10 分析图 8-79 计数器当 $M=0$ 和 $M=1$ 时，说明电路是多少进制计数器。

8-11 试用 74LS161 连接成计数长度 $M=8$ 的计数器，可采用几种方法？并画出相应的接线图。

8-12 试用 74LS161 分别连接成计数长度 $M=5$，7，10，14 的计数器，画出相应的接线图和状态转换图。

8-13　试用两片74LS161芯片（Ⅰ）和（Ⅱ）连接成8421BCD码二十四进制的计数器，要求芯片级间同步，画出相应的接线图。

8-14　试用两片74LS161芯片（Ⅰ）和（Ⅱ）连接成8421BCD码六十进制的计数器，要求芯片级间异步，画出相应的接线图。

8-15　试用74LS161芯片设计一个分频电路，采用 $M=9\times12$ 的形式，芯片（Ⅱ）的进位输出 OC 端和时钟 CP 的分频比为1/108。画出相应的接线图。

8-16　计数电路如图8-80所示，分析电路循环长度，画出电路的状态转换图，并说明电路能否自启动。

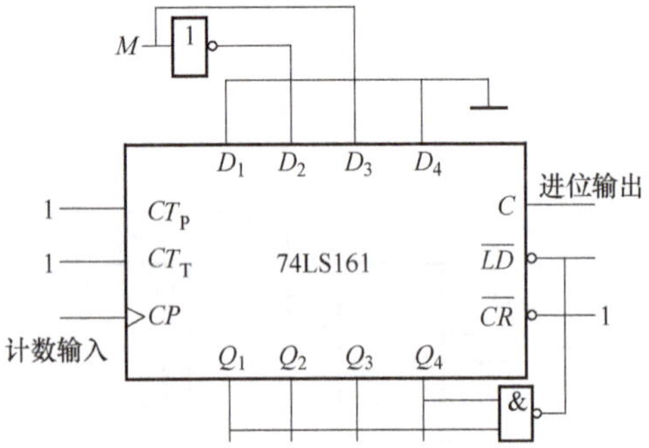

图8-79　题8-10图

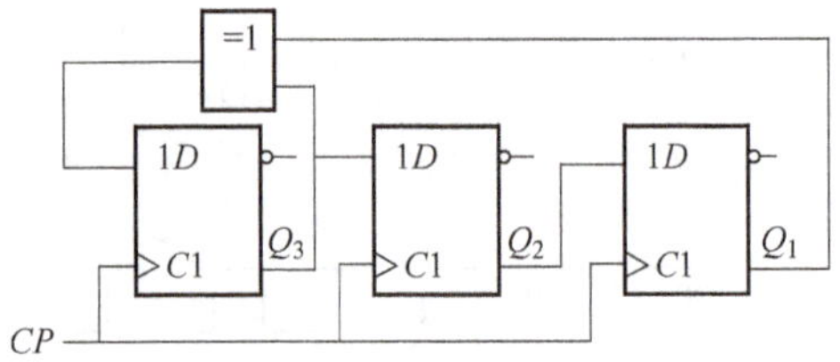

图8-80　题8-16图

8-17　计数电路如图8-81所示，分析电路循环长度，画出电路的状态转换图，并说明电路能否自启动。

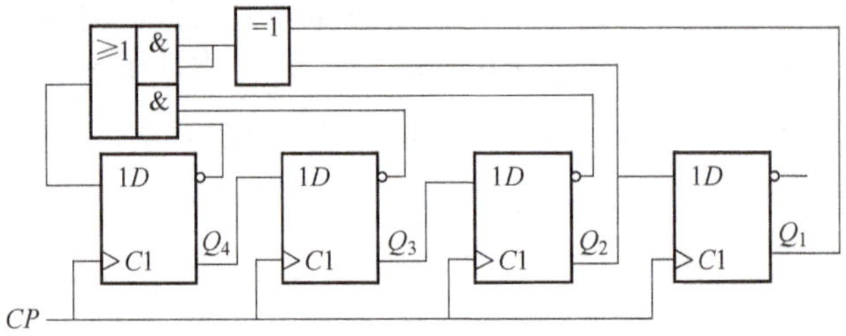

图8-81　题8-17图

8-18　555定时器由哪几部分构成？

附　录

半导体器件型号命名方法

1. 国产半导体器件型号命名法（摘自国家标准 GB/T 249—2017）

（1）型号组成原则　半导体分立器件的型号五个组成部分的基本意义如下：

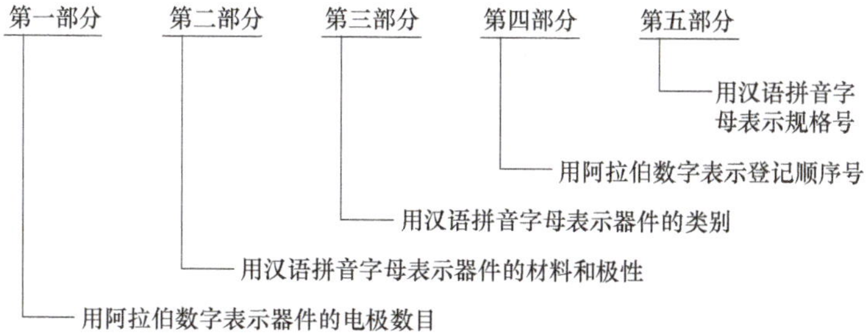

半导体分立器件的型号一般由第一部分到第五部分组成，也可以由第三部分到第五部分组成。

（2）型号组成部分的符号及其意义

1）由第一部分到第五部分组成的器件型号的符号及其意义见表 A-1。

表 A-1　由第一部分到第五部分组成的器件型号的符号及其意义

第一部分		第二部分		第三部分		第四部分	第五部分
用阿拉伯数字表示器件的电极数目		用汉语拼音字母表示器件的材料和极性		用汉语拼音字母表示器件的类别		用阿拉伯数字表示登记顺序号	用汉语拼音字母表示规格号
符号	意义	符号	意义	符号	意义		
2	二极管	A	N 型，锗材料	P	小信号管		
				H	混频管		
		B	P 型，锗材料	V	检波管		
		C	N 型，硅材料	W	电压调整管和电压基准管		
		D	P 型，硅材料	C	变容管		
		E	化合物或合金材料				
3	三极管	A	PNP 型，锗材料	Z	整流管		
		B	NPN 型，锗材料	L	整流堆		
		C	PNP 型，硅材料	S	隧道管		
		D	NPN 型，硅材料	K	开关管		
				N	噪声管		
				F	限幅管		

（续）

第一部分		第二部分		第三部分		第四部分	第五部分
用阿拉伯数字表示器件的电极数目		用汉语拼音字母表示器件的材料和极性		用汉语拼音字母表示器件的类别		用阿拉伯数字表示登记顺序号	用汉语拼音字母表示规格号
符号	意义	符号	意义	符号	意义		
3	三极管	E	化合物或合金材料	X	低频小功率晶体管（$f_a<3MHz$，$P_c<1W$）		
				G	高频小功率晶体管（$f_a\geqslant 3MHz$，$P_c<1W$）		
				D	低频大功率晶体管（$f_a\geqslant 3MHz$，$P_c\geqslant 1W$）		
				A	高频大功率晶体管（$f_a\geqslant 3MHz$，$P_c\geqslant 1W$）		
				T	闸流管		
				Y	体效应管		
				B	雪崩管		
				J	阶跃恢复管		

示例：锗 PNP 型高频小功率晶体管

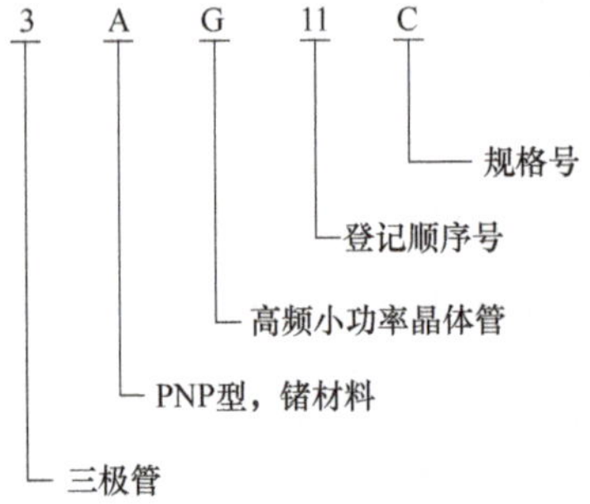

2）由第三部分到第五部分组成的器件型号的符号及其意义见表 A-2。

表 A-2　由第三部分到第五部分组成的器件型号的符号及其意义

第三部分		第四部分	第五部分
用汉语拼音字母表示器件的类别		用阿拉伯数字表示登记顺序号	用汉语拼音字母表示规格号
符号	意义		
CS	场效应晶体管		
BT	特殊晶体管		
FH	复合管		
JL	晶体管阵列		
PIN	PIN 二极管		
ZL	二极管阵列		
QL	硅桥式整流器		
SX	双向三极管		
XT	肖特基二极管		
CF	触发二极管		
DH	电流调整二极管		

（续）

第三部分		第四部分	第五部分
用汉语拼音字母表示器件的类别		用阿拉伯数字表示登记顺序号	用汉语拼音字母表示规格号
符号	意义		
SY	瞬态抑制二极管		
GS	光电子显示器		
GF	发光二极管		
GR	红外发射二极管		
GJ	激光二极管		
GD	光电二极管		
GT	光电晶体管		
GH	光电耦合器		
GK	光开关管		
GL	摄像线阵器件		
GM	摄像面阵器件		

示例：场效应晶体管

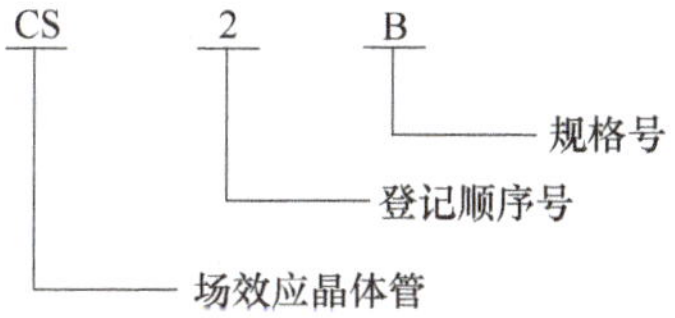

2. 美国电子工业协会半导体器件型号命名法

美国晶体管命名比较散乱，型号内容也不够完备，不同公司有不同的命名方法，其主要特性和类型未能反映出来。组成型号的第一部分是前缀，第五部分是后缀，中间三部分为型号的基本部分。美国电子工业协会半导体器件型号的符号及其意义见表 A-3。

凡型号以 1N、2N 或 3N 开始的晶体管，一般为美国制造的产品，或按美国某一厂家专利在其他国家生产的产品。不同厂家生产的性能一致的器件都使用同一登记号，某些参数差异通常用第五部分来表示，因此，型号相同的器件可以通用。

表 A-3 美国电子工业协会半导体器件型号的符号及其意义

第一部分		第二部分		第三部分		第四部分		第五部分	
用符号表示用途的类别		用数字表示 PN 结的数目		美国电子工业协会（EIA）注册标志		美国电子工业协会（EIA）登记顺序号		用字母表示器件分档	
符号	意义	符号	意义	符号	意义	符号	意义	符号	意义
JAN 或 J	军用品	1	二极管	N	该器件已在美国电子工业协会注册登记	多位数字	该器件在美国电子工业协会登记的顺序号	A B C D …	同一型号的不同档别
		2	三极管						
无	非军用品	3	三个 PN 结器件						
		n	N 个 PN 结器件						

3. 日本半导体器件型号命名法

日本半导体分立器件的型号一般由五部分组成，各生产厂家还常在其后自行增加一个或两个文字符号，其意义也不相同。半导体器件型号的符号及其意义见表 A-4。

表 A-4　半导体器件型号的符号及其意义

第一部分		第二部分		第三部分		第四部分		第五部分	
用数字表示类型或有效电极数		S 表示日本电子工业协会（EIAJ）注册产品		用字母表示器件的极性及类型		用数字表示在日本电子工业协会登记的顺序号		用字母表示对原来型号的改进产品	
符号	意义	符号	意义	符号	意义	符号	意义	符号	意义
0	光电（即光敏）二极管、晶体管及其组合管	S	表示已在日本电子工业协会（EIAJ）注册登记的半导体分立器件	A	PNP 型高频管	两位以上的整数	从 11 开始表示在日本电子工业协会注册登记的顺序号，不同公司生产的性能相同的器件可以使用同一顺序号，其数字越大越是近期产品	A	用字母表示对原来型号的改进产品
				B	PNP 型低频管			B	
				C	NPN 型高频管			C	
1	二极管			D	NPN 型低频管			D	
2	三极管、具有两个 PN 结的其他晶体管			F	P 控制极晶闸管			E	
				G	控制极晶闸管			F	
				H	N 基极单结晶体管			…	
3	具有四个有效电极或具有三个 PN 结的晶体管			J	P 沟道场效应晶体管				
				K	N 沟道场效应晶体管				
n-1	具有 n 个有效电极或具有 $n-1$ 个 PN 结的晶体管			M	双向晶闸管				

参考文献

[1] 张永生. 数字电路 [M]. 合肥：安徽大学出版社，2006.
[2] 于晓平. 数字电子技术 [M]. 北京：清华大学出版社，2007.
[3] 陈永浦. 数字电路基础及快速识图 [M]. 北京：人民邮电出版社，2006.
[4] 林春方. 数字电子技术 [M]. 合肥：安徽大学出版社，2006.
[5] 王树昆. 数字电子技术基础 [M]. 2 版. 北京：中国电力出版社，2010.
[6] 罗中华. 数字电路与逻辑设计教程 [M]. 北京：电子工业出版社，2006.
[7] 邓木生，周红兵. 模拟电子电路分析与应用 [M]. 北京：高等教育出版社，2008.
[8] 邓木生，张文初. 数字电子电路分析与应用 [M]. 北京：高等教育出版社，2008.
[9] 谢自美. 电子线路设计·实验·测试 [M]. 3 版. 武汉：华中科技大学出版社，2013.
[10] 康华光，陈大钦. 电子技术基础：模拟部分 [M]. 4 版. 北京：高等教育出版社，2000.
[11] 周雪. 模拟电子技术 [M]. 3 版. 西安：西安电子科技大学出版社，2015.
[12] 童诗白，华成英. 模拟电子技术基础 [M]. 3 版. 北京：高等教育出版社，2003.
[13] 张英全. 模拟电子技术 [M]. 北京：机械工业出版社，2000.
[14] 曹光跃. 模拟电子技术及应用 [M]. 2 版. 北京：机械工业出版社，2017.
[15] 胡宴如. 模拟电子技术 [M]. 北京：高等教育出版社，2000.
[16] 周良权，傅恩锡，李世馨. 模拟电子技术基础 [M]. 2 版. 北京：高等教育出版社，2001.
[17] 王超. 模拟电路 [M]. 合肥：安徽大学出版社，2005.
[18] 林春方，杨建平. 模拟电子技术 [M]. 北京：高等教育出版社，2006.
[19] 黄军辉，傅沈文. 电子技术 [M]. 3 版. 北京：人民邮电出版社，2016.
[20] 于宝明. 电子技术基础 [M]. 2 版. 大连：大连理工大学出版社，2014.